普通高等教育^{电气工程}系列规划教材

普通高等教育 电气工程 自动化 系列规划教材

过程控制工程

叶小岭　叶彦斐　林　屹　邵裕森　**编著**

机械工业出版社

本书根据当前自动化专业课程开设少而精的特点，把自动化仪表与装置和传统过程控制系统的分析、设计及应用进行了有机结合；把电子技术、计算机技术在自动化仪表和装置中的应用进行了有机融合。针对计算机技术、网络通信技术在自动化领域应用越来越广的特点，本书在系统介绍传统控制的基础上，重点介绍了计算机控制技术、网络控制技术（DCS、FCS、工业以太网等）及其系统设计。智能控制理论是当前控制理论的最高形式，以此为基础的智能控制也得到了广泛的应用，本着实用和精简的原则，本书也对此进行了系统介绍。本书理论联系实际，既注重自动控制理论知识在实际工业过程控制系统的运用，又注重在实际应用中需要具体考虑的工程实际问题，在理论与工程实践之间架起了一座桥梁。

　　本书可作为普通高等院校自动化类专业的教材，也可作为继续教育的教材，还可供从事过程控制工程的技术人员作为参考书。

　　本书配有电子课件，欢迎选用本书作教材的老师登录 www.cmpedu.com 注册下载，或发邮件至 jinacmp@163.com 索取。

图书在版编目（CIP）数据

过程控制工程/叶小岭等编著 . —北京：机械工业出版社，2017.7
普通高等教育电气工程自动化系列规划教材
ISBN 978-7-111-56784-4

Ⅰ.①过…　Ⅱ.①叶…　Ⅲ.①过程控制-高等学校-教材
Ⅳ.①TP273

中国版本图书馆 CIP 数据核字（2017）第 099846 号

机械工业出版社（北京市百万庄大街 22 号　邮政编码 100037）
策划编辑：吉　玲　责任编辑：吉　玲　王　荣　刘丽敏
责任校对：肖　琳　封面设计：张　静
责任印制：李　昂
三河市宏达印刷有限公司印刷
2017 年 7 月第 1 版第 1 次印刷
184mm×260mm · 21.75 印张 · 530 千字
标准书号：ISBN 978-7-111-56784-4
定价：49.00 元

前　言

　　本书根据当前自动化专业课程开设少而精的特点，把自动化仪表与装置和传统过程控制系统的分析、设计及应用进行了有机结合；把电子技术、计算机技术在自动化仪表和装置中的应用进行了有机融合。针对计算机技术、网络通信技术在自动化领域应用越来越广的特点，本书在系统介绍传统控制的基础上，重点介绍了计算机控制技术、网络控制技术及其系统设计。直接数字控制（DDC）是计算机控制的基础，本书给予了重点介绍，并以工程实例详细介绍了其工程设计。集散控制系统（DCS）是当前实现工业过程控制的主要形式，从早期的 PC（PLC）控制到传统的 DCS，再到融合现场总线技术的新型 DCS，集散控制系统经过了从低级到高级逐步完善，再到技术成熟的过程。本书结合其发展历程进行了系统的介绍，并特别介绍了几种典型的 DCS。网络控制技术是过程控制技术的一个重要发展方向，本书从现场总线技术及工业以太网技术两方面对其进行了阐述。智能控制理论是当前控制理论的最高形式，以此为基础的智能控制也得到了广泛的应用，本着实用和精简的原则，本书也对此进行了系统介绍。本书理论联系实际，既注重自动控制理论知识在实际工业过程控制系统的运用，又注重在实际应用中需要具体考虑的工程实际问题，在理论与工程实践之间架起了一座桥梁。

　　本书共由 11 章组成。第 1 章"绪论"介绍过程控制的组成、特点及发展；第 2 章"过程建模"为用经典控制理论和现代控制理论分析设计系统的基础；第 3 章是作为系统眼睛的"过程参数的检测与变送"；第 4 章是作为常规过程控制系统基本环节的"过程控制仪表"；第 5 章是工程应用最常见且为控制系统学习基础的"简单控制系统"；第 6 章是作为计算机控制基础的"直接数字控制系统"；第 7 章是"改善控制品质的复杂控制"；第 8 章是"满足某种特殊要求的复杂控制"；第 9 章是主要用于解决传统控制方法难以解决的复杂系统控制问题的"智能控制"；第 10 章是控制功能分散、显示操作和管理功能集中、兼顾分而自治和综合协调原则设计的"集散控制系统"；第 11 章"工业控制网络技术"介绍计算机技术、通信技术和控制技术发展融合的产物现场总线技术和目前代表着工业现场总线发展趋势的工业以太网技术。

　　本书内容按照工业过程控制系统的体系结构和发展脉络组织编排，在加强基本概念、基本理论和基本方法的基础上，注重理论联系实际，突出理论方法的实用性、可操作性与有效性，注重跟踪近年来工业过程控制实践中涌现出来的新技术、新理论和新方法，注重培养学生理论联系实际的创新意识与创新思维能力。

　　本书由南京信息工程大学叶小岭教授、河海大学叶彦斐副教授、南京信息工程大学林屹博士及东南大学邵裕森教授共同编著，邵裕森教授对全书进行了审读，南京信息工程大学张颖超教授也协助审阅了全书，南京信息工程大学孙宁博士、熊雄博士等为本书的编写做了许多有益的工作。本书的出版得到了南京信息工程大学教材基金的支持，这里对此特别表示感谢！

　　本书在编写过程中参阅了大量的书籍、文献，在此向其作者致谢。同时也感谢为本书提出过建议的兄弟院校的相关任课老师。

　　由于时间仓促，编者水平有限，对于书中存在的缺点和错误，恳请读者批评指正。

编　者

主要符号说明

符号	说明	符号	说明
A	面积	p	压力
A_m	最大偏差	Q	流量
B	幅值	q	操纵变量
C	静态偏差，流通能力	R	液阻，控制阀可调比
D	比热容	r	设定值
D	控制器微分作用	S	串联管道降压分配比
d	干扰	T	时间常数
e	偏差	T_{cr}	临界周期
f	频率	T_D	控制器微分时间
$G(s)$	传递函数	T_d	系统工作周期
$G(j\omega)$	频率特性	T_g	广义过程时间常数
H	液位	T_I	控制器积分时间
I	控制器积分作用	T_l	控制器执行机构惯性时间常数
J	偏差积分函数	T_m	测量变送环节惯性时间常数
K	静态增益，物料流量比	T_p	受控过程惯性时间常数
K_C	控制器比例增益	T_s	4:1衰减响应曲线周期，采样周期
K_{cr}	系统临界稳定状态的开环增益	t_s	过渡过程回复时间
K_D	控制器微分增益	T_v	控制阀惯性时间常数
K_d	干扰通道静态增益	t	时间
K_{ff}	前馈控制器静态增益	t_p	峰值时间
K_g	广义过程静态增益	u	控制器输出
K_I	控制器积分增益	v	流速
K_l	控制阀执行机构增益	y	输出量、受控变量
K_m	测量变送器静态增益	$Y(s)$	输出量、受控变量的拉普拉斯变换
K_p	控制通道静态增益	$y_d(s)$	干扰通道输出
K_v	控制阀静态增益	$Z(s)$	测量值的拉普拉斯变换
K	仪表信号比	α	角度，实部，流量系数，时域可控性系数
k	采样序号	β	角度，时域可控度
L	控制阀阀杆最大位移量	δ	比例带
l	位移量	δ_{cr}	临界比例带
N	运算放大器	δ_s	4:1衰减比例带
n	衰减比	ξ	阻尼比

（续）

P	控制器比例作用	ϕ	角度
ψ	衰减率	$\phi(\omega)$	相频特性
τ_0	纯滞后时间	σ	超调量
τ_C	容积滞后	μ	阀门开度
τ_d	受控过程干扰通道纯滞后	ω	角频率
τ_g	广义过程纯滞后	ω_d	系统工作频率
τ_p	受控过程控制通道纯滞后	ω_{cr}	临界频率
θ	温度	Δ	不灵敏区、误差带、增量
		ρ	自平衡率

常用下标的定义

c	控制器	k	开环
cr	临界状态	l	控制阀执行机构
D	微分	m	测量变送
d	干扰	o	输出
ff	前馈	p	控制通道、比例
g	广义过程	r	给定
I	积分	s	标准状态、蒸汽
i	输入	v	控制阀

目 录

第 1 章

绪　　论

随着科学技术的不断发展，自动控制起着越来越重要的作用。宇宙飞船、导弹离不开自动控制，大型生产过程若离开了自动控制就无法正常运行，自动控制也进入了平常百姓的家庭，遍布人们生活的每一个角落。例如电冰箱的恒温控制、全自动洗衣机的运转等都是自动控制应用的常见实例。通过实施自动化，可以极大地提高劳动生产效率、大大地减轻劳动强度、有效地改善劳动条件，对保证产品质量、提高安全生产水平、节约能源、减少原材料的消耗和实现绿色生产、健康生活都具有极为重要的作用，它是当前社会发展与进步的重要动力。在社会发展的历程中，不论是已经经过的阶段还是不断努力的方向，无不是追求更高水平、更加全面和更为智能的自动化。过程控制是自动控制的一个重要分支。它涉及许多工业部门，诸如石油、化工、电力、冶金、轻工、纺织等，因而过程控制在国民经济中占有极其重要的地位。为了系统深入地学好"过程控制工程"课程，学习掌握有关的基本概念、系统组成，了解过程控制的任务、特点及发展是非常必要的。

1.1　过程控制介绍

自动控制：在没有人的直接参与下，利用控制装置操纵生产机器、设备或生产过程，使表征其工作状态的物理变量（状态变量）尽可能接近人们所期望值（即设定值）的过程，称为自动控制。

过程控制：当上述物理变量为温度、压力、流量、液位、pH 值（氢离子浓度）、成分、湿度、厚度等的自动控制，称为过程控制。

过程控制系统：为了实现过程控制，以控制理论和生产要求为依据，采用模拟仪表、数字仪表或计算机等构成的总体，称为过程控制系统。

过程控制的任务和要求：过程控制中的基本问题就是使表征生产设备或过程工作状态的关键变量（过程变量即过程的输出，如图 1-1 所示）能在尽可能长的时间内维持其在期望值附近。所谓关键的过程变量是指那些决定着生产的原始目标的变量。这些目标是：

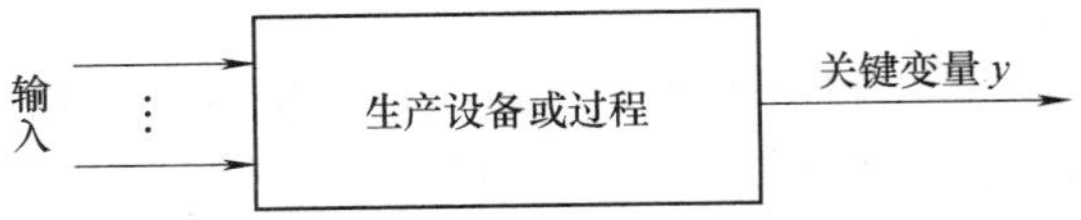

1）希望的产量和质量。

2）能接受的产品价格。

3）能接受的原材料消耗。

图 1-1　典型生产过程框图

在以安全的方式生产，给环境造成最小危害的条件下达到上述目标就是过程控制的任务和要求。

关键变量是不断变化的。为了完成上述任务，当其偏离期望值后必须能让它尽快回复，为此应寻找一个能引起关键变量变化的量（即过程的输入，如图 1-1 所示），然后再配以合适的控制器，通过对它的操纵使关键变量保持在期望值附近，就可实现上述目的。

下面通过图 1-2 所示的锅炉锅筒水位控制系统对上述问题做进一步说明。

锅炉是冶金、机械、石油、化工等许多工业生产过程中不可缺少的动力设备，其产品是蒸汽。为了保证产品的质量，使蒸汽含水量不至于过高，必须使锅筒水位不高于某一值；为了锅筒的安全运行，其水位又不能低于某一值，以防锅筒中的水被烧干而发生严重事故，所以维持锅炉锅筒水位为规定数值是十分重要的。显然锅筒水位就是锅炉设备的关键变量之一，而给水量的变化可以引起锅筒水位的变化，构成的过程控制系统如图 1-2a 所示。

在生产过程中，当蒸汽用量与给水量相等，其水位在规定数值上时，系统处于稳定状态，控制器输出保持不变，控制阀开度保持不变，当蒸汽用量或给水量发生变化时，其锅筒水位也将发生变化，液位测量变送器将其变化信号传送给控制器，控制器将把该信号与预先设定的期望水位信号进行比较，按其偏差的大小和方向经一定规律运算后向控制阀（执行器）发出控制命令，去改变控制阀的开度，从而改变给水量以使水位重新回到期望值附近。

可见，图 1-2a 所示过程控制系统是有可能完成使水位长期维持在期望值附近的。根据上述工作过程，则可由控制系统示意图画出系统框图，如图 1-2b 所示。

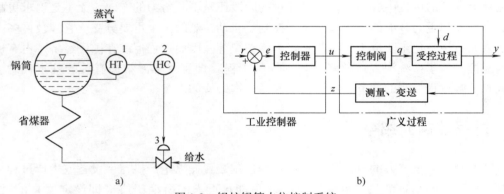

图 1-2　锅炉锅筒水位控制系统

a）控制系统流程图　b）控制系统框图

1—测位测量变送器　2—液位控制器　3—控制阀（执行器）

r—设定值　z—测量值　e—偏差　u—控制变量　q—操纵变量　y—受控变量　d—干扰

1.2　过程控制系统的组成及其分类

1.2.1　过程控制系统的组成

由图 1-2 所示系统可见，一个过程控制系统是由工业自动化仪表和受控过程两部分组成的。下面结合图 1-2b 就有关名词术语进行讨论：

系统输出：当要保持在期望值的关键变量被实施控制时，该过程变量就为该系统的输出，即受控变量，如图 1-2 所示系统中的锅筒液位。

受控过程的输入：凡是能引起系统输出变化的变量均称为该受控过程的输入。如图 1-2 所示系统中的给水量压力的变化、给水流量的变化、蒸汽流量的变化等。这些输入又可进一步分为控制输入和扰动输入，即操纵变量和干扰变量。

操纵变量：由控制器发出控制信号通过执行器改变的变量，也常称为内部扰动或基本扰动。该变量的改变将使受控变量趋向并维持在设定值附近，如图 1-2 所示系统中的给水流量。

外部扰动：外部扰动简称扰动或干扰。相对于操纵量而言，所有以其他任何形式影响受控变量的变量均称为干扰。如图 1-2 系统中的给水压力的变化，蒸汽流量的变化等。干扰将使受控变量偏离期望值。可见过程控制的基本任务也可描述为：在控制器控制下，通过操纵变量的改变，克服干扰的影响，使受控变量能在尽可能长的时间内维持在期望值附近。

受控过程：受控过程也叫受控对象或被控对象，简称过程或对象。笼统地讲，受控过程即受控制的生产设备或机器。例如热工过程中的加热炉、换热器、锅炉；化工过程中的精馏塔、化学反应器；冶金过程中的高炉、回转炉；机械工业中的热处理炉等。但是，一个生产设备可能有若干套控制系统，而各自的受控过程并不相同，各个过程既含有该生产设备或机器的不同部分，也可能含有相同部分，就某个系统的过程而言，也许这样定义会更好些，即所谓受控过程就是指影响操纵变量、干扰（即对象输入）与受控变量（即系统输出）之间关系的硬件和软件的集合（这里的软件是指影响这种关系的内在变化机理）。

广义过程：按照受控过程的定义，广义过程可定义为影响控制变量与测量值（z）之间关系的硬件和软件的集合。在图 1-2 所示的系统中就是执行器、受控过程、测量、变送四个环节的串联。这样，过程控制系统又可描述为由控制器和广义过程两部分组成。

控制器：图 1-2b 所示的点画线框内表示的是一个实际的工业控制器，给定值与测量值的比较是在其输入电路中完成的，因此，比较环节是控制器的一部分。在画框图时，控制器是为了使系统结构更加明确而单独画出的。

1.2.2 过程控制系统的分类

过程控制系统的分类方法很多，若按被控参数的名称来分，有温度、压力、流量、液位、成分、pH 值等控制系统；按控制系统完成的功能来分，有比值、均匀、分程和选择性控制系统；按控制器的控制规律来分，有比例、比例积分、比例微分、比例积分微分控制系统；按被控量的多少来分，有单变量和多变量控制系统；按采用常规仪表和计算机来分，有仪表过程控制系统和计算机过程控制系统等。但是最基本的分类方法有以下几种：

1. 按过程控制系统的结构特点来分类

（1）反馈控制系统　它是过程控制系统中的一种最基本的控制结构形式。反馈控制系统是根据系统被控量的偏差进行工作的，偏差值是控制的依据，最后达到消除或减小偏差的目的。图 1-3

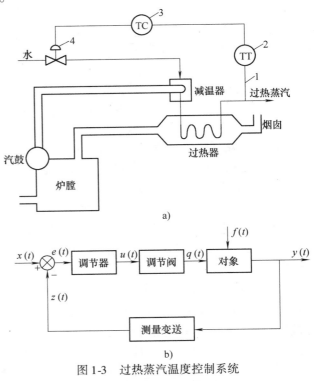

图 1-3　过热蒸汽温度控制系统

a）控制流程图　b）框图

1—热电阻　2—温度变送器　3—温度控制器　4—调节阀

所示的过热蒸汽温度控制系统就是一个反馈控制系统。另外，反馈信号也可能有多个，从而可以构成多个闭合回路，称为多回路控制系统。

（2）前馈控制系统　它在原理上完全不同于反馈控制系统。前馈控制是以不变性原理为理论基础的。前馈控制系统直接根据扰动量的大小进行工作，扰动是控制的依据。由于它没有被控量的反馈，所以也称为开环控制系统。

图1-4所示为前馈控制框图。扰动$f(t)$是引起被控量$y(t)$变化的原因，前馈控制器（FFC）是根据扰动$f(t)$进行工作的，可能及时克服扰动对被控量$y(t)$的影响。但是，由于前馈控制是一种开环控制，最终不能检查控制的精度，因此，在实际工业生产过程自动化中是不能单独应用的。

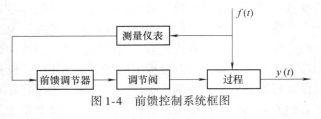

图1-4　前馈控制系统框图

（3）前馈-反馈控制系统（复合控制系统）　在工业生产过程中，引起被控参数变化的扰动是多种多样的。开环前馈控制的最主要的优点是能针对主要扰动及时、迅速地克服其对被控参数的影响；对于其余次要扰动，则利用反馈控制予以克服，使控制系统在稳态时能准确地使被控量控制在给定值上。在实际生产过程中，将两者结合起来使用，充分利用开环前馈与反馈控制两者的优点，在反馈控制系统中引入前馈控制，从而构成图1-5所示的前馈-反馈控制系统，它可以大大提高控制质量。

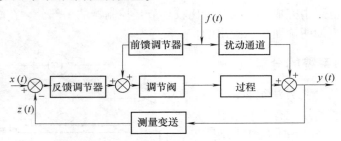

图1-5　前馈-反馈控制系统

2. 按给定值信号的特点来分类

（1）定值控制系统　所谓定值控制系统，就是系统被控量的给定值保持在规定值不变，或在小范围附近不变。定值控制系统是过程控制中应用最多的一种控制系统，这是因为在工业生产过程中大多要求系统被控量的给定值保持在某一定值，或在某很小范围内不变。例如过热蒸汽温度控制系统、转炉供氧量控制系统均为一个定值控制系统。对于定值控制系统来说，由于$\Delta x = 0$，引起被控量给定值变化的是扰动信号，所以定值系统的输入信号是扰动信号。

（2）程序控制系统　它是被控量的给定值按预定的时间程序变化工作的控制系统。控制的目的就是使系统被控量按工艺要求规定的程序自动变化。例如同期作业的加热设备（机械、冶金工业中的热处理炉），一般工艺要求加热升温、保温和逐次降温等程序，给定值就按此程序自动地变化，控制系统按此给定程序自动工作，达到程序控制的目的。

（3）随动控制系统　它是一种被控量的给定值随时间任意变化的控制系统。其主要作用是克服一切扰动，使被控量快速跟随给定值而变化。例如在加热炉燃烧过程的自动控制中，生产工艺要求空气量跟随燃料量的变化而成比例地变化，而燃料量是随生产负荷而变化的，其变化规律是任意的。随动控制系统就要使空气量跟随燃料量的变化自动控制空气量的大小，达到加热炉的最佳燃烧。

1.3 过程控制系统的发展

过程控制系统由自动化仪表和受控过程两部分组成，那么生产过程自动化的发展自然与自动化仪表的发展和受控过程自身的发展密不可分。一方面，自动化仪表的发展推动了生产水平的提高；另一方面，生产过程的发展反过来对仪表和控制系统提出更高的要求。控制理论是系统形成的依据和基础。古典控制理论的发展、现代控制理论的形成，使人们对控制技术在认识上产生了质的飞跃，从对过程外部现象的了解到揭示系统内在的规律，从局部控制进入到在一定意义下的全局最优；而在结构上已从单环扩展到适应环、学习环等。但是这种认识真正应用到生产过程的控制是伴随着计算机的问世和发展逐步变为现实的。因此说，计算机的发展为自动控制的发展和应用提供了广阔的前景，使自动化水平大大提高，同时又为控制理论的进一步发展提供了条件。

综上所述，我们可以看出生产过程自动化的发展是与控制手段的提高、控制理论的发展以及生产过程自身的发展密切相关的，这三者相互促进，共同提高，使控制从简单到复杂，从局部 自动化到全局自动化，从低级智能到高级智能。综观整个发展过程，我们可以把它划分为四个发展阶段。

1. 生产过程自动化的初级阶段

自20世纪30年代以来，自动化技术获得了惊人的成就，已在工业生产和科学发展中起着关键的作用。在开始的20年里，生产过程自动化主要是凭生产实践经验，局限于一般的控制元件及机电式控制仪表；在设计过程中，一般是将复杂的生产过程人为地分解成若干个简单过程，采用将记录、指示、控制等环节装在一个表壳里的比较笨重的基地式仪表实现就地控制，系统与系统间没有或很少有联系，过程控制的目的主要是通过对几个热工参数（温度、压力、流量、液位）的定值控制来达到生产的平稳和安全，因此过程控制也被称作四大参数的控制。其系统结构如图1-6所示。这个阶段只有频率法和根轨迹法的经典控制理论，解决单输入单输出的定值控制系统的分析和综合问题。

图1-6 基地式仪表构成的系统

2. 单元组合仪表自动化阶段

20世纪五六十年代，先后出现了气动和电动单元组合仪表，从而使系统构成有了更大的灵活性，为实现集中监控与集中操纵创造了条件。控制系统的结构也在单回路的基础上出现了一些行之有效的复杂控制系统，如串级、前馈等，使控制品质有了较大的提高，但是从总体而言仍处于局部自动化的范畴。这个阶段的系统结构如图1-2b所示。

3. 计算机控制的初级阶段

20世纪60年代，由于集成电路及计算机技术的发展，计算机开始走进工业生产的控制领域，为解决由于过程迅速向大型化、复杂化的方向发展所产生的向自动控制的挑战带来了一线生机。虽然还存在许多不尽人意的地方，但毕竟为计算机引入工业过程控制创造了一个良好的开端，做了许多有益的尝试。对已进入计算机控制的今天来说，这个阶段是十分可贵的，所以我们应该把它作为过程控制发展的一个阶段来看待。

在开始，计算机系统主要用来完成过程中的数据处理、安全监视和监督控制。典型的计算机监督控制（Supervisory Computer Control，SCC）系统如图 1-7 所示，实施控制的仍然是模拟控制器。1962 年 3 月，美国 Monsanto 公司的乙烯生产厂实现了第一个由计算机取代模拟控制器的直接数字控制（Direct Digital Control，DDC）系统。典型的 DDC 系统框图如图 1-8 所示。

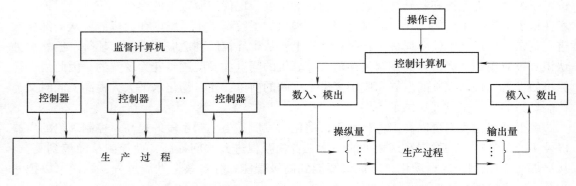

图 1-7　计算机监督控制系统　　　　图 1-8　计算机直接数字控制系统

后来人们曾试图用一台计算机代替全部模拟仪表，进行监视和控制全厂的生产过程，即"全盘计算机控制"。但是由于当时计算机硬件的可靠性还不够高，对计算机要求太苛刻，一旦计算机发生故障，将引起整个生产的瘫痪，造成危险的高度集中。为了提高控制系统的可靠性，常常要另外设置一套备用系统。这就造成了系统的投资过高，因此严重限制了它的应用和发展。

这个阶段采用单元组合仪表（气动、电动）和组装仪表，实现了直接数字控制（DDC）和设定值控制（Set Point Control，SPC）；出现了如串级、比值、均匀控制、前馈、选择性控制等多种复杂控制系统以提高控制质量或满足特殊要求；系统除涉及经典控制理论，现代控制理论开始初步应用。

4. 综合自动化阶段

20 世纪 70 年代以来，由于大规模集成电路制造成功和微处理器的问世，新型仪表、智能化仪表不断产生，计算机也被广泛应用于过程控制；系统的控制结构由单变量向多变量、控制规律由 PID 控制转向特殊控制规律；由设定值控制改进为最优控制、自适应控制；实现形式由仪表控制系统演变为智能化计算机分布式控制系统；诸如状态空间分析、系统辨识、模糊控制、神经网络控制等现代控制方法广泛应用与过程控制领域。

计算机功能增强，可靠性提高，而价格却大幅度下降。原来集中由一台计算机完成的任务可分配给多台微处理机去完成，减小了计算机故障对整个系统的影响。同时，计算机网络通信技术的发展又使这些分散的微型计算机控制系统能够相互交换信号，或者与更高一级的计算机系统连接起来，从而组成一个能适应各种不同过程的积木式分级计算机控制系统，也叫"分散-集中型"多微机综合过程控制系统，简称"集散控制系统"，又叫分布式计算机控制系统或计算机多级控制系统,如图 1-9 所示。这种系统结构提高了系统的可靠性,能方便、灵活地实现各种新型的控制规律与算法,实现最佳管理。而进入 20 世纪 90 年代,随着智能仪表技术及网络技术的进一步发展,现场总结技术开始实用化,使得过程控制功能更加分散,系统构成将更加灵活、可靠性更高、互操作性更好,形成了新一代分布式控制系统结构如图 1-10 所示,即现场总线控制系统。它继承了 DCS 的分布式特点,在各功能子系统之间,特别是现场仪表和设备之间的连接上,采用了开放式的现场网络,从而使系统设备的连接形式上发生了根本性地改变,使其具有自己所特有的性能和特征。

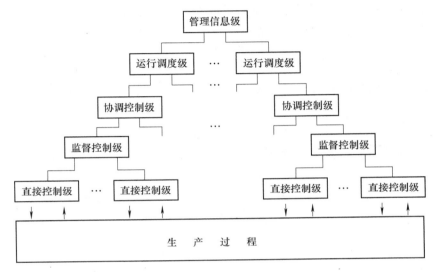

图 1-9 分布式计算机控制系统

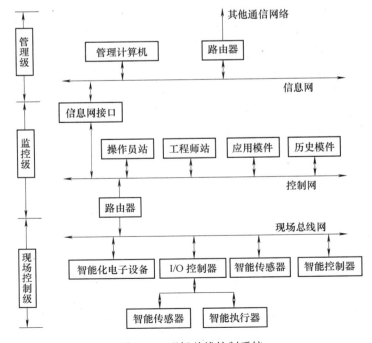

图 1-10 现场总线控制系统

　　当前，随着科学技术和市场竞争的需要，人们关心的不仅是单个生产装置的效益，而更加关心车间乃至企业的整体效益。综合自动化系统应用计算机技术、网络技术、信息技术和自动控制技术，引入实时数据库服务器和关系数据库服务器协同工作的概念，实现生产加工过程、计划调度、生产工艺操作优化、趋势分析、物资供应、产品质量、办公和财务等整个企业信息的平台集成和利用，实现全车间、全厂、甚至全企业无人或很少人参与操作管理，实现过程控制最优化与现代化的集中调度管理相结合的方式。

　　综观过程控制系统的发展过程，我们可以看到，它已经历了"点"（基地式控制）、"线"（单元组合仪表控制）、"面"（控制、管理连成一"片"）三个阶段，今天正朝着"多维空间"（融生产、经营、决策、管理、服务等于一体）方向发展。

　　控制系统硬件的发展是惊人的，但是如何充分发挥计算机的优势，开发出性能高、适用性强、便于推广应用的控制算法，使计算机控制再上一个新台阶，可能是今后过程控制的主要研究内容之一。

1.4　"过程控制工程"课程的性质和任务

　　工业自动化的范围很广，包含的专业内容非常丰富，是国家高科技的重要组成部分。"过程控制工程"是一门工业自动化专业的专业必修课。自动化仪表（包括模拟仪表、智能仪表）、微型计算机是构成过程控制的重要自动化技术工具，是实现工业生产过程自动化的重要装置，也是实现过程控制的前提。

　　现代工业生产过程往往是流程复杂、规模庞大，同时往往又具有高温、高压、易燃、易爆、有毒等特点。为了保证生产安全、稳定、可靠地进行，对过程参数的检测和自动控制提出了更严、更高的要求。

　　实现工业生产过程自动化，不仅能够把生产过程控制在最佳的工况下运行，减少原材料和劳动力的消耗，降低成本，实现优质、高产、低消耗的目标，而且能够保证安全生产，防止事故发生，延长设备使用寿命，提高设备利用率，减轻劳动强度，改善劳动条件，保护环境卫生，维护生态平衡等。

　　过程控制是控制理论、生产工艺、计算机技术和仪器仪表知识等相结合的一门综合性应用学科。过程控制的任务是在了解、熟悉、掌握生产工艺流程与生产过程的静态和动态特性的基础上，根据工艺要求，应用控制理论、现代控制技术，分析、设计、整定过程控制系统。同时，必须注意工程应用中的有关问题。过程控制的任务是由过程控制系统的工程设计与工程实现来完成的。

　　"过程控制工程"课程是以过程控制系统为主体，以过程检测控制仪表为工具，仪表与系统密切联系，相互依存。

　　"过程控制工程"课程是在学生学完电子技术基础、微型计算机原理与自动控制理论等课程之后开设的。课程着重研究根据连续工业过程的生产特点与要求，应用自动控制理论、控制技术和自动化仪表来设计过程控制系统，以及在实际工程应用中的有关问题。通过学习，不仅能达到解决过程控制工程中的一般问题，并具有分析和设计较复杂的过程控制系统的能力。

本 章 小 结

1. 绪论是认知一本书的基础，学习一本书的开篇，认真学习，理清思路非常重要。

2. 从过程控制的任务和要求作为切入点来认知过程控制。组成是帮助认知过程控制系统的最基本结构。而分类则依据不同，结果就不一样。

3. 过程控制的发展是帮助大家了解过程控制的过去（后面基本不讲），认知过程控制的现在（是后面重点学习的内容），并展望发展趋势，以开拓大家的思路。

4. 本课程的性质和任务是为了便于大家学习而提供的，希望告诉大家这是一门什么课，和其他课程的关系如何，以及应该如何学习等内容。

思考题与习题

1-1 试简述过程控制发展概况及各个阶段的主要特点。

1-2 什么是过程控制系统？有哪些类型？

1-3 谈谈你对这门课程的认知。你认为怎样才能学好这门课程？

第 2 章

过 程 建 模

为了实现对过程的控制，满足生产工艺对控制的要求，必须构成一个合适的系统结构，选择合适的控制策略，以确定如何改变控制输入才能消除过程输出的实际值和期望值（即设定值）之间的偏差。在大部分工业过程中存在着惯性或滞后，从而使控制目的的实现产生了一定的困难。滞后的存在意味着控制输入改变时，输出并不立即跟着改变，从而使控制不及时，在输出达到新的稳态值以前，产生了一个时间滞后。

为了很好地控制一个过程，希望能定量地知道控制输入如何影响输出。当控制输入改变一个已知量时，我们则需要知道：

1）输出将按何种轨迹变化，即输出随时间变化的曲线形状如何？

2）输出的变化从工程角度而言需要经历多长时间？

3）输出量最终将变化多少以及向哪个方向变化？

这些问题的回答均依赖于过程的数学模型。所以说建立过程的数学模型对实现生产过程自动化具有十分重要的意义。

目前过程建模的方法一般有两种，即机理法（或解析法）和实验法（或辨识法）。

2.1 数学模型

过程的数学模型是指过程在各种输入量的作用下，与相应的输出量变化的函数关系的数学表达式，如微分方程、微分方程组、传递函数表达式或频率特性表达式等。

图 2-1 所示为一个多输入、单输出受控过程示意图。该过程是多个输入信号 $u(t)$、$d_1(t)$、$d_2(t)$、$\cdots$、$d_n(t)$，单个输出信号 $y(t)$ 的物理系统。各个输入信号引起输出（受控变量）变化的动态特性一般是不同的。过程的控制输入 $u(t)$ 作用在闭合回路内，所以对过程控制系统的性能起着决定作用，在它作用下的过程动态特性是我们讨论的重点。但是干扰作用下的过程的动态特性对控制过程也有很大的影响，所以必须有所了解。

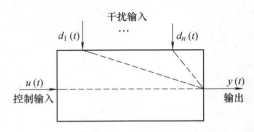

图 2-1 受控过程输入、输出示意图

为了简化过程的数学模型，我们仅讨论线性过程或线性化的过程。这样，在多个输入共同作用下的输出为

$$Y(s) = G_p(s)U(s) + G_{d1}(s)D_1(s) + \cdots + G_{dn}(s)D_n(s)$$

式中　　　　$G_p(s)$——当 $d_1(t)$、$d_2(t)$、$\cdots$、$d_n(t)$ 不变时，控制作用 $u(t)$ 对受控量 $y(t)$

的传递函数；

$G_{d1}(s)$——当 $u(t)$、$d_2(t)$、$\cdots$、$d_n(t)$ 不变时，扰动 $d_1(t)$ 对受控量 $y(t)$ 的传递函数；

$G_{dn}(s)$——当 $u(t)$、$d_1(t)$、$d_2(t)$、$\cdots$、$d_{n-1}(t)$ 不变时，扰动 $d_n(t)$ 对受控量 $y(t)$ 的传递函数；

$Y(s)$、$U(s)$、$D(s)$——过程受控量、控制信号和扰动信号的拉普拉斯变换。

过程输入量与输出量之间的信号联系（图 2-1 中用虚线表示），称为"通道"。控制作用与受控参数之间的信号联系，称为"控制通道"。扰动作用与受控参数之间信号联系，称为"扰动通道"。

下面举一简单的例子说明过程的数学模型的推导过程及过程的某些基本性质，如容量、阻力、放大系数、时间常数及自衡特性等。

2.2 机理建模

2.2.1 单容过程的数学模型

图 2-2 是一个简单的水位受控过程，流入水槽的水流量 Q_1 是由管路上的阀门 1 来控制的；流出水流量 Q_2 取决于液位 h 和管路上阀门 2 的开度，阀门 2 的开度是随用户需要而改变的。这里，水位 h 是被控量，阀门 2 的开度变化是外部扰动，而控制阀门 1 的开度变化是控制作用。

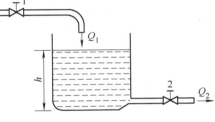

图 2-2 水槽水位调节过程

若用微分方程来描述过程的动特性，根据物料平衡关系，在正常工作状态下的稳态方程式为

$$Q_{10} - Q_{20} = 0 \tag{2-1}$$

式中 Q_{10}——输入稳态水流量（m^3/s）；

$\qquad Q_{20}$——输出稳态水流量（m^3/s）。

动态方程式为

$$Q_1 - Q_2 = \frac{\mathrm{d}V}{\mathrm{d}t} \tag{2-2}$$

式中 Q_1——输入稳态水流量（m^3/s）；

$\qquad Q_2$——输出稳态水流量（m^3/s）；

$\qquad V$——水槽中贮存水的容积（m^3）；

$\qquad t$——时间（s）。

$\dfrac{\mathrm{d}V}{\mathrm{d}t}$——流体贮存量的变化率。它与被控量水位 h 间的关系为

$$\mathrm{d}V = A\mathrm{d}h \tag{2-3}$$

$$\frac{\mathrm{d}V}{\mathrm{d}t} = A\frac{\mathrm{d}h}{\mathrm{d}t} \tag{2-4}$$

将式（2-4）代入式（2-2），得

$$\frac{\mathrm{d}h}{\mathrm{d}t} = \frac{Q_1 - Q_2}{A} \tag{2-5}$$

式中　A——水槽横截面面积（m^2）。

由式（2-5）可以看出，水位变化 dh/dt 取决于两个因素：一个是水槽横截面面积 A，一个是流入量与流出量的差额。A 越大，dh/dt 越小。因此，A 是决定水槽变化率大小的因素，称为水槽的容量系数，又称液容 C。它的物理意义是：要使水位升高 1m，水槽内应该充入多少体积的水。

在式（2-5）中，Q_1 只取决于控制阀门 1 的开度。假定流量 Q_1 的变化量 ΔQ_1 与控制阀门 1 的开度的变化量 $\Delta \mu_1$ 成正比，即

$$\Delta Q_1 = K_\mu \Delta \mu_1 \tag{2-6}$$

式中　K_μ——比例系数（m^3/s）。

输出水流量 Q_2 随水位而变化，假定流量 Q_2 的变化量 ΔQ_2 与水位的变化量 Δh 之间的关系为

$$\Delta Q_2 = \frac{\Delta h}{R_s} \quad \text{或} \quad R_s = \frac{\Delta h}{\Delta Q_2} \tag{2-7}$$

式中　R_s——流出管路上的阀门 2 的阻力，或称液阻。

液阻 R_s 的物理意义是：要使流出量增加 $1 m^3/s$，液位应该升高多少。在水位变化范围不大时，近似地认为 R_s 为常数，即流出量 Q_2 大小取决于水槽中水位 h 和流过侧阀门所受到的阻力 R_s。严格地说，R_s 不是一常数，它与水位、流量的关系是非线性的。为简化问题，常常要将非线性特性进行线性化处理，常用的方法是切线法，即在静特性上的工作点附近较小范围内以切线代替原来的曲线，而线性化后则用式（2-7）表示流量的变化和液位变化的关系。

对于式（2-5），其中变量用额定值和增量的形式表示为

$$Q_1 = Q_{10} + \Delta Q_1 ; \quad Q_2 = Q_{20} + \Delta Q_2 ; \quad h = h_0 + \Delta h$$

并考虑到式（2-1）、式（2-5），化成以增量表示的微分方程式为

$$\Delta Q_1 - \Delta Q_2 = A \frac{d\Delta h}{dt} \tag{2-8}$$

将式（2-6）、式（2-7）代入式（2-8），可得

$$K_\mu \Delta \mu_1 - \frac{\Delta h}{R_s} = A \frac{d\Delta h}{dt}$$

或

$$A R_s \frac{d\Delta h}{dt} + \Delta h = K_\mu R_s \Delta \mu_1 \tag{2-9}$$

一般将式（2-9）改写成标准形式为

$$T \frac{d\Delta h}{dt} + \Delta h = K \Delta \mu_1 \tag{2-10}$$

式中　T——过程的时间常数，$T = A R_s$；

K——过程放大系数，$K = K_\mu R_s$。

或写成拉普拉斯变换式

$$\frac{H(s)}{U_1(s)} = \frac{K}{Ts + 1} \tag{2-11}$$

这就是水位过程控制通道的传递函数。

下面我们研究过程的反应曲线。所谓过程反应曲线，是指过程的某一输入量作阶跃变化时，其输出量对时间的变化曲线。在工程界，常常把反应曲线叫作过程的飞升曲线。

以水位控制为例，当进料水管阀门开度有一个阶跃变化 $\Delta\mu_1$ 时，同时将使进料流量有一阶跃变化 ΔQ_1 时，对式（2-10）求解，就能得出水位的变化规律为

$$\Delta h = K\Delta\mu_1(1 - e^{-t/T}) \tag{2-12}$$

其变化曲线如图2-3所示。图中，当 $t\to\infty$ 时，水位趋向稳态 $\Delta h(\infty) = K\Delta\mu_1$，这就是输入量经过水槽这个环节后放大为 K 倍而成为输出量的变化值，因而称 K 为放大系数。在式（2-12）中，时间常数 T 表示了水位 Δh 从 $t = 0$ 以最大速度一直变化到稳态值时所需的时间。它是表示飞升过程所需时间的重要参数。

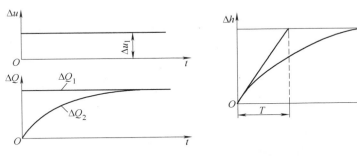

图2-3　水位飞升曲线

从式（2-12）中看出，在输入量作阶跃变化时，过程受控量水位变化的稳定值是通过自身的"调节"而达到的，这一特性称为自衡特性。自衡能力大小用自衡率 ρ 来表示，以水槽过程为例，有

$$\rho = \frac{\Delta\mu_1}{\Delta h(\infty)} \tag{2-13}$$

式中　$\Delta\mu_1$——扰动量（进水阀门开度）的变化量；

$\Delta h(\infty)$——受控量（液位）的变化量。

式（2-13）的意义为：当 ρ 值大时，表示自衡能力大，即以被控量较小的变化 Δh 来抵消较大的扰量变化。

如果把水槽过程的例子变化成图2-4，则不具有自衡特性。它与图2-2的不同之处在于流出量是靠一个定量水泵送出，其 Q_2 的值保持不变，这样水槽水位就不可能达到新的稳态值。

以上讨论了水槽过程，用同样的方法可以对其他过程进行分析，下面对几种简单的被控过程列表类比，见表2-1。

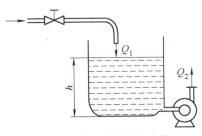

图2-4　无自衡特性的水槽

表2-1　简单过程类比

项　目	RC 电路	水　槽	加热器	气　罐
对象	u_r ○—[R]—○ u_c	Q_1 h R Q_2	θ_1	p_1 Q_1 R_1 p p_2 Q_2 R_2

（续）

项　目	RC 电路	水　槽	加　热　器	气　罐
输入量	电压 u_r	液体流量 Q_1	热量	气体流量
被控量	电压 u_c	液位 h	温度 θ	气压 p
容量系数	电容 C	截面积 A	容热 $C = C_{cp}$	气容 $C = \dfrac{V}{R_0 T_0}$
阻力	电阻 R	液阻 R	热阻 R	气阻 R
时间常数 T	RC	RA	RC	RC
传递常数 $G(s)$	$\dfrac{U_c(s)}{U_r(s)} = \dfrac{K}{Ts+1}$	$\dfrac{H(s)}{Q_1(s)} = \dfrac{K}{Ts+1}$	$\dfrac{T(s)}{\theta_1(s)} = \dfrac{K}{Ts+1}$	$\dfrac{R_2(s)}{R_1(s)} = \dfrac{K}{Ts+1}$
放大系数	1	R	R	1

通过类比可以看出，它们的共同特点是有自衡能力的单容过程的数学模型，都可用传递函数 $G(s) = \dfrac{K}{Ts+1}$ 表示。

2.2.2　有纯滞后过程的数学模型

在控制过程中，滞后是指受控量的变化落后于扰动的发生和变化，这种变化如果是因信号的传输引起的，则称为纯滞后或传输滞后。

如图 2-5 所示，流量 Q_1 通过较长通道进入水槽，当阀门开度变化引起流量 Q_1 变化时，需要经过一段传输时间 τ_0 才使进入水槽的流量产生变化，从而使水槽液位 h 发生变化。图 2-5 所示曲线 1 为单容过程的阶跃响应曲线，而曲线 2 为具有纯滞后的单容过程的阶跃响应曲线，它与曲线 1 的形状完全相同，只相差一个纯滞后时间。

具有纯滞后单容过程的微分方程和传递函数为

$$\begin{cases} T\dfrac{\mathrm{d}\Delta h}{\mathrm{d}t} + \Delta h = K\Delta\mu(t - \tau_0) \\[2mm] G_0(s) = \dfrac{K}{Ts+1}\mathrm{e}^{-\tau_0 s} \end{cases} \tag{2-14}$$

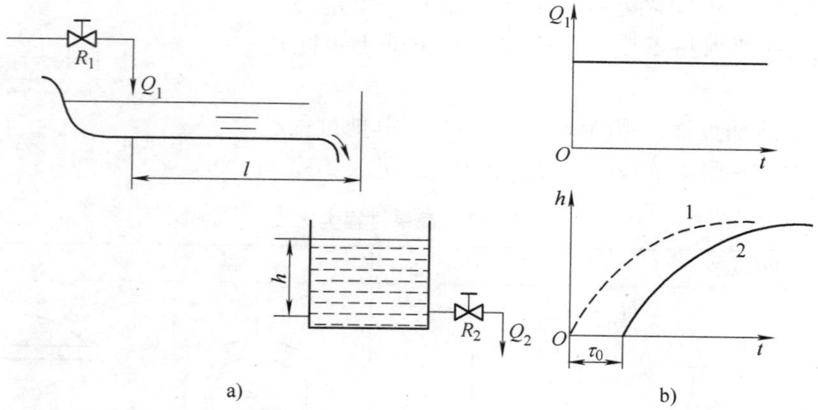

图 2-5　有纯滞后的单容过程

过程的纯滞后，是由于集中的传输和测量所致。

2.2.3 多容过程的数学模型

以上讨论的是只有一个贮存容量的过程。实际过程往往具有一个以上的贮存容量，更要复杂一些。如图 2-6 所示的过程具有两个水槽，也就是说它有两个可以贮水的容器，称为双容过程。

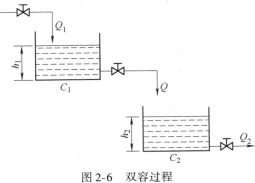

图 2-6　双容过程

这是由两个一阶非周期惯性环节串联起来，受控量为图 2-6 所示第二水槽的水位 h_2。当输入量有一个阶跃增加时，受控量变化的反应曲线如图 2-7 所示。它不再是简单的指数曲线，而是呈 S 形的一条曲线。由于多了一个容器，就使过程的飞升特性在时间上更加落后一步。

通过图 2-7 中 S 形曲线的拐点 P 作切线，它在时间轴上截出一段时间，这段时间可以近似地衡量由于多了一个容量而使飞升过程向后推迟的程度，因此称为容量滞后，通常用 τ_c 表示。

对比单容和双容过程的飞升特性曲线可以看到，双容过程由于容器数目由 1 变为 2，飞升特性就出现了一个容量滞后 τ_c。而这个 τ_c 对受控过程的影响是很大的，到第 5 章时可以看到 τ_c 是一个很重要的参数，即可控度的时域描述中的 τ_p、控制器整定中响应曲线法中的 τ。研究图 2-7 所示双容过程的飞升特性曲线，应当用对曲线拐点 P 作切线的方法去求容量滞后，而放大系数 K 和单容一样，即 $K = \dfrac{\Delta h_2(\infty)}{\Delta \mu_1}$。

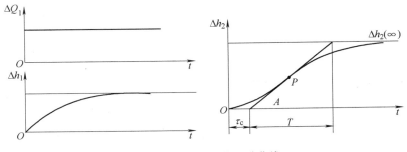

图 2-7　双容过程的飞升曲线

以上讨论的是双容过程的飞升特性。如果在这个基础上再增加一个或更多的贮存容器，那么它的飞升曲线仍然是呈 S 形，但是容量滞后 τ_c 更加大了。图 2-8 表示具有 1～6 个同样大小的贮存容量过程的飞升特性。

实际过程的容器数目可以很多，每个容量也不相同，但它们的飞升特性曲线和图 2-8 相似，都可以用 τ_c、T、K 这三个参数来表征。

由于大多数石油、化工、冶金方面的热工过程都具有容量滞后，受控量变化大多是非振荡

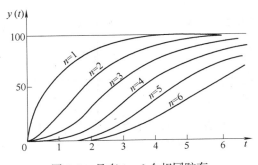

图 2-8　具有 1～6 个相同贮存容量受控过程的飞升特性

的，其响应曲线是 S 形，如图 2-8 所示，即受到扰动作用后，开始变化速度缓慢，经过一定时间后变化速度达最大值，以后又慢下来而达到新平衡，如果过程没有自平衡能力，则受控量可能不断变化，不会再平衡下来。

综上所述，过程的动态特性可归纳为表 2-2（推导从略）。

表 2-2 过程的几种动态特性

过 程 特 点	传 递 函 数	飞 升 曲 线
无纯滞后自衡单容过程	$G(s) = \dfrac{K}{Ts+1}$	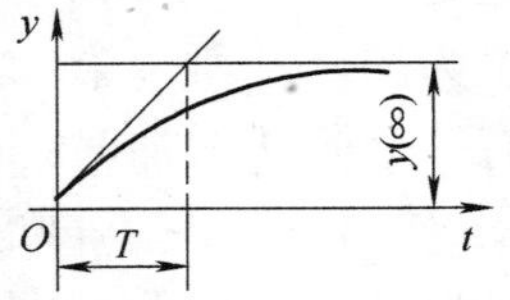
有纯滞后自衡单容过程	$G(s) = \dfrac{K}{Ts+1}e^{-\tau_0 s}$	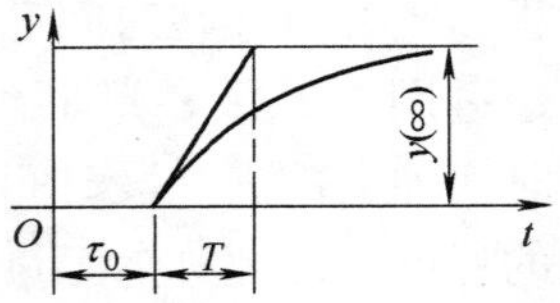
双容无纯滞后自衡过程	$G(s) = \dfrac{K}{(T_1 s+1)(T_2 s+1)}$	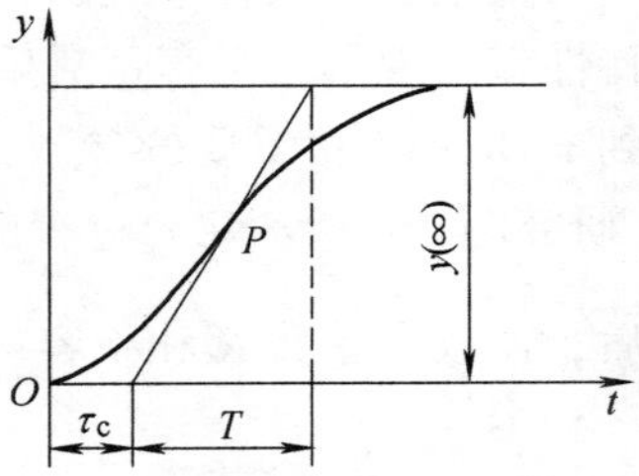
双容有纯滞后自衡过程	$G(s) = \dfrac{K}{(T_1 s+1)(T_2 s+1)}e^{-\tau_0 s}$	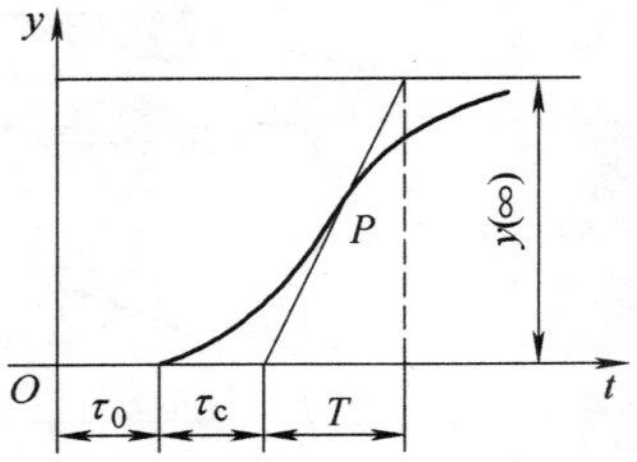
有纯滞后自衡多容过程（几个）	$G(s) = \dfrac{K}{(T_1 s+1)(T_2 s+1)\cdots(T_n s+1)}e^{-\tau_0 s}$	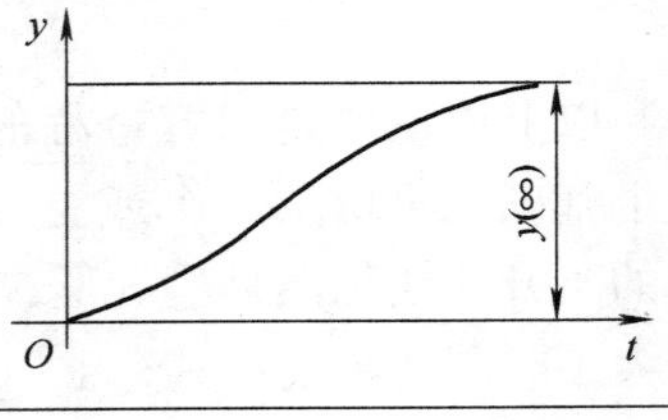
有纯滞后、自衡多容为等容过程	$G(s) = \dfrac{K}{(Ts+1)^n}e^{-\tau_0 s}$ $T_1 = T_2 = T_3 = \cdots = T_n = T$	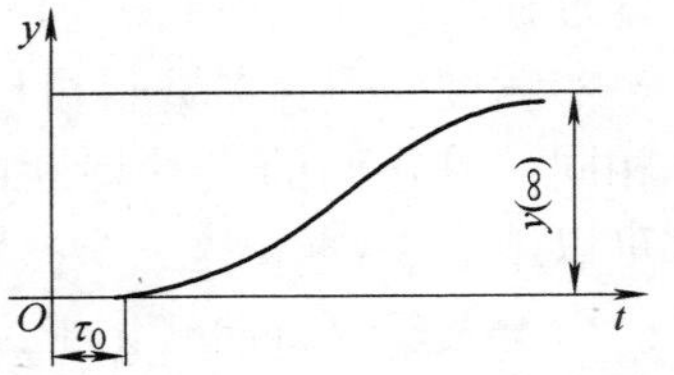

（续）

过 程 特 点	传 递 函 数	飞升曲线
单容无自衡过程	$G(s) = \dfrac{1}{T_\alpha s}e^{-\tau_0 s}$	
双容无自衡过程	$G(s) = \dfrac{1}{Ts+1} \cdot \dfrac{1}{T_\alpha s}$	
双容无自衡有纯滞后过程	$G(s) = \dfrac{1}{(Ts+1)}\dfrac{1}{T_\alpha s}e^{-\tau_0 s}$	
多容无自衡过程	$G(s) = \dfrac{1}{(Ts+1)^n T_\alpha s}$	
多容无自衡有纯滞后过程	$G(s) = \dfrac{1}{(Ts+1)^n T_\alpha s}e^{-\tau_0 s}$	

注：表中 $T_\alpha = \tan\alpha$。

过程是过程控制系统中的重要组成部分，要完善系统的特性，必须根据不同过程的特征，设计最佳控制规律、恰当选配仪表并正确整定控制器的参数。这就是分析和了解过程动态特性的目的。

2.3 实验建模

2.3.1 实验建模的一般程序

以上我们讨论的过程都比较简单，而实际生产过程中的过程大多为复杂过程，这些过程用数学推导的方法求其数学模型比较困难。由于在推导和估算中常用一些假设和近似，而且一般也不会很准确，所以在工程上常用实验法测定其动态特性。应当指出，用实验测定的方法会生产产生微小的影响。

目前，用来测定过程动态特性的实验方法主要有以下三种。

1. 测定动态特性的时域方法

这个方法主要是求取过程的飞升曲线或方波响应曲线，如输入量作阶跃变化，测绘过程输出量随时间变化曲线就得到飞升特性。如果将输入量作一个脉冲方波变化，测出过程输出量随时间的变化曲线，即得到脉冲方波响应曲线。这些方法不需要特殊的信号发生器，在很多情况下可以利用调节系统中原有的仪器设备，方法简单，测试工作量较小，故应用甚广，此方法的缺点是测试精度不高且对生产有一定的影响。

2. 测定动态特性的频域方法

在过程中输入一种正弦波或近似正弦波，测出输入量与输出量的幅值比和相位差，于是就获得了这个过程的频率特性。这种方法在原理上和数据处理上都是比较简单的。由于输入信号只是在稳态值上下波动，故对生产影响较小，测试的精度比时域法高。但此方法需要专门的超低频测试设备，测试工作量也较大。

3. 测定动态特性的统计研究方法

在过程输入端加上某种随机信号或直接利用过程输入端本身存在的随机噪声，观察和记录由于它们所引起的过程各参数的变化，从而研究过程的动特性。这种方法称为统计研究方法。所用的随机信号有白色噪声、随机开关信号等。由于随机信号是在稳态值上下波动，或者不须加上人为扰动，故此方法对生产的影响很小，试验结构不受干扰影响，精度高。但统计法要求积累大量数据，并用相关仪表和计算机对这些数据进行计算和处理。

实验测定法是通过对过程加一人为的扰动后，求取不同的响应曲线，然后再通过数据处理得到其数学模型的方法。

2.3.2 阶跃响应法

1. 阶跃扰动法测定过程的响应曲线（飞升曲线）

测定过程的阶跃响应曲线应在较小的动态范围内进行，既可以保持线性，又不致影响生产的正常运行。实验方法如图 2-9 所示，当过程已处于稳定状态时，利用控制阀快速输入一个阶跃扰动，并保持不变。过程的输入信号与输出信号经变送后由快速记录仪记录下来，在记录纸上可以同时记下控制阀开度变化 Δu 及被控量 y 的响应曲线。实测时应注意以下事项：

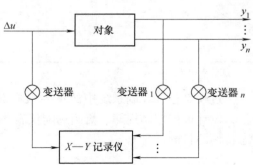

图 2-9 测定过程阶跃响应曲线的实验方法

1）扰动量要选择恰当，选大了会影响生产，这是不允许的；选小了可能受干扰信号的影响而失去作用。一般取控制阀门流入量最大值的 10% 左右，当生产上限制较严时应降到 5%，相反也可提高到 20%，以不影响生产为准。

2）试验要进行到被控量接近稳定值，或者至少要达到被控量变化的最大值之后。

3）试验要在额定负荷或平均负荷下重复进行几次，至少要获得两次基本相同的响应曲线，以排除偶然性干扰的影响。

4）扰动要正、反方向变化，分别测出正、反方向变化的响应曲线，以检验过程的非线性。显然，正、反方向变化的响应曲线应是类同的。

5）要特别注意记录响应曲线的起始部分，如果这部分没有测出或者欠准，就难以获得正确的过程动态特性参数。

2. 由阶跃响应曲线求过程的传递函数

求得阶跃响应曲线的目的在于求取过程的传递函数，为分析、设计控制系统，整定控制器参数或改进控制系统提供必要的参数与依据。

（1）无滞后一阶过程的传递函数 一阶非周期过程比较简单，只要确定放大系数 K 及时间常数 T 即可获得传递函数。

1）静态放大系数 K。由所测阶跃响应曲线估计并绘出被控量的最大稳态值 $y(\infty)$，如图 2-10 所示，放大系数 K 为

$$K = \left[y(\infty) - y(0) \right] / \Delta u \quad (2\text{-}15)$$

2）时间常数 T。由响应曲线起点作切线与 $y(\infty)$ 相交点在时间坐标上的投影，就是时间常数 T。由于切线不易作准，根据无纯滞后单容过程的动态特性式（2-10）解出为

$$\Delta h = K \Delta u \left(1 - e^{-t/T} \right) \quad (2\text{-}16)$$

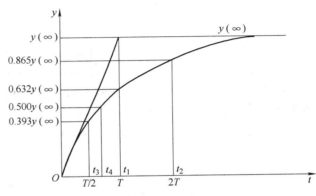

图 2-10 无滞后一阶过程的响应曲线

在响应曲线 $y(t_1) = 0.632 y(\infty)$ 处，量得的时间 t_1 就是 T，即 $t_1 = T$，$t_2 = 2T$，$T_3 = T/2$，$T_4 = T/1.44$。

（2）具有纯滞后一阶过程的传递函数 当所测响应曲线的起始速度较慢，曲线呈 S 形时，可近似认为是带纯滞后的一阶非周期过程，将过程的容量滞后也当纯滞后处理，则传递函数为

$$G(s) = \frac{K}{Ts + 1} e^{-\tau s} \quad (2\text{-}17)$$

对于 S 形的曲线，常用两种方法处理。

1）切线法。这是一种比较简便的方法，即通过响应曲线的拐点 A 作一切线，在时间轴上的交点即为滞后时间 τ，与 $y(\infty)$ 线的交点在时间轴上的投影即为等效时间常数 T，如图 2-11 所示。过程的放大系数 K 可按式（2-15）计算。

2）计算法。用计算法时，把被控量 $y(t)$ 以相对值表示，而后求得 T 和 τ 与相对值的关系，达到求取 T 和 τ 值的目的。$y(t)$ 的相对值，即 $y_0(t) = y(t)/y(\infty)$，当 $t \geq \tau$ 或 $t < \tau$ 时，有

$$y_0(t) = \begin{cases} 0 & t < \tau \\ 1 - e^{-(t-\tau)/T} & t \geq \tau \end{cases}$$

选择几个不同的时间 t_1、t_2、$\cdots$，可得相应

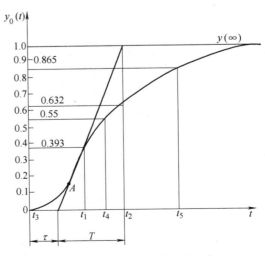

图 2-11 有滞后过程的一阶近似

的 $y_0(t)$，如图 2-11 所示。由图可得在时间 t_1 与 t_2 处的两个联立方程

$$\begin{cases} y_0(t_1) = 1 - \mathrm{e}^{-(t_1-\tau)/T} \\ y_0(t_2) = 1 - \mathrm{e}^{-(t_2-\tau)/T} \end{cases} \quad t_2 > t_1 > \tau$$

两边取对数

$$\begin{cases} -\dfrac{t_1-\tau}{T} = \ln\left[\,1 - y_0(t_1)\,\right] \\[2mm] -\dfrac{t_2-\tau}{T} = \ln\left[\,1 - y_0(t_2)\,\right] \end{cases}$$

解得

$$\begin{cases} T = \dfrac{t_2 - t_1}{\ln\left[\,1 - y_0(t_1)\,\right] - \ln\left[\,1 - y_0(t_2)\,\right]} \\[4mm] \tau = \dfrac{t_2\ln\left[\,1 - y_0(t_1)\,\right] - t_1\ln\left[\,1 - y_0(t_2)\,\right]}{\ln\left[\,1 - y_0(t_1)\,\right] - \ln\left[\,1 - y_0(t_2)\,\right]} \end{cases} \tag{2-18}$$

在响应曲线上量出与 t_1、t_2 相对应的 $y_0(t_1)$、$y_0(t_2)$ 值，即可按式（2-18）计算时间常数 T 及纯滞后 τ 值。

一般选择 $y_0(t_1) = 0.393$，$y_0(t_2) = 0.632$，因此得

$$\begin{cases} T = 2(t_2 - t_1) \\ \tau = 2t_1 - t_2 \end{cases}$$

计算出 T 与 τ 后，还应在 t_3、t_4、t_5 时刻所对应的曲线值进行校验，当与下列数值相近时为合格，即

当 $t_3 < \tau$ 时，　　　　　　$y_0(t_3) = 0$

当 $t_4 = (0.8T + \tau)$ 时，　　$y_0(t_4) = 0.55$

当 $t_3 = (2T + \tau)$ 时，　　　$y_0(t_5) = 0.865$

这样计算出来的 T 与 τ 较上述切线法准确，而放大系数 K 仍按上法求取。

3）图解法。设已测得了一阶过程的响应曲线如图 2-12a 所示。

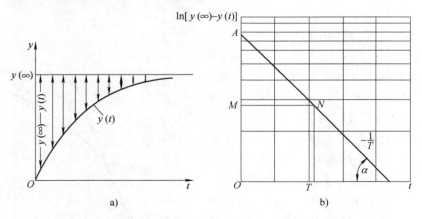

图 2-12　一阶过程的响应曲线及时间常数图解

由式（2-16）表示为

$$y(t) = K\Delta u(1 - \mathrm{e}^{-t/T})$$

由于
$$y(t) = y(\infty)(1 - e^{-t/T})$$

即
$$y(\infty) - y(t) = y(\infty)e^{-t/T}$$

两边取对数

$$\ln[y(\infty) - y(t)] = -\frac{t}{T} + \ln y(\infty) \tag{2-19}$$

以式（2-19）的 $\ln[y(\infty) - y(t)]$ 作纵坐标，时间 t 作横坐标得一直线，如图 2-12b 所示，直线与纵坐标交于点（截距），直线斜率为 $-1/T$，由图可见

$$\tan\alpha = -\frac{1}{T} = -\frac{t}{T} + \ln y(\infty) \tag{2-20}$$

当 $t = T$ 时，$\ln A - \ln M = 1$，因此 $M = 0.368A$ 所对应的时间即为时间常数 T，过程的放大系数 K 也按式（2-15）计算。

（3）有自平衡能力二阶过程的传递函数 根据有自平衡能力二阶过程的标准传递函数 $G(s) = K/[(T_1 s + 1)(T_2 s + 1)]$，假定放大系数 $K = 1$，二阶过程的单位阶跃响应特性方程可表示为

$$y(t) = 1 + \frac{T_1}{T_2 - T_1}e^{-t/T_1} - \frac{T_2}{T_2 - T_1}e^{-t/T_2} \tag{2-21}$$

其响应曲线如图 2-13 所示，在曲线拐点处有 $\dfrac{d^2 y(t)}{dt^2} = 0$，因此得

$$t_1 = \frac{T_1 T_2}{T_1 - T_2}\ln\frac{T_1}{T_2} \tag{2-22a}$$

由图可见

$$AB = 1 - AF = 1 - y(t_1)$$

$$= \frac{T_2}{T_2 - T_1}\left(\frac{T_1}{T_2}\right)^{T_1/(T_2 - T_1)} - \left(\frac{T_1}{T_2}\right)^{T_2/(T_2 - T_1)} \tag{2-22b}$$

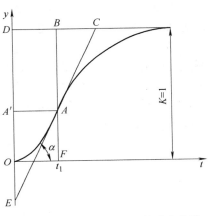

图 2-13 有自衡能力过程的响应曲线

拐点 A 处的斜率 $\tan\alpha$ 为

$$\tan\alpha = \frac{T_2}{T_2 - T_1}\left[\left(\frac{T_1}{T_2}\right)^{T_1/(T_2 - T_1)} - \left(\frac{T_1}{T_2}\right)^{T_2/(T_2 - T_1)}\right] \tag{2-22c}$$

由图还有：$BC = AB/\tan\alpha$，$A'E = t_1 \tan\alpha$。将式（2-22a、b、c）代入，可得

$$BC = \frac{\dfrac{T_2}{T_2 - T_1}\left(\dfrac{T_1}{T_2}\right)^{T_1/(T_2 - T_1)} - \dfrac{T_1}{T_2 - T_1}\left(\dfrac{T_1}{T_2}\right)^{T_2/(T_2 - T_1)}}{\dfrac{1}{T_2 - T_1}\left[\left(\dfrac{T_1}{T_2}\right)^{T_1/(T_2 - T_1)} - \left(\dfrac{T_1}{T_2}\right)^{T_2/(T_2 - T_1)}\right]} = T_2 - T_1$$

$$A'E = \frac{T_1 T_2 \ln\left(\dfrac{T_1}{T_2}\right)}{T_1 - T_2} \cdot \frac{1}{T_2 - T_1}\left[\left(\frac{T_1}{T_2}\right)^{T_1/(T_2 - T_1)} - \left(\frac{T_1}{T_2}\right)^{T_2/(T_2 - T_1)}\right]$$

$$\tag{2-23}$$

$$= \frac{\dfrac{T_1}{T_2}\ln\left(\dfrac{T_1}{T_2}\right)}{\left(1 - \dfrac{T_1}{T_2}\right)^2}\left[\left(\frac{T_1}{T_2}\right)^{\left(1 - \frac{T_1}{T_2}\right)} - \left(\frac{T_1}{T_2}\right)^{\left(\frac{T_1}{T_2}\right)\big/\left(1 - \frac{T_1}{T_2}\right)}\right]$$

　　式（2-23）表明 $A'E$ 是 T_1/T_2 的函数，相互关系值见表 2-3。在拐点作切线可得 BC 值与 $A'E$ 值，再从表中的 $A'E$ 值可得相应的 k 值，由 $BC = T_2 - T_1$ 和 $k = T_1/T_2$，即可算出 T_1 与 T_2 值。

表 2-3　$A'E$ 与 $k(=T_1/T_2)$ 值关系

k	$A'E$	k	$A'E$	k	$A'E$	k	$A'E$	k	$A'E$
0	0	0.20	0.2693	0.40	0.3319	0.60	0.3563	0.80	0.3656
0.05	0.1347	0.25	0.2913	0.45	0.3410	0.65	0.3589	0.85	0.3665
0.10	0.1809	0.30	0.3002	0.50	0.3466	0.70	0.3620	0.90	0.3671
0.15	0.2393	0.35	0.3236	0.55	0.3523	0.75	0.3641	1.00	0.3679

2.3.3　脉冲响应法

　　在进行阶跃响应曲线的实验时，也可能遇到这种情况：当输入的阶跃值在通常的范围内时，输出的变化会达到不允许的数值，无自衡过程就是一个明显的例子。为了解决这一问题，可以在加上阶跃信号后经 Δt 即行撤除阶跃信号，作用在对象上的信号实际上是一个宽度为 Δt 的脉冲方波，如图 2-14 所示。

　　输入为脉冲方波，输出的反应曲线称为"方波响应"。方波响应与阶跃响应具有密切关系。一旦用实验测得过程的方波响应后，就能够很容易地求出它的阶跃响应及曲线。为此，可把加在过程上的方波信号看成是两个阶跃作用的代数和，一个是在时刻 $t = 0$ 时加入过程的正阶跃信号 $u_1(t)$，另一个是在时刻 $t = \Delta t$ 时加入过程的负阶跃信号 $u_2(t)$，且幅值相同，如图 2-15 所示。

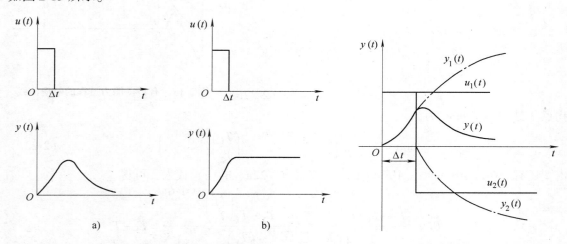

图 2-14　脉冲方波的响应特性　　　　　　图 2-15　脉冲方波响应特性曲线
a）有自衡过程的响应特性　b）无自衡过程的响应特性

　　这两个信号作用于过程的结果，可分别用响应曲线 $y_1(t)$ 和 $y_2(t) = -y_1(t - \Delta t)$ 表示，而过程的方波响应 $y(t)$ 便是这两条响应曲线的叠加或代数和，表示为

$$y(t) = y_1(t) + y_2(t) = y_1(t) - y_1(t - \Delta t) \tag{2-24}$$

或
$$y_1(t) = y(t) + y_1(t - \Delta t)$$

　　根据这个方波响应 $y(t)$ 就可以算得阶跃响应 $y_1(t)$。在 $0 \sim \Delta t$ 这一段时间范围内，阶跃响应与方波响应曲线是一致的，在以后的各段，阶跃响应曲线是该段的方波响应加上 Δt 时

间前的阶跃曲线值。描绘时，先把时间轴分成间隔为 Δt 的若干等分，因在第一段中 $y_1(t - \Delta t) = 0$，故 $y_1(t) = y(t)$；Δt 后每一段的 $y_1(t)$ 乃是该段中的 $y(t)$ 及其相邻前一段的 $y_1(t)$ 之和。这样随着时间的推移，就可以由方波响应求得完整的阶跃响应曲线。

下面用例题来说明求解数学模型的方法。

例 2-1 空气和氨气在氧化炉中反应产生硝酸。氧化炉温度为生产的主要指标。实验时以氨控制阀产生氨气压力为 0.01MPa 的扰动，测出氧化炉温度响应值见表 2-4，求氧化炉二阶近似传递函数。

表 2-4 氧化炉温度响应

t/s	0	17	37	57	77	97	117	137	…	稳态时
炉温/℃	0	0	2.4	6.8	11.6	15.6	19.2	22.6	…	35.6

以 $y(\infty)$ 表示稳态值，$y(t)$ 表示瞬态值，将 $[y(\infty) - y(t)]$ 与时间 t 的对应值整理成表 2-5。

表 2-5 $[y(\infty) - y(t)]$ 与 t 的对应关系

时间 t/s	0	20	40	60	80	100	120	…	∞
$[y(\infty) - y(t)]$/℃	35.6	33.2	28.8	24.0	20.0	16.4	13.0	…	0

用上述图解法，以 $\ln[y(\infty) - y(t)]$ 为纵坐标，时间 t 为横坐标，在半对数坐标纸上绘成图 2-16，由图可见各点并未落在直线上，表明所测过程不是一阶而是二阶的。

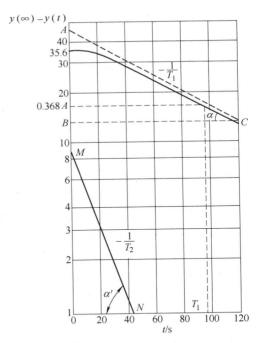

图 2-16 时间常数 T_1 与 T_2 图解计算法

沿较大时间 t 的直线段作延长直线，交纵坐标于 A 点，如图中虚线所示，其斜率为 $-1/T_1$，在 $0.368A$ 处所对应的时间为时间常数 T_1，也可由直线的斜率求出，即

$$\tan\alpha = \frac{AB}{BC} = -\frac{\ln A - \ln B}{BC} = \frac{\ln 45 - \ln 13}{120} = -\frac{1.25}{120}$$

则时间常数 $T_1 = \frac{120}{1.25}\text{s} = 96\text{s}$，再以虚线值 Ae^{-1/T_1} 减去实线值 $[35.6 - y(t)]$，即得一直线 NM，其斜率为 $-1/T_2$，即 $\tan\alpha' = -\frac{M}{N} = \frac{\ln M - \ln 1}{N} = \frac{\ln 9.2 - \ln 1}{44} = -\frac{2.219}{44}$，则时间常数 $T_2 = 44/2.219\text{s} = 19.83\text{s} \approx 20\text{s}$。

由图可见，在 $0.368M$ 处作时间轴垂线也可求得 T_2。

过程的放大系数 K 为

$$K = \frac{y(\infty)}{\Delta u} = \frac{35.6}{0.01} = 3560$$

由此得过程的传递函数为

$$G(s) = \frac{3560}{(96s + 1)(20s + 1)}$$

2.3.4 最小二乘法

以上介绍的建模方法是求出过程或系统的连续时间模型，如微分方程或传递函数等，它描述了过程的输入、输出信号随时间连续变化的过程。随着计算机控制技术的发展，有时要求建立过程或系统的离散时间模型，这是由于计算机控制系统本身就是一个离散时间系统，即它的输入、输出信号本身就是两组离散序列，这时用离散时间模型来描述过程或系统更为合适与直接。

对于一个连续系统来说，可以用连续时间模型来描述，如传递函数 $G(s) = \dfrac{Y(s)}{U(s)}$；也可以用离散时间模型来描述，如脉冲传递函数 $G(z) = \dfrac{Y(z)}{U(z)}$ 或差分方程。如果对过程的输入信号 $u(t)$、输出信号 $y(t)$ 进行采样（采样周期为 T），则可得到一组输入序列、一组输出序列，即 $u(k)$ 与 $y(k)$。若用差分方程来表示，即

$$y(k) + a_1 y(k-1) + \cdots + a_n y(k-n) = b_0 u(k) + b_1 u(k-1) + \cdots + b_n u(k-n) \quad (2\text{-}25)$$

式中　　　　　　　　　k——采样次数；

　　　　　　　　　$u(k)$——过程输入序列；

　　　　　　　　　$y(k)$——过程输出序列；

a_0，a_1，$\cdots$，a_n 及 b_0，b_1，$\cdots$，b_n——常系数；

　　　　　　　　　n——模型阶次。

若用 $G(z)$ 表示，则对这两组序列进行 z 变换，其比值就是脉冲传递函数

$$G(z) = \frac{Y(z)}{U(z)} = \frac{b_0 + b_1 z^{-1} + \cdots + b_n z^{-n}}{1 + a_1 z^{-1} + \cdots + a_n z^{-n}} \quad (2\text{-}26)$$

所以，对于一个实际过程或系统来讲，可以建立连续模型，也可以建立离散模型。从使用模型来看，有时需要连续模型，有时需要离散模型。最小二乘法就是介绍一种过程离散时间模型的建模方法。

过程建模或系统建模（辨识）的任务有两个：一是确定模型的结构；二是确定模型结构中的参数值（参数估计）。前面介绍的根据过程的响应曲线来确定模型结构和参数，是第一种方法。下面介绍第二种方法，即根据过程的输入、输出实验数据来推算出结构模型中的参数值，最小二乘法就是其中简单而实用的方法之一。

1. 最小二乘法参数估计原理

最小二乘法的基本出发点是在获得过程或系统的输入、输出数据后，希望求得最佳的参数值，以使系统方程在最小方差意义上与输入、输出数据相拟合，采用实际观察值代替模型的输出。所以，对于一个单输入、单输出的线性 n 阶定常过程或系统，当模型的输出就是过程或系统的受噪声污染的输出，而其输入不受噪声污染时，可用如下差分方程表示

$$\begin{aligned} &y(k) + a_1 y(k-1) + a_2 y(k-2) + \cdots + a_n y(k-n) \\ &= b_1 u(k-1) + b_2 u(k-2) + \cdots + b_n u(k-n) + e(k) \end{aligned} \quad (2\text{-}27)$$

参数估计就是在已知输入序列 $u(k)$ 和输出序列 $y(k)$ 的情况下，求取上述方程中的参数 a_0，$\cdots$，a_n 及 b_0，$\cdots$，b_n 的具体数值。

若对过程的输入、输出观察了 $(N+n)$ 次，则得到的输入、输出序列为

$$\{u(k), y(k), k = 1, 2, \cdots, N+n\}$$

为了估计上述 $2n$ 个未知数，需构成如式（2-27）那样的 N 个观察方程，即

$$\begin{cases} y(n+1) = -a_1y(n) - \cdots - a_ny(1) + b_1u(n) + \cdots + b_nu(1) + e(n+1) \\ y(n+2) = -a_1y(n+1) - \cdots - a_ny(2) + b_1u(n+1) + \cdots + b_nu(2) + e(n+2) \\ \qquad\qquad\qquad\qquad\qquad \vdots \\ y(n+N) = -a_1y(n+N-1) - \cdots - a_ny(N) + b_1u(n+N-1) + \cdots + b_nu(N) + e(n+N) \end{cases}$$

$$(2\text{-}28)$$

式中　$N \geqslant 2n+1$。

将此观察方程组用矩阵形式表示，即

$$Y(N) = X(N)\boldsymbol{\theta}(N) + \boldsymbol{e}(N) \tag{2-29}$$

或

$$Y = X\boldsymbol{\theta} + \boldsymbol{e} \tag{2-30}$$

式中　$Y(N)$——输出向量，$Y(N) = \begin{pmatrix} y(n+1) \\ y(n+2) \\ \vdots \\ y(n+N) \end{pmatrix}$;

$X(N)$——输入向量，$X(N) = \begin{pmatrix} \boldsymbol{u}^{\mathrm{T}}(n+1) \\ \boldsymbol{u}^{\mathrm{T}}(n+2) \\ \vdots \\ \boldsymbol{u}^{\mathrm{T}}(n+N) \end{pmatrix}$

$$= \begin{pmatrix} -y(n) & -y(n-1) & \cdots & -y(1) & u(n) & u(n-1) & \cdots & u(1) \\ -y(n+1) & -y(n) & \cdots & -y(2) & u(n+1) & u(n) & \cdots & u(2) \\ \vdots & \vdots & \vdots & \vdots & \vdots & \vdots & & \vdots \\ -y(n+N-1) & -y(n+N-2) & \cdots & -y(N) & u(n+N-1) & u(n+N-2) & \cdots & u(N) \end{pmatrix};$$

$\boldsymbol{\theta}(N)$——所要求解的参数向量，$\boldsymbol{\theta}(N) = \begin{pmatrix} a_1 \\ \vdots \\ a_n \\ b \\ \vdots \\ b_n \end{pmatrix}$;

$\boldsymbol{e}(N)$——模型残差向量，$\boldsymbol{e}(N) = \begin{pmatrix} e(n+1) \\ e(n+2) \\ \vdots \\ e(n+N) \end{pmatrix}$。

式（2-29）是 $(n+N)$ 个数据的最小二乘估计公式。

最小二乘参数估计原理是从式（2-27）所示的一类模型中找出这样一个模型，即在这个模型中过程参数向量 $\boldsymbol{\theta}$ 的估计值 $\hat{\boldsymbol{\theta}}$ 能使模型误差尽可能小，就是要求估计出来的参数使得观察方程组式（2-28）的残差（误差）二次方和（损失函数）J 最小。

$$J = \sum_{k=n+1}^{n+N} e^2(k) = \boldsymbol{e}^{\mathrm{T}}\boldsymbol{e} \tag{2-31}$$

将式（2-30）代入式（2-31）可得

$$J = (Y - X\theta)^{\mathrm{T}}(Y - X\theta) \tag{2-32}$$

为了求取模型中的未知数，必须求解如下方程组：

$$\begin{cases} \dfrac{\partial J}{\partial a_i} = 0 \\[2mm] \dfrac{\partial J}{\partial b_i} = 0 \end{cases} \tag{2-33}$$

式中　$i = 1, 2, \cdots, n$。

如果对式（2-32）求导，并令 $\left.\dfrac{\partial J}{\partial \theta}\right|_{\theta = \hat{\theta}} = 0$，可得

$$\frac{\partial J}{\partial \theta} = \frac{\partial}{\partial \hat{\theta}}\left[(Y - X\hat{\theta})^{\mathrm{T}}(Y - X\hat{\theta}) \right] = -2 X^{\mathrm{T}}(Y - X\hat{\theta}) = 0$$

则

$$X^{\mathrm{T}} X \hat{\theta} = X^{\mathrm{T}} Y \tag{2-34}$$

所以，最小二乘估计值 $\hat{\theta}$ 为

$$\hat{\theta} = (X^{\mathrm{T}} X)^{-1} X^{\mathrm{T}} Y \tag{2-35}$$

通常认为 $X^{\mathrm{T}} X$ 为非奇异矩阵，有逆矩阵存在。

以上介绍的最小二乘法是在测取一批数据后再进行计算的。如果新增加一组采样数据，则需将新的数据附加到老的数据上整个再重新计算一遍，因此工作量大，不适合在线辨识。为了解决这一问题，可以采用递推算法。当增加一组新的采样数据后，只要把原来的参数估计值 $\hat{\theta}$ 加以修正，就能得到新的参数估计值，适用于在线辨识。由于篇幅所限，对于递推最小二乘参数估计可参阅有关资料。

2. 过程数学模型阶次 n 的确定

上面介绍的最小二乘参数估计是假定模型阶次 n 是已知的，仅仅估计差分方程的系数。但实际上模型的阶次 n 是很难被事先准确知道的，它是过程辨识中的一个重要问题。实践经验表明，一个过程模型不准确可能在过程控制系统设计时发生严重问题。所以在过程辨识中对于模型的阶次是否合适是必须进行检验的。过程模型阶次的检验方法很多，见表2-6。下面介绍一种常用的拟合度检验法。

表 2-6　确定模型阶次的检验方法

检　验　方　法	代　　号	有干扰时的有效性	无干扰时的有效性
行列式比	DR	好	差
推广的行列式比	EDR	好	尚可
辅助行列式比	IDR	好	好
模型误差的独立性	IO	好	尚可
拟合度检验	LE	好	好
信号误差	SE	好	好
F 检验	FT	好	好
多项式检验	PT	好	好
最终预报误差	FPF	好	好

确定模型阶次的拟合度检验法是一种应用较多的以模型拟合质量来估计其阶次的方法。这种方法是通过比较不同阶次的模型输出与观察输出的拟合质量好坏来确定模型阶次的。其具体做法是，先依次设定模型的阶次 $n = 1$，2，3，$\cdots$，再计算不同阶次时的最小二乘参数估计值 $\hat{\boldsymbol{\theta}}$ 及其相应的损失函数 J，然后比较相邻的不同阶次 n 的模型与观察数据之间拟合程度的好坏来确定模型的阶次。

若 J_{n+1} 较 J_n 有明显的减小，则阶次由 $(n+1)$ 上升到 $(n+2)$，直至阶次增加后 J 无明显变化，即 $J_{n+1} - J_n \leqslant \varepsilon$，最后选用 J 减小不明显的阶次作为模型的阶次。拟合质量好坏的指标可用误差二次方和的函数或损失函数 J 来评定，即

$$J = e^{\mathrm{T}} e \, (Y - X\hat{\boldsymbol{\theta}})^{\mathrm{T}} (Y - X\hat{\boldsymbol{\theta}}) \tag{2-36}$$

式中　$\hat{\boldsymbol{\theta}}$——某一模型给定阶次 n 时的参数最小二乘估计值。

在一般情况下，随着模型阶次 n 的增加，J 值有明显的减小。下面举一例子来说明模型拟合度检验法的具体应用。

例 2-2　设过程模型的差分方程为

$$y(k) = \sum_{i=1}^{n} a_i y(k-i) + \sum_{i=1}^{n} b_i u(k-i) + e(k) \tag{2-37}$$

试由观察数据确定该模型的阶次。

解 首先假设模型阶次 $n = 1$，2，3 时对系统进行仿真，然后对不同的模型噪声水平，根据其输入、输出数据来估计不同阶次时的参数估计值 $\hat{\boldsymbol{\theta}}_n$，同时分别算出 $n = 1$，2，3 时相应的 J_n 值。其计算结果见表 2-7。

表 2-7　不同阶次 n 时的 J 值比较

噪 声 水 平	损失函数 J 值		
	$n = 1$	$n = 2$	$n = 3$
$\sigma = 0.0$	265.863	0.000	—
$\sigma = 0.1$	248.447	0.987	0.983
$\sigma = 0.5$	337.848	24.558	24.451
$\sigma = 1.0$	308.132	99.863	98.698
$\sigma = 5.0$	5131.905	2462.220	2440.245

由表 2-7 可见，不论噪声大小，$n = 2$ 时的 J 值比 $n = 1$ 时的 J 值有明显减小；$n = 2$ 时的 J 值与 $n = 3$ 时的 J 值相差不大，故确定模型阶次为 $n = 2$。

应该指出，在表 2-7 中，当没有噪声时，$\sigma = 0$，$n = 2$，$J = 0$；当 $n > 2$ 时，由于 $X^{\mathrm{T}}X$ 为奇异矩阵，所以估计值 $\hat{\boldsymbol{\theta}}$ 不存在。当数据有噪声，$\sigma \neq 0$ 时，在 $n = 1$，2，3 情况下，$X^{\mathrm{T}}X$ 为非奇异矩阵，所以估计值 $\hat{\boldsymbol{\theta}}$ 存在。

3. 过程纯滞后时间 τ_0 的确定

在以上最小二乘估计算法中，为了简化，故不考虑过程的纯滞后时间，即 $\tau_0 = 0$。但是在实际工业生产过程中，纯滞后时间 τ_0 不一定为零，所以必须加以辨识。对于离散时间模型，只要采样时间间隔 T 不很大，纯滞后时间 τ_0 一般取采样时间间隔 T 的整数倍，如 $\tau_0 = k_0 T$，$k_0 = 1$，2，3，$\cdots$。

设过程有纯滞后时间的差分方程为

$$y(k) = -\sum_{i=1}^{n} a_i y(k-i) + \sum_{i=1}^{n} b_i u(k - k_0 - i) \tag{2-38}$$

式（2-38）与前面用的算式不同之处仅在于输入信号从 $u(k-i)$ 变为 $u(k-k_0-i)$。所以，有关最小二乘估计算法也只要将数据矩阵中的 $u(k-i)$ 变为 $u(k-k_0-i)$ 即可，其他可以不做任何变动。

过程纯滞后时间 τ_0 通常是可以事先知道的。在实际工业生产过程中，大多纯滞后时间是由物料传输所致，对此可通过前述方法精确测取。但是在化工生产过程中，常常由于一些重要的状态变量无法测量，导致纯滞后时间大小未知。不过可以通过如前所述的阶跃响应曲线实验方法取得，或者通过比较不同纯滞后时间的损失函数 J 的方法来求取，就是在通过上述过程模型拟合度检验法确定过程模型阶次 n 的同时来获取纯滞后时间 τ_0。其具体做法是，比较不同纯滞后时间的损失函数 J，即通过一个给定的阶次 n 和 k_0，反复进行最小二乘估计，最佳的 k_0 是使 J 趋于最小值，J 的求法与确定过程模型阶次 n 相同，因此，可将确定过程纯滞后时间 τ_0 和模型阶次 n 同时结合起来进行。这一过程辨识的计算机程序框图如图 2-17 所示。

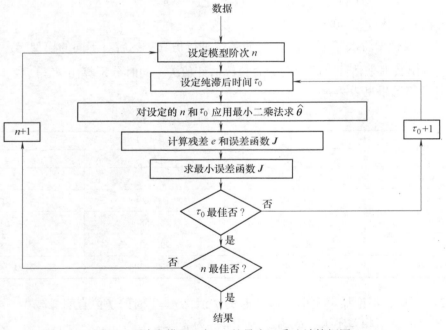

图 2-17　确定模型 n 与 τ_0 的最小二乘法计算框图

本 章 小 结

1. 设计一个自动控制系统，首先应对受控过程的特性做全面的分析和测定。一般研究过程的方法有两种：分析法和实验测定法。本篇主要讨论了实验测定法的阶跃响应法和脉冲响应法。为了简明起见，本章只讨论了单输入单输出的过程特性。对于不止一个输入与输出的过程，可以按照比例定理与叠加原理逐个进行计算处理。

2. 过程控制过程大多具有平稳能力，容量滞后大，纯滞后也较大。放大系数是反映过程静态特性的参数，时间常数是反映过程惯性大小的参数，容量滞后是反映过程的容量大小和容积之间的阻力大小的参数，这些都是反映过程动态特性的参数。

3. 时域法是常用的实验建模的方法。即通过阶跃响应曲线的求得，与标准的传递函数的响应曲线比较从而近似为一阶、二阶或更高阶的微分方程或传递函数来表示，通过计算确定传递函数中各种参数，如时间常数、放大系数和滞后等。

4. 最小二乘法是一种最经典也是最基本的参数辨识方法，得到了广泛的应用，可用于动态系统、静态系统、线性系统和非线性系统，可用于离线估计，也可用于在线估计。在随机的环境下，利用最小二乘法时，并不要求观测数据提供其概率统计方面的信息，而其估计结果，却有相当好的统计特性。但是，最小二乘估计是非一致的，是有偏差的，所以为了克服它的缺陷，也形成了一些以最小二乘法为基础的系统辨识方法，如广义最小二乘法（GIS）、辅助变量法（IV）、增广最小二乘法（EI，S）等。

思考题与习题

2-1 何谓被控过程及其数学模型？模型一般可分为哪几类？它与过程控制有何关系？

2-2 为什么要研究过程的数学模型？常用来研究过程数学模型的方法有哪几种？

2-3 描述过程数学模型的特性参数有哪些？

2-4 什么是过程通道？什么是过程的控制通道和扰动通道？它们的数学模型是否相同？为什么？

2-5 从阶跃响应曲线看，大多数被控过程有何特点？

2-6 什么是过程的自平衡能力？

2-7 什么是机理分析法建模？该方法有何特点？它一般可应用在何种场合？什么是自衡过程和非自衡过程？什么是单容过程和多容过程？

2-8 何谓试验法建模？其有何特点？

2-9 应用阶跃响应曲线法建模时，必须注意哪些问题？什么是矩形脉冲响应曲线法建模？为什么求得过程矩阵脉冲响应曲线后还需将其转换成阶跃响应曲线？试述其转换依据及其转换过程。

2-10 为什么大多数过程的数学模型可用一阶、二阶、一阶加滞后和二阶加滞后环节之一来近似描述？有何理论根据？

2-11 怎样根据过程阶跃响应曲线来确定模型结构？通常由过程阶跃响应曲线来确定其数学模型中的特性参数（K_0、T_0、t）时，可采用哪些方法？

2-12 什么是过程的滞后特性？过程滞后后包含哪几种？有何特点？

2-13 以阶跃扰动法辨识某控制过程，单位阶跃扰动幅值为1，阶跃响应数据记录见表2-8，求过程的传递函数。

表 2-8　阶跃响应数据

时间 t/s	0	15	30	45	60	75	90	105	120
幅值	0	0.02	0.045	0.065	0.09	0.133	0.175	0.233	0.285

时间 t/s	135	150	165	180	195	210	255	240	
幅值	0.33	0.379	0.43	0.485	0.54	0.595	0.65	0.71	

时间 t/s	255	270	285	300	315	330	345	360	
幅值	0.78	0.83	0.885	0.95	0.98	0.998	0.999	1.00	

2-14　采用矩形方波法测定温度过程的动态特性，所用脉冲方波宽度 $t_0 = 10\text{min}$，方波幅值为 $2℃$，测试记录见表 2-9，试将矩形脉冲响应曲线换算为阶跃响应曲线。

表 2-9　矩形脉冲响应数据

时间/min	1	3	4	5	6	10	15	16.5	20
幅值/℃	0.46	1.7	3.7	9.0	19.0	26.4	36.0	37.5	33.5
时间/min	25	30	40	50	60	70	80	…	
幅值/℃	27.2	21.0	10.4	5.1	2.8	1.1	0.5	…	

2-15　图 2-18 所示液位过程的输入量为 q_1，流出量为 q_2、q_3，液位 h 为被控参数，C 为容量系数，并设 R_1、R_2、R_3 为线性液阻。要求：

(1) 列出液位过程的微分方程组；

(2) 画出液位过程的框图；

(3) 试求液位过程的传递函数 $G_0(s) = H(s)/Q_1(s)$。

2-16　针对图 2-19 所示的双容过程，试求当其输入量为 q_1、其输出量为 q_3 时的数学模型（其余参数见图）。

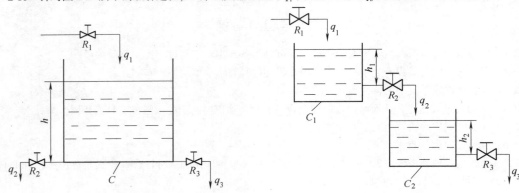

图 2-18　液位过程　　　　　　图 2-19　双容过程

2-17　某液位过程的阶跃响应实验测得数据见表 2-10。

表 2-10　阶跃响应数据

t/s	0	10	20	40	60	80	100	140	180	250	300	400	500	600
h/mm	0	0	0.2	0.8	2.0	3.6	5.4	8.8	11.8	14.4	16.6	18.4	19.2	19.6

当其阶跃扰动量为 $\Delta\mu = 20\%$ 时，要求：

(1) 画出液位过程的阶跃响应曲线；

(2) 确定液位过程的 K_0、T_0、t（该过程用一阶加滞后环节近似描述）。

2-18　试用矩形脉冲响应曲线法求加热炉的数学模型。当脉冲宽度 $t_0 = 2\text{min}$，幅值为 $2T/h$ 时，其实验数据见表 2-11。

表 2-11　矩形脉冲响应数据

t/min	1	3	4	5	8	10	15	16.5	20	25	30	40	50	60	70	80
$y^*(t)$/℃	0.46	1.7	3.7	9.0	19.0	26.4	36.0	37.5	33.5	27.2	21.0	10.4	5.1	2.8	1.1	0.5

(1) 试由矩形脉冲响应曲线转换成阶跃响应曲线；

(2) 求加热炉的数学模型（用二阶环节描述）。

2-19　什么是最小二乘参数估计法？试简述其参数估计原理。

2-20　在过程辨识中，怎样来确定过程数学模型的阶次 n 和滞后时间 τ_0？

第3章

过程参数的检测与变送

3.1 概述

过程变量（或称过程参数）检测主要是指连续生产过程中的温度、压力、流量、液位和成分等参数的测量。

这里所谓的测量，是利用一个已知的单位量（即标准量）与被测的同类量进行比较，得出被测量与已知单位量比值的过程。

过程变量检测与变送是实现过程变量显示和过程控制的前提，是过程控制工程的主要组成部分。通过过程变量的准确测量，可以及时了解工艺设备的运行工况；为操作人员提供操作依据；为自动化装置提供测量信号。这对于确保生产安全、提高产品的产量与质量、节约能源、保护环境卫生、提高经济效益等都是十分重要的，同时也是实现工业生产过程自动化的必要条件。

目前，在工业生产过程自动化的诸多问题中，过程变量准确检测是最困难的问题之一。

在进行过程变量检测时，一般由一测量体与被测介质相接触，测量体将被测参数成比例地转换为另一便于计量的物理量，然后再用仪表加以显示。在工程上，通常把前一过程叫作一次测量，所用的仪表叫作一次仪表，后面的计量显示仪表叫作二次仪表。

为了在过程控制工程中能正确选用合适的检测仪表，下面就检测的基本概念、检测方法及其常用仪表做一简要介绍。

3.1.1 测量误差

所谓测量误差，是指测量结果与被测变量的真值（实际值）之差。测量误差反映了测量结果的可靠程度。

测量误差的表达方式有绝对误差和相对误差两类。

（1）绝对误差 绝对误差是指仪表指示值与被测变量的真值之差。在工程上，通常把高一等级的标准仪器所测得的量值作为真值（实际值）。此时，绝对误差是指用标准仪表（准确度较高）与测量仪表（准确度较低）同时对同一量进行测量所得两个测量结果之差。

（2）相对误差 相对误差是指绝对误差与被测变量的真值之比的百分数。它比绝对误差更能说明测量结果的精确程度。常见有如下三种表示方式：

1）实际相对误差：指绝对误差与被测量的真值（实际值）之比的百分数。

2）标称相对误差：指绝对误差与仪表指示值之比的百分数。

3）引用相对误差：指绝对误差与仪表的量程之比的百分数，即

$$\delta = \frac{绝对误差}{仪表量程} \times 100\% = \frac{x - x_0}{a - b} \times 100\% \tag{3-1}$$

式中　x——仪表的测量值；

　　x_0——被测变量的真值（实际值）；

　　a——仪表测量范围的上限值；

　　b——仪表测量范围的下限值。

测量误差根据其性质及产生的原因，又可分为系统误差、随机误差和疏忽误差。

（1）系统误差　系统误差是指测量仪表本身或其他原因（如零点未调整好等）引起的有规律的误差。

（2）随机误差　随机误差是指在测量中所出现的没有一定规律的误差。

（3）疏忽误差　疏忽误差是指观察人员误读或不正确使用仪器与测量方法等人为因素所引起的误差。

测量误差根据形成机理及用途，又可分为基本误差、附加误差和允许误差。

（1）基本误差　基本误差是指仪表在规定的正常工作条件下所具有的误差。

（2）附加误差　附加误差是指仪表超出规定的正常工作条件时所增加的误差，如仪表超过规定的工作温度时所引起的附加误差。

（3）允许误差　允许误差是指在国家规定标准条件下使用时，仪表的示值或性能不允许超过某个误差范围。这是一个许可的误差界限。

3.1.2　自动化仪表的性能指标

根据自动化仪表的性能指标与时间的关系可分为静态指标和动态指标两大类。所谓静态指标是指在静态测量中，仪表指标系统的输出-输入特性指标；动态指标是指仪表系统动态测量时的输出-输入特性指标。下面分别进行讨论：

1. 静态指标

静态指标包括量程（最大值和最小值之差）、准确度、灵敏度、分辨率和分辨力、线性度、迟滞、稳定性和漂移等。

（1）准确度等级　任何自动化仪表均有一定误差。使用仪表时首先必须知道仪表的精确程度，以便估计测量结果与真实值的差距（测量值的误差大小）。

自动化仪表的准确度等级是按国家统一规定的允许误差大小来划分的，以测量范围中最大的绝对误差与该仪表的测量范围之比的百分数来衡量，即

$$仪表精度 = \frac{绝对误差的最大值}{仪表量程} \times 100\% = \frac{(x - x_0)_{max}}{a - b} \times 100\% \tag{3-2}$$

例如一台仪表的测温范围为 $50 \sim 550℃$，绝对误差的最大值为 $6℃$，则这台仪表的相对误差为

$$\delta_{max} = \frac{6}{550 - 50} \times 100\% = 1.2\%$$

例如某台仪表的允许误差为 $\pm 1.5\%$，则该仪表的准确度等级为 1.5 级。上例中 $\delta_{max} = 1.2\%$，由于 δ_{max} 在允许误差值 $\pm 1.5\%$ 范围内，表明该仪表检验结果符合 1.5 级准确度等级。

自动化仪表的准确度等级常以一定符号形式标在仪表的面板上，例如 1 级准确度等级的自动化仪表就用①或 1 表示。我国过程检测控制仪表的准确度等级有 0.005、0.02、0.05、0.1、0.2、0.35、0.4、0.5、1.0、1.5、2.5、4.0 等。级数越小，则准确度越高。一般工业用表为 0.5 ~ 4 级准确度。在选用自动化仪表的准确度等级时，应根据实际需要来定，不能盲目追求高准确度等级。

例 3-1 检定一个满度值为 5A 的 1.5 级电流表，若在 2.0A 刻度处的绝对误差最大，$\Delta x_{\max} = +0.1A$，问此电流表准确度等级是否合格？

解 按式（3-2）求此电流表的最大引用误差为

$$q_{\max} = \frac{0.1}{5} \times 100\% = 2.0\%$$

$$2.0\% > 1.5\%$$

即该表的基本误差超出 1.5 级表的允许值。所以该表的准确度不合格。但该表最大引用误差小于 2.5 级表的允许值，若其他性能合格可降作 2.5 级表使用。

例 3-2 测量一个约 80V 的电压，现有两块电压表：一块量程 300V、0.5 级，另一块量程 100V、1.0 级。问选用哪一块为好？

解 如使用 300V、0.5 级表、按式（3-1）、式（3-2）求出其示值相对误差为

$$\delta \leqslant \frac{300 \times 0.5\%}{80} \times 100\% \approx 1.88\%$$

如使用 100V、1.0 级表，其示值相对误差为

$$\delta \leqslant \frac{100 \times 1.0\%}{80} \times 100\% \approx 1.25\%$$

可见由于仪表量程的原因，选用 1.0 级表测量的准确度可能比选用 0.5 级表为高，故选用 100V、1.0 级表为好。

（2）灵敏度与灵敏限

1）灵敏度。仪表指针的线位移或角位移 $\Delta \alpha$ 与引起此位移的被测参数的变化量 Δx 之比即为仪表的灵敏度，即

$$灵敏度 = \frac{\Delta \alpha}{\Delta x} \tag{3-3}$$

2）灵敏限。灵敏限是指仪表能感受并发生动作的输入量的最小值。通常其值应不大于仪表允许误差的一半。

（3）变差（迟滞） 在外界条件不变的情况下，用同一仪表对同一个量进行正、反行程（逐渐由小到大或由大到小）测量时，所得两示值之差即称为变差，即

$$变差 = \frac{(x_1 - x_2)_{\max}}{a - b} \times 100\% \tag{3-4}$$

式中 x_1——正行程测量的示值；

x_2——反行程测量的示值。

变差是由于仪表中弹性元件、磁化元件、机械结构中的间隙、摩擦等因素所致。

（4）稳定性 稳定性是指在一定工作条件下，保持输入信号不变时，输出信号随时间或温度的变化而出现缓慢变化的程度。

（5）时漂 时漂是指在输入信号不变的情况下，输出信号随着时间变化而变化的现象。

（6）温漂 温漂是指在输入信号不变的情况下，输出信号随着环境温度变化而变化的

现象（通常包括零位温漂、灵敏度温漂）。

2. 动态指标

（1）响应时间 在工程上通常规定系统响应的相对动误差达到且不超过某一允许值 ε_m，即 $\varepsilon(t) \leqslant \varepsilon_m$ 所需最小时间称为响应时间记为 t_s。

1）一阶系统的响应时间。一阶系统的响应时间为

$$t_s = \tau \ln\left(\frac{1}{\varepsilon_m}\right)^{\varepsilon_m = 5\%} \approx 3\tau$$

2）欠阻尼二阶系统的响应时间。欠阻尼二阶系统的相对动态误差为

$$\varepsilon(t_n) = \frac{y(t_n) - y(\infty)}{y(\infty)} = \frac{y(t_n) - K_0 A}{K_0 A} = \pm e^{-\xi \omega_0 t_n}$$

式中 t_n——二阶系统在阶跃响应下各振荡峰值对应的时间，$n = 0, 1, 2, \cdots$

令 $|\varepsilon(t_n)| = \varepsilon_m$，可得

$$t_s = t_n = \frac{\ln\dfrac{1}{\varepsilon_m}}{\xi \omega_0}^{\varepsilon_m = 5\%} \approx \frac{3}{\xi \omega_0}$$

（2）峰值时间 峰值时间 t_p 是指输出响应达到第一个正峰值所需要的时间，即

$$t_p = \frac{\pi}{\omega_d} = \frac{T_d}{2}$$

可见，峰值时间 t_p 等于振荡周期 T_d 的一半。

（3）超调量 超调量指峰值时间对应的相对动态误差值，记为 σ。

$$\sigma = \varepsilon(t_p) = \frac{y(t_p) - y(\infty)}{y(\infty)} = \frac{M_1}{K_0 A} = e^{-\xi \omega_0 t_p} = e^{-\xi \omega_0 \frac{\pi}{\omega_d}} = e^{-\frac{\pi \xi}{\sqrt{1 - \xi^2}}}$$

式中 M_1——第一次过冲量或最大过冲量，$M_1 = y(t_p) - y(\infty) = y(t_p) - K_0 A$。

3.1.3 自动化仪表的选用

实现生产过程自动化，不但要有正确的控制方案，而且还需要正确合理地选用自动化仪表。一般应结合生产过程特点，满足用户要求，根据工艺过程的实际需要来选用仪表的控制、报警、记录、指示积算等功能。对于受工艺过程影响较大，需随时进行监控的变量，宜选用控制型仪表；对可能影响生产或安全的变量，宜选用报警型仪表；对需要经常了解其变化趋势的变量，宜选用记录型仪表；对于受工艺过程影响不大，但需要经常监视的变量，宜选用指示型仪表；对要求计量或经济核算的变量，宜选用具有积算功能的仪表。

自动化仪表的准确度等级应根据工艺要求、产品质量指标、变量的重要程度等要求来合理选用。因为仪表准确度等级越高，其误差越小，但是仪表的使用维护要求也越高，价格也越贵，所以不能片面追求其高精度。一般应该在满足上述要求的前提下，同时考虑经济性原则来合理选取。通常构成控制回路的各种仪表的准确度等级要相配。记录仪表的准确度等级不应低于 1.0 级，指示仪表准确度等级不应低于 1.5 级。

自动化仪表的量程是根据过程参数测量范围和正常生产条件来确定的。选用仪表量程还应考虑开车、停车、过程变量在生产事故时变动的范围等情况。

对于仪表的具体选用可见以下各节的有关内容。

3.2　温度检测与变送

3.2.1　概述

温度是工业生产过程中最常见、最基本的参数之一。任何化学反应和物理变化几乎都与温度有关，它约占生产过程中全部过程参数的 50%。所以，温度的检测与控制是过程控制工程的重要任务之一。

测量温度的方法很多，从测量体与被测介质接触与否来分，有接触式测温和非接触式测温两类。

接触式测温是通过测量体与被测介质的接触来测量物体温度的。在测量温度时，测量体与被测介质接触，被测介质与测量体之间进行热交换，最后达到热平衡，此时测量体的温度就是被测介质的温度。接触式测温的主要特点是方法简单、可靠，测量准确度高。但是由于测温元件要与被测介质接触进行热交换才能达到热平衡，因而产生了滞后现象。同时测量体可能与被测介质产生化学反应；此外，测量体还受到耐高温材料的限制，不能应用于很高温度的测量。

非接触式测温是通过接收被测介质发出的辐射热来判断温度的。非接触式测温的主要特点是：测温上限原则上不受限制；测温速度较快，可以对运动体进行测量。但是它受到物体的辐射率、距离、烟尘和水汽等因素影响，测温误差较大。

目前工业生产过程中常用的温度计及其测温原理、使用场合等见表 3-1。在表中所列的各种温度仪表中，机械式大多用于就地指示；辐射式的准确度较差，只有电的测温仪表准确度较高，信号又便于传送。所以，热电偶和热敏电阻温度计在工业生产和科学研究领域中得到广泛的应用。从工程应用出发，下面就这两种测温仪表进行较深入的讨论。

表 3-1　常用测温仪表分类及性能比较

测温方法	测温原理		温度计名称	测温范围/℃	准确度（%）	主　要　特　点
接触式	体积变化	固体（金属）热膨胀、变形量随温度变化	双金属测温计	−100~600 一般 −80~600	1.0~2.5	结构简单可靠，读数方便，准确度较低，适用于就地测量，不能远距离传送
		气（汽）体、液体热膨胀，在定容条件下压力随温度变化	压力式温度计	0~600 一般 0~300	1.0~2.5	结构简单可靠，准确度较低，可较远距离传送（≤50m）；受环境温度影响大
		液体热膨胀，体积随温度变化	玻璃管液体温度计	−200~600 一般 −100~600	0.1~2.5	结构简单，准确度高；读数不方便，不能远距离传送
	电阻变化	金属或半导体的电阻值随温度变化	热电阻	−258~1200 一般 −200~650	0.5~3.0	准确度高，便于远传；需外加电源
	热电效应	金属的热效应	热电偶	−269~2800 一般 −200~1800	0.5~1.0	测温范围大，准确度高，便于远传；低温准确度差

（续）

测温方法	测温原理		温度计名称	测温范围/℃	准确度（%）	主 要 特 点
非接触式	光度测温	物体单色辐射强度及光度随温度变化	光学高温计	200～3200 一般 600～2400	1.0～1.5	结构简单，携带方便，测温范围大，不破坏对象温度场；易产生目测误差，外界反射、辐射会引起检测误差，误差较大
	辐射测温	物体辐射随温度变化	辐射高温计	100～3200 一般 700～2000	1.5	结构简单，稳定性好，适用于不能直接接触测温场合，测温范围广；光路上环境介质吸收辐射，易产生检测误差，误差较大

3.2.2　热电偶温度计

热电偶温度计在工业生产过程中使用极为广泛。它具有测温准确度高、在小范围内热电动势与温度基本呈单值和线性关系、稳定性和复现性较好、测温范围宽、响应时间较快等特点。

1. 测温原理

热电偶的测温原理是以热电效应为基础的。将两种不同材料的导体 A、B 组成一个闭合回路（见图 3-1），只要其连接点 1、2 温度不同，在回路中就产生热电动势，这种现象称为热电效应。这两种不同导体的组合元件就称为热电偶。

热电偶回路产生的热电动势主要是由两种导体的接触电动势和一种导体两端的温差电动势组成的。但由于热电偶回路电动势中接触电动势远大于温差电动势，所以我们只讨论接触电动势。当两种不同材料导体 A、B 接触时，由于导体两边的自由电子密度不同，在接触处上便产生电子的互相扩散。若导体 A 中自由电子密度大于导体 B 中自由电子密度，在开始接触的瞬间，导体 A 向导体 B 扩散的电子数将比导体 B 向导体 A 扩散的电子数多，因而使导体 A 失去较多的电子而带

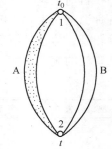

图 3-1　热电偶回路

正电荷，导体 B 带负电荷，致使在导体 A、B 接触处产生电场，以阻碍电子在导体 B 中的进一步积累，最后达到平衡。平衡时，在 A、B 两个导体间的电位差称为接触电动势，其值决定于两种导体的材料种类和接触点的温度。

在图 3-1 所示的热电偶回路中，当接触点 1、2 的温度不同时，便产生两个不同的接触电动势 $E_{AB}(t)$ 和 $E_{AB}(t_0)$，这时回路中的总电动势为

$$E(t,t_0) = E_{AB}(t) - E_{AB}(t_0) \tag{3-5}$$

式中，E 的下标字母——电动势的方向，如 E_{AB} 表示电动势的方向从导体 A 到 B。

实际工程使用时，在热电偶回路中总要接入测量仪表及导线，如图 3-2 所示。

由两种不同材料的导体或半导体焊接而成的热电偶，焊接的一端称为热端（工作端），与导线连接的一端称为冷端（自由端）。热端与被测介质接触，冷端置于设备之外。

由图 3-2 所示测温回路，设导体 A、B 接点温度为 t，A、C 与 B、C 两接点的温度为 t_0，

则回路中的总电动势为

$$E(t, t_0) = E_{AB}(t) + E_{BC}(t_0) + E_{CA}(t_0) \qquad (3\text{-}6)$$

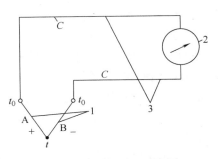

图 3-2　热电偶测温示意图

1—热电偶　2—测量仪表（如电位差计）
3—连接导线

若回路中各接点温度相同，即 $t = t_0$，则回路总电动势必为零，即

$$E(t, t_0) = E_{AB}(t_0) + E_{BC}(t_0) + E_{CA}(t_0) = 0$$

或

$$E_{BC}(t_0) + E_{CA}(t_0) = -E_{AB}(t_0) \qquad (3\text{-}7)$$

将式（3-7）代入式（3-6），可得

$$E(t, t_0) = E_{AB}(t) - E_{AB}(t_0) \qquad (3\text{-}8)$$

可见，式（3-8）与式（3-5）完全相同。所以在热电偶测温回路中接入第三种导体时，只要接入第三种导体的两个接点的温度相同，回路中总电动势值不变。

热电偶的这种性质在工业应用上有着重要的意义，可以方便地在热电偶中接入所需的测量仪表和导线来测量温度。

应该指出，若图 3-2 中导体 B、C 和导体 C、A 接点处温度不同时，回路中总电动势会发生变化。所以在使用热电偶测温时，冷端温度应该使之相等。

2. 补偿导线

由热电偶测温原理可知，只有当热电偶冷端温度不变时，热电动势才是被测温度的单值函数，所以在测温过程中必须保持冷端温度恒定。可是，热电偶的长度有限，其冷端会受到环境温度的影响而不断变化，为了使热电偶冷端温度保持恒定，在工程上常使用一种所谓补偿导线，使之与热电偶冷端相连接，如图 3-3 所示。补偿导线是两根不同的金属丝，它在 0~100℃ 温度范围和所连接的热电偶具有相同的热电性能，其材料是廉价金属，用它将热电偶的冷端延伸出来。常用的热电偶补偿导线见表 3-2。

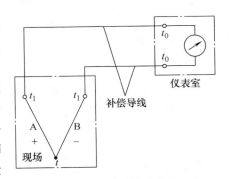

图 3-3　补偿导线连接图

表 3-2　常用的热电偶补偿导线

补偿导线型号	配用热电偶分度号	补偿导线颜色标志		100℃热电动势/mV		
		正极（+）	负极（-）	名义值	允许偏差	
					精密级	普通级
SC	S	红	绿	0.645	±0.023（3℃）	±0.037（5℃）
KC	K	红	蓝	4.095	±0.063（1.5℃）	±0.105（2.5℃）
KX	K	红	黑	4.095	±0.063（1.5℃）	±0.105（2.5℃）
EX	E	红	棕	6.317	±0.102（1.5℃）	±0.170（2.5℃）
JX	J	红	紫	5.268	±0.081（1.5℃）	±0.135（2.5℃）
TX	T	红	白	4.277	±0.023（0.5℃）	±0.047（1℃）

在工程上使用补偿导线时要注意型号和极性，尤其是补偿导线与热电偶连接的两个接点温度应相等，以免造成误差。

3. 冷端温度补偿

热电偶的热电动势 $E(t, t_0)$ 大小不仅与热端温度 t 有关，而且还与冷端温度 t_0 有关。只

有 t_0 恒定，热电动势才是 t 的单值函数关系，才能正确反映 t 的数值。在工程应用时，热电偶冷端暴露在大气中，受环境温度波动的影响较大，使用补偿导线只是将其冷端延伸到温度比较稳定的地方。由国家标准规定的分度表（热电动势与温度 t 的关系）是规定冷端温度 $t_0 = 0℃$ 时制定的。因此，若 $t_0 \neq 0℃$，则将产生测量误差。为了消除冷端温度变化对测量准确度的影响，可采用冷端温度补偿，其补偿方法很多，下面仅介绍补偿电桥法和计算校正法。

（1）补偿电桥法　如图 3-4 所示，在热电偶测量回路中串接一个不平衡电桥，其中 R_1、R_2、R_3 为锰铜电阻，阻值为 1Ω，R_{Cu} 为铜电阻，R 为限流电阻，$E(=4V)$ 是桥路的直流电源，电桥（桥臂电阻 R_1、R_2、R_3、R_{Cu}）与热电偶冷端感受相同的环境温度，通过选择 R_{Cu} 的阻值可使电桥在 $0℃$ 时处于平衡状态，即 $R_{Cu0} = 1\Omega$，此时桥路输出 $u_{ac} = 0$。当冷端温度升高时，R_{Cu} 随之增大，u_{ac} 也增大，热电偶的热电动势却随冷端温度增大而减小，若 u_{ac} 的增加量等于 E_x 的减少量时，则显示仪表便正确指示被测温度值 t。

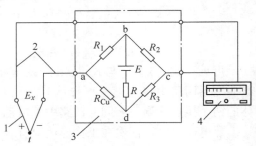

图 3-4　补偿电桥法原理图

1—热电偶　2—补偿导线
3—补偿电桥　4—显示仪表

在工程上，各类热电偶的热电特性不同，因此需选用不同型号的补偿电桥，即可实现冷端温度的自动补偿。

（2）计算校正法　在热电偶的分度表中，国家标准规定了冷端温度 $t_0 = 0℃$ 时热电动势 $E_{AB}(t,0)$ 与被测温度 t 的关系。如果 $t_0 \neq 0℃$，则不能根据热电动势从分度表中查得被测温度 t_0。由式（3-8）知

$$E_{AB}(t,t_0) = E_{AB}(t) - E_{AB}(t_0)$$

则
$$E_{AB}(t,t_n) = E_{AB}(t) - E_{AB}(t_n) \tag{3-9}$$

上两式相减得

$$E_{AB}(t,t_0) - E_{AB}(t,t_n) = E_{AB}(t_n) - E_{AB}(t_0) = E_{AB}(t_n,t_0)$$

或
$$E_{AB}(t,t_0) = E_{AB}(t,t_n) + E_{AB}(t_n,t_0) \tag{3-10}$$

由于 $t_0 = 0℃$，则

$$E_{AB}(t,0) = E_{AB}(t,t_n) + E_{AB}(t_n,0) \tag{3-11}$$

式中，$E_{AB}(t,t_n)$ 是测得的热电动势，$E_{AB}(t_n,0)$ 可由相应分度表查得，所以 $E_{AB}(t,0)$ 即可通过计算求得。再由分度表查得被测温度 t 值。

在使用微机系统测温时，多用此法进行热电偶冷端温度补偿。

我国使用的热电偶种类可达数十种。国际电工委员会（IEC）对其中已被国际公认的 7 种热电偶制定了国际标准，或称为标准热电偶，其主要特性见表 3-3。其中最常用的有 S、B、K 三种。

表 3-3　标准热电偶的主要特性

热电偶名称	分度号	适用场合	等级	测量范围/℃	允许误差
铂铑 10-铂	S	适用于氧化性气体中的测温，长期测 1300℃，短期测 1600℃；短期可用于真空中测温	I	$0 \sim 1100$ $1100 \sim 1600$	$\pm 1℃$ $\pm[1+(t-1100)\times0.003]℃$
			II	$0 \sim 600$ $600 \sim 1600$	$\pm 1.5℃$ $\pm 0.25\% t$

（续）

热电偶名称	分度号	适 用 场 合	等级	测量范围/℃	允 许 误 差
铂铑 30-铂铑 6	B	适用于氧化性气体中的测温，长期测 1600℃，短期测 1800℃，冷端在 0～100℃ 可不用补偿导线，测温准确度高。短期内可用于真空测温	I	600～1700	±0.25%t
			II	600～800 800～1700	±4℃ ±0.5%t
镍镉-镍硅（镍镉-镍铝）	K	适用于氧化和中性气体中测温，测温范围为 –200～1300℃；可短期在还原性气体中测温，但必须外加密封保护管	I	–40～1100	±1.5℃ 或 0.4%t
			II	–40～1300	±2.5℃ 或 0.75%t
			III	–200～40	±2.5℃ 或 1.5%t
铜-铜镍（康铜）	T	测温范围为 –200～400℃；测温准确度高，稳定性好，低温时灵敏度高、价廉	I	–40～350	±0.5℃ 或 ±0.4%t
			II	–40～350	±1℃ 或 ±0.75%t
			III	–200～40	±1℃ 或 ±1.5%t
镍镉-铜镍（康铜）	E	适用于氧化或弱还原性气体中的测温；测温范围为 –200～900℃；稳定性好，灵敏度高，价廉	I	–40～800	±1.5℃ 或 ±0.4%t
			II	–40～900	±2.5℃ 或 ±0.75%t
			III	–200～40	±2.5℃ 或 ±1.5%t
铁-铜镍（康铜）	J	适用于氧化和还原气体中的测温，亦可用于真空或中性气体，测温范围为 –40～750℃；稳定性好，灵敏度高，价廉	I	–40～750	±1.5℃ 或 ±0.4%t
			II	–40～750	±2.5℃ 或 ±0.75%t
铂铑 13-铂铑	R	适用于氧化性气体测温，长期可测 1300℃，短期可测 1600℃	I	0～1600	±1℃ ±[1+(t–1100)×0.003]℃
			II	0～1600	±1.5℃ 或 ±0.25%t

现代工业的迅速发展，对热电偶提出了种种特殊要求，如测温范围广、使用寿命长、热电性能稳定、小型化以及反应速度快等，从而开发了各种特殊新型热电偶，但尚未标准化，故又称之为非标准热电偶，诸如铠装热电偶、镍铬-金铁热电偶、钨铼系列热电偶以及非金属热电偶等。

为了提高热电偶的使用寿命，通常在热电偶丝外面套上保护套管，使热电极与被测介质隔离，以防止有害物体对热电偶的浸蚀损坏或机械损伤。但是，这使热电偶测温滞后增大，一般热电偶的时间常数为 1.5～4min，小惯性热电偶的时间常数为几秒。

3.2.3 常用热电偶的结构形式

1. 普通热电偶

图 3-5 为热电偶的典型结构。为了适应工业生产过程自动化的各种不同的环境条件，热电偶有各种不同的结构形式，如图 3-6 所示。

2. 铠装热电偶（又称缆式热电偶）

铠装热电偶是将热电极、绝缘材料连同金属保护套一起拉制成型的，可做得很细、很长，其外径可小到 1～3mm，而且可以弯曲，适用于测量狭小的对象上各点的温度。铠装热电偶的种类多，可制成单芯、双芯和四芯等，主要特点是测量端热容量小，动态响应快（时间常数可达 0.01s）；有良好的柔性，便于弯曲；抗振性能好，强度高。

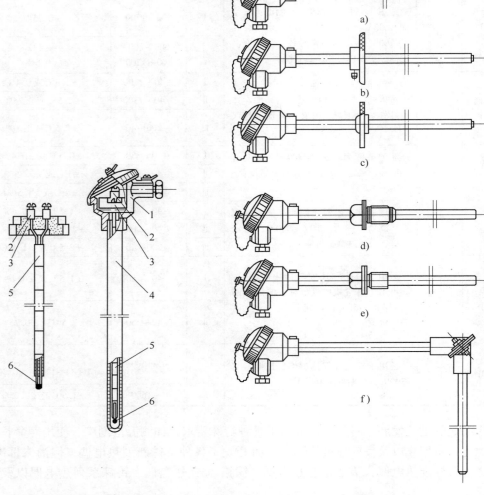

图 3-5　热电偶典型结构

1—接线盒　2—接线柱　3—接线座
4—保护管　5—绝缘瓷管　6—热电极

图 3-6　热电偶的结构形式

a）无固定装置　b）可动法兰　c）固定法兰
d）固定螺纹　e）锥形　f）角形

3. 薄膜热电偶

用真空蒸度（或真空溅射）的方法，将热电偶材料沉积在绝缘基板上而制成的热电偶俗称薄膜热电偶。由于热电偶可以做得很薄（厚度可达 $0.01 \sim 0.1 \mu m$），测表面温度时不影响被测表面的温度分布，其本身热容量小，动态响应快，故适用于测量微小面积和瞬时变化的温度。

除此之外，还有用于测量圆弧形固体表面温度的表面热电偶和用于测量液态金属温度的浸入式热电偶等。

3.2.4　热电阻温度计

当测量低于 150℃ 的温度时，由于热电偶输出的热电动势很小，故常用热电阻测量温度。热电阻温度计的最大特点是性能稳定、测量准确度高、测温范围宽，同时还不需要冷端温度补偿，一般可在 $-270 \sim 900℃$ 范围内使用。

热电阻温度计是利用导体或半导体的电阻值随温度变化而变化的性质来测量温度的。下面介绍工业上常用的几种热电阻。其主要性能见表 3-4。

表 3-4　常用热电阻的主要性能

名称	代号	分度号	测温范围/℃	0℃时的电阻值 R_0/Ω		基本误差允许值/℃
				名　义　值	允　许　误　差	
铂电阻	WZP (IEC)	Pt10	$-200 \sim 850$	10 $(0 \sim 850℃)$	A 级 ± 0.006 B 级 ± 0.012	$\Delta t = \pm (0.15 + 2 \times 10^{-3} t)$
		Pt100		100 $(-200 \sim 850℃)$	A 级 ± 0.06 B 级 ± 0.12	$\Delta t = \pm (0.3 + 2 \times 10^{-3} t)$
铜电阻	WZC	Cu50	$-50 \sim 150$	50	± 0.05	$\Delta t = \pm (0.3 + 6 \times 10^{-3} t)$
		Cu100		100	± 0.1	
镍电阻	WZN	Ni100	$-60 \sim 180$	100	± 0.1	$\Delta t = \pm (0.2 + 2 \times 10^{-2} t)$ $(-60 \sim 0℃)$ $\Delta t = \pm (0.2 + 1 \times 10^{-2} t)$ $(0 \sim 180℃)$

1. 铂电阻

铂易于提纯，在氧化性介质中，甚至在高温时，其物理、化学性质稳定，测量准确度高。但是，在高温时易受还原性介质沾污。铂电阻不仅在工业上作为测温元件，而且还作为复现温标的基准。

在 $-200 \sim 0℃$ 范围内，铂电阻与温度的关系为

$$R_t = R_0 \left[1 + At + Bt^2 + C(t - 100℃) t^3 \right] \tag{3-12}$$

在 $0 \sim 850℃$ 范围内，铂电阻与温度的关系为

$$R_t = R_0 (1 + At + Bt^2) \tag{3-13}$$

式中　R_t——温度为 t（单位为℃）时的电阻值；

　　　R_0——温度为 0（单位为℃）时的电阻值；

A、B、C——常数，我国规定铂电阻的 $A = 3.90802 \times 10^{-3}℃^{-1}$；$B = -5.80195 \times 10^{-7}℃^{-2}$；$C = -4.27350 \times 10^{-12}℃^{-4}$。

满足上述关系的铂电阻，其温度系数 $\alpha = 0.003850℃^{-1}$。

2. 铜电阻

铜易于加工提纯，价格便宜，而且电阻与温度几乎呈线性关系。在 $-50 \sim 150℃$ 测温范围内稳定性好，但是当温度超过 $100℃$ 时易被氧化。在测量准确度要求不很高，而且温度较低的场合铜电阻温度计得到了广泛的应用。

在 $-50 \sim 150℃$ 范围内，铜电阻值与温度的线性关系可表示为

$$R_t = R_0 (1 + \alpha t) \tag{3-14}$$

式中　R_t、R_0——t（单位为℃）与 0℃时的电阻值；

　　　α——铜电阻温度系数，$\alpha = 4.25 \times 10^{-3}℃^{-1}$。

在使用热电阻测温时，为了提高测量准确度，常采用三线制接法和四线制接法。如图 3-7 所示，使用平衡电桥由热电阻引出的三根导线，要求其材料、粗细、长短相同。其中一根与电源 E 串联，它不影响桥路的平衡；另外两根分别与两个桥臂相连，环境温度变化

时引起导线电阻的变化，可以互相抵消，从而提高了测量准确度。

图 3-8 所示为四线连接法，调零电位器 RP 的接触电阻和检流计串联，接触电阻的不稳定不会破坏电桥的平衡和正常工作状态。

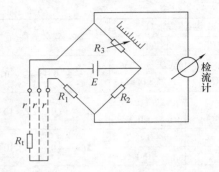

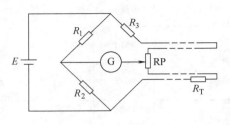

图 3-7　热电阻三线制接法　　　　图 3-8　热电阻测温电桥的四线制接法

3. 半导体热敏电阻

用半导体材料制成的热敏电阻具有灵敏度高、热响应时间短、结构简单、使用方便等特点。由于它的体积小，热惯性小，适用于快速测温。工业生产中常用的热敏电阻具有负的电阻温度系数，温度与电阻间呈非线性关系；其稳定性较差；测温范围为 – 50 ~ 300℃；常用于测量点温度、表面温度与瞬变温度。

3. 2. 5　温度检测仪表的选用原则

从工程应用角度来说，温度检测仪表的合理选择和正确安全使用是十分重要的。

1. 温度检测仪表的选择原则

1）必须满足生产工艺要求，正确选择仪表的量程和准确度。正常使用的温度范围一般为量程的 30% ~ 90%。对于一些重要的测温点，可选用自动记录式仪表。对于一般场合只要选择指示式仪表，如果要实现温度自动控制，则需要配用温度变送器。

2）必须注意使用现场的工作环境。为了确保仪表工作的可靠性和提高仪表的使用寿命，必须注意生产现场的使用环境，诸如工业现场的气体性质（氧化性、还原性、腐蚀性等）、环境温度等，并需采取相应的技术措施。

2. 温度检测仪表的安装原则

1）合理选择测温点位置，一定要使测温点具有代表性。诸如保证测温仪表与被测介质应充分接触，要求仪表与介质成逆流状态，至少是正交，切勿与介质成顺流安装；测温点应处于管道中流速最大处，其保护管的末端超过流速中心线的长度是：对于热电偶为 5 ~ 10mm；铂电阻为 50 ~ 70mm；铜电阻为 25 ~ 30mm；测量炉温一定要避免仪表（热电偶或热电阻）与火焰直接接触；测量负压管道（如烟道）中的温度时，应保证安装孔处必须密封，以防冷空气渗入影响测量示值等。

2）防止干扰信号引入，在工程上安装热电偶或热电阻时，其接线盒的出线孔应朝下，以免积水及灰尘等造成接触不良；在有强烈电磁场干扰源的场合，仪表应从绝缘孔中插入至被测介质。

3）保证仪表正常工作，仪表在安装和使用中要避免机械损伤、化学腐蚀及高温变形。

在有强烈振动的环境中工作时，必须有防振措施等，以保证仪表能正常工作。

3. 正确使用温度检测仪表

当选用热电偶测温时，必须注意正确使用补偿导线的类型及其与热电偶的配套连接和极性，同时一定要进行冷端温度补偿。若选用热电阻测温时，则必须注意三线制接法。

在具体选用温度检测仪表时可参见表 3-5 和表 3-6。

表 3-5　常用热电偶温度计的规格型号

名　　称	型　号	分度号	测量范围/℃	结构特征	插入深度/mm	保护管直径及材料/mm
铂铑$_{10}$-铂	WRP-120	S	0 ~ 1300	无固定装置防溅式	150 ~ 2000	φ16，瓷管、不锈钢
	WRP$_2$-121（双支）			无固定装置防水式	500 ~ 2000	φ25，瓷管
	WRP-106			无接线盒	50 ~ 150	φ8，氧化铝瓷管
	WRP-110			普通接线盒	150 ~ 2000	φ16，氧化铝管
	WRP-130			无固定装置防水式	150 ~ 2000	φ16，不锈钢
铂铑$_{30}$-铂铑$_6$	WRP-120	B	300 ~ 1600	无固定装置防溅式	150 ~ 2000	φ16，瓷管、不锈钢
	WRP-121（双支）			无固定装置防溅式	150 ~ 2000	φ25，瓷管
	WRP-130			无固定装置防水式	150 ~ 2000	φ16，不锈钢
镍镉-镍硅	WRN-120	K	-50 ~ 1000	无固定装置防溅式	150 ~ 2000	φ16，氧化铝管
	WRN-220			固定螺纹防溅式	150 ~ 2000	φ16，钢 20
	WRN-320			活动法兰防溅式	150 ~ 2000	φ16，不锈钢
	WRN-421			固定法兰防溅式	150 ~ 2500	φ20，钢 20
	WRN-430			固定法兰防水式	150 ~ 2000	φ16，不锈钢
镍铬-康铜	WRE-120	E	-40 ~ 800	无固定装置防溅式	150 ~ 2000	φ16，氧化铝管
	WRE-220			固定螺纹防溅式	150 ~ 2000	φ16，不锈钢
	WRE-320			活动法兰防溅式	150 ~ 2000	φ16，钢 20
	WRE-4210			固定法兰防溅式	150 ~ 2000	φ20，不锈钢
				固定法兰防水式	150 ~ 2000	φ16，不锈钢
小型热电偶镍镉-镍硅	WRNT-05	K	0 ~ 300	螺纹，M6，M8	850 ~ 3850	不锈钢
铠装热电偶镍镉-铜镍	WREK-230	E	-40 ~ 800	固定式套螺纹防水式		

注：热电偶总长度为插入深度加 150mm。

表 3-6　常用热电阻温度计的规格型号

名　　称	型　号	分度号	测温范围/℃	结构特征	插入深度/mm	保护管直径及材料/mm
铂热电阻	WZP-121	Pt10 Pt100	-200 ~ 850	无固定装置防溅式	75 ~ 1000	φ12，不锈钢
	WZP-230			无固定装置防水式	75 ~ 2000	φ16，不锈钢
	WZP-330			活动法兰防水式	75 ~ 2000	φ16，不锈钢
	WZP-430			固定法兰防水式	75 ~ 2000	φ16，不锈钢
铜热电阻	WZC-130	Cu50 Cu100	-50 ~ 100	无固定装置防水式	75 ~ 1000	φ12，H62 黄铜
	WZC-230			固定螺纹防水式	75 ~ 1000	φ12，钢 20
	WZC-330			活动法兰防水式	75 ~ 1000	φ12，钢 20
	WZC-430			固定法兰防水式	75 ~ 1000	φ12，钢 20

（续）

名　称	型　号	分度号	测温范围/℃	结构特征	插入深度/mm	保护管直径及材料/mm
小型铜热电阻	WZC-105	Cu50	−50～100	无固定装置		φ4×17，H62 黄铜
薄片型铂电阻	WZP-002 -003	Pt100	0～200 或 0～500			
铠装铂电阻	WZPK-233	Pt100 Pt10	−200～650 −200～100	固定卡套螺纹	250～2650	φ8，不锈钢
端面铂电阻	WZPM-201	Pt100	−100～100	螺纹连接	外线长度 500～2500	纯铜
端面铜电阻	WZCM-201	Cu50 Cu100	−50～100	固定埋入	外线长度 500～2500	纯铜
隔爆型铂电阻	WZP-240	Pt10 Pt100	−200～650	固定螺纹	250～1000	φ12，不锈钢
隔爆型铂电阻	WZP-440	Pt10 Pt100	−200～650	固定法兰	250～1000	φ16，不锈钢
隔爆型铜电阻	WZC-240	Cu50	−50～150	固定螺纹 M27×2	200～1000	φ12，不锈钢

3.2.6　DDZ-Ⅲ型温度变送器

1. 概述

　　DDZ-Ⅲ型变送器是 DDZ-Ⅲ型电动单元组合仪表的一个主要品种之一，是一种将被测的各种参数（温度、压力等）变换成统一标准信号（DC 4～20mA 或 DC 1～5V）的仪表，其输出送显示仪表或控制器实现对温度的显示或自动控制。

　　DDZ-Ⅲ型温度变送器有热电偶温度变送器、热电阻温度变送器、直流毫伏变送器三个品种，其线路结构基本相同，下面以热电偶温度变送器为例介绍其主要功能及其实施。

　　DDZ-Ⅲ型温度变送器具有热电偶冷端温度补偿、零点调整、零点迁移、量程调节以及线性化等重要功能。从工程使用角度来说，这些功能是很重要的。

　　所谓量程调节或称满度调整的目的是使变送器的输出信号的上限值 y_{max}（DC 20mA）与测量范围的上限值 x_{max} 相对应。由图 3-9 所示，量程调节相当于改变变送器的输入-输出特性的斜率。

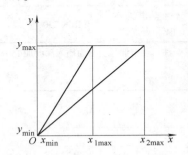

图 3-9　温度变送器的输入-输出特性

　　变送器零点调整和零点迁移的目的均使其输出信号的下限值 y_{min}（DC 4mA）与测量范围的下限值 x_{min} 相对应。当 $x_{min} = 0$ 时，而 $y_{min} \neq 4mA$，则需进行零点调整使之为 DC 4mA；当 $x_{min} \neq 0$ 时，$y \neq y_{min}$（DC 4mA），则需把测量起始点由零迁移到某一正值或负值。由图 3-10 所示，当测量起点由零迁至某一正值，称为正迁移；当测量起点由零迁至某一负值，则称为负迁移。变送器零点迁移之后，其量程不变，即斜率不变，却可以提高其灵敏度。

　　DDZ-Ⅲ型温度变送器的主要特点有：

　　1）采用了线性集成电路，提高了仪表的可靠性、稳定性及各项技术性能。

　　2）在热电偶和热电阻温度变送器中采用了线性化电路，使变送器的输出电流或电压信号和被测温度（输入信号）呈线性关系。

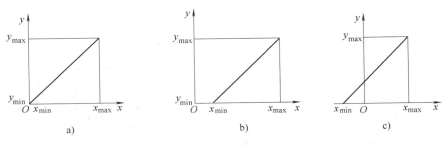

图 3-10　变送器的零点迁移

3）线路中采用了安全火花防爆措施，故可用于危险场所中的温度测量变送。

如图 3-11 所示，DDZ-Ⅲ型温度变送器均由量程单元和放大单元组成。

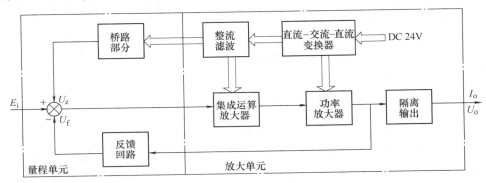

图 3-11　DDZ-Ⅲ型温度变送器的结构组成框图

2. 变送器的工作原理

由图 3-11 所示，热电偶的热电动势 E_i 与调零调量程回路的信号 U_z 和非线性反馈回路的信号 U_f 进行综合后，输入放大单元进行电压和功率放大、整流输出电流信号 DC 4～20mA 或电压信号 DC 1～5V。

3. 量程单元的工作原理

量程单元的工作原理如图 3-12 所示。它由输入回路、冷端温度补偿回路、调零调量程回路和非线性反馈回路等部分组成。

（1）输入回路

1）安全火花电路。它由稳压管 VS_1、VS_2 和电阻 R_1、R_2 等组成，起限流和限压作用，限制流入危险场所的电能量在安全值以下。

2）热电偶断线报警电路。它由 R_9、R_{10}、R' 组成，并由集成稳压器供电。当热电偶损坏，R' 接在"向上"位置时，R_{10} 上的电压降（0.3V）经 R' 加到 A_1 的同相输入端，此时变送器输出突然增至 20mA 作为报警信号；在正常工作时，热电偶与 R'（7.5MΩ）并联，可视为 R' 被断开，不影响热电偶的正常工作；R' 接在"向下"位置时，由于 A_1 同相端接地，变送器输出为 4mA，不起报警作用。

（2）热电偶冷端温度补偿及调零调量程电路热电偶冷端温度补偿电路是用以补偿热电偶冷端温度变化对测量结果的影响的。

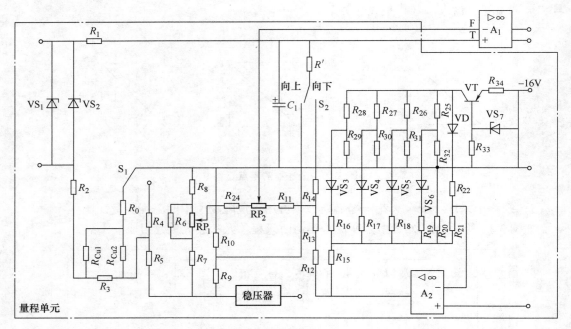

图 3-12　量程单元的工作原理图

在图 3-13 中，E_t 为冷端 0℃时的热电动势；U_o' 为非线性反馈回路的反馈电压；U_c 为集成稳压器电压；R_{Cu1}、R_{Cu2} 为铜电阻，与热电偶感受同一环境温度。I_1、I_2 为两支路电流。当冷端温度 $t_0 > 0℃$时，热电动势因 t_0 的升高而减少 ΔE_t；与此同时，随着 t_0 升高、R_{Cu} 阻值增大产生一附加电压降 ΔU_{AB} 来补偿 ΔE_t 的减少。

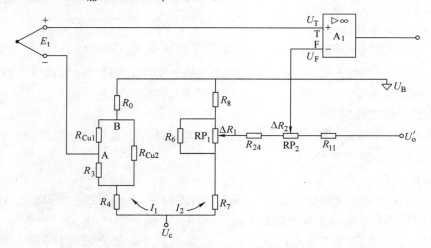

图 3-13　冷端温度补偿及调零调量程电路

当 $t_0 = 0℃$时，I_1 流过 R_{Cu}，A、B 间的电压降为

$$U_{0AB} = I_1 \frac{R_{Cu0}^2}{R_3 + 2R_{Cu0}} \tag{3-15}$$

式中　R_{Cu0}——0℃时铜电阻的阻值。

当 $t_0 > 0℃$时，A、B 间的电压降为

$$U_{tAB} = I_1 \frac{R_{Cu}^2}{R_3 + 2R_{Cu}} \tag{3-16}$$

式中 $R_{Cu} = R_{Cu0}(1 + \alpha_0 t)$，其中 α_0 为 0℃时铜电阻的温度系数。

将式（3-16）减去式（3-15），可得

$$\Delta U_{AB} = I_1 \left(\frac{R_{Cu}^2}{R_3 + 2R_{Cu}} - \frac{R_{Cu0}^2}{R_3 + 2R_{Cu0}} \right)$$

若 $R_3 \gg R_{Cu0}$，$R_3 \gg R_{Cu}$，则上式可写成

$$\Delta U_{AB} = I_1 \frac{R_{Cu0}^2}{R_3}(2\alpha_0 t + \alpha_0^2 t^2) \tag{3-17}$$

在 t 为 0～50℃范围内，适当选择 R_{Cu0}、I_1、R_3 的数值，使 $\Delta U_{AB} = \Delta E_t$，便可实现热电偶的冷端补偿。此外，由式（3-17）可见，ΔU_{AB} 不仅与 t 有关，而且还与 t^2 有关。这样，更接近热电动势与温度间的非线性特性，使 t_0 补偿更为准确。

调零调量程电路的作用是：当热电动势在 $E_{min} \sim E_{max}$ 时，保证变送器输出为 DC 4～20mA 电流或 DC 1～5V 电压。在图 3-13 中，RP_1 为调零电位器，RP_2 为调量程电位器。当变送器输入热电动势为 E_{min} 时，其输出为 DC 4mA 电流，或 DC 1V 电压，否则需调整 RP_1；当变送器输入热电动势为 E_{max} 时，其输出应为 DC 20mA 电流或 DC 5V 电压，否则需调整 RP_2。

（3）线性化电路（非线性反馈电路）

1）线性化原理。由前所述，由于热电偶的热电动势 E_t 与被测温度 t 之间呈非线性关系，为使变送器的输出信号与被测温度间呈线性关系，需采取线性化措施，运用非线性负反馈方法来实现。

图 3-14 为热电偶温度变送器线性化的原理框图。由图所示，$\varepsilon = E_t + U_z' - U_f'$，即放大器的输入信号 ε 为热电动势 E_t、零点调整信号 U_z' 与反馈信号 U_f' 的代数和。其中 U_z' 为常数，而热电动势 E_t 与温度 t 呈非线性关系。如果 U_f' 与温度 t 的关系同热电动势 E_t 与温度 t 的非线性关系相一致，则 $\varepsilon (= E_t - U_f')$ 与 t 的关系即呈线性关系，从而变送器的输出 I_o 或 U_o 与 t 就呈线性关系。

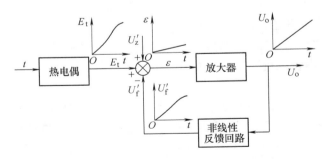

图 3-14 热电偶温度变送器线性化的原理框图

2）线性化电路的工作原理。要使线性化电路特性与热电偶的热电特性完全一致是相当困难的。一般可把线性电路的特性曲线分成几段折线（一般用四段折线即可满足线性化要求）来近似热电偶的特性曲线。从理论上讲，折线愈多近似的准确度愈高，但电子线路也愈复杂。

图 3-15 所示线性化电路（非线性反馈电路），由运算放大器 A_2、稳压管 $VS_3 \sim VS_6$ 及电

阻等组成。

　　如图 3-15a 所示，来自功率放大器的反馈电压 U_f 作为 A_2 同相输入端的输入电压，U_f 的大小与变送器的输入信号 t 成比例。A_2 的输出电压 U_o 一方面经 R_{12}、R_{13}、R_{14} 组成的分压器取 U_o' 送至调零调量程电路；另一方面经非线性运算电路反馈至 A_2 的反相端。适当选择电路的结构和参数，可以得如图 3-15b 所示的 U_f 与 U_o 的特性曲线，并用四段折线来近似。r_1、r_2、r_3、r_4 分别表示四段直线的斜率，从而使变送器的输出 I_o 或 U_o 与 t 呈线性关系。

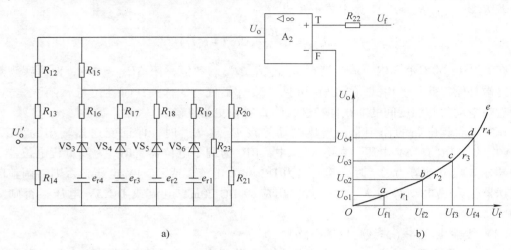

图 3-15　线性化电路

　　如图 3-15b 所示，当热电偶的输入信号为零时，变送器的输出为 DC 4mA 或 DC 1 V，这对应于特性曲线的 a 点，$U_f = U_{f1}$，$U_o = U_{o1}$，这时所有稳压管 $VS_3 \sim VS_6$ 均不导通。由图 3-15a 可见，U_{o1} 经过 R_{15}、R_{20} 与 R_{15}、R_{23}、R_{21} 两条支路反馈至 A_2 反相端 F。

　　当输入信号大于零时，随着输入的增大，U_f 从 U_{f1} 开始增大，相应的 U_o 也从 U_{o1} 以斜率 r_1 沿直线 ab 段增大。当 $U_f = U_{f2}$ 时，便出现一个拐点，相应的 $U_o = U_{o2}$，此时 $U_{o2} \geq U_{VS6-e_{r1}}$（$U_{VS6}$ 为稳压管 VS_6 的稳压值），VS_6 导通，而 $VS_3 \sim VS_5$ 均不导通。这样，U_{o2} 要经过 R_{15}、R_{20}；R_{15}、R_{23}、R_{21}；R_{15}、R_{19}、VS_6、R_{21} 三条支路反馈至 A_2 反相端。A_2 负反馈量减小，输出量增大，即从拐点 b 开始，U_{o2} 以斜率 r_2 沿 bc 线增大。由于 $r_2 > r_1$，故 U_{o2} 增加的速度更快，依次类推。总之，随着输入的增大，U_f 也随之增大，$VS_3 \sim VS_6$ 依次导通，A_2 的负反馈量依次减小，则 U_o 沿各段折线逐渐增大。

4. 放大单元

　　热电偶温度变送器的放大单元由集成运算放大器、功率放大器、直流-交流-直流变换器、输出电路等部分组成。其作用是将量程单元输出电压信号进行电压和功率放大，输出 I_o（DC 4～20mA）和 U_o（DC 1～5V）。同时，输出电流 I_o 又经隔离反馈部分转换成反馈电压 U_f，送至量程单元。

3.3　压力检测与变送

3.3.1　概述

　　在现代工业生产过程中，压力的检测与控制是保证工艺要求、生产设备和人身安全并使生产过程正常运行的必要条件。同时，其他一些过程参数诸如温度、流量、液位等往往可以通过压力来间接测量。所以压力检测在生产过程自动化中具有特殊的地位，是极为重要的。

在工程上，所谓压力就是物理学中的压强，即垂直而均匀地作用于单位面积上的力。在工程上，被测压力有绝对压力、表压和负压（真空度）。绝对压力 p_{abs} 是指介质所受的实际压力。如图 3-16 所示，以绝对压力零线作起点计算的压力称为绝对压力。表压是指高于大气压的绝对压力与大气压力之差，即

$$p_g = p_{abs} - p_{atm} \qquad (3-18)$$

负压或真空度是指大气压力与低于大气压的绝对压力之差，即

$$p_v = p_{atm} - p_{abs} \qquad (3-19)$$

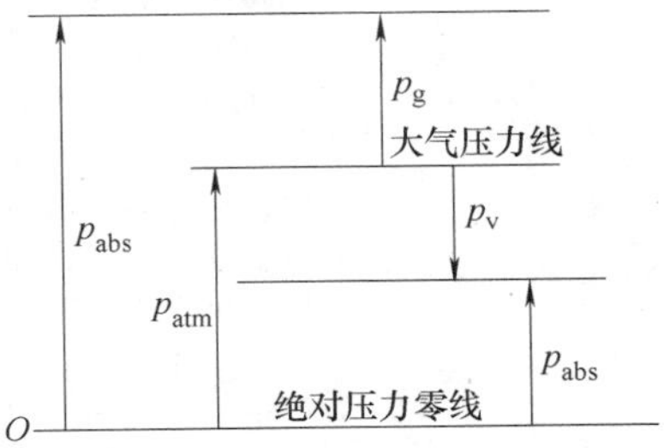

图 3-16　压力划分示意图

压力的单位采用国际单位制（SI）帕斯卡，简称帕，符号为 Pa，它表示 1N 力垂直均匀地作用在 1m² 面积上形成的压力，即 $1Pa = 1N/m^2$。

在工程上，我国很久以来采用了其他一些压力单位，目前仍在一些场合下使用。这些压力单位与国际单位制中的压力单位之间的转换关系见表 3-7。

表 3-7　压力单位换算表

单 位 名 称	帕斯卡（Pa）	标准大气压（atm）	工程大气压（kg·f/cm²）	毫米水柱（mmH₂O）	毫米汞柱（mmHg）
1 帕（Pa）	1	9.86924×10^{-6}	1.01972×10^{-5}	1.01972×10^{-1}	7.50064×10^{-3}
1 标准大气压（atm）	1.01325×10^5	1	1.03323	10332.2	760
1 工程大气压（kg·f/cm²）	9.80665×10^4	0.967841	1	10000	735.562
1 毫米水柱（mmH₂O）	9.80665	9.67841×10^{-5}	1×10^{-4}	1	0.735562×10^{-1}
1 毫米汞柱（mmHg）	133.322	1.31579×10^{-3}	1.35951×10^{-3}	13.5951	1

由于在现代工业生产过程中测量压力的范围很宽，测量的条件和准确度要求各异，所以压力检测仪表的种类很多，按其转换原理不同，可分为以下四类：

（1）弹性式压力表　弹性式压力表是根据弹性元件受力变形的原理，将被测压力转换成位移来测量的，如弹簧管式压力表、膜片（或膜盒式）压力表、波纹管式压力表等。

（2）液柱式压力表　液柱式压力表是根据流体静力学原理，把被测压力转换成液柱高度来测量的，如单管压力计、U 形管压力计及斜管压力计等。

（3）电气式压力表　电气式压力表是将被测压力转换成电动势、电容、电阻等电量的变化来间接测量压力，如有应变片式压力计、霍尔片式压力计、热电式真空计等。

（4）活塞式压力表　活塞式压力表是根据液压机传递压力的原理，将被测压力转换成活塞上所加平衡砝码的质量进行测量，通常作为标准仪器对弹性压力表进行校验与刻度。

上述四类压力表的性能及应用场合可见表 3-8。

表3-8　各类压力表的性能及应用场合

类别 特点及应用	弹性式压力表	液柱式压力表	电气式压力表	活塞式压力表
主要特点	（1）测压范围宽，可测高压、中压、微压、真空度 （2）使用范围广，若添加记录机构、控制元件或电气转换装置，则可制成压力记录仪、电接点压力表、压力控制报警器和远传压力表等，供记录、指示、报警、远传之用等 （3）结构简单、使用方便、价格低廉，但有弹性滞后现象	（1）结构简单，使用方便 （2）测量准确度要受工作液毛细管作用、密度及视差等影响 （3）测压范围较窄，只能测量低压与微压 （4）若用水银为工作液，则易造成环境污染	（1）按作用原理不同，除前述种类外，还有振频式、压电式、压阻式、电容式等压力表 （2）根据不同形势，输出信号可以是电阻、电流、电压或频率等 （3）适用范围宽	（1）测量准确度高，可达0.05%～0.02% （2）结构复杂，价格较贵 （3）测量准确度受温度、浮力与重力加速度的影响，故使用时应修正
应用场合	用于测压力或真空度，可就地指示、远传、记录、报警和控制，还可测易结晶与腐蚀性介质的压力与真空度	用于测低压与真空度，用于作为标准计量仪器	用于远传、发信与自动控制，与其他仪表连用可构成自动控制系统，广泛应用于生产过程自动化，可测压力变化快、脉动压力、高真空与超高压场合	作为标准计量仪器用于检定低一级活塞式压力表或检验精密压力表

由于弹性式压力表具有结构牢固可靠、价格便宜、使用方便、测压范围宽（可从高真空到1000MPa的超高压）、测量准确度等级较高（可达0.05级以上）等特点，在工业生产过程中获得了最广泛的应用。

下面仅介绍常用的弹性式压力表和电气式压力表。

3.3.2　弹性式压力表

弹性式压力表是利用各种弹性元件，在被测介质压力作用下产生弹性变形（服从虎克定律）的原理来测量压力的。

随着测压范围不同，工业上常用的弹性元件有图3-17所示的几种。

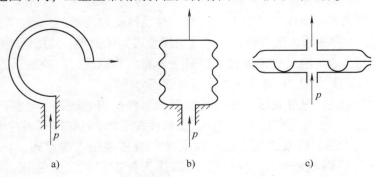

图3-17　弹性元件

a）弹簧管　b）波纹管　c）单膜片

图 3-17a 为弹簧管，是一种弯成弧形的金属管子，其截面为扁圆形或椭圆形。当被测压力从固定端输入后，其自由端就会产生位移。单圈弹簧管自由端位移较小，可以测量较高的压力。若要增加自由端的位移，则可制成多圈弹簧管。

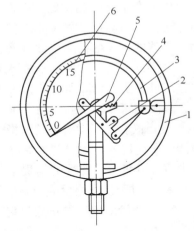

图 3-17b 为金属薄管折皱成的波纹管。当输入被测压力时，其自由端产生伸缩变形，它比弹簧管有较大的直线位移。但是，压力-位移特性的线性度不如弹簧管好。

图 3-17c 所示的单膜片主要用来制作测量低压的测压元件。膜片可用金属薄片或橡胶膜制成。它可用来测量微压与黏滞性介质的压力。

图 3-18 所示为单圈弹簧管压力表，它主要由弹簧管 3、齿轮传动机构 4、指针 5、分度盘 6 及外壳 1 等部分组成。当被测介质压力输入弹簧管 3 后，弹簧管即产生变形，从而使接头向上位移，再由连杆 2 带动扇形齿轮 4 动作，通过传杆机构带动压力表指针 5 转动，指示被测压力。

图 3-18 单圈弹簧管压力表
1—外壳 2—连杆 3—弹簧管
4—齿轮传动机构 5—指针 6—分度盘

3.3.3 电气式压力表

电气式压力表是一种将压力转换成电量（电阻、电感、电动势等）进行测量的仪表，适用于测量压力变化快、脉动压力、高真空和超高压场合。下面简单介绍这种压力表。

应变片可由金属导体或半导体材料制成，其阻值随被测压力产生的应变而变化。当其产生压缩应变时，阻值减小；当其产生拉伸应变时，阻值增加。

如图 3-19a 所示，如果两片应变片 R_1、R_2 分别以轴向和径向用特殊胶合剂固定在应变筒 1 上，而应变筒 1 的上端与外壳 2 固定在一起，其下端与不锈钢密封片 3 紧密连接，应变片与筒体保持绝缘。当被测压力 p 作用于膜片 3 时，引起应变筒受压变形，从而使 R_1、R_2 阻值发生变化。R_1、R_2 与固定电阻 R_3、R_4 组成测量桥路（见图 13-19b）。当 $R_1 = R_2 = R_3 = R_4$ 时，测量桥路平衡，故其输出为零；当 R_1、R_2 阻值变化不等时，测量桥路输出不平衡电压信号。应变片式压力表就是根据该输出电压信号随压力变化实现压力的间接测量。

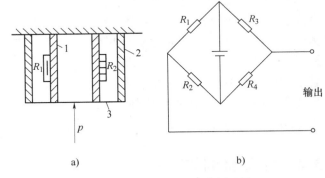

a)   b)

图 3-19 应变片式压力表原理图
1—应变筒 2—外壳 3—密封片

3.3.4 压力检测仪表的选用与安装

1. 压力检测仪表的选择原则

（1）仪表类型的选择 压力表类型的选择必须根据生产工艺要求、被测介质的性质和使用环境条件等而定，例如生产工艺是否要求压力信号现场指示、远传、报警、自动记录；

被测介质有无腐蚀性、黏度大小、温度与压力高低、易燃易爆情况、是否易结晶等；现场环境条件诸如振动、电磁场、腐蚀性、高低温等。

（2）仪表量程的确定　以弹性式压力表为例，为了保证弹性元件在弹性变形的范围内可靠工作，在确定量程时应留有余地。在测量较平稳的压力时，压力表的上限值应为被测压力最大值的 4/3 倍；测量波动较大的压力时，压力表的上限值应为被测压力最大值的 3/2 倍；为了保证测量准确度，被测压力的最小值一般应不低于仪表量程的 1/3。

应该指出，计算所得的仪表上、下限值一般不能作为仪表的量程，而应根据以上计算值，查阅国家标准系列产品手册来最后确定。

（3）仪表准确度等级的选择　仪表量程确定后，仪表准确度等级应根据生产工艺对压力测量所允许的最大误差来决定。准确度等级愈高、价格愈贵，维护要求也愈高。所以，工程上应在满足工艺要求的前提下，选用准确度等级较低的仪表。对于工业用压力表一般选 1~4 级。对于精密测量或校验用的压力表应在 0.4 级以上。

2. 压力检测仪表的正确安装

压力检测仪表的安装将影响被测结果的准确性和仪表的使用寿命，因此必须严格按其使用说明书规定进行。下面就工程应用上的有关问题做一说明。

1）取压点应能如实反映被测压力的真实情况，例如取压点应在直线流动的管段；取压点应与流向垂直；测量液体压力的取压点应在管道下部，导压管内应无气体；测量气体压力的取压点应在管道的上部，导压管内应无液体等。

2）当被测介质易冷凝或冻结时，导压管必须保温；在靠近取压口处应装切断阀等。

3）安装压力表时要避免高温与振动的影响；要便于观察和维修；仪表高度应与取压点相近；当测蒸汽压力时，为防止高温蒸汽同测压元件直接接触，应装如图 3-20a 所示凝液管。在测量腐蚀性介质的压力时，应采用装有中性介质的隔离罐，如图 3-20b、c 所示。

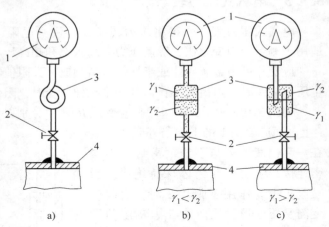

图 3-20　压力表安装示意图

1—压力表　2—切断阀　3—凝液管（或隔离罐）　4—取压容器

3.4 流量检测与变送

3.4.1 概述

在现代工业生产过程自动化中，流量是重要的过程参数之一。流量是衡量设备的效率和经济性的重要指标；流量是生产操作和控制的依据，因为在大多数工业生产中，常用测量和控制流量来确定物料的配比与耗量，实现生产过程自动化和最优控制。同时为了进行经济核算，也必须知道如一个班组流过的介质总量。所以，流量的测量与控制是实现工业生产过程自动化的一项重要任务。

所谓流量是指单位时间内通过管道某一截面的物料数量，即瞬时流量。其常用的计量单位有如下三种：

（1）体积流量 q_v 体积流量即单位时间内通过管道某一截面的物料体积，用立方米每小时（m^3/h）、升每小时（L/h）等单位表示。

（2）重量流量 q_G 重量流量即单位时间内通过管道某一截面物料的重量，一般用牛顿每小时（N/h）表示。

（3）质量流量 q_m 质量流量即单位时间内通过管道某一截面物料的质量，可用千克每小时（kg/h）表示。

以上三种流量之间的关系为

$$q_m = \rho q_v \tag{3-20}$$

式中 ρ——流体密度。

$$q_G = \gamma q_v = \rho g q_v = g q_m \tag{3-21}$$

式中 γ——流体重度；

g——重力加速度。

通常把测量流体流量的仪表叫流量计。测量流体总量的仪表叫计量表。

流量测量的方法及其常用仪表很多。按其工作原理可分为如下三类：

（1）容积式流量计 容积式流量计是以单位时间内所排出流体的固定容积的数目来计算流体总量的。这类仪表包括椭圆齿轮流量计、括板式流量计、腰轮流量计、旋转活塞式流量计等。容积式流量计的特点是测量准确度较高。

（2）速度式流量计 速度式流量计是应用流体力学测量流体在管道内的流速来计算流量的。这类仪表包括差压流量计、转子流量计、涡轮流量计、电磁流量计、靶式流量计、超声波流量计等。在工业生产过程中差压流量计和转子流量计应用最广。

（3）质量流量计 质量流量计有两种：一是通过直接检测与质量流量成比例的参数来实现质量流量测量的直接型质量流量计；二是通过体积流量计与密度计的组合来实现质量流量测量的间接型质量流量计。在我国，这类流量计正在发展之中。

3.4.2 差压流量计

差压流量计是流量测量中使用历史最久、最常用的一种流量计。它是根据节流原理利用流体流经节流装置（如孔板）时产生的压力差来测量流量的。如图3-21所示，差压流量计由节流装置、引压导管、差压变送器或差压计组成。

1. 节流装置测量流量的基本原理

根据流体力学可知，流体在管道中流动时，具有动能和位能，并在一定条件下可以相互转换，但其总能量是不变的。

如图3-22所示，在水平管道中垂直安装一块孔板，流体通过节流装置（孔板）

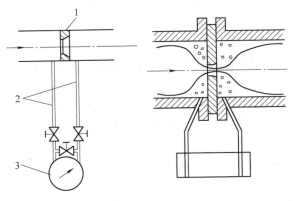

图3-21 差压流量计示意图
1—节流装置 2—引压导管 3—差压计

时，在节流装置的上、下游间会产生压差。流量愈大，压差也愈大，流量与压差之间存在一定关系。

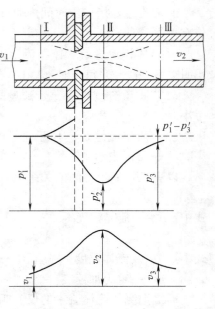

图 3-22 所示为流体流动时以及在孔板附近的静压力和流速的分布情况。流体在管道截面 I 前以流速 v_1 流动，其静压力为 p_1'。由于管道中装有孔板，当流体流经截面 I 后，流速开始收缩，由于惯性，在截面 II 处流体的流通截面收缩至最小，此时流速 v_2 最大，静压力 p_2' 最小。然后流速逐渐扩大，到截面 III 后流速完全恢复到原来的状况，但静压力 p_3' 不能完全恢复。由于孔板前后形成的涡流及产生的摩擦，从而造成了压力损失 $\delta p = p_1' - p_3'$。

实验证明，图 3-22 所示的孔板处的压力和流速的分布情况中，实线表示管壁附近的压力，虚线表示管道中心处的压力。在靠近孔板前面管壁处，由于流体流动被突然阻挡，则动能转化为压力位能，使局部压力 p_1 增高并超过 p_1'。

图 3-22　孔板处压力、流速分布图

由以上分析可知，流体通过孔板后会产生静压差。流体流过管道孔板的流量愈大，则孔板前后产生的静压差也愈大。所以，测出这个压差就可知道此时流量的大小，这就是节流装置测量流量的基本原理。

2. 不可压缩流体的流量方程

差压流量计是以伯努利方程和连续性方程为理论根据的。对于不可压缩的理想流体，若不考虑其阻力损失，根据能量守恒定律，由伯努利方程可得

$$\frac{p_1' - p_2'}{\gamma} = \frac{1}{2g}(v_2^2 - v_1^2) \tag{3-22}$$

式中　p_1'——截面 I 处的绝对压力；

　　　p_2'——截面 II 处的绝对压力；

　　　v_1——截面 I 处的平均流速；

　　　v_2——截面 II 处的平均流速；

　　　γ——流体重度（因为理想流体 $\gamma_1 = \gamma_2 = \gamma$）；

　　　g——重力加速度。

根据连续性方程，流过管道流体的体积流量为

$$q_v = v_1 A_1 = v_2 A_2 \tag{3-23}$$

式中　A_1、A_2——截面 I、II 处的流束截面积。

由式（3-22）与式（3-23）联立求解，可得

$$v_1 = \frac{1}{\sqrt{1 - \left(\dfrac{A_2}{A_1}\right)^2}} \sqrt{\frac{2g}{\gamma}(p_1' - p_2')} \tag{3-24}$$

由于 p_2' 与 A_2 是在流束截面收缩到最小的地方测量，其位置是随流速不同而改变的。所以，按式（3-24）计算流速是困难的，故引入截面收缩系数 μ 和孔板开孔面积 A_0 对管道面积 A_1 之比 m，即

$$\mu = \frac{A_2}{A_0} ; m = \frac{A_0}{A_1} \tag{3-25}$$

在工程上，常用紧靠孔板前后的管壁处来测取压差 $(p_1 - p_2)$，并用它来代替 $(p_1' - p_2')$。显然它们的数值是不相等的。同时，流体在管道中流动时存在着阻力损失等情况，为此，引入修正系数 ζ

$$v_2 = \frac{\zeta}{\sqrt{1 - \mu^2 m^2}} \sqrt{\frac{2g}{\gamma}(p_1 - p_2)} \tag{3-26}$$

令

$$\alpha = \frac{\mu\zeta}{\sqrt{1 - \mu^2 m^2}}$$

称 α 为流量系数，所以体积流量

$$q_v = \alpha A_0 \sqrt{\frac{2g}{\gamma}(p_1 - p_2)} \tag{3-27}$$

重量流量

$$q_G = \gamma q_v = \alpha A_0 \sqrt{2g\gamma(p_1 - p_2)} \tag{3-28}$$

式 (3-27) 和式 (3-28) 为流量的基本方程。由此可见，流体的流量与节流装置前后的压差二次方根成正比。所以，使用差压变送器（带有开方器）可直接与节流装置配合来测量流量。

应该指出，流量系数 α 是一个受许多因素影响的综合系数，其值由实验确定。α 与节流装置的型式尺寸、取压方式、流体流动状态和管道内壁粗糙度等因素有关，其值可查阅有关设计手册。

3. 对于可压缩流体的流量方程

式 (3-27) 和式 (3-28) 是根据流体在不可压缩的情况下导出的。对于可压缩流体（如空气、蒸汽、煤气等）还必须引入一个校正系数 ε。所以，可压缩流体的流量基本方程为

$$q_v = \alpha A_0 \varepsilon \sqrt{\frac{2g}{\gamma}(p_1 - p_2)} \tag{3-29}$$

$$q_G = \alpha A_0 \varepsilon \sqrt{2g\gamma(p_1 - p_2)} \tag{3-30}$$

4. 差压流量计的选用原则

（1）差压流量计的选择　差压流量计的结构简单、使用方便、寿命长、适应性广，对于各种工况下的单体流体、管径 50～1000mm 范围内几乎均可使用。但对于差压流量计达不到所需准确度、流体非单向流动、流量变化幅度大、高黏度或强腐蚀流体介质等情况，应考虑选用其他方法。差压流量计使用历史悠久，已经积累了丰富的实践经验，形成了一套完整的实验标准、设计资料。在工程上设计选择时只要根据不同的被测介质与要求，查阅有关设计手册和资料即可。

（2）节流装置（孔板）的安装　根据国家标准的规定，安装节流装置应该是直的圆形管道、内壁洁净，其表面粗糙度应符合标准规定；在节流装置前要求有管道直径 $D15～20$ 倍的直管段，其后应有 $5D$ 的直管段；节流件开孔与管道的轴线应同心，节流件的端面与管道轴线垂直；孔板不可反装，尖锐的一侧应迎着流向为入口侧，喇叭形一侧为出口侧；流体应充满管道并连续、稳定地流动等，总之节流装置的安装必须符合国家标准规定的要求。

（3）节流装置、导压管和差压变送器之间的安装原则　当测量液体、蒸汽流量时，导压管内应充满同一液体，并排净气体；当测量气体流量时，导压管内应充满同一气体，并排净液体；两根导压管应尽量靠近敷设，并感受相同温度。

（4）差压流量计使用中的注意事项　一是节流装置、差压计的差压规格和记录规格三者是配套的，在使用中不得任意更改其中之一；二是当被测介质的工况偏离设计工况时，应查阅有关资料对流量进行修正。

随着检测理论和检测技术的发展，近些年来，又开发了诸如卡门旋涡流量计、核磁共振流量计、超声波流量计等新型流量计。几种主要类型流量计的性能比较可见表3-9。

表 3-9　几种主要类型流量计的性能比较

流量计类型 性　能	容积式（椭圆 齿轮流量计）	涡轮 流量计	转子 流量计	差压 流量计	电磁 流量计
测量原理	测出输出轴 转数	由被测流体推 动叶轮旋转	定压降环形面 积可变原理	伯努利方程	法拉第电磁感 应定律
被测介质	气体、液体	气体、液体	气体、液体	气体、液体、蒸汽	导电性液体
测量准确度	$\pm(0.2\sim0.5)\%$	$\pm(0.5\sim1)\%$	$\pm(1\sim2)\%$	$\pm2\%$	$\pm(0.5\sim1.5)\%$
安装直管段要求	不要	要直管段	不要	要直管段	上游有要求 下游无要求
压力损失	有	有	有	较大	几乎没有
更换量程方法	难	难	改变浮子的重 量（麻烦）	改变差压变速 器刻度（难）	调量程电位器 （容易）
口径系列 ϕ/mm	$10\sim300$	$2\sim500$	$2\sim150$	$50\sim1000$	$2\sim2400$
制造成本	较高	中等	低	中等	高

3.4.3　椭圆齿轮流量计

椭圆齿轮流量计是常见的一种容积式流量计。容积式流量计的基本原理是：让从流量计入口流入的流体充满流量计内具有一定容积的空间，然后在流体推动下使容积内的流体从流量计出口流出。如此循环往复。若每个循环周期流量计送出的流量体积为 V_0，在 t 时间内，流量计工作循环周期数为 N，则总体积为

$$V = NV_0$$

若每一个循环周期时间长度为 t_0，或重复频率为 f_0，则流量为

$$Q = V_0/t_0 = V_0 f_0$$

椭圆齿轮流量计是一种测量流体总量（体积）的仪表，特别适合测量黏度较大的纯净（无颗粒）液体的总量。其主要优点是准确度高，可达到 $\pm(0.3\sim0.5)\%$；但加工复杂，成本高，而且齿轮容易磨损。

椭圆齿轮流量计的工作原理如图3-23所示。在仪表的测量室中安装两个互相咬合的椭圆形齿轮，齿轮可绕自己轴转动。当被测介质流入仪表时，推动齿轮转动。由于两个齿轮所处位置不同，分别起主、从动轮作用。在图3-23a所示位置时，由于 $p_1 > p_2$，轮Ⅰ受到一个顺时针的转矩，而轮Ⅱ虽受 p_1 和 p_2 的作用，但合力矩为零，此时轮Ⅰ将带动轮Ⅱ旋转，于是将外壳与轮Ⅰ之间标准测量室内液体排入下游。当齿轮旋转至图3-23b所示位置时，轮Ⅰ受到一个顺时针的转矩，而轮Ⅱ受到一个逆时针的转矩，两齿轮在 p_1、p_2 作用下继续旋

转。当齿轮旋转至图3-23c所示位置时，类似图3-23a，只不过此时轮Ⅱ为主动轮，轮Ⅰ为从动轮。上游流体又被封入轮Ⅱ形成的测量室内。这样，每转一周，两个齿轮共送出4个标准体积的流体（阴影部分）。

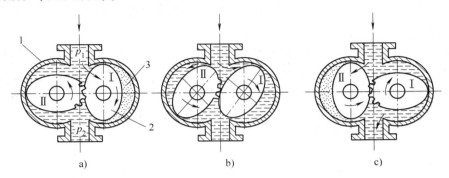

图3-23　椭圆齿轮流量计的工作原理图
1—外壳　2—椭圆形转子（齿轮）　3—测量室

椭圆齿轮的转数通过设在测量室外的机械式齿轮减速机构及滚轮计数机构累计。为了减小密封轴的摩擦，多采用永久磁铁做成的磁联轴节传递主轴转动，既保证了良好密封，又减小了摩擦。

由上所述可知，椭圆齿轮流量计可看作一个把流量转换为转速、把总量转换为转数的敏感器。

3.5　液位检测与变送

液位是指密封容器或开口容器中液面的高低。在工业生产过程自动化中，需要对某些设备与容器的液位进行测量和控制。通过液位的检测，了解容器中的原料、半成品或成品的数量，以便调节容器中输入、输出物料的平衡，保证生产过程中各环节所需的物料或进行经济核算；通过液位的测量，了解生产是否正常运行，以便及时监视或控制容器液位，保证产品的质量和数量。下面介绍工业生产中广泛应用的静压式液位计和电容式液位计。

3.5.1　静压式液位计

静压式液位计是利用容器里液位高度产生的静压力随其液位变化而变化的原理进行工作的。因为对于不可压缩的液体，液位高度与液位的静压力成正比，所以测出液体的静压力，即可知液位高度。

开口容器的液位测量原理如图3-24所示。压力计与容器底部相连，由压力计指示的压力大小，即可知道液位高度H，其关系为

$$H = \frac{p}{\gamma} \tag{3-31}$$

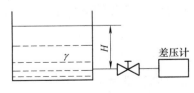

图3-24　静压式液位计原理图

式中　H——液位高度；

　　　γ——液体重度；

　　　p——容器里取压平面上的静压力。

通常，被测介质的重度 γ 是已知的，故 H 与 p 成正比。

3.5.2 电容式液位计

电容式液位计是利用测量电容量的变化来测量液位高度的。若测量导电液体的液位时，用金属棒作为内电极插在容器中，其外面套上一层绝缘套管（塑料套管）；导电液体与金属容器筒壁一起作为外电极，如图 3-25 所示。如忽略液面以上部分的电容量，则电容器的电容量为

$$C = \frac{2\pi\varepsilon H}{\ln\dfrac{R}{r}} \tag{3-32}$$

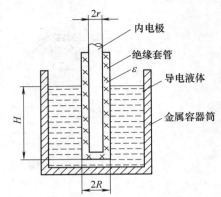

图 3-25　测量导电液体的液位

式中　R——绝缘套管的外半径；

　　　r——绝缘套管的内半径；

　　　ε——绝缘介质的介电常数；

　　　H——内电极被导电液体浸没的高度。

式（3-32）中，R、r、ε 皆为常数，所以测得电容 C 即可知被测液位高度 H。

测量非导电液体的液位示意图如图 3-26 所示。电容器由金属棒制成的内电极和由金属圆筒制成的外电极两部分组成，两电极间相互绝缘固定。在外电极上开有小孔，使被测液体能流入两电极之间。当液位为零时，内外电极间的电容量可根据同心圆筒形电容计算，即

$$C_0 = \frac{2\pi\varepsilon_0 L}{\ln\dfrac{R}{r}} \tag{3-33}$$

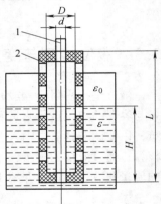

式中　ε_0——空气介质的介电常数；

　　　L——圆筒电极的高度；

　　　R——外电极的内径；

　　　r——内电极的外径。

当液位高度上升到 H 时，则圆筒形电容器可看作由液面上、下两部分电容组成。上半部分（空气介质）的电容量 C_1 为

$$C_1 = \frac{2\pi\varepsilon_0 (L-H)}{\ln\dfrac{R}{r}} \tag{3-34}$$

图 3-26　测量非导电液体液位

1—内电极　2—外电极

液面以下部分的电容量 C_2 为

$$C_2 = \frac{2\pi\varepsilon H}{\ln\dfrac{R}{r}} \tag{3-35}$$

故总电容量为

$$C = C_1 + C_2 = \frac{2\pi\varepsilon_0 (L-H)}{\ln\dfrac{R}{r}} + \frac{2\pi\varepsilon H}{\ln\dfrac{R}{r}} = \frac{2\pi(\varepsilon-\varepsilon_0)H}{\ln\dfrac{R}{r}} + \frac{2\pi\varepsilon_0 L}{\ln\dfrac{R}{r}} \tag{3-36}$$

由式（3-36）可见，电容量 C 与液位高度 H 呈线性关系。

在工程应用中，电极的尺寸、形状已定，介质常数亦是基本不变的，故只要测得电容量的变化即可知道液位高度。当电极几何形状与尺寸一定时，ε_0、ε 相差越大，则仪表灵敏度越高；若 ε_0、ε 发生变化，则会使测量结果产生误差。

上述液位电容量的变化可用高频交流电桥来测量。

图 3-27 为交流电桥法测量电容量的原理图。交流电桥由 AB、BC、CD、DA 四个桥臂组成，高频电源 E 经电感 L_1、L_4 耦合到 L_2、L_3 与 C_1、C_2 组成的电桥。AB 为可调桥臂，R_1C_1 用来调整仪表的零点，使桥路平衡（此时 AC 间无电流输出）。DA 为测量桥臂，利用开关 S 来检查仪表的工作情况。工作时，利用开关 S 将被测电容 C_x 接入测量桥臂。当要检查仪表时，将开关 S 按下，使电容 C_2 接入桥臂。若仪表工作正常，毫安表应指示在某一定值。当桥臂阻抗 $Z_{AB}Z_{CD} = Z_{BC}Z_{DA}$ 时，电桥处于平衡状态，电桥没有输出电流。当被测电容 C_x 因液位变化而变化时，电桥平衡状态被破坏，不平衡电流经二极管 VD 整流后，由毫安表指示输出电流值，此值的大小即反映液位的高低。

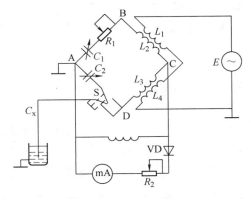

图 3-27　交流电桥测量电容原理图

常用液位检测仪表的性能可参阅表 3-10。

表 3-10　常用液位检测仪表的性能

仪表名称（技术性能）		测量范围/mm	准确度	工作压力/Pa	工作温度/℃	适用介质	输出方式	用途
直读式	玻璃管液位计 玻璃板液位计	400 ~ 1400		一般 1.6×10^6 特种 3.2×10^7	100 ~ 50 特种 400	除黏稠、深色外的各种介质	就地指示	连续测量
浮力式	浮球式液位计	50 ~ 1000	±5mm	$(4 ~ 6) \times 10^6$	150 ~ 200	各种液体	一般就地指示	连续测量、报警
	沉筒式液位计	350 ~ 2000	±1.5%	3.2×10^6 以下	200	各种液体	远传指示	连续测量、调节
静压式	吹气体液位计	4000 以下	±1.5%	常压	常温	腐蚀、黏性、含颗粒	一般就地指示	连续测量
	差压式液位计	20000 以下	±1.0%	1.6×10^6	200	各种液体	远传显示	连续测量、调节
电磁式	电阻式液位计	10000 以下	±10mm	10^6	100	导电液体	断续信号	报警、调节
	电容式液位计	2000 以下	±2.5%	1.6×10^6	200	各种液体	远传显示	连续测量
超声波液位计		10000 以下	±5mm			各种液体	数字显示	连续测量
辐射式液位计		15000 以下	±(3% ~ 5%)			各种液体	远传显示	连续测量、调节

3.5.3　液位检测仪表的选用原则

（1）检测准确度　对用于计量和经济核算的场合，应选用准确度等级较高的液位检测仪表，如超声波液位计的准确度为 ±5mm。对于一般检测准确度可选用其他液位计。

（2）工作条件　对于测量高温、高压、低温、高黏度、腐蚀性、泥浆等特殊介质，或在用其他方法难以检测的各种恶劣条件下的某些特殊场合，可以选用电容式液位计。对于一般情况，可以选用其他液位计。

（3）测量范围　如果测量范围较大，可选用电容式液位计。对于测量范围在 2m 以上的一般介质，可选用差压式液位计。

（4）刻度选择　最高液位或上限报警点应为最大刻度的 90%；正常液位为最大刻度的 50%；最低液位或下限报警点为最大刻度的 10% 左右。

在具体选用液位检测仪表时，一般还应考虑以下因素：容器的形状、大小；被测介质的状态（重度、黏度、温度、压力及液位变化）；现场安装条件（安装位置，周围有否振动、冲击等）；安全性（防火防爆等）；信号输出方式（现场显示或远距离显示，变送或控制）等问题。

3.6　变送器

差压（压力）变送器主要用于测量液体、气体或蒸汽的压力、差压、流量、液位等过程参量，并将其转换成标准统一信号 DC 4～20mA 电流输出，以便实现自动检测或自动控制。

下面介绍几种常用的变送器。

3.6.1　矢量机构力平衡式差压变送器

1. 工作原理

差压变送器是根据力平衡原理工作的。图 3-28 所示被测压差（$\Delta p = p_1 - p_2$）经膜片转换成作用于主杠杆下端的一个向左的推力 F_{in}，使主杠杆以密封膜片为支点作顺时针方向偏转，以力 F_1 沿水平方向推动矢量机构。矢量机构是一个角度可变的力分解器，将 F_1 分解为 F_2 和 F_3。F_3 消耗在支点上，F_2 使矢量机构的推板向上移动，带动副杠杆以 M 为支点作逆时针方向偏转，这样使固定在副杠杆上的检测片向检测变压器靠近，从而减小磁路气隙，使检测变压器输出增加，并通过放大器放大为 4～20mA 的直流电流输出。同时此电流通过反馈动圈，产生电磁反馈力，此力的方向与测量力 F_{in} 相反，故称为负反馈力。当反馈力矩与测量力矩平衡时，则变送器的输出电流与被测差压成正比，从而实现压差与电流间的转换。

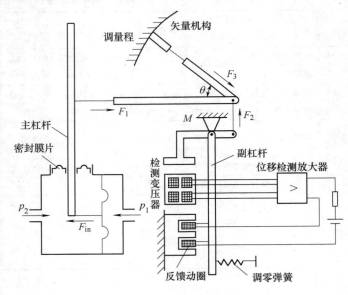

图 3-28　差压变送器

调零弹簧位于副杠杆下端，当差压为零时，变送器的输出电流应为 DC 4mA。否则调整调零弹簧，实现零点调整。

主、副杠杆之间的矢量机构是用来调整变送器量程的。F_1 与 F_2 之间的关系为

$$\tan\theta = \frac{F_2}{F_1} \tag{3-37}$$

式中　θ——矢量机构的倾角。

从式（3-27）可知，若 F_2 不变，改变 θ 角时，则 F_1 就改变。而 F_1 与被测压差 Δp 成正比，所以，θ 角改变了就使压差范围 Δp 变化，从而实现了变送器的量程调整。

2. 位移检测放大器

位移检测放大器是一个位移-电流转换器，其任务是将副杠杆上检测片的微小位移转换成 DC 4~20mA 的输出电流。

位移检测放大器由检测变压器、振荡器、整流滤波电路及功率放大器等部分组成，如图 3-29 所示。

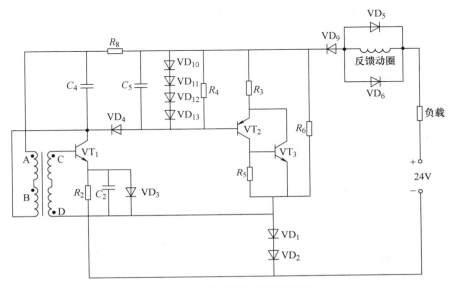

图 3-29　位移检测放大器原理图

（1）检测变压器　如图 3-30 所示，检测变压器由检测片、磁心和四组线圈组成。

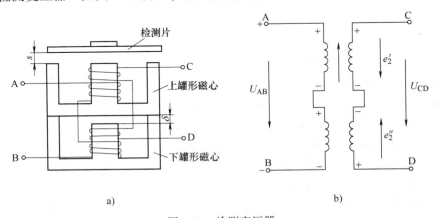

图 3-30　检测变压器

检测变压器一次侧两组线圈同相分别绕在上、下心柱上，二次侧两组线圈反相绕在上、下心柱上。在二次侧的上、下磁心的中心柱之间有一固定的气隙 δ。对二次侧而言，上磁心磁路空气隙长度随检测片的位移改变，而下磁心磁路空气隙的长度是固定不变的。

若在检测变压器一次侧加一交流励磁电压 U_{AB}，则二次侧便产生感应电压 $U_{CD}=e_2'+e_2''$。

当 U_{AB} 一定时，e''_2 为一固定值，e'_2 则随检测片位移而变化，若磁心中心柱面积等于其外磁环的截面积，实验证明当检测片位移 $s = \dfrac{\delta}{2}$ 时，上下两组磁路相同，$e'_2 = e''_2$，则 $U_{CD} = e'_2 - e''_2 = 0$。如图 3-31a 所示。当 $s < \dfrac{\delta}{2}$ 时，由于空气隙减小而使 e'_2 增加，则 $U_{CD} = e'_2 - e''_2 > 0$，$U_{CD}$ 与 U_{AB} 同相，如图 3-31b 所示。当 $s > \dfrac{\delta}{2}$ 时，由于空气隙长度增加而使 e'_2 减小，则 $U_{CD} = e'_2 - e''_2 < 0$，$U_{CD}$ 与 U_{AB} 反相。如图 3-31c 所示。

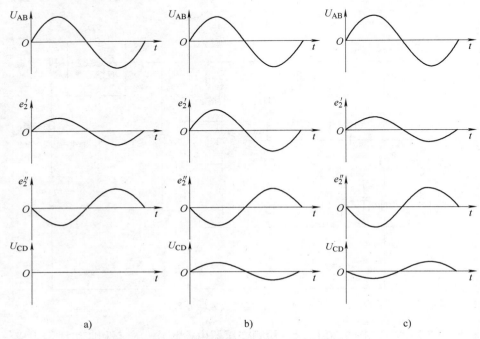

图 3-31　检测片位移 s 变化时 U_{CD} 的变化

a) $s = \dfrac{\delta}{2}$　b) $s < \dfrac{\delta}{2}$　c) $s > \dfrac{\delta}{2}$

（2）振荡器　如图 3-32 所示，振荡器由检测变压器与晶体管 VT_1 组成。检测变压器一次绕组电感 L_{AB} 与电容 C_4 组成谐振回路作为晶体管 VT_1 的集电极负载，构成选频放大器，通过检测变压器二次绕组 L_{CD} 引入正反馈形成正弦波自激振荡器，振荡频率约为 4kHz。R_6 和二极管 VD_1、VD_2 构成分压式偏置电路，R_2 是电流负反馈电阻，C_2 为旁路电容。

振荡器具有选频特性。当输入信号含有各种不同频率的谐波时，振荡放大器对其中与谐振回路的固有频率 f_0 相同的信号放大倍数最高，即它只放大与 f_0 相同的信号，而对其他频率的信号均予以抑制。

振荡放大器的输出电压 U_{AB} 经变压器耦合得到 U_{CD} 反馈至放大器的输入端。如果在某瞬间加入放大器输入端的电压 U_{CD} 为正，即放大器 VT_1 的基极电位 C 点为正，若放大器的放大

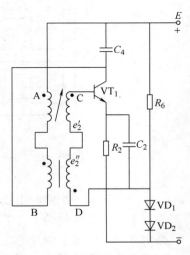

图 3-32　振荡器线路

倍数足够大，则放大器就能产生自激振荡，形成自激振荡器。反之，若 U_{CD} 为负，则放大器不能产生振荡。

由前所述可知，当 $s < \dfrac{\delta}{2}$ 时，U_{CD} 为正。此时，振荡器能起振。反之，当 $s \geqslant \dfrac{\delta}{2}$ 时，振荡器均不起振。所以，这种振荡器只工作在 $s < \dfrac{\delta}{2}$ 的范围内，它只有正特性，而没有负特性。

（3）整流滤波器　由位移检测放大器电路（见图 3-29），振荡放大器输出的交流信号 U_{AB} 经二极管 VD_4 检波，R_8、C_5 滤波得到平滑的直流电压信号，送到功率放大级。

（4）功率放大器　如图 3-33 所示，功率放大器由晶体管 VT_2、VT_3 和电阻 R_3、R_4、R_5 组成。它把整流滤波后的直流电压信号经放大转换成 DC 4 ~ 20mA 的直流电流输出。

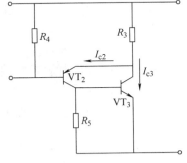

图 3-33　功率放大器电路

（5）其他元件　如图 3-29 所示，电阻 R_6 与二极管 VD_1、VD_2 为晶体管 VT_1 的偏置电路。二极管 VD_3 用以限制电容 C_2 两端的电压，防止电容 C_2 放电时产生非安全火花。二极管 VD_5、VD_6 为反馈动圈储存的磁场能量提供一个泄放通路，防止反馈动圈开路时发生火花。二极管 $VD_{10} \sim VD_{13}$ 用以限制电容 C_5 两端的电压，防止电容 C_5 放电时产生非安全火花。二极管 VD_9 用以防止电源反接。电阻 R_8 为电容 C_5 的放电能量限流电阻，当二极管 VD_4 击穿短路时，可防止 C_5 放电电流过大，限制 C_5 放电能量。

3.6.2　电容式差压变送器

电容式差压变送器是一种无杠杆机构的变送器，它采用差动电容作为检测元件，具有结构简单、性能稳定、准确度较高等特点。

图 3-34 为电容式差压变送器的构成框图。变送器由测量部分和转换部分组成。由图所示，差压 Δp 作用于感压膜片（可动电极），使其产生位移，从而使可动电极与两固定电极组成的差动电容器的电容量产生变化，其变化量由电容-电流转换电路转换成直流电流，并与调零信号相加，再同反馈信号进行比较，其差值送至放大电路，经放大转换成输出电流为 I_0（DC 4 ~ 20mA）。

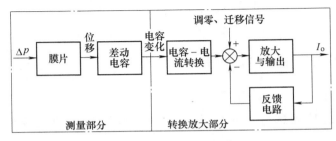

图 3-34　电容式差压变送器构成框图

（1）检测部分　图 3-35 为检测部件的结构示意图。它由正、负压室和差动电容感压元件等组成。检测部件是将输入压差 Δp 转换成电容量的变化量。

差动电容检测元件主要由中心感压片 5，正、负压室弧形电极 4、3，隔离膜片 1，电极引出线 2 构成差动电容腔体，腔体内充满硅油，用以传递压力。中心感压膜片（可动电极）与正、负压室弧形电极（固定电极）形成的电容为 C_1 和 C_2。当 $\Delta p = p_1 - p_2 = 0$ 时，$C_1 = C_2 = 150 \sim 170 \mu F$。

设可动电极与两边固定电极间的距离分别为 d_1 与 d_2。当 $\Delta p = 0$ 时，$d_1 = d_2 = d_0$，即可动电极与两边固定电极间的距离相等。x 表示受到压差作用后，可动电极的中心位移。

输入压差 Δp 与可动电极的中心位移 x 的关系为

$$x = K_1(p_1 - p_2) \tag{3-38}$$

式中　K_1——由膜片材料特性与结构参数确定的系数。

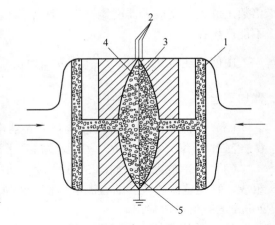

图 3-35　检测部件结构示意图
1—隔离膜片　2—电容引出线
3、4—负、正压侧弧形电极　5—中心感压片

设当 $\Delta p \neq 0$ 时，$d_1 = d_0 + x$，$d_2 = d_0 - x$，根据理想电容公式，两电容值为

$$\begin{cases} C_1 = \dfrac{\varepsilon S}{d_0 + x} \\[3mm] C_2 = \dfrac{\varepsilon S}{d_0 - x} \end{cases} \tag{3-39}$$

式中　C_1——高压侧电容；

　　　C_2——低压侧电容；

　　　ε——极板间介质的介电常数；

　　　S——极板面积。

两电容之差为

$$\Delta C = C_2 - C_1 = \frac{\varepsilon S}{d_0 - x} - \frac{\varepsilon S}{d_0 + x} = \varepsilon S\left(\frac{1}{d_0 - x} - \frac{1}{d_0 + x}\right) \tag{3-40}$$

为减小非线性，常取两电容之差与两电容之和的比值

$$\frac{C_2 - C_1}{C_2 + C_1} = \frac{\varepsilon S\left(\dfrac{1}{d_0 - x} - \dfrac{1}{d_0 + x}\right)}{\varepsilon S\left(\dfrac{1}{d_0 - x} + \dfrac{1}{d_0 + x}\right)} = \frac{x}{d_0} = K_2 x \tag{3-41}$$

式中　$K_2 = 1/d_0$。

将式（3-38）代入式（3-41），可得

$$\frac{C_2 - C_1}{C_2 + C_1} = K_1 K_2(p_1 - p_2) \tag{3-42}$$

可见，变送器的检测部分可把输入压差线性地转换成两电容差与两电容和之比 $(C_2 - C_1)/(C_2 + C_1)$。

（2）转换部分　图 3-36 为转换部分的电路原理框图。它将检测部分的差动电容的相对变化量转换成 DC 4 ~ 20mA 电流，同时还需实现零点调节和零点迁移、量程调整等功能。它由振荡器、解调器、振荡控制放大器、前置放大器、调零和零点迁移、量程调整（负反馈电路）、功率放大和输出等电路组成。

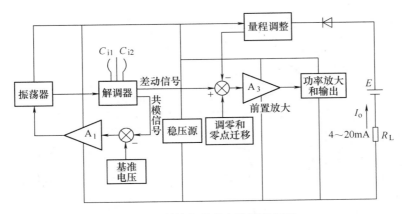

图 3-36　转换部分的电路原理框图

差动电容器 C_1、C_2 由振荡器供电，经解调后输出差动信号与共模信号。

共模信号与基准电压比较后，再经振荡控制放大器去控制振荡器的供电，以保持共模信号不变。

随输入压差 Δp 而变化的差动信号和调零、调量程信号综合后至前置放大器，再经功率放大与限流后输出 DC 4～20mA 电流信号。

3.6.3　ST3000 智能变送器

智能变送器是一种带有微处理器的兼有检测和信息处理功能的变送器。ST3000 智能差压（压力）变送器是利用引进国外技术而生产的一种新型变送器。它具有稳定性好、可靠性高、遥控设定、调速和自诊断等功能，可用来测量流体的差压（压力）、容器内的液位、分界面和相对体积质量等。它具有多种类别。

ST3000 智能变送器的主要技术指标如下：

1）测量范围。差压为：25～10000 mmH$_2$O；（0.35～14）×10^{5}Pa；（7～140）×10^{5}Pa；250～10000 mmH$_2$O；（0.5～14）×10^{5}Pa。

压力为：（0.35～35）×10^{5}Pa；（7～140）×10^{-5}Pa；（7～420）×10^{5}Pa。

2）输出为 DC 4～20mA。

3）准确度等级为 0.1、0.15、0.2 级。

4）电源电压为 DC 10.8～45V。

5）阻尼时间为 0.2～32s，分十档设定。

图 3-37 为 ST3000 智能变送器的原理框图。被测流体的差压（压力）通过密封液传递至复合传感器，传感器的输出经 A-D 转换送至微处理器。复合传感器的温度传感器和静压传感器检测到的环境温度与静压参数也同时送至微处理器。输入微处理器的数字信号经运算处理变换成与设定量程对应的 DC 4～20mA 信号输出。

差压（压力）、温度和静压特性参数已由生产线上的计算机储存到变送器内的 PROM 中。微处理器利用存储器中的信息，可以使变送器产生准确度高、温度特性与静特性好的输出。在图 3-37 中，PROM 存储诸如复合传感器大范围的输入/输出特性、温度特性、静特性、机种型号、测量范围等特性参数。利用这些数据可实现超高准确度测量，温度与静压补偿，提高量程。

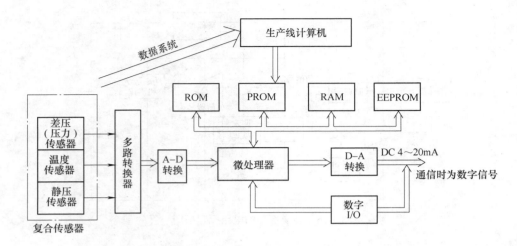

图 3-37　ST3000 智能变送器的原理框图

RAM：存储外部数据设定 SFC 设定的变送器的诸参数数据（测量范围、线性/二次方根输出的选定、阻尼时间常数、零点与量程校验等）。

EEPROM：在 EEPROM 中存储着与 RAM 中相同的数据，当仪表因停电后再恢复供电时，为了保存 RAM 中不丢失数据，存储在 EEPROM 中的数据会自动传递到 RAM 中。由于采用了 EEPROM，因此不需要后备电池（EEPROM 是一种电可擦或电可改写的 PROM）。

多路转换器：相当于多路采样开关的功能。

复合传感器：它是一种在一个芯片上形成差压测量、温度测量与静压测量的三种敏感元件的复合型传感器。由于采用了近于理想弹性体的单晶硅，所以性能稳定，再现性甚优。

ST3000 智能变送器采用易于维护的单元结构组成，并采用二线制工作方式。负载电阻与电源电压有关，必须符合使用说明书的要求。当用于本质安全系统时，需用齐纳安全栅。

变送器安装就绪后，需利用外部数据设定器 SFC 进行参数设定（组态）等工作，如变送器编号（用 SFC 键盘上的数字、文字符号（8 个以内）编写）；输出形式（比例或开方）；阻尼时间常数（用键从 0.00、0.16、0.32、0.48、1、2、4、8、16、32 十个值中设定一个（单位为 s））。但是其实际应答时间需在阻尼时间上加上 0.4s。测量差压（压力）单位：从 kPa，MPa，mmH^2O，mmHg 中选一个；设定输出 0%（DC 4mA）时的测量值；设定输出 100%（DC 20mA）时的测量值；设定量程显示位数为 $4\frac{1}{2}$。

根据变送器使用说明书中 SFC 按键顺序将组态数据写入变送器或控制室内的上位机。再经检查无误后，即可投入运行。

3.7　成分分析仪表

在工业生产过程中，要确定各种物质的成分及其性质，就必须对有关参数进行分析，例如化学成分、化学性质、浓度、黏度等。用来测量物质成分与含量及其某些物理特性的仪表统称为分析仪表。能自动监视与测量工业生产过程中物料成分或性质的分析仪表叫作流程分析仪表，或称工业自动分析仪器。

随着现代工业生产过程的反应速度越来越快，依靠人工取样化验分析已不能满足生产需要。如果能通过流程分析仪表及时得到各种物质的成分及其性质，根据分析信号进行质量控制，就可以取得最佳的控制质量。例如加热炉的燃烧过程，若能根据分析烟道气的含氧量来控制空气供给量，则可获得最佳的热效率，从而可节省能源消耗。

环境污染是关系到人类生存的大事，在工业生产中排至大气中的某些气体成分高到某一限值时，便会危害人类的生命。所以，必须用分析仪器仪表对大气中的某些气体成分进行连续的监视。

由此可见，工业生产流程在线分析对于产品质量、生产安全、经济核算以及人类的生存都有着直接的联系。因此，流程分析仪受到了人们的广泛重视，在冶金、石油、化工、电站、制药、船舶、煤矿、国防工业等部门获得了广泛应用。

从应用的角度出发，工业自动分析仪器基本可分为两大类：一类用于测定混合物中某一组分的含量或某些物理特性，如氧化锆氧量分析仪、工业酸度计等；另一类用于分析多组分混合物中几种或全部组分的含量，如气相色谱仪。

成分分析仪表很多，下面就最常用的分析仪表做一简要介绍。

3.7.1　红外线气体分析仪

红外线气体分析仪是一种利用某些气体对红外线辐射能具有选择性地吸收来分析气体成分含量的仪表。由于它具有测量范围宽、灵敏度高、选择性好、滞后小等特点，所以在冶金、石油化工、汽车制造、矿业、环境监测、粮食储存等各部门获得了广泛的应用。

1. 基本原理

红外线是一种不可见光，它是一种电磁波，其波长为 $0.76 \sim 1000\mu m$。红外线气体分析仪主要利用 $1 \sim 25\mu m$ 之间的一段红外光谱。

各种气体的分子本身都具有特定的振动和转动频率，只有当红外线光谱的频率和气体分子本身的特定频率相同时，这种气体分子才能吸收红外光谱辐射能，并部分地转化为热能，从而利用测温元件来测量红外辐射能的大小。这就是利用红外线进行气体成分分析的原理。但是各种惰性气体（如 He、Ne、Ar 等）以及相同原子组成的双原子气体（如 O_2、H_2、Cl_2、N_2 等）不能吸收红外辐射能，所以红外线气体分析仪不能用来分析这类气体。红外线气体分析仪主要用来分析 CO、CO_2、CH_4、C_2H_2、C_2H_4、C_2H_6 及水蒸气等。

红外线通过物质前、后能量的变化（即被吸收的程度）与待分析组分的浓度有关，它们之间的定量关系遵循贝尔（Bell）定律，即

$$I = I_0 e^{-kcl} \tag{3-43}$$

式中　I——透射光发光强度（辐射强度）；

$\quad\quad I_0$——入射光发光强度（辐射强度）；

$\quad\quad k$——待测组分的吸收系数；

$\quad\quad c$——待测组分的浓度；

$\quad\quad l$——光通过待测组分的长度。

由式（3-43）可知，当 I_0、l 一定，对某种气体 k 又是一确定的常数时，则红外线通过待测组分后的透光强度 I 与待测组分浓度 c 成单值函数关系，如图 3-38 所示（按指数规律变化）。

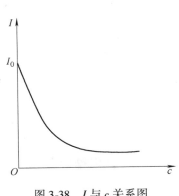

图 3-38　I 与 c 关系图

将式（3-43）按幂级数展开，当 $kcl \ll 1$ 时，可近似为

$$I = I_0(1 - kcl) \tag{3-44}$$

此时，I 与 c 呈线性关系。

为了保证 I 与 c 呈线性关系，当被测气体确定后 k 即确定，这时只能使 cl 的值较小。因此当被测气体的浓度 c 较大时，应选用较短的测量（分析）气室；当 c 较小时（如微量分析），可选用较长的测量（分析）气室。

2. 红外线气体分析仪的工作原理

图 3-39 为工业生产中常用的红外线气体分析仪的工作原理。当仪器工作时，红外线光谱 1 经反射镜 2 产生两束平行红外线，它在同步电动机 6 带动的切光片 5（5 为对称扇形的圆片）的周期性切割下，调制成两束脉冲式红外线。一束红外线经过有待测混合气体连续通过的分析室 3，红外线的辐射能就被混合气体中待分析组分吸收一部分，然后进入干扰滤光室 7、8。因为在混合气体中，还有不需要分析的组分，它吸收的红外辐射能与待分析的组分所吸收的红外辐射能可能有重叠的部分。所以，在干扰滤光室中必须充满这种不需要分析组分的气体（即干扰气体）。这样红外线通过干扰滤光室时，干扰气体就把其特征吸收波段范围内的红外线辐射能全部吸收掉，以避免干扰的影响。红外线经过滤光室后进入检测室 9；另一束红外线经过充满不吸收红外辐射能的气体（如 N_2）的参比室，然后进入干扰滤光室，最后进入检测室 7。检测室由薄膜 10（动片）隔开成结构尺寸完全相同的左右两个小室，其中都充有浓度较大的待测组分气体，当检测室左右两部分接收分析室和参比室的红外线时，就能将它选择的红外辐射能全部吸收掉。由于经过参比室的红外辐射能没有被待测组分吸收过，因此进入左侧检测室后，待测组分气体吸收的红外线能量大；而经过分析室进入右侧检测室的吸收红外线能量小。在检测室中的待测组分气体吸收了红外线辐射能后将产生热膨胀，形成检测室内压力的变化。由于检测室左右两部分吸收的红外线能量不同，所以其温度和压力的变化亦不一样，显然左侧检测室的压力高于右侧检测室的压力。在此压力差的作用下，使薄膜（动片）产生位移，改变了电容器定片与动片间的间隙，从而改变了电容量，它再经放大器 11 放大并转换成电压信号输出给记录仪 12，记录仪将指示或记录该被测组分气体的浓度。这就是工业生产中常用的红外线气体分析仪的基本工作原理。

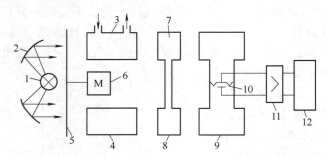

图 3-39　红外线气体分析仪的工作原理图

1—光源　2—反射镜　3—分析室　4—参比室　5—切光片　6—同步电动机

7、8—干扰滤光室　9—接收室　10—电容接收器　11—放大器　12—记录仪

3.7.2　氧化锆氧量分析仪

氧化锆氧量分析仪是一种新型的测氧仪表。由于它的探头可直接插入烟道内进行检测，

并具有结构简单、准确度较高、对氧含量变化反应快、测量范围宽等特点，所以在冶金、化工、炼油、电力等工业部门被广泛用来分析各种工业锅炉、轧钢加热炉、窑炉中烟道气的氧含量。它与控制器配合可组成氧量自动控制系统，实现最佳燃烧控制，从而达到节能、减少环境污染、提高经济效益等目的。

1. 氧化锆氧量分析仪的基本工作原理

氧化锆（ZrO_2）是一种在高温时对氧离子具有良好传导特性的固体电介质。它是根据浓差电池原理进行工作的。

图 3-40 为氧化锆浓差电池原理图。由图所示，在氧化锆管内外固定上多孔性铂膜电极，使其一侧与空气接触（空气中氧含量约为 20.95%），另一侧与烟道气接触（烟气中氧含量低于 10%），由于两侧氧含量的体积分数不同，就构成了电化学中的所谓氧浓差电池，即在两极间产生氧浓差电动势，该电动势阻碍氧离子的进一步迁移，直至达到动平衡。

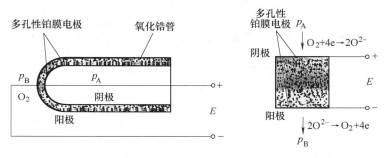

图 3-40 浓差电池原理

根据电化学理论，在氧化锆两侧的铂电极间产生的氧浓差电动势可由能斯特（Nernst）方程计算，即

$$E = \frac{RT}{nF}\ln\frac{p_A}{p_B} = \frac{RT}{nF}\ln\frac{\varphi_A}{\varphi_B} \tag{3-45}$$

式中　E——氧浓差电动势（mV）；

　　　R——理想气体常数，$R = 8.314J/(mol \cdot K)$；

　　　n——参加反应的电子数（对氧而言，$n = 4$）；

　　　F——法拉第常数，$F = 96.487 \times 10^3 c/mol$；

φ_A、p_A——参比气体（空气）中氧的体积分数和氧分压（Pa）；

φ_B、p_B——被分析气体（烟气）中氧的体积分数和氧分压（Pa）；

　　　T——被测气体的绝对温度（K）。

由式（3-45）可知，当参比侧（即空气）的氧的体积分数 $\varphi_A(p_A)$ 已知（$\varphi_A = 20.95\%$）时，则在温度 T 保持不变（在氧化锆氧量分析仪中均有恒温系统）的条件下，所测氧浓差电动势 E 与被测氧的体积分数 φ_B（或 p_B）成单值函数关系，这就是氧化锆氧量分析仪的基本工作（测量）原理。

2. 氧化锆氧量分析仪的组成

氧化锆氧量分析仪主要由氧化锆探头和氧量变送器两部分组成。

（1）氧化锆探头　氧化锆探头是氧量分析仪的检测部件，其核心就是氧化锆固体电解质氧浓差电池。它的作用是将被测气体的氧含量转换成氧浓差电动势。

由式（3-45）可知，要使氧化锆探头输出的浓差电动势信号和待测气体的氧浓度成单值函数关系，必须使探头的工作温度 T 保持恒定。常用的方法有两种：一是在探头内部设置温度控制系统，使探头置于恒定的工作温度之中；二是采用热电偶来检测探头感受的实际工作温度，然后把此热电动势信号送至氧量变送器中进行温度补偿运算，以消除温度对浓差电动势信号的影响。根据所采用的方法不同，氧化锆探头结构有直插式（采用温度补偿运算方法）、直插加热恒温式和恒温抽气式（采用恒温控制）三种。国产氧化锆氧量分析仪大多采用直插式氧化锆探头，其结构如图 3-41 所示。它由氧化锆固体电解质材料、铂电极、碳化硅过滤器、铠装热电偶（图中未画）、氧化铝管和金属套管等组成。碳化硅过滤器用来滤去粉尘，热电偶来测量探头感受的实际工作温度，金属套管是为了使检测部件免受机械损伤。

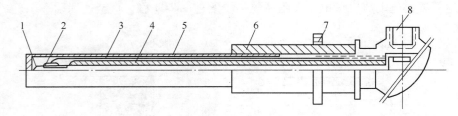

图 3-41　直插式氧化锆探头的结构

1—氧化锆材料　2—铂电极　3—铂引线　4—氧化铝管　5—碳化硅过滤器　6—金属套管　7—法兰　8—接线

（2）氧量变送器　氧量变送器的作用是把氧浓差电动势 E 转换成 DC $0 \sim 10 \text{mA}$，或 DC $4 \sim 20 \text{mA}$ 输出给显示仪表或控制器。

氧量变送器的基本组成如图 3-42 所示。

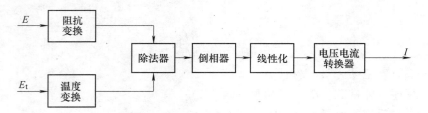

图 3-42　氧量变送器的基本组成

1）高阻抗变换器。氧化锆探头是一个氧浓差电池，其本身具有较大的内阻。为了使氧浓差电池产生的电动势信号全部（或接近全部）输出给氧量变送器，必须使流过氧浓差电池的电流为零或接近于零。为此氧量变送器的输入回路采用高输入阻抗的阻抗变换级，以保证流过氧浓差电池的电流近似为零。

2）温度变换级。它是为除法器电路进行探头温度补偿运算而设置的。温度变换级的作用有二个：一是把热电偶的冷端温度自动补偿到 0℃，使热电动势信号只与被测点温度（即探头工作温度）成单值函数关系；二是进行必要的表达式变换。氧量变送器采用类似两个函数式相除将其公因式相消的方法来进行温度补偿运算，以满足除法器电路补偿运算的需要。

3）倒相器及线性化电路。由式（3-45）可知，浓差电动势 E 与被测氧分压 p_B 成对数函数关系，即非线性关系。而且氧分压越低，其输出电压越大。也就是说，在氧量变送器中，除法器电路是一个与被测氧分压成非线性关系的信号。倒相器与线性化电路的作用就是将此信号进行处理，成为与被测氧分压成正比的直流电压信号，即起倒相与线性化的作用。其输出信号再经电压-电流转换，输出一个与待测气体的氧分压成线性对应关系，0～10mA 或4～20mA 的直流电流信号。

3. 氧化锆探头的安装

氧化锆探头的安装对于仪表的正常使用有很大的影响。若探头检测点位置不当，可能造成指示值不准；若检测点温度不当，可能造成探头无信号输出或缩短其使用寿命。安装时需注意如下事项：

1）选择检测点的温度应在 650～850℃ 之间，这样既能保证氧化锆元件具有氧离子导体的特性，又不会由于温度过高而影响探头使用寿命。

2）取样检测点的氧含量应具有代表性。测点处必须完全燃烧，烟气应平稳流动，测点需避开死角，严禁炉墙漏风，以免引起测量误差。

3）探头最好在停炉时安装因为氧化锆探头过滤器的热性能较差，其受热温度不能突变，不然易产生破裂，所以最好在停炉时安装。同时安装时应将其缓慢插入。

本 章 小 结

1. 在生产过程自动化中，要通过检测元件获取生产过程的工艺参数，其中最常见的过程参数有温度、压力、流量和液位等。检测元件又称为敏感元件或传感器，它直接响应过程参数量，并将其转化成一个与之成一定对应关系且便于计量、显示和控制的输出信号（中间量）。

2. 检测仪表是控制系统的眼睛，其准确度、可靠性对系统的控制、计量和显示至关重要，所以要正确理解仪表的准确度等级和表征其性能的各项指标，并能根据需要合理选用。

3. 传感器的种类很多，本章仅就最最常用的几类参量的检测进行了讨论，并简要讨论了几种成分分析仪表。在工程实际中，应注意根据工程需要，在本书内容基础上认真查阅和学习其他传感器和检测技术。

4. 由于检测元件的输出信号种类繁多，且信号较弱不易处理，一般需要经过变送器调理（信号转换、放大、补偿），转换成统一的电、气信号（如 4～20mA 或 0～10mA 的电流信号，20～100kPa 的气压信号），以便于连接、传输和处理。

思考题与习题

3-1　什么是测量和测量误差？根据测量误差的性质和产生的原因可分为哪三类？

3-2　什么是仪表的准确度等级？若用测量范围为 0～200℃ 的温度计测温，在正常工作情况下进行数次测量，其误差分别为 -0.2℃、0℃、0.1℃、0.3℃，试确定该仪表的准确度等级。

3-3　已知一温度计的准确度等级为 1 级，其测量范围为 0～800℃，对应其测温范围的指针最大角位移为270℃（仪表刻度面板为圆盘式），并对其进行测定所得数据见表 3-11，试求：

（1）各示值的绝对误差；

（2）该温度计的灵敏度。

表 3-11　温度计测定数据表

标准值/℃	0	99	201	303	398	501	601	704	800
测定值/℃	0	100	200	300	400	500	600	700	800

3-4 工业生产过程中常用的测温方法有哪几种? 它们有何特点?

3-5 利用热电偶和热电阻测温时,分别应该注意哪些问题?

3-6 利用热电偶温度计测温时,为什么要使用补偿导线对冷端进行温度补偿? 利用热电阻温度计测温时,为什么要采用三线制接法? 测量低温时,为什么通常采用热电阻温度计,而不是热电偶温度计?

3-7 利用分度号为 S、K 的两支热电偶测温时,试选用其补偿导线。

3-8 利用分度号为 K 的热电偶测量炉温为 800℃,此时其冷端温度为 0℃,试求其热电动势 $E(t,t_0)$ 为多少?

3-9 若用铂铑 30-铂铑 6 热电偶测量某介质的温度,测得的热电动势为 5.016mV,此时热电偶冷端温度为 40℃,试求该介质的实际温度。

3-10 选用和安装温度检测仪表时,通常应该注意哪些问题?

3-11 为什么说温度、流量、液位等过程参数可以通过压力进行间接测量?

3-12 什么是绝对压力、大气压力和真空度?

3-13 利用弹簧管压力表测量某容器中的压力,工艺要求其压力为 (1.3±0.06)MPa,现可供选择压力表的量程有 0~1.6MPa、0~2.5MPa 及 0~4.0MPa,其准确度等级有 1.0、1.5、2.0、2.5 及 4.0 级,试合理选用压力表的量程和准确度等级。

3-14 用一台测量范围为 0~6MPa、准确度等级为 1.5 级的压力表来测量某容器内的蒸汽压力,工艺要求其测量误差不允许超过 0.07MPa,请问:该压力表是否适用? 若不合适,应如何选择新的一台压力表?

3-15 工程上选择和安装压力表时,应注意哪些主要问题?

3-16 试述体积流量、质量流量及其常用单位。什么是容积式流量计,常见的有哪几种?

3-17 简述差压式流量计测量流量的基本原理。

3-18 选用和安装差压流量计时,通常应该注意哪些问题?

3-19 简述静压式液位计和电容式液位计测量液位的工作原理。

3-20 工程上选择和安装液位检测仪表时,应注意哪些主要问题?

3-21 试述力平衡式、电容式压力(差压)变送器和智能变送器的工作原理。

3-22 简述利用红外线分析气体的基本原理。试述红外线气体分析仪的工作原理。它适用于哪些场合?

3-23 氧化锆氧量分析仪是怎样构成的? 试述其基本工作原理。为什么在测量过程中要求介质的温度不变?

3-24 在工程上安装氧化锆探头时必须注意哪些问题? 为什么?

第 4 章

过程控制仪表

4.1 概述

过程控制仪表主要包括控制器（含可编程调节器）、执行器、变频器、操作器等各种新型控制仪表及装置。

过程控制仪表按使用能源不同，可分为气动仪表和电动仪表；按结构形式不同，可分为基地式仪表、单元组合式仪表、组装式仪表和集散控制装置；按信号类型不同，可分为模拟式仪表和数字式仪表。

单元组合式仪表分为气动单元组合仪表和电动单元组合仪表。

气动单元组合仪表，简称 QDZ 仪表。它以 140kPa 压缩空气为能源，以 20~100kPa 标准统一信号输出。QDZ 仪表开发应用最早，至今已有数十年的历史，并已经历 I 型、II 型、III 型三代产品。由于其结构简单、工作可靠、价格便宜、性能稳定，而且具有本质安全防爆等特点，所以特别适用于石油、化工等易燃易爆等场合。

电动单元组合仪表，简称 DDZ 仪表。它也已经历了 I 型、II 型（均已停产）和 III 型三个产品系列。以微处理器为核心的可编程调节器是 20 世纪 80 年代问世的一种新型数字过程控制仪表（智能仪表），当时在工业生产过程自动化中得到了广泛的应用。今天，可编程序控制器（简称 PLC）几乎取代了可编程调节器而广泛应用。

虽然今天 DDZ-III 型控制器已经几乎不用，但是，学习它的经典电路及其原理仍然就有重要意义。本节将着重介绍 DDZ-III 型控制器、运算器、执行器和变频器。

4.2 DDZ-III 型控制器

DDZ-III 型控制器是 III 型电动单元组合仪表中的一个重要单元。它接收变送器或转换器的 DC 1~5V 或 DC 4~20mA 测量信号为输入信号，与 DC 1~5V 或 DC 4~20mA 给定信号进行比较，并对其偏差进行 PID 运算，输出 DC 4~20mA 标准统一信号。

DDZ-III 型控制器有全刻度指示控制器和偏差指示控制器两个基本品种。它们的线路结构基本相同，仅指示电路有些差异。

DDZ-III 型仪表由于采用了线性集成电路，所以进一步提高了仪表在长期运行中的可靠性和稳定性，从而扩大了控制器的功能，可组成各种类型控制器，满足生产过程自动化的需要。

下面以全刻度指示控制器为例介绍其工作原理。

图 4-1 为 DDZ-Ⅲ型控制器（以下简称Ⅲ型控制器）的框图。图 4-2 为其线路原理图。

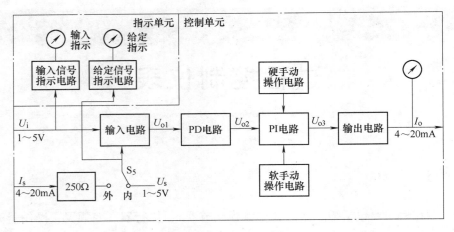

图 4-1　Ⅲ型控制器框图

由上述两个图可以看出，DDZ-Ⅲ型控制器由控制单元和指示单元两部分组成。控制单元包括输入电路、比例微分（PD）电路、比例积分（PI）电路、输出电路、软手动与硬手动操作电路。指示单元包括输入信号指示电路和给定信号指示电路。

Ⅲ型控制器的输入信号与内给定信号都是以 0V 为基准的 DC 1 ～ 5V 信号；外给定为 DC 4 ～20mA 电流流过输入电路内的 250Ω 精密电阻器转换成的以 0V 为基准的 DC 1 ～ 5V 电压信号。内、外给定值信号由开关 S_6 选定，外给定时，安装在面板上的外给定指示灯亮。

Ⅲ型控制器有 "自动" "保持" "软手动" "硬手动" 四种工作状态，并由联动开关 S_1、S_2 进行切换。如图 4-2 所示，当开关 S_1、S_2 处于软手动状态时，扳动软手动操作键 S_4，控制器输出积分可以根据需要按快、慢两种速度线性上升或下降；当 S_4 处于中间位置时，则控制器的输出值保持在手指离开 S_4 前瞬间的数值上。当控制器处于硬手动操作状态时，移动硬手动操作杆，使控制器的输出很快转换到所需要的数值，操作杆不动，其输出值保持不变。

Ⅲ型控制器 "自动⇌软手动" 的切换是双向无平衡无扰动的。"硬手动→软手动" 或 "硬手动→自动" 的切换也是无平衡无扰动的。只有 "自动→硬手动" 或 "软手动→硬手动" 切换，必须预先调平衡方可达到无扰动切换。

输入信号与给定信号均经过各自的指示电路，由双针指示表分别指示出来。从两者之差（偏差）可以判断系统的运行情况。

为了便于维修，在控制器的输入端和输出端附有输入检测插孔与手动输出插孔。当控制器出现故障时或需要维修时，可以无扰动地切换到便携式手动操作器，进行手动操作。

为了满足过程控制工程的需求，Ⅲ型控制器还设有正、反作用选择开关 S_7。

下面简要介绍控制器各组成部分的作用原理。

4.2.1　输入电路

图 4-2 所示的Ⅲ型控制器的输入电路中包括由 A_1 组成的偏差差动电平移动电路、内外给定电路、内外给定选择开关 S_6 和正反作用选择开关 S_7 等。

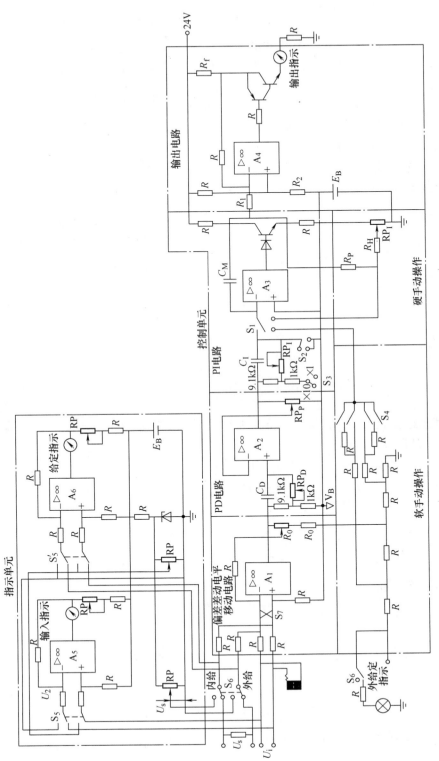

图 4-2　全刻度指示控制器线路示意图

输入电路的作用是获得与输入信号 U_i 和给定信号 U_s 之差成比例的偏差信号。图 4-3 所示是一个偏差差动电平移动电路。

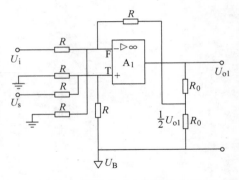

图 4-3 偏差差动电平移动电路

由图 4-3 可知，以 0V（地）为基准的测量信号 U_i 和给定信号 U_s 反相通过两对并联输入电阻 R 加到运算放大器 A_1 的两个输入端，其输出是以 $U_B = 10V$ 为基准的电压信号 U_{o1}，它一方面送给下一级比例微分电路；另一方面取出 $U_{o2}/2$ 通过反馈电阻 R 送至 A_1 的反相输入端 F。由于 U_i 和 U_s 的极性相反，所以 U_{o1} 与 U_i 和 U_s 的差成比例。为了便于分析输入电路的运算关系，画出其等效电路图 4-4。

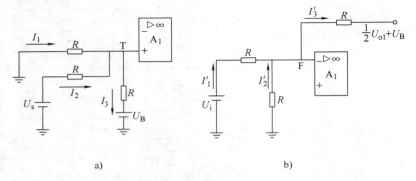

图 4-4 输入电路的等效回路

设 A_1 为理想运算放大器，其输入阻抗为无穷大，同相输入端 T 点与反向输入端 F 点的电流之和为零，从图 4-4a 可知，在 T 点有

$$I_1 + I_2 - I_3 = 0$$

即

$$-\frac{U_T}{R} + \frac{U_s - U_T}{R} - \frac{U_T - U_B}{R} = 0$$

经整理，得

$$U_T = \frac{1}{3}(U_s + U_B) \tag{4-1}$$

从图 4-4b 可知，在 F 点有

$$I_1' + I_2' - I_3' = 0$$

即

$$\frac{U_i - U_F}{R} + \frac{-U_F}{R} - \frac{U_F - \left(\frac{1}{2}U_{o1} + U_B\right)}{R} = 0$$

经整理，得

$$U_F = \frac{1}{3}\left(U_i + \frac{1}{2}U_{o1} + U_B\right) \tag{4-2}$$

对于理想运算放大器，$U_T = U_F$，所以由式（4-1）和式（4-2）得

$$\frac{1}{3}(U_s + U_B) = \frac{1}{3}\left(U_i + \frac{1}{2}U_{o1} + U_B\right)$$

所以

$$U_{o1} = 2(U_s - U_i) \qquad (4\text{-}3)$$

从式（4-1）、式（4-2）和式（4-3）可以看出：

1）输入回路的输出电压 U_{o1} 是信号偏差值（$U_s - U_i$）的两倍。

2）输入回路把两个以 0V 为基准的输入信号，转换成以电平 U_B（$=10$V）为基准的偏差输出，因此，完成了信号的电平移动。

采用偏差差动电平移动电路的好处是不仅保证输入回路的运算放大器在以 0V 为基准的 DC 1～5V 输入信号作用下，能使其工作在规定的共模输入电压范围里；同时也能保证该控制器的比例微分电路、比例积分电路等运算回路满足输入电压范围的要求。

4.2.2 比例微分电路

比例微分（PD）电路如图 4-5 所示。PD 电路是对 U_{o1} 进行 PD 运算的。图 4-5 中，RP_D 为微分电阻（阻值为 R_D），C_D 为微分电容，RP_P 为比例电阻（阻值为 R_P）。调整 RP_D、RP_P 可以改变控制器的微分时间和比例系数。U_{o1} 通过 C_D、RP_D 进行微分运算，再经比例放大后输出为 U_{o2}，它作为 PI 电路的输入信号。

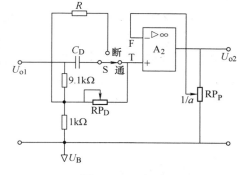

图 4-5 PD 电路

根据图 4-6 不难推出其输入 $U_{o1}(s)$ 与输出 $U_{o2}(s)$ 之间的如下关系式，并设微分增益 $K_D = n$；微分时间 $T_D = n RP_D C_D = K_D RP_D C_D$（$RP_D$ 为电阻 RP_D 的阻值）。

$$U_{o2}(s) = \frac{\alpha}{K_D} \frac{1 + T_D s}{1 + \dfrac{T_D}{K_D}s} U_{o1}(s) \qquad (4\text{-}4)$$

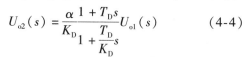

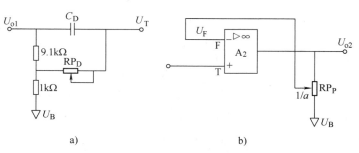

a)   b)

图 4-6 PD 电路的构成

a）无源 PD 电路 b）比例电路

4.2.3 比例积分电路

图 4-7 表示比例积分（PI）电路，它接收以 10V 为基准的 PD 电路的输出信号 U_{o2}，进行 PI 运算后，输出以 10V 为基准的 1～5V 电压 U_{o3}，送至输出电路。本电路由 A_3、RP_I、C_I、C_M 等组成。S_3 为积分档切换开关，S_1、S_3 为联动自动、软手动、硬手动切换开关，本电路除了实现 PI 运算外，手动操作信号也从本级输入。A_3 输出接电阻器和二极管，然后，通过射极跟随器输出。

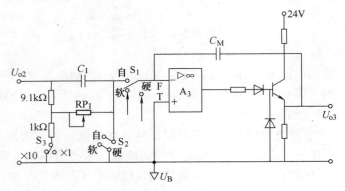

图 4-7 比例积分电路原理图

由于射极跟随器的输出信号与 A_3 输出信号同相位，为便于分析，可把射极跟随器包括在 A_3 中，于是简化成图 4-8 所示电路。手动操作另行讨论。

现以 S_3 置于"×10"档为例（$m = 10$），根据 A_3 反相端电流总和为零的原则可得

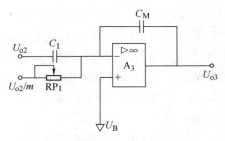

图 4-8 比例积分简化原理图

$$\frac{U_{o2}(s) - U_B(s)}{\frac{1}{C_I s}} + \frac{\frac{U_{o2}(s)}{m} - U_B(s)}{RP_I} + \frac{U_{o3}(s) - U_B(s)}{\frac{1}{C_M s}} = 0$$

$$(4-5)$$

对于运算放大器 A_3 有

$$U_{o3}(s) = -KU_B(s) \qquad\qquad (4-6)$$

式中　K——运算放大器 A_3 的电压增益。

解上两式并简化可得

$$U_{o3}(s) = \frac{-\dfrac{C_I}{C_M}\left(1 + \dfrac{1}{m\,RP_I C_I s}\right)}{1 + \dfrac{1}{K}\left(1 + \dfrac{C_I}{C_M}\right) + \dfrac{1}{K\,RP_I C_I s}} U_{o2}(s)$$

式中

由于 $K \geqslant 10^5$，则 $\dfrac{1}{K}\left(1 + \dfrac{C_I}{C_M}\right) \leqslant 1$，可忽略不计，则得

$$U_{o3}(s) = -\frac{\dfrac{C_I}{C_M}\left(1 + \dfrac{1}{T_I s}\right)}{1 + \dfrac{1}{K_I T_I s}} U_{o2}(s) \qquad (4-7)$$

式中　T_I——积分时间，$T_I = m\,RP_I C_I$；

　　　K_I——积分增益，$K_I = \dfrac{K}{m}\dfrac{C_M}{C_I}$。

4.2.4　Ⅲ型控制器的传递函数

上面分析了控制器的输入电路、PD 运算电路和 PI 运算电路。这三个环节决定了控制器

的传递函数。控制器的输入电压信号为 DC 1 ~ 5V，通过 PID 运算后，输出电压信号亦为 DC
1 ~ 5V。

由于输入电路、PD 运算电路和 PI 运算电路是串联形式，所以，控制器的传递函数框图
如图 4-9 所示。

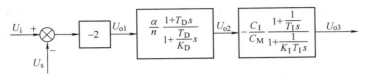

图 4-9　控制器传递函数框图

控制器的传递函数为

$$G(s) = \frac{U_{o3}(s)}{U_I(s) - U_s(s)} = \frac{2\alpha C_I}{n C_M} \frac{1 + \dfrac{T_D}{T_I} + \dfrac{1}{T_I s} + T_D s}{1 + \dfrac{T_D}{K_D K_I T_I} + \dfrac{1}{K_I T_I s} + \dfrac{T_D}{K_D} s}$$

设 $F = 1 + \dfrac{T_D}{T_I}$，$K_P = \dfrac{2\alpha C_I}{n C_M}$，并考虑到上式分母中 $\dfrac{T_D}{K_D K_I T_I} \leqslant 1$，可忽略不计，则

$$G(s) = K_P F \frac{1 + \dfrac{1}{F T_I s} + \dfrac{T_D}{F} s}{1 + \dfrac{1}{K_I T_I s} + \dfrac{T_D}{K_D} s} \tag{4-8}$$

式中　F——相互干扰系数，$F = 1 + \dfrac{T_D}{T_I}$；

$\quad\quad K_P$——比例增益，$K_P = \dfrac{2\alpha C_I}{n C_M}$；

$\quad\quad T_D$——微分时间，$T_D = n R_D C_D$；

$\quad\quad T_I$——积分时间，$T_I = m R_I C_I$；

$\quad\quad K_D$——微分增益，$K_D = n$；

$\quad\quad K_I$——积分增益，$K_I = \dfrac{K C_M}{m C_I}$。

在Ⅲ型控制器中，$n = 10$，$C_I = C_M = 10\mu F$，$C_D = 4\mu F$，$\alpha = 1 ~ 250$，$R_D = 62k\Omega ~ 15M\Omega$，
$R_I = 62k\Omega ~ 15M\Omega$，$K \geqslant 10^5$，$m = 1$ 或 10。所以，上述参数取值范围为

比例度　$\delta = (1/K_P) \times 100\% = (2 ~ 500)\%$

微分时间　$T_D = 0.04 ~ 10 \text{min}$

积分时间　$T_I = 0.01 ~ 2.5 \text{min}(m = 1)$，$T_I = 0.1 ~ 2.5 \text{min}(m = 10)$

微分增益　$K_D = 10$

积分增益　$K_I \geqslant 10^5 (m = 1)$；$K_I \geqslant 10^4 (m = 10)$

还需指出，由于 F 的存在，实际的整定参数与刻度值之间的关系为

$$\delta^* = \frac{\delta}{F}；T_D^* = \frac{T_D}{F}；T_I^* = F T_I$$

式中　δ^*、T_D^*、T_I^*——实际值；

　　δ、T_D、T_I——当 $F=1$ 时的刻度值。

4.2.5　输出电路

　　图 4-10 所示为Ⅲ型控制器的输出电路。其输入信号是经过 PID 运算后的以电平 U_B 为基准的 DC 1~5V 的电压信号 U_{o3}，输出信号是流经一端接地的负载电阻器 R_L 的电流（I_o 为 DC 4~20mA）。因此，它实际是一个具有电平移动的电压 – 电流转换器。由图不难得到

$$I_o \approx I_o' = \frac{24V - U_f}{R_f} = \frac{U_{o3}}{R_f} \tag{4-9}$$

　　在本控制器中，$R_f = 250\Omega$，$U_{o3} = 1~5V$，将 R_f 和 U_{o3} 值代入式（4-9）便得 $I_o = 4~20$ mA，即为控制器输出电流。

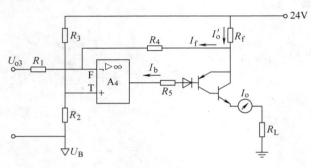

图 4-10　输出电路

4.2.6　手动操作电路

　　手动操作分为硬手动操作和软手动操作。所谓硬手动操作，就是控制器的输出电流与手动输入电压信号成比例关系；所谓软手动操作，就是控制器的输出电流与手动输入电压信号成积分关系。

　　手动操作电路是在 PI 电路中附加软手动操作电路和硬手动操作电路而成。如图 4-11 所示，其中 S_{4-1}~S_{4-4} 为软手动操作开关；RP_1 为硬手动操作电位器；S_1、S_2 为自动、软手动、硬手动联动切换开关。

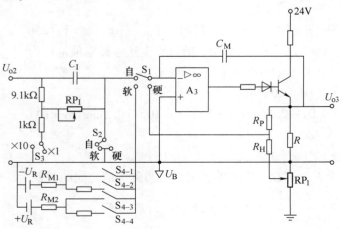

图 4-11　手动操作电路

1. 硬手动操作电路

如图 4-12 所示,当 S_1、S_2 置于硬手动时,R_F 与 C_M 并联,由于硬手动输入信号 U_H 为变化缓慢的直流信号,可忽略 C_M 的影响。当 $R_F = R_H$ 时,硬手动电路成为比例增益为 1 的比例电路,$U_{o3} = -U_H$,U_H 将随硬手操作杆位置而变,从而使控制器的输出随之而变化。

2. 软手动操作电路

在图 4-11 中,当 S_1、S_2 置于软手动位置时,按下 $S_{4-1} \sim S_{4-4}$ 中的任一开关,即可得到图 4-13 所示的软手动操作电路。其实这是一个反相输入的积分运算电路。

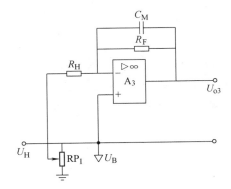

图 4-12 硬手动操作电路

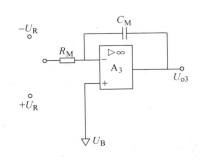

图 4-13 软手动操作电路

当按下 S_{4-1} 或 S_{4-2} 时,$U_R < 0$(相对于 U_B 而言),U_{o3} 积分上升;当按下 S_{4-3} 或 S_{4-4} 时,$U_R > 0$(相对于 U_B 而言),U_{o3} 则积分下降。

$S_{4-1} \sim S_{4-4}$ 四个开关可分别进行快、慢两种积分上升或下降的手动操作。S_{4-1}、S_{4-3} 为快速;S_{4-2}、S_{4-4} 为慢速。

当 $S_{4-1} \sim S_{4-4}$ 都处在断开位置时,为保持电路,如图 4-14 所示,下端浮空,$U_F = U_T = 0V$(相对于 U_B 而言),C_M 上的电压无放电回路而长时间保持不变,即 $U_{o3} = U_{CM}$,控制器输出能长时间保持不变。

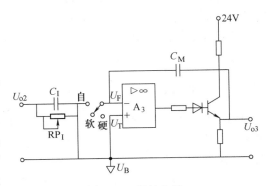

图 4-14 保持电路

4.2.7 指示电路

输入信号指示电路与给定信号指示电路完全一样。下面以输入信号指示电路为例进行讨论。

控制器使用双针电表,全量程地指示测量值与给定值。偏差的大小由两个指针间的距离来反映,当两针重合时,偏差为零。

图 4-15 是输入指示电路,它将以 0V 为基准的 DC 1~5V 输入信号转换为以 U_B 为基准的 DC 1~5mA 电流信号。图 4-15 是一个具有电平移动的差动输入式比例运算放大器。假设 A_5 为理想运算放大器,R 均为 500Ω,从图中不难求出 $U_o = U_i$。

由于反馈支路电流 I_f 很小,可以忽略不计,故流过电流表的电流 $I_o \approx I'_o = \dfrac{U_o}{R_o} = \dfrac{U_i}{R_o}$。

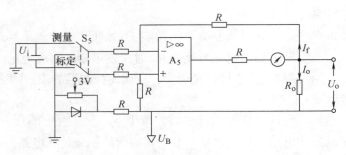

图 4-15　输入指示电路

如果 $R_0 = 1\mathrm{k}\Omega$，当 U_i 为 $1 \sim 5\mathrm{V}$ 时，I_o 为 $1 \sim 5\mathrm{mA}$。

为了对指示电路的工作进行检验，图 4-15 中设有测量 – 标定（即校验）切换开关 S_5，当 S_5 置于标定（即校验）位置时，就有 3V 电压输入指示电路，这时流过表头的电流应为 3mA，电表应指在 50% 的位置上。如果不准，应调整电表的机械零点，或检查确定是否有其他故障。

4.3　运算器（运算单元）

运算单元是构成仪表复杂过程控制系统（如比值控制、前馈-反馈控制等）时的不可缺少的重要单元。采用运算器可对一个或几个输入信号进行加、减、乘、除、二次方、开方及其复合运算等，用以实现各种不同的控制方案。下面简要介绍加减器和乘除器的原理与应用。

4.3.1　加减器

DDZ-Ⅲ型加减器可以对 $2 \sim 4$ 个 DC $1 \sim 5\mathrm{V}$ 的输入信号进行加减运算，其输出（DC $1 \sim 5\mathrm{V}$）正比于各输入信号的代数和。通过选择输入通道和选择运算符号（+ 或 –）可实现多种加减运算。其运算关系式为

$$U_o = \pm N_1 (U_{i1} - 1) \pm N_2 (U_{i2} - 1) \pm N_3 (U_{i3} - 1) \pm N_4 (U_{i4} - 1) + U_P \tag{4-10}$$

式中　U_o——输出信号；

　$U_{i1} \sim U_{i4}$——输入信号；

　$N_1 \sim N_4$——运算系数，可在 $0.005 \sim 5$ 范围内选定；

　U_P——偏置电压，其变化范围为 $-9\mathrm{V} \leqslant U_P \leqslant +9\mathrm{V}$。

图 4-16 所示为加减器的组成原理框图。可见加减器由输入电路 $A_1 \sim A_4$、加减运算电路 A_5 和输出电路 A_6 组成。

由图 4-16 可得

$$U_{o5} = \pm N_1 (U_{i1} - 1) \pm N_2 (U_{i2} - 1) \pm N_3 (U_{i3} - 1) \pm N_4 (U_{i4} - 1) \tag{4-11}$$

式中　$N_1 \sim N_4$——运算系数，$N_1 = K_1 K_5$；$N_2 = K_2 K_5$；$N_3 = K_3 K_5$；$N_4 = K_4 K_5$。

改变 $K_1 \sim K_5$ 的数值，即可改变运算系数值。

U_{o5} 经输出电路 A_6 与偏置电压 U_P 调整后，加减器输出 DC $1 \sim 5\mathrm{V}$（或 DC $4 \sim 20\mathrm{mA}$）。由图 4-16 可得

$$U_o = K_6 (U_{o5} + U_P) \tag{4-12}$$

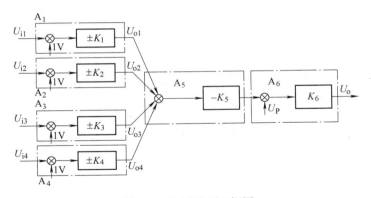

图 4-16 加减器原理框图

在该加减器中，选定 $K_6 = 1$，则

$$U_o = U_{o5} + U_P \tag{4-13}$$

将式（4-11）代入式（4-13），则可得式（4-10）。

DDZ-Ⅲ型加减器的四组输入电路是相互隔离的。输入电路的作用是选择加或减的运算符号；选择运算系数；从输入信号中减去与运算无关的 DC 1V 电压。

4.3.2 乘除器

DDZ-Ⅲ型乘除器可以对 2 个或 3 个 DC 1～5V 信号进行下列四种运算，并以 DC 1～5V 或 DC 4～20mA 输出。

1. 乘除运算

$$U_o = N \frac{(U_{i1} - 1)(U_{i2} + K_2)}{U_{i3} + K_3} + 1 \tag{4-14}$$

2. 乘后开方

$$U_o = \sqrt{N(U_{i1} - 1)(U_{i2} + K_2)} + 1 \tag{4-15}$$

3. 乘法运算

$$U_o = \frac{N}{4}(U_{i1} - 1)(U_{i2} + K_2) + 1 \tag{4-16}$$

4. 除法运算

$$U_o = 4N \frac{U_{i1} - 1}{U_{i3} + K_3} + 1 \tag{4-17}$$

式中　$U_{i1} \sim U_{i3}$——乘除器的输入信号 DC 1～5V 或 DC 4～20mA；

$\quad\quad U_o$——乘除器的输出信号 DC 1～5V 或 DC 4～20mA；

$\quad K_2$、K_3——偏置电压，可调；

$\quad\quad N$——运算系数，可调。

图 4-17 所示为Ⅲ型乘除器的原理框图。它由输入电路、运算电路、偏置电路、输出电路等部分组成。

乘除器输入电路的作用是从输入信号中减去与运算无关的 DC 1V 电压，并将以 0V 为基准的信号移至以电平 U_B 为基准。

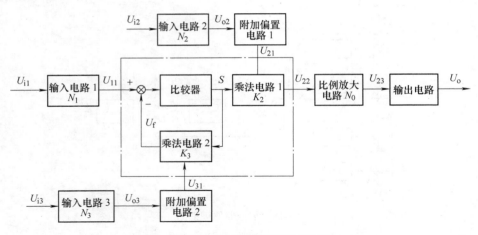

图 4-17　DDZ-Ⅲ型乘除器原理框图

为了使乘除器适用于气体流量测量时的温度和压力补偿，在乘除器中设置了附加偏置电路，用来提供偏置电压，使 K_2、K_3 的大小与正负可随补偿要求而改变，运算系数 N 也可按补偿要求选定。

比例放大电路是用来调整仪表量程的。

输出电路的作用是进行加 1 运算，并将以 U_B 为基准的电压信号转换为以 0V 为基准的输出信号，同时还进行功率放大。

上述运算关系式的推导从略，读者可参阅有关资料。

对于 DDZ-Ⅲ型乘除器的应用，需解决两个问题，即运算系数 N 的选择范围及其限制条件。

在式（4-14）中（推导从略）

$$N = \frac{N_0 N_1 N_2}{N_3} \tag{4-18}$$

式中　$N_1 = \frac{1}{2}$，$N_0 = 4$，则

$$N = 2\frac{N_2}{N_3} \tag{4-19}$$

若已知 N_2、N_3，即可求出 N。反之亦然。

乘除器的运算范围是有一定限制的，同时集成运算放大器的输出幅值也有一定限制，因此，其运算系数就有一定范围。根据经验，取 $N = \frac{1}{3} \sim 3$，乘除器能正常工作。

在具体确定 N 时，根据（$U_{i1} - 1$）或（$U_{i2} - 1$）由 0% ~ 100% 变化时，要保证 U_o 也在 0% ~ 100% 间变化，从已确定的 N 中分配 N_1 和 N_2。

表 4-1 是对各种运算的输入信号的限制。

表 4-1　各种运算关系中输入信号限制表

运　算　式	限　制　条　件	
	N 选择	输入信号限制
$U_o = N\dfrac{(U_{i1} - 1)\ (U_{i2} + K_2)}{U_{i3} + K_3} + 1$	$\dfrac{1}{3} \le N \le 2$ $2 \le N \le 3$	$(U_{i1} - 1) \le 3\ (U_{i3} + K_3)$ $(U_{i1} - 1) \le \dfrac{6}{N}\ (U_{i3} + K_3)$

（续）

运 算 式	限 制 条 件	
	N 选择	输入信号限制
$U_o = \sqrt{N(U_{i1}-1)(U_{i2}+K_2)}+1$	$\dfrac{1}{3} \leqslant N \leqslant 3$	$(U_{i1}-1) \leqslant 9(U_{i3}+K_3)$
$U_o = \dfrac{N}{4}(U_{i1}-1)(U_{i2}+K_2)+1$	$\dfrac{1}{3} \leqslant N \leqslant 3$	
$U_o = 4N\dfrac{U_{i1}-1}{U_{i3}+K_3}+1$	$\dfrac{1}{3} \leqslant N \leqslant 3$	

乘除器的各种运算功能是通过改变输入信号、改变乘除器的背面接线和运用其功能开关 S_1 来实现的。

4.4　可编程调节器

可编程调节器作为 20 世纪 80 年代问世的一种新型数字式控制仪表。当时从国外引进或组装的产品有：DK 系列的 KMM、YS-80 系列的 SLPC、FC 系列的 PMK 和 VI 系列的 VI87MA-E 等。由于上述产品均控制一个回路，因此习惯上又称之为单回路调节器。现今虽然大多数场合被可编程序控制器（PLC）替代，但是作为至今仍然在中小企业使用的智能控制仪表的基础，对其学习仍然具有代表性。

DK 系列仪表包括 KMM 可编程调节器、KMS 固定程序控制器、KMB 批量混合控制器、KMP 可编程运算器、KMK 编程器、KMF 指示仪、KMR 记录仪、KMH 手动操作器等。DK 系列仪表是当前性能较好，应用十分广泛的一种新型数字仪表，作为学习智能控制器的典型仍具有重要的现实意义。本书仅以 KMM 可编程调节器为例介绍其体系结构、主要功能、软件设计、操作运行及工业应用示例等。

4.4.1　概述

1. KMM 可编程调节器的主要特点

（1）兼容性好　KMM 可编程调节器为盘装式仪表，其外形尺寸采用 IEC 标准设计，面板大体同模拟控制器相似，既有模拟显示功能又有数字显示功能，外形结构、电源与接线端子等均保留了模拟控制器的特征，使用操作类似，这些均有利于操作人员在技术上的过渡。

（2）运算、控制功能丰富　KMM 可编程调节器具有 45 种运算式（子程序）和 30 个运算单元（模块）可供用户选用，用户根据实际需要选用相应子程序和单元进行组态，即可完成各种运算处理与过程控制，除 PID 控制外，还能实现前馈控制、选择性控制、采样控制、时延控制及自适应控制等，以满足不同的生产工艺要求。

（3）安全、可靠性高　KMM 可编程调节器采用了大规模集成电路，仪表本身具有自诊断功能，同时主电源和备用电源、通信、人-机接口等通用部分均采用了双重化结构，从而大大提高了仪表的安全可靠性。

（4）通用性强，使用维护方便　KMM 可编程调节器与 DDZ-Ⅲ型控制器一样，其输入、输出均采用国标统一标准信号（DC 4~20mA 或 DC 1-5V），使用时只需要将相应端子对换，就可由模拟控制转换成数字控制。同时用户采用 POL（Problem Oriented Language）编程，这对于不懂计算机语言的人来说，只要稍加培训即可掌握编程方法，易于技术改造，使用维护十分方便。

（5）系统设计简便 与模拟过程控程系统设计相类似，采用 KMM 可编程调节器设计过程控制系统时，只要根据系统控制流程图进行系统组态，然后采用 POL 进行软件设计，所以系统设计十分简便。

2. KMM 可编程调节器的主要性能指标

（1）模拟量输入 DC 1~5V，5 点。

（2）模拟量输出 DC 1~5V，3 点；DC 4~20mA，1 点。

（3）数字量输入 可编程，4 个；外部联锁，1 点（只有控制器有此信号，OFF 时为联锁）。

（4）数字量输出 可编程，3 点；准备状态输出，1 点。

（5）运算周期 100~500ms。

（6）运算式（子程序）种类 45 种。

（7）运算单元（模块） 30 个。

（8）自诊断功能 可对 ROM，RAM、扫描周期、A-D 转换、D-A 转换进行诊断等。

（9）保护功能 若自诊断中发生故障，可自动切换到紧急手动状态（后备手动操作器开始工作）。

（10）电源 $24V^{+15\%}_{-10\%}$。

（11）环境温度、湿度 0~50℃，10% RH~90% RH（相对湿度）。

4.4.2 KMM 可编程调节器的体系结构

KMM 可编程调节器由硬件系统和软件系统两部分组成。

1. 硬件系统

（1）KMM 可编程调节器的总体结构 图 4-18 为 KMM 可编程调节器的原理框图。它由 CPU、RAM、ROM、I/O 接口、正面板、侧面板及接线端子等硬件组成。

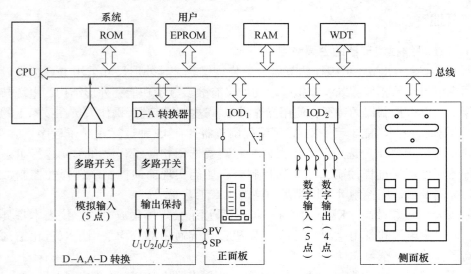

图 4-18 KMM 可编程调节器的原理框图

1）中央处理机 CPU。它是 KMM 可编程调节器的核心。它接收指令，完成信息的运算、传送与控制等功能，并通过总线与其他部分连在一起构成一个系统，按一定的管理工作程序协调工作。

2）系统 ROM。系统 ROM 用于存放系统管理程序。它包括基本程序、输入输出处理程序、运算处理程序、自诊断程序等，并由制造厂固化在系统 ROM 中，用户无法改变。

3）用户 ROM。用户 ROM 一般均用可擦除的 EPROM，用于存放用户程序。用户编程采用"离线"编程方法，使用编程器（KMK）。

4）RAM。RAM 用来存放 KMM 可编程调节器运行过程中可以修改的参数，诸如 PID 参数、折线表、可变参数（即内部信号）等，以及运算过程的中间结果。

5）A-D、D-A 转换。KMM 可编程调节器配置了 A-D 和 D-A 转换。A-D 转换是由软件来实现的。D-A 转换是由硬件来完成的。

6）监视定时器（WDT）。它用来监视 KMM 可编程调节器的运行状态，一旦 CPU 异常立即用软件使其暂停，并发出报警信号，使调节器由自动转入手动操作，保护主机设备。

KMM 可编程调节器的简单工作原理如下：来自工业现场的变送器输出的模拟信号，经多路开关及 A-D 转换成数字信号存入 RAM 中，CPU 按用户程序，依次从系统 ROM 中读出有关输入处理程序、运算处理程序，同时从 RAM 与 EPROM 中读出各种数据，执行用户程序并将运算结果输出，再经 D-A 转换、多路开关、保持输出模拟信号 DC 1～5V 或 DC 4～20mA 作为 KMM 输出去控制执行器。

（2）KMM 可编程调节器的人机接口装置

1）操作显示面板（正面板）。图 4-19 为 KMM 可编程调节器的正面板图。面板上有给定值（SP）与测量值（PV）指示表、输出指示表、各种操作按钮和指示灯。

可编程调节器的给定值与输出值分别用升、降（增、减）按钮来操作。手动 M、自动 A 或串级 C 由其运行方式按钮来切换。可编程调节器复位可用复位按钮来实现。上、下限报警指示灯，控制器异常指示灯，通信指示灯，联锁指示灯等用来显示可编程调节器的工作状态和系统的运行工况。

2）数据设定器。将 KMM 表芯从表壳中拉出即可见到图 4-20 所示侧面板上的数据设定器和辅助开关。

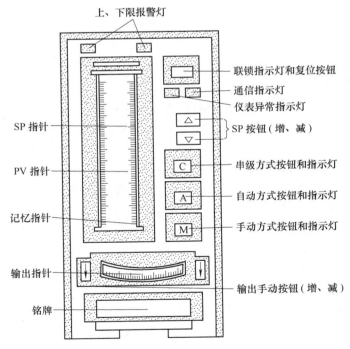

图 4-19 KMM 可编程调节器的正面板图

数据设定器有两个显示窗口和 13 个数据设定键，用以调整和显示 PID 参数、两个 PID 运算式的测量值 PV 和给定值 SP、30 个运算单元的输入与输出、模拟和数字的输入输出、对折线表的 xy 轴数进行更改，也能显示自诊断的结果和报警。

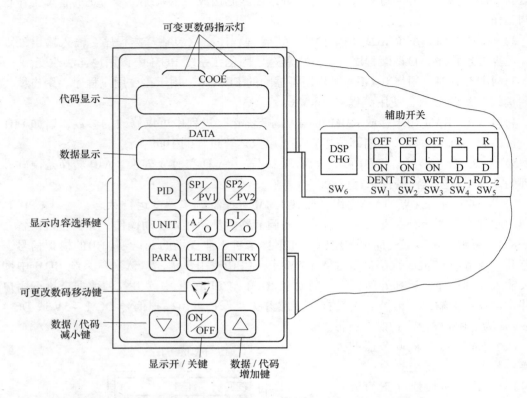

图 4-20　KMM 可编程调节器的数据设定器和辅助开关

3）辅助开关。辅助开关共有六个，用于指示变更、数据设定、正反作用操作等。

SW_1：允许数据写入开关。当 SW_1 置于"ON"状态时，按下数据设定器的按钮 ENTRY，则数据设定器中需要更改的参数写入 RAM。

SW_2：赋初始值开关。当 SW_2 置于"ON"状态时，预先用编程器设置的初始值就被读入 RAM。

SW_3：允许上位机写入开关。当 SW_3 置于"ON"状态时，允许利用通信功能写入来自上位机的数据。

SW_4：1 号正反作用开关。指定 PID1 的正反作用。当 SW_4 置于"ON"状态时，为正作用；当 SW_4 置于"OFF"状态时，则为反作用。

SW_5：2 号正反作用开关。当 SW_5 置于"ON"状态时，为正作用；当 SW_5 置于"OFF"状态时，则为反作用。

SW_6：显示切换开关。

（3）KMM 可编程调节器的接线端子　在其背面有如图 4-21 所示的 44 个接线端子。各端子的功能见表 4-2。

1	2
3	4
5	6
7	8
9	10
11	12
13	14
15	16
17	18
19	20
21	22

23	24
25	26
27	28
29	30
31	32
33	34
35	36
37	38
39	40
41	42
43	44

图 4-21　KMM 可编程调节器
外部信号连接端子

表4-2 各端子与信号对照表

端子	记号	内容	端子	记号	内容
1	+24V	仪表用主电源⊕	18	SMPV—	备用单元 PV⊖
2	SM +24V	后备手操电源⊕	19	—	不使用③
3	A011 +	DC 4~20mA 输出⊕	20	—	不使用③
4	A011 −	DC 4~20mA 输出⊖	21	GND	机壳接地
5	A01V +	DC 1~5V 输出⊕	22	GND	机壳接地
6	A01V −	DC 1~5V 输出⊖	23	A1R1 +	DC 1~5V 输出⊕
7	A02V +	DC 1~5V 输出⊕	24	A1R1 −	DC 1~5V 输出⊖
8	A02V −	DC 1~5V 输出⊖	25	A1R2 +	DC 1~5V 输出⊕
9	A03V +	DC 1~5V 输出⊕	26	A1R2 −	DC 1~5V 输出⊖
10	A03V −	DC 1~5V 输出⊖	27	A1R3 +	DC 1~5V 输出⊕
11	0V	电源	28	A1R3 −	DC 1~5V 输出⊖
12	0V	D01~3, S 公共点	29	A1R4 +	DC 1~5V 输出⊕
13	D02	数字输出 2	30	A1R4 −	DC 1~5V 输出⊖
14	D03	数字输出 3	31	A1R5 +	DC 1~5V 输出⊕
15	D01	数字输出 1	32	A1R5 −	DC 1~5V 输出⊖
16	S	"后备方式"①	33	0V	INT'K, D11~4 公共点
17	SMPV +	备用单元 PV⊕	34	D11	数字输入 1
35	D12	数字输入 2	40	—	不使用③
36	D13	数字输入 3	41	LINK—	SLC-LINK⊖
37	INT'K	外部联锁信号输入②	42	—	不使用③
38	D14	数字输入 4	43	—	不使用③
39	LINK +	SLC-LIK⊕	44	—	不使用③

① "后备"方式时，输出"断"（OFF）；正常时，输出"通"（ON）。

② 若输入"断"（OFF），则外部联锁。当不使用外部联锁信号时，应将㉝与㊲端短接。

③ 注明"不使用"的端子，请勿使用，如使用会引起故障。

2. 软件系统

KMM 可编程调节器的软件分为系统程序和应用程序。其组成及其相互关系如图 4-22 所示。

（1）系统程序　系统程序包括基本程序、输入处理程序、运算式程序、输出处理程序与自诊断程序，并固化于系统 ROM 中，用户不得更改。

基本程序实际上是反映控制类型、运算周期、通信功能、报警功能等一系列的子程序。

输入处理程序是实现折线近似、温度和压力补偿、开方以及数字滤波五种处理功能的子程序。

运算式程序是系统程序的核心。KMM 可编程调节器有 45 种运算式，采用子程序的形式固化于系统 ROM 中，用户可根据实际需要调用。

输出处理程序是实现输出处理功能的子程序。

自诊断程序是实现自诊断功能的子程序。

（2）应用程序（用户程序）　它又称为控制数据，是用户根据实际需要自己编制的程序，用来调用系统程序中的某些子程序，并按要求将它们连接起来（即组态），以实现可编程调节器的运算和控制等功能。KMM 可编程调节器采用 POL 语言编制应用程序，由控制数据确定模块的调用、运算所需的各种参数等。一系列控制数据就构成了应用程序。

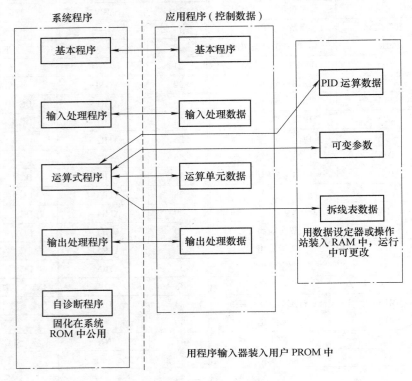

图 4-22　KMM 可编程调节器的软件系统

KMM 可编程调节器的应用程序包括七类控制数据，即基本数据 F001（指定控制器类型、运算周期、是否与上位机连接等），输入处理数据 F002（指定输入处理的种类等），PID 运算数据 F003（指定 PID 运算的类型、控制参数等），折线数据 F004（指定折线表形式），可变参数 F005（指定运算处理中所使用的系数、常数等），运算单元 F101～F130（指定运算种类、运算单元的连接方式等），输出处理数据 F006（指定输出的信号）。将这些数据填入规定的表格中即构成了表格式的应用程序。

各类控制数据的结构组成如下：

控制数据类别（名称）FUNC 由三位数字组成，即 001～006、101～130 共七大类。

代码 1（C_1）表示同一大类中的小类。F001～F006 中最多有五小类；F101～F130 中最多有 30 种。

代码 2（C_2）表示小类中的项目，最多有 20 项。

数据 DATA 由数字或一个字母加数字组成，它表示一条语句执行的具体内容。

表 4-3 为各类控制数据的构成及代码。

表 4-3　控制数据的构成及代码

控制数据类别	代码 1/含义 C_1	代码 2/含义 C_2
F001 基本数据	01	01/PROM 管理号 02/运算周期 03/控制类型① 04/显示 PV 报警的 PID 号① 05/控制器地址号 06/通信类型① 07/上位机故障所对应的状态①
F002 输入处理程序	01 ~ 05/模拟输入号码	01/是否使用此输入 02/以工程单位显示时小数点位置 03/用工程单位显示时的下限值（0%） 04/用工程单位显示时的上限值（100%） 05/所使用的折线表号码 06/用于温度补偿的输入号码 07/温度单位 08/设计温度 09/用于压力补偿的输入号码 10/压力单位 11/设计压力 12/开方处理 13/开方处理的小信号切除 14/数字滤波常数 15/变送器异常诊断
F003 PID 运算数据（共有两个 PID， 即 PID1 和 PID2）	01、02/PID 号码	01/PID 运算方式 02/PV 输入号码 03/PV 跟踪 04/报警滞后 05/比例带 06/积分时间 07/微分时间 08/积分限幅下限 09/积分限幅上限 10/比率 11/偏置 12/不灵敏区 13/输出变化率限幅 14/偏差报警 15/PV 报警下限 16/PV 报警上限
F004 折线数据（共有三个折线表， 每条折线可设定 10 个折点）	01、02、03 折线号码表号码	01/x 轴折点（No. 1） ⋮ 10/x 轴折点（No. 10） 11/y 轴折点（No. 1） ⋮ 20/y 轴折点（No. 10）

（续）

控制数据类别	代码1/含义 C_1	代码2/含义 C_2
F005 可变参数（供运算单元使用）	01/％型	01/No. 1％型可变参数 ⋮ 20/No. 20％型可变参数
	02/时间型	01/No. 1 时间型可变参数 ⋮ 05/No. 5 时间型可变参数
F101～130 运算单元（最多可使用30 个运算单元）	01～45/运算式号码	H1/H1 端输入 H2/H2 端输入 P1/P1 端输入 P2/P2 端输入
F006 输出处理数据	01/模拟输出	01/No. 1 模拟量输出 02/No. 2 模拟量输出 03/No. 3 模拟量输出
F006 输出处理数据	02/数字输出	01/No. 1 数字量输出 02/No. 2 数字量输出 03/No. 3 数字量输出

①仅限于可编程调节器。

4.4.3　KMM 可编程调节器的主要功能及应用

　　KMM 可编程调节器的主要功能可归纳为输入处理功能、运算处理功能、输出处理功能、自动平衡功能、自诊断功能和通信功能。

1. 输入处理功能

　　KMM 可编程调节器有 AIR1 ～ AIR5 五个模拟量输入信号，为了满足过程控制工程的实际需要，KMM 可编程调节器对每个模拟量输入信号均设计了如图 4-23 所示的线性化近似、温度和压力补偿、开方和数字滤波五个标准处理模块，对其进行处理。但是对于每一个模拟量输入信号是否均需要进行五个标准模块处理，用户可根据实际需要，由"输入处理数据 F002"设定。

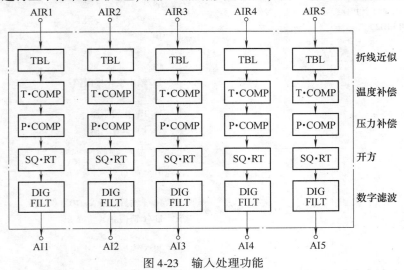

图 4-23　输入处理功能

（1）折线近似（TBL） 当输入信号为非线性，需要进行线性化处理时，可使用折线表，以分段线性化来逼近需要处理的特性。折线表有三个（TBL1，TBL2，TBL3）可供用户选择。如图 4-24 所示，用户根据需要确定折点坐标值（x,y）。在进行折线处理（编程）时，先将折线号码填入"输入处理数据 F002"中，然后将 x、y 值填入"折线数据 F004"。

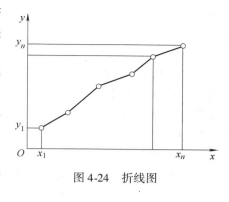

图 4-24　折线图

使用折线表时应注意：当 $x \leqslant x_1$ 时，$y = y_1$；当 $x \geqslant x_{10}$ 时，$y = y_{10}$；当使用的折点数小于 10 时，最后一个折点的 x 坐标应设定为 799.9%。

还应指出，这三个折线表不仅可用于输入处理选用，亦可用于运算处理；若要求在运行中修改在线数据，则只能选用 TBL1。

（2）温度补偿（T·COMP） 当测量气体或蒸汽流量时，为了提高测量准确度，需对其进行温度补偿，自动修正被测的气体或蒸汽的流量值。

$$被补偿的流量信号 = \frac{设计温度\ t_1 + K}{实际温度\ t_2 + K} \times 未补偿的流量信号$$

式中　　K——常数；

t_1——设计温度，在控制数据中设定。

在编程时需要在"输入处理数据 F002"中填明如下内容：

1）是否需要进行温度补偿："0"表示不需要进行温度补偿；"1～5"表示相应的 $AIR_1 \sim AIR_5$ 需要进行温度补偿。

2）温度补偿的工业单位："0"表示摄氏温度（℃），$K = 273$；"1"表示华氏温度（℉），$K = 523.4$。

3）设计温度的数值及其小数点定位：规定温度变送器输出的电流信号上、下限所对应的温度范围可用四位数字表示，即 −9999 ～ 9999。"0"表示小数点在零位，数值范围为 −9999 ～ 9999；"1"表示小数点在 1 位，数值范围为 −999.9 ～ 999.9。

KMM 可编程调节器进行输入处理时，是按 $AIR_1 \sim AIR_5$ 的顺序进行的。在进行温度补偿时，必须将温度按输入端号在前（AIR_1）、流量输入端号在后（AIR_2）的顺序排列。

（3）压力补偿（P·COMP） 与温度补偿相同，为了提高测量准确度，需要对气体或蒸汽流量进行压力补偿运算：

$$被补偿后的流量信号 = \frac{实际压力\ p_1 + K}{设计压力\ p_2 + K} \times 未补偿的流量信号$$

用户在编制应用程序时，需要在 F002 中填明如下内容：

1）是否选用压力补偿："0"表示不需要进行压力补偿；"1～5"表示相应的 $AIR_1 \sim AIR_5$ 的信号需要进行压力补偿。

2）压力补偿的工业单位："0"表示单位为 kPa，$K = 101.3$；"1"表示单位为 mmH_2O，$K = 10330$。

3）设计压力的数值及其小数点的位置：压力补偿的输入范围（0% ～ 100%）用四位数字表示（−9999 ～ 9999），小数点位置有四种情况。当压力补偿的工程单位为 Pa 时，"1"表示小数点位置为 1 位，其数值范围为 −999.9 ～ 999.9；"2"表示小数点位置为 2 位，其数

值范围为 $-99.99 \sim 99.99$；"3"表示小数点位置为 3 位，其数值范围为 $-9.999 \sim 9.999$。

当压力补偿的工程单位为 mmH_2O 时，"0"表示小数点位置为零位，其数值范围为 $-9999 \sim 9999$。

如上所述，KMM 可编程调节器在进行输入处理时，是按 AIR1 ~ AIR5 的顺序进行的。所以在进行压力补偿时，则 AIR1 为温度信号输入端，AIR2 为压力信号输入端，AIR3 为流量信号输入端。

（4）开二次方（SQRT）当采用节流装置（如孔板）测量流量时，需要进行开方处理。开二次方处理模块设有小信号切除功能。如图 4-25 所示，当输入信号小于小信号切除值时，即当输入信号小于切除值（满量程的 1%）时，开二次方模块的输出为零。

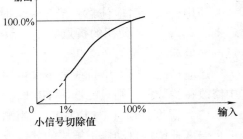

图 4-25 开二次方小信号切除

用户选用此功能时，需在 F002 中填明如下内容：

1）是否选用开二次方处理："0"表示不选用；"1"表示选用。

2）是否需要对小信号输入进行切除：填入小信号切除值为输入的百分数，对于已选用开二次方处理的模拟输入（5 个）此值是公用的。小信号切除值范围为 $0.0\% \sim 100\%$，用户可以任意选定。

（5）数字滤波（DIG FILT）为了消除输入信号中的高频干扰，KMM 可编程调节器的 5 个输入通道均设有一个数字滤波器，实际上是一个低通滤波器，即为

$$输出 = \frac{1}{Ts + 1}输入$$

式中 s——拉普拉斯变换算子；

T——滤波时间常数，其值可在 $0 \sim 999.9s$ 范围内选取。

在编制应用程序时，需将选用的 T 值填入 F002 中，$T = 0.0$，则表示不使用数字滤波，即不起数字滤波作用。

2. 运算处理功能

运算处理功能是 KMM 可编程调节器的核心，熟练地掌握和巧妙地运用该功能是利用 KMM 可编程调节器组成各种复杂过程控制系统，并使其具有良好使用性能的关键。运算处理功能是依靠 45 种运算式（见表 4-4）、30 个运算单元和 118 种内部信号（见表 4-5）巧妙组合连接来实现的。

表 4-4 运算式一览表

编号	运算式名称	记号	内部端子				输出	运算时间（无名数）	初始值			备注
			H_1	H_2	P_1	P_2			H_2	P_1	P_2	
1	加法	ADD	P	P	P	P	P	90	0%	100%	100%	
2	减法	SUB	P	P	P	P	P	90	0%	100%	100%	
3	乘法	MUL	P	P	—	—	P	90	100%			
4	除法	DIV	P	P	P	—	P	83	100%	0%		
5	绝对值	ABS	P	—	—	—	P	3				

（续）

编号	运算式名称	记号	内部端子				输出	运算时间（无名数）	初始值			备注
			H_1	H_2	P_1	P_2			H_2	P_1	P_2	
6	开二次方	SQR	P	—	P	—	P	136		0%		
7	最大值	MAX	P	P	P	P	P	8	0%	0%	0%	
8	最小值	MIN	P	P	P	P	P	8	100%	100%	100%	
9	四点加法	SGN	P	P	—	P	P	27	0%	0%		
10	高值选择	HSE	P	P	—	—	P	3	0%			
11	低值限幅	LLM	P	P	—	—	P	3	0%			
12	低值选择	LSE	P	P	—	—	P	3	100%			
13	高值限幅	HLM	P	P	—	—	P	3	100%			
14	高值监视	HMS	P	P	—	P	P	6	100%		0%	
15	低值监视	LMS	P	P	—	P	P	6	0%		0%	
16	偏差监视	DMS	P	P	P	P	P	16	0%	100%	0%	
17	变化率限幅	DRL	P	P	P	P	P	130	0%	0%		
18	变化率监视	DRM	P	P	P	P	F	45	0%	0%	0%	
19	输出操作	MAN	P	P			P	8	0%			
20	1 号控制	PID1	P	P	P	F	P	371	0%	0%	OFF	
21	2 号控制	PID2	P	P	P	F	P	371	0%	0%	OFF	
22	延迟时间	DED	P	—	T		P	59		0%		
23	超前时间	L/L	P	—	T	T	P	283		0%	0%	
24	微分	LED	P	—	T	T	P	347		0%	0%	
25	移动平均	MAN	P		T	—	P	143		0%		
26	触发器	RS	F	F	—	—	F	1	OFF			
27	逻辑乘	AND	F	F	—	—	F	1	OFF			
28	逻辑加	OR	F	F	—	—	F	1	OFF			
29	按位加	XOR	F	F	—	—	F	1	OFF			
30	非	NOT	F	—	—	—	F	1				
31	点切换开关	SW	P	P	F		P	1	0%	OFF		
32	缓和型开关	SFT	P	P	F	P	P	45	0%	OFF	100%	
33	定时器	TIM	F		T		F	23		0%		
34	累计脉冲输出	CPO	F	P	P	—	F	72	100%	100%		
35	三角波发生器	RMP	F	F	T	—	P	173	OFF	0%		
36	脉宽调制	PWM	P	—	T	—	F	108		0%		
37	1 号折线表	TBL1	P	—	—	—	P	136				
38	2 号折线表	TBL2	P	—	—	—	P	136				
39	3 号折线表	TBL3	P	—	—	—	P	136				
40	1 号反射表	TBR1	P	—	—	—	P	136				
41	2 号反射表	TBR2	P	—	—	—	P	136				
42	3 号反射表	TBR3	P	—	—	—	P	136				
43	1 号控制变量变更	PMD1	P	—	F	—	P	123		OFF		
44	2 号控制变量变更	PMD2	P	—	F	—	P	123		OFF		
45	状态切换	MOD	F	F	F	F	—	2	OFF	OFF	OFF	

注：P 表示 % 型数据，F 表示开关型数据，T 表示时间型数据。

表 4-5　内部信号一览表

	信号名称	代　码	数据类型	内　　容
○—	LSP1	P0001	%型	PID1 使用的设定值
○—	PV1	P0002	%型	PID1 使用的 PV 值
○—	ER1	P0003	%型	PID1 使用的偏差（SP1-PV1）
○—	PB1	P0004	%型	PID1 使用的比例带
○—	RATI01	P0005	%型	PID1 使用的比率
○—	BIAS1	P0006	%型	PID1 使用的偏置
○—	LSP2	P0011	%型	PID2 使用的设定值
○—	PV2	P0012	%型	PID2 使用的 PV 值
○—	ER2	P0013	%型	PID2 使用的偏差（SP2-PV2）
○—	PB2	P0014	%型	PID2 使用的比例带
○—	PATI02	P0015	%型	PID2 使用的比率
○—	BIAS2	P0016	%型	PID2 使用的偏置
○—	MV	P0020	%型	输出值（A01）
○—	PPAR1	P0101	%型	1 号%型可变参数
○—	…	…	%型	%型可变参数
○—	PPAR20	P0120	%型	20 号%型可变参数
●—	TPAR1	P0201	时间型	1 号时间型可变参数
●—	…	…	时间型	时间型可变参数
●—	TPAR5	P0205	时间型	5 号时间型可变参数
○—	AIR1	P0301	%型	未处理模拟输入值 1 号
○—	…	…	%型	…
○—	AIR5	P0305	%型	未处理模拟输入值 5 号
○—	AI1	P0401	%型	输入处理模拟输入值 1 号
○—	…	…	%型	…
○—	AI5	P0405	%型	输入处理模拟输入值 5 号
⊗—	ON	P0501	ON/OFF 型	接通
⊗—	OFF	P0502	ON/OFF 型	断开
⊗—	CMP	P0601	ON/OFF 型	计算机方式
⊗—	INTLCK	P0602	ON/OFF 型	联锁方式
⊗—	M	P0603	ON/OFF 型	手动方式
⊗—	F	P0604	ON/OFF 型	跟踪方式
⊗—	A	P0605	ON/OFF 型	自动方式
⊗—	C	P0606	ON/OFF 型	串级方式
⊗—	ILCHG	P0607	ON/OFF 型	转入联锁方式
⊗—	MCHG	P0608	ON/OFF 型	转入手动方式
⊗—	FCHG	P0609	ON/OFF 型	转入跟踪方式
⊗—	ACHG	P0610	ON/OFF 型	转入自动方式
⊗—	CCHG	P0611	ON/OFF 型	转入串级方式
⊗—	MDCHG	P0612	ON/OFF 型	方式转换发生
⊗—	DEV1	P0701	ON/OFF 型	（SP1-PV1）超限
⊗—	PVL1	P0702	ON/OFF 型	PV1 低于低限
⊗—	PVH1	P0703	ON/OFF 型	PV1 高于低限

（续）

	信号名称	代 码	数据类型	内 容
⊗—	DEV2	P0711	ON/OFF 型	（SP2-PV2）超过低限
⊗—	PVL2	P0712	ON/OFF 型	PV2 低于低限
⊗—	PVH2	P0713	ON/OFF 型	PV2 高于低限
⊗—	DI1	P0801	ON/OFF 型	数字输入状态 1 号
⊗—	DI2	P0802	ON/OFF 型	数字输入状态 2 号
⊗—	DI3	P0803	ON/OFF 型	数字输入状态 3 号
⊗—	DI4	P0804	ON/OFF 型	数字输入状态 4 号
⊗—	DI1 CHG	P0811	ON/OFF 型	数字输入 1 号从 OFF 变到 ON
⊗—	DI2 CHG	P0812	ON/OFF 型	数字输入 2 号从 OFF 变到 ON
⊗—	GI3 CHG	P0813	ON/OFF 型	数字输入 3 号从 OFF 变到 ON
⊗—	GI4 CHG	P0814	ON/OFF 型	数字输入 4 号从 OFF 变到 ON
⊗—	COME	P0901	ON/OFF 型	通信发生错误
⊗—	SENS	P0902	ON/OFF 型	传感器发生异常
⊗—	COVF	P0903	ON/OFF 型	运算溢出
⊗—	OVLD	P0904	ON/OFF 型	超过运算时间
⊗—	MSW	P1001	ON/OFF 型	手动方式开关
⊗—	ASW	P1002	ON/OFF 型	自动方式开关
⊗—	CSW	P1003	ON/OFF 型	串级方式开关
⊗—	RSTSW	P1004	ON/OFF 型	复位开关
⊗—	MVRSW	P1005	ON/OFF 型	输出增加开关
⊗—	MVLSW	P1006	ON/OFF 型	输出减少开关
⊗—	SPRSW	P1007	ON/OFF 型	SP 值增加开关
⊗—	SPLSW	P1008	ON/OFF 型	SP 值减少开关
○—	U1	U0001	% 型 ON/OFF 型	运算单元 1 号的输出值
	…	…	…	…
○—	U30	U0030	% 型 ON/OFF 型	运算单元 30 号的输出值

注：○端子：% 型（数字值）内部信号　　⊗端子：开/关型内部信号　　●端子：时间型内部信号

　　所谓运算式实质上是将各种控制规律和运算功能预先存储在系统 ROM 中的可调用的子程序。运算式最多能进行 4 个输入信号的运算，其输入与输出的函数关系为

$$输出 = f(H_1、H_2、P_1、P_2)$$

　　所谓运算单元是系统 ROM 中专门用以存放运算式的存储空间。一个运算单元可以放置任何一种运算式。每个运算单元原则上有 4 个输入端子（H_1、H_2、P_1、P_2）和一个输出端子 U，运算式不同，使用的端子数也不同。

　　内部信号是指运算单元软端子（虚拟代号，如 H_1、H_2、P_1、P_2 等）之间的联系信号（如 RSP1、PV1 等）。

　　为了便于理解和组态，为了形象地表示运算式，用"模块"来表示每个运算的子程序。如图 4-26 所示，H_1、H_2、P_1、P_2 表示其输入端子，U_n 是输出端子。这里的"端子"是虚构的。各运算单元之间的连接是通过程序的编制，即用软件连接的。

　　由于各运算式的功能不同，因而各"端子"所传输的信号类别

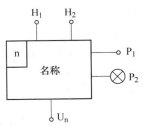

图 4-26　运算模块

也不相同。为此,用端子带符号来区别其传输信号的种类。其表示方法为:

○——% 型数据信号;

⊗——开关(ON/OFF)型数据信号;

●——时间(T)型数据信号。

必须说明,在运算式中 H_1、H_2、P_1、P_2、U_n 端子,其传输数据的类型是根据运算式的特点决定的;在 KMM 可编程调节器中,各运算式的 H_1 端子只能与其输入端或其他运算式的输出端子连接,不能设置可变参数和固定参数。

在运算处理时,根据实际需要设置了可变参数和固定参数。凡要求在运行过程中能通过数据设定器对其进行修改的,可设置为可变参数(PPAR 与 TPAR)。固定参数在编程时设定,运行中是不可修改的。可变参数和固定参数均作为内部信号处理,而可变参数有确定的内部信号名 PPAR1 ~ PPAR20 与代码 P0101 ~ P0120。

KMM 可编程调节器是按一定周期(100 ~ 500ms)进行运算处理的。运算周期的大小取决于所使用的运算单元的数目与运算式的种类。

在设计应用程序时,应根据系统组态所使用的运算式,求出系统所有运算单元(包括输入处理所使用的开二次方、折线表等)的全部运算处理时间的系数之和,对照表4-6选取运算周期,并将其填入基本数据表中。

表 4-6　运算周期和运算处理时间系数

代　码	运算周期/ms	运算处理时间系数(无名数)
1	100	100
2	200	2000
3	300	4000
4	400	6000
5	500	8000

KMM 可编程调节器还要设定 PID 运算数据。在"PID 运算数据"表中需要填写用于 PID 运算操作的控制参数。

KMM 可编程调节器有两个 PID 运算模块,即 PID1 和 PID2,它们都具有常规 PID 算法和微分先行 PID 算法,以供用户选用。在组态时,只能选用两种算法中的一种。这两种 PID 算法(运算模块)的内部构成如图 4-27 所示。图 4-27a 是常规 PID 运算模块的构成示意图。微分先行 PID 运算模块与常规 PID 模块的区别如图 4-27b 所示。

由图 4-27 可见,微分先行 PID 模块的给定值 SP 不进行微分运算,同时无偏差死区设定环节 GAP。另外,该模块除了实现 PID 运算功能外,还具有报警检测、积分限幅、输出变化率限制、比率偏置运算等功能。与其他运算模块不同,PID 运算模块还必须设定控制参数,即比例度、积分时间、微分时间、各报警信号的上/下限幅值、比率值、积分限幅值、输出变化率限制值等。这些控制参数称为"PID 运算数据"。编程时,用户需按 PID 运算数据表逐项填写。同时可通过控制器内侧面的数据设定器对这些数据进行在线修改。

图 4-27b 中,D/R 为正、反作用块。D 表示正作用,R 表示反作用。其开关设在控制器右侧电路板上。

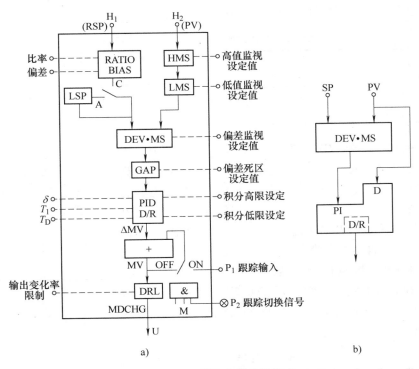

图 4-27 PID 模块内部功能构成

3. 输出处理功能

输出处理功能用来完成控制信号的转换工作，即把经过运算处理的数字信号变换成连续的 DC 1～5V 或 DC 4～20mA 的模拟信号。

KMM 可编程调节器有三个模拟量输出端 AO1～AO3。AO1 有 DC 1～5V 和 DC 4～20mA 两种输出。AO2、AO3 均为 DC 1～5V 输出。另外，DO1～DO3 为数字输出端。

在编程时，根据实际需要来决定输出通道，并在控制数据中设定。但是在 KMM 可编程调节器中只有 AO1 必须与手动操作单元 MAN 的输出相连接，其余通道则可接任一个运算单元的输出，也可直接接到输入通道上。

4. 控制类型与无扰动切换功能（自动平衡功能）

（1）控制类型 KMM 可编程调节器 45 种运算式中有 PID1 和 PID2 两个 PID 运算式，用户组成控制系统时，根据使用 PID 运算式的个数以及不同的给定方式，可分为四种控制类型。

1）0 型控制（一个 PID 局部型）。KMM 可编程调节器工作在该控制类型时，30 个运算单元中只使用一个 PID 运算式。用 PID 内部的设定值作为本机给定值 LSP（内给定）进行自动控制。图 4-28 所示控制器只有 MAN 和 AUTO 两种状态，无 CAS（串级）状态。LSP 通过控制器正面板的设定值

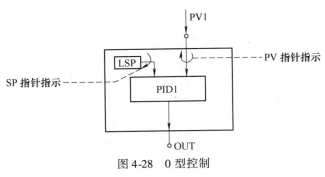

图 4-28 0 型控制

增、减按钮进行操作。正面板上的 PV 与 SP 指针在各状态下所指示的内容见表 4-7。

表 4-7　0 型控制 PV 和 SP 指针指示内容

指　针 状　态	PV 指针	SP 指针
MAN	PV1	LSP1
AUTO	PV1	LSP1

2）1 型控制（一个 PID 串级型）。KMM 可编程调节器工作在该控制类型时，30 个运算单元中也只有一个 PID 运算式，如图 4-29 所示。它具有 AUTO 和 CAS 两种工作状态，有内、外给定切换开关。在 AUTO 工作状态时，以内给定 LSP1 进行自动控制；在 CAS 工作状态时，以外给定 RSP1（即远方给定，它可以来自本控制器其他运算单元的输出信号，也可以来自其他 KMM 可编程调节器的信号）进行自动控制。正面板上的指针 PV 与 SP 所指示的内容见表 4- 8。表中"（）"里的内容是按下侧面板上辅助开关 DSP-CHG（"显示改变"）按钮后所显示的内容。

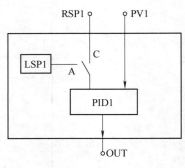

图 4-29　1 型控制

表 4-8　1 型控制 PV 和 SP 指针指示内容

指　针 状　态	PV 指针	SP 指针
MAN	PV1	LSP1（RSP1）
AUTO	PV1	LSP1（RSP1）
CAS	PV1	RSP1

3）2 型控制（两个 PID 局部型）。KMM 可编程调节器工作在该控制类型时，30 个运算单元中有 PID1 和 PID2 两个运算式，构成串级控制器，如图 4-30 所示。此时 PID1 的输出作为 PID2 的给定值。PID1 为内给定 PID2 型控制中只有 MAN 和 AUTO 两种状态，而无 CAS 状态，无内、外给定切换开关。在不同状态下正面板 PV 和 SP 指针指示的内容见表 4-9。表中"（）"里的内容为按下辅助开关 DSP·CHG 按钮后所显示的内容。

表 4-9　2 型控制 PV 和 SP 指针指示内容

指　针 状　态	PV 指针	SP 指针
MAN	PV1（PV2）	LSP1（RSP2）
AUTO	PV1（PV2）	LSP1（RSP2）

4）3 型控制（两个 PID 串级型）。KMM 可编程调节器工作在该控制类型时，30 个运算单元中有 PID1 和 PID2 两个运算式，并具有 MAN、AUTO、CAS 三种工作状态。PID2 具有内、外给定切换开关（A/C 开关）如图 4-31 所示。A/C 开关置于"A"位置时，PID2 按内给定 LSP2 方式工作；A/C 开关置于下，PV 和 SP 显示的内容；A/C 开关置于"C"位置时，PID1 与 PID2 构成串级控制器，PID2 为外给定指针指示的内容见表 4-10。表中"（）"中的内容是按下 DSP·RSP2 按钮后所显示的内容。

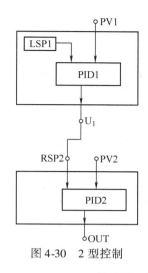

图 4-30　2 型控制

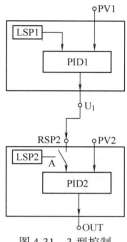

图 4-31　3 型控制

表 4-10　3 型控制 PV 和 SP 指针指示内容

指　针 状　态	PV 指针	SP 指针
MAN	PV2（PV1）	LSP2（LSP1）
AUTO	PV2（PV1）	LSP2（LSP1）
CAS	PV1（PV2）	LSP1（RSP2）

（2）无扰动切换功能（自动平衡功能）　KMM 可编程调节器可以实现手动 M、自动 A、串级 C 之间的无平衡无扰动切换。图 4-32a ~ d 所示分别为 0 型、1 型、2 型、3 型四种控制的无平衡无扰动切换的组成原理。

由图 4-32 可见，KMM 可编程调节器利用反馈输入连接方式，即将手动操作单元（模块）MAN 的输出反馈到 PID 运算单元（模块）的 P_1 端，使 M、A、C 之间实现无平衡无扰动切换。现以图 4-32a 为例介绍其功能的实现。图 4-32a 为 0 型控制方式，只用一个 PID 模块与内给定值 LSP 进行控制。

1）手动 M→自动 A 的无扰动切换。在手动 MAN 状态时，MAN 单元的输出作为跟踪输入信号接到 PID1 单元的 P_1 端，同时用户选择 PID1 单元 PV 跟踪功能，即 SP 跟踪 PV。手动时 PID1 的输出将自动跟踪 MAN 单元的输出。因此，当 M→A 时，输出不会发生变化，从而实现了 M→A 的无扰动切换。

2）自动 A→手动 M 的无扰动切换。在 AUTO 状态时，控制器正面板上的手动按钮不起作用，即 $\Delta MV = 0$。MAN 运算式内部已将 A 状态时的输出接至加法器的输入，故当 A→M 时，MAN 单元的输出也不会发生变化，从而实现了 A→M 的无扰动切换。

对于其余类型控制的无扰动切换，读者可自行分析。

5. 自诊断功能

KMM 可编程调节器在每一个采样周期内都要对自身的（各个回路和各种处理）功能进行故障检查，若发现有异常现象，控制器便自动切换到联锁手动（IM）状态或准备（S）状态。同时在数据设定器显示窗口用不同的代码显示出故障的位置与故障的内容。若有通信接口，也可在操作站 CRT 上显示。

自诊断故障根据其轻重程度，可以分成以下两类。

（1）自诊断 A 类（轻故障）　自诊断 A 类包括如下的异常状态：

1) 输入异常。在 KMM 可编程调节器的五个模拟量输入信号中，只要任意一个输入信号超出 −6.9% ~106.9% 范围，就作为输入异常处理。此项诊断可以作为判断变送器异常的依据。

2) 运算溢出。在 KMM 可编程调节器所选用的运算单元（最多为30个）中，只要任意一运算单元的运算结果超出 −699.9% ~ 799.9% 范围，就作为运算溢出异常处理。该项诊断可以检查选用的运算单元参数设定值是否合理。

3) 运算过载。在 KMM 可编程调节器所选用的运算处理周期内，若不能完成全部运算处理功能，则作为运算过载处理。此项诊断可用来检查用户所确定的运算处理周期是否合适，以便更改。

当 KMM 可编程调节器进行自诊断发现上述轻故障时，控制器便自动切换到联锁手动（IM）状态，正面板上 RST 灯亮，此时用 KMM 手动单元进行操作，进行在线故障排除。待故障排除后，才能切换到其他状态。

自诊断发现轻故障时，数据设定器显示窗口显示的代码及内容如图 4-33 所示。

（2）自诊断 B 类（重故障）
自诊断 B 类包括如下的异常状态。

1) 只读存储器 ROM 异常：说明 KMM 可编程调节器的 ROM 发生故障，需更换 CPU 板。

2) 随机存储器 RAM 异常：说明 KMM 可编程调节器的 RAM 发生故障，需更换 CPU 板。

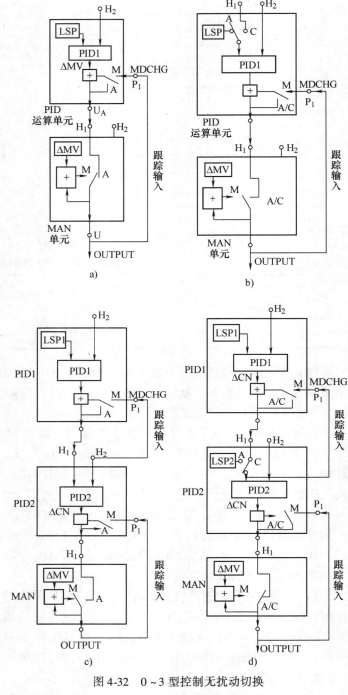

图 4-32　0~3 型控制无扰动切换
a) 0 型　b) 1 型　c) 2 型　d) 3 型

3) 采样时间故障：说明 KMM 可编程调节器的采样周期大于指定的时间，采样周期发生器发生故障，需更换 CPU 板。

4) A-D 转换异常：说明 KMM 可编程调节器的 A-D 转换部分发生故障，需更换 I/O 板。

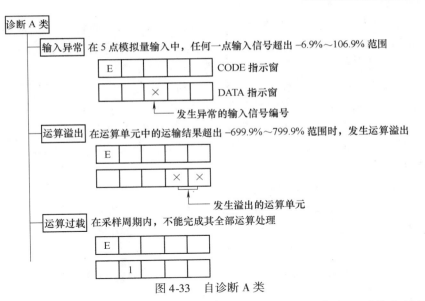

图 4-33 自诊断 A 类

5）输出反馈异常：说明 KMM 可编程调节器电流输出发生故障，可能电流输出断线或数据转换（D-A）出现故障，则应检查接线，或更换 I/O 板。

6）CPU 异常：应更换 CPU 板。

当诊断出 KMM 可编程调节器发生重故障时，则说明控制器的硬件系统或软件系统产生故障，控制器将自动切换到准备（S）状态，需对控制器进行停电检修，此时只能用 KMM 手动单元进行操作。

自诊断发现重故障时，数据设定器显示窗口显示的代码及内容如图 4-34 所示。

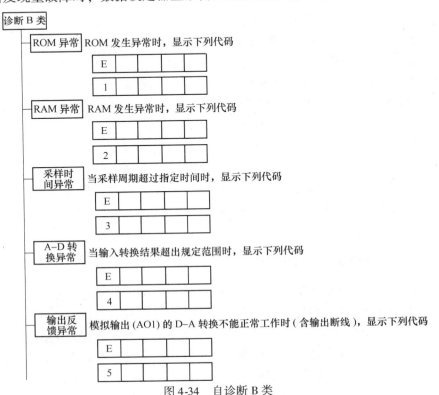

图 4-34 自诊断 B 类

需要指出，为显示轻故障，应使数据设定器上的 ON/OFF 键转入 OFF 状态。但当出现重故障时，即使数据设定器处于 ON 状态（运行显示状态），也显示诊断代码。

另外，当 PID 运算单元出现 PVH 高报警、PVL 低报警、DVH 偏差超规定报警时，在图 4-35 所示的数据设定器显示窗显示出相应状态。但此时需按 ON/OFF 键，使显示转入 OFF 状态。若有 PID1 和 PID2 运算单元，报警时显示 PID1 还是 PID2，这由基本数据确定。例如控制数据为 F001　01　04　2，则为显示 PID2 的 PV 报警。

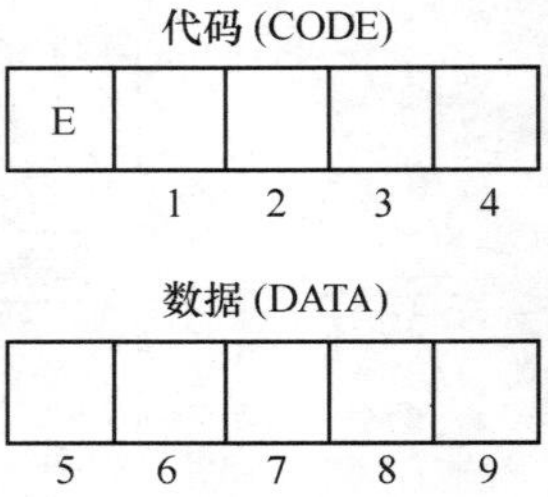

代码 (CODE)

E			
1	2	3	4

数据 (DATA)

5	6	7	8	9

图 4-35　显示窗显示内容

6. 通信功能

KMM 可编程调节器的通信功能是指其与上位机进行信息交换的能力。通信功能是由控制器内的通信接口来完成的。若需要进行通信时，先要选定通信的类型（0、1、2 型），同时在控制数据中设定。

（1）通信类型

1）0 型：KMM 可编程调节器与上位机无通信（不需要进行通信）。这时调节器可不配置通信接口。

2）1 型：KMM 可编程调节器与上位机有通信，上位机可调出调节器中的数，在 CRT 屏幕上显示。但上位机不能对调节器进行操作，不能组成设定值控制（SPC）和直接数字控制（DDC）。

3）2 型：KMM 可编程调节器与上位机有通信，上位机可以对调节器进行操作和信息交换，可组成集中监视操作系统，能组成设定值控制和直接数字控制。

上述三种通信类型可供用户任选，用户选用哪种类型通信，应在填写基本数据表时确定。

（2）上位机控制　如果 KMM 可编程调节器指定为 2 型通信时，调节器又增加了两种运行方式，即计算机方式（COMP）与请求方式（REQ）。

1）计算机方式（COMP）。当 KMM 可编程调节器接到上位机进入计算机方式指令后便进入 COMP 方式。此时上位机进行 SPC 或 DDC。在 SPC 时，上位机送出的计算机给定（CSP）信号作为控制器的给定值，控制器以此给定值进行控制。同时控制器的给定信号 SP 自动跟踪计算机给定值信号 CSP。在 DDC 时，上位机输出的信号作为 PID 单元的输出值。同时该单元的给定值 SP 自动跟踪测量值 PV，使其进行控制方式切换时无扰动。

2）请求方式（REQ）。KMM 可编程调节器从"M""A""C"控制过渡到由上位机进行 SPC 或 DDC 时，必须先向上位机发出请求，上位机接收请求并发出 SPC 或 DDC 指令，使控制器切换成计算机方式后，结束请求方式。在上述过渡等待阶段中控制器处于请求方式。

4.4.4　KMM 可编程调节器的软件设计

KMM 可编程调节器的软件设计，通常应根据工艺对检测与控制的要求先设计系统的控制方案，并画出系统控制流程图，然后确定 KMM 可编程调节器的功能要求，根据控制流程图设计并绘制系统组态图，再填写控制数据表，最后用编程器制作用户 PROM，待检查无误后将其装入 KMM 可编程调节器运行，根据实际需要用数据设定器更改有关参数，一般设计步骤如图 4-36 所示。下面着重介绍系统组态图的设计。

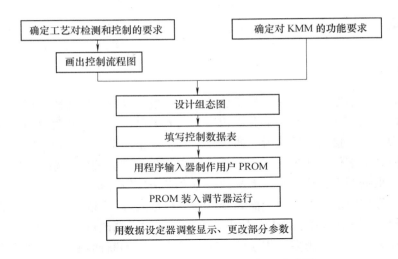

图 4-36　KMM 可编程调节器软件设计步骤

1. 系统组态图的设计

过程控制系统组态图的设计，是指用户根据不同的生产工艺对检测与控制的要求，或根据过程控制系统流程图的功能要求，选用 KMM 可编程调节器 45 种运算式中的最多 30 个运算式（一台 KMM 可编程调节器只留 30 个运算单元的内存空间）进行组合软连接，以实现所设计的过程控制系统与逻辑安全保护等控制功能。在具体进行系统组态的设计时，必须注意如下规定：

1）如前所述，运算模块（运算式）有 4 个输入端（H_1、H_2、P_1、P_2），但在选用不同的运算模块时，其输入端的个数是不同的，详见表 4-4 所示运算式。

2）每一个运算式（运算模块）只有一个输出端，但是用 45 控制方式切换 MOD 运算式时其输出端无意义。

3）在构成各种过程控制系统时，PID1 和（或）PID2 与手动操作 MAN 运算式是不可缺少的，而且 MAN 的输出与 1# 模拟电流输出 AO1 相连。

4）在每一个 KMM 可编程调节器的系统组态中，最多可使用 20 个百分型（%）可变参数、5 个时间型（T）可变参数，而固定参数个数不限。

5）任何可变参数或固定参数不得与每个运算式的输入端 H_1 连接。

6）在一台 KMM 可编程调节器的组态中，使用的某些运算式在数目上有限制，例如 PID1、PID2、PMD1、PMD2、MAN、MOD 运算式只能出现一次，不得重复；DRL、DRM、DED、L/L、LED、SFT、TIM、CDO、RMP、PWM 等可以重复使用，因为这些运算式（模块）使用特殊寄存器，但每台 KMM 可编程调节器只有 5 个这样特殊的寄存器，所以重复使用的总和不得超过 5 个。

各种运算式（模块）功能可见表 4-4。

2. 编写用户程序

如前所述，KMM 可编程调节器采用表格式组态语言，不论是过程参数的输入还是运算式（模块）的软连接，均根据控制器的规定并由用户填写的一系列表格来实现。由于篇幅所限，本书不再介绍。

4.5 执行器

4.5.1 概述

执行器接收控制器输出的控制信号实现对操纵变量的改变，从而使受控变量向期望值靠拢。它是自动控制系统的重要组成部分，相当于人的手足，不能因其简单而有所忽视。执行器安装在生产现场，直接与介质接触，通常在高温、高压、高黏度、强腐蚀、易结晶、易燃易爆、剧毒等场合下工作。如果选择不当或者维修不妥，就会使整个系统的"手足"不灵，无法正常运转。根据调查，现场控制系统的故障多半来自执行器。

在早期的过程控制系统中，由于操纵变量几乎都是流量，因此人们把执行器等同于控制阀（也叫调节阀），但是随着电力电子技术和生产工艺的不断改进，以电流（或电压）为操纵变量的过程控制系统越来越多，相应的调功元件或仪表不断涌现（如调功器），因此简单地把执行器简单等同于控制阀的方法已不恰当。但是控制阀仍然是执行器的最主要形式，本节只讨论控制阀，为了便于阅读，本书所述执行器如无特殊说明亦指控制阀。

控制阀由执行机构和调节机构（阀体组件）两部分组成，按作用的能源形式不同，执行机构可分为电动、气动和液动三大类。而调节机构则是相同的。

4.5.2 执行机构

执行机构的功能就是把控制器输出的控制信号转换为角位移或直线位移。在三大类执行机构中，电动执行机构动作迅速，信号便于远传，并便于与计算机及电动仪表配合使用，但电动执行机构结构复杂，防火防爆性能较差；液动执行机构推力最大，但较笨重，过程控制中较少使用；气动执行机构结构简单、维修方便、价格便宜、输出推力大、平稳可靠、防火防爆性能好，因此广泛应用于过程控制系统中。三类执行机构各有优劣，使用时要全面考虑，慎重选择。本书仅介绍电动执行机构和气动执行机构。尽管大部分执行机构都是用于开关阀门，但是如今的执行机构的设计远远超出了简单的开关功能，它们包含了位置感应装置、力矩感应装置、电极保护装置、逻辑控制装置、数字通信模块及 PID 控制模块等，而这些装置全部安装在一个紧凑的外壳内。

1. 电动执行机构

电动执行机构按运动形式分为直行程、角行程和回转型（多转式）三大类。其电气原理相同，仅减速器不一样。

电动执行机构包括伺服放大器及执行机构两大部分，其中执行机构又分为电机、减速器及位置发送器三大部件，如图 4-37 所示。

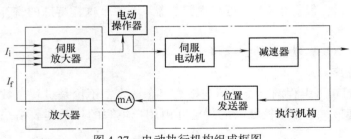

图 4-37　电动执行机构组成框图

来自控制器的电流信号 I_i 作为伺服放大器的输入，与阀的位置反馈信号 I_f 进行比较，当输入信号和反馈信号比较差值不等于零时，其差值经伺服放大器放大后，控制两相伺服电动机按相应的方向转动，再经减速器减速后使输出轴产生位移；同时，输出轴位移又经位置发送器转换成阀的反馈信号 I_f。当反馈信号与输入信号相等时，伺服放大器无输出，电动机停止转动，这时控制阀的开度就稳定在与输入信号（控制器输出）相对应的位置上。因此通常把电动执行机构看作一个比例环节。

图 4-38 所示为伺服放大器的原理框图。它由前置磁放大器、触发器、晶闸管主回路、校正电路和电源等部分组成。

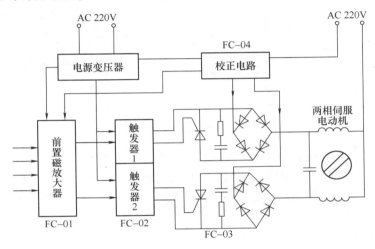

图 4-38　伺服放大器的原理框图

为适应复杂的多参数调节的需要，伺服放大器设置有三个输入信号通道和一个位置反馈信号通道。因此，它可以同时输入三个输入信号和一个位置反馈信号。在单参数的简单调节系统中，只使用其中一个输入通道和反馈通道。

在伺服放大器中，前置磁放大器把三个输入信号和一个反馈信号综合为偏差信号，并放大为电压信号输出。此输出电压同时经触发器 1（或 2）转换成触发脉冲去控制晶闸管主回路 1（或 2）的晶闸管导通，从而将交流 220V 电源加到两相伺服电动机绕组上，驱动两相伺服电动机转动。当输入信号和反馈信号比较差值不等于零时，根据误差正负触发器 2 和主回路 2 或触发器 1 和主回路 1 分别工作，从而实现两相伺服电动机的正转或反转；两组触发器和两组晶闸管主回路的电路组成及参数完全相同，所以当输入信号和与位置反馈电流 I_f 相平衡，前置磁放大器的输出为 0，两个触发器均无触发脉冲输出，主回路 1 和 2 中的晶闸管阻断，两相伺服电动机的电源断开，电动机停止转动。

图 4-39 所示为校正电路，它是由校正变压器、相敏整流器和电源变压器组成。校正网络输出的校正信号 I_f' 被反馈到前置磁放大器的输入端。当 I_i 与 I_f 之差 $I_i - I_f = 0$ 时，晶闸管关断，校正回路的反馈电流 $I_f' = 0$；当由于电源的波动使 $I_i - I_f \neq 0$ 时，相应的晶闸管导通，校正信号 $I_f' \neq 0$，其极性与 $(I_i - I_f)$ 相反，因而构成负反馈。校正信号 I_f' 虽然很小，但由于它反应迅速，比前置反馈信号 I_f 提前反馈到前置放大器的输入端，所以能够迅速克服电源的干扰而改善执行机构的动态特性。电路中的电位器 RP_3 用来调节校正信号 I_f' 的大小；RP_4 为调零电位器，即当 $I_i - I_f = 0$ 时，I_f' 也为零；若不为零时，可调节 RP_4 使其为零。

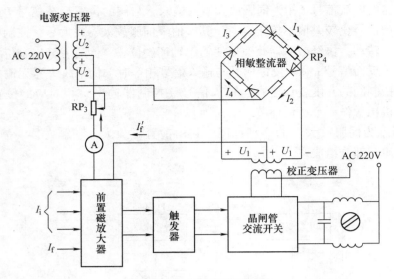

图 4-39　校正电路原理框图

为了克服电动机在断电后产生的"惰走"或"反转"现象，在执行机构内部装有傍磁式机械制动机构，以保证在断电时电动机转子被"制动"，从而避免"惰走"或"反转"现象的产生。傍磁式机械制动机构的工作原理，限于篇幅不再叙述，感兴趣的读者请参阅有关文献。

2. 气动执行机构

气动执行机构有气动薄膜执行机构、气动活塞执行机构、气动滚动膜片执行机构和气动长行程执行机构等。在工程上，气动薄膜执行机构应用最为广泛，因此，下面仅就这种执行机构的工作原理做简单的介绍。

图 4-40 所示为气动控制阀的内部结构示意图。气动薄膜机构是执行器的推动装置，它由膜片、阀杆、弹簧等部件组成。它接收气动控制器输出的或电动控制器经电/气转换器输出的 20～100kPa 气压信号，在膜片上转换成相应的推力，使推杆产生位移，从而带动阀芯动作。

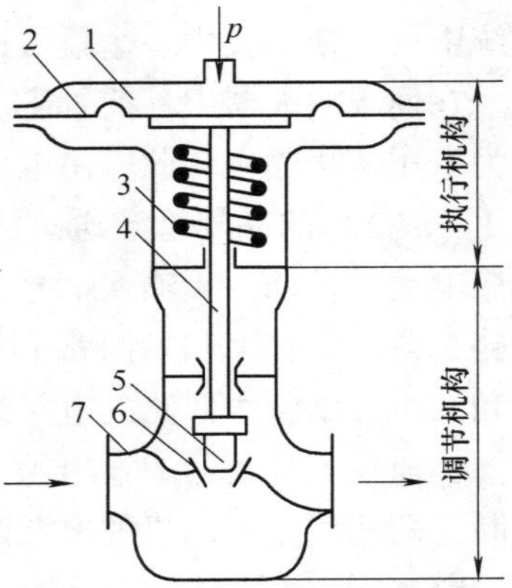

气动薄膜执行器执行机构的静态特性表示平衡状态时输入信号压力与阀杆位移的关系。根据平衡状态下平衡关系可得

$$pA = Kl$$

即

$$l = \frac{A}{K}p \qquad (4\text{-}20)$$

图 4-40　气动控制阀的内部结构
1—上盖　2—膜片　3—平衡弹簧
4—阀杆　5—阀芯　6—阀座　7—阀体

式中　p——执行机构的输入压力；

　　　A——膜片的有效面积；

　　　K——弹簧的弹性系数；

　　　l——执行机构的阀杆位移。

由此可见，在平衡状态下，执行机构的阀杆位移 l 与输入压力信号 p 成正比，但是 p 和

l 之间的动态特性则是一个一阶惯性环节。这是因为，通常把控制器或电气转换器到执行机构膜头间的引线作为膜头的一部分，而管线中存在阻力，膜头作用有容量。其对应关系如图 4-41 所示。

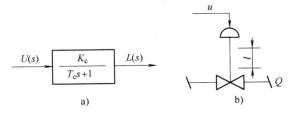

图 4-41　控制其输出与阀杆位移对应关系

图中，时间常数 T_c 的大小取决于膜头的大小、管线长度和直径等，系统中通常可以忽略不计，而把其看成比例环节。

气动执行机构有正作用和反作用两种形式。当 p 增加时，阀杆下移的叫正作用式执行机构，反之，阀杆上移的则叫反作用执行机构。在工业生产中，口径较大的控制阀常采用正作用执行机构。

4.5.3　调节机构

调节机构的功能就是把执行机构的输出（阀杆位移）转换为流通截面积的改变，从而达到改变流量的目的。从输入压力信号和开度变化看，控制阀可分为气开式控制阀和气关式控制阀两种形式。由于执行机构有正作用和反作用之分，而调节机构也有正装和反装两种方式，这样就有四种组合方式，如图 4-42 所示及见表 4-11。

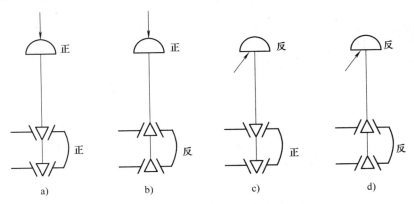

图 4-42　控制阀气开、气关示意图

a）正装气关　b）反装气开　c）正装气开　d）反装气关

表 4-11　控制阀组合方式

序　号	执行机构	阀　体	控制阀	序　号	执行机构	阀　体	控制阀
图 4-42a	正	正	气关	图 4-42c	反	正	气开
图 4-42b	正	反	气开	图 4-42d	反	反	气关

如果需要改变控制阀的气开、气关形式，只需改变执行机构或调节机构中任意一个的正、反方式即可。对大口径控制阀，一般通过改变执行机构来实现；对小口径控制阀，则通过改变调节机构来实现。

从控制角度出发，我们关心的是当控制器输出信号改变时，操纵变量是如何变化的。它是控制器输出与阀杆位移间的特性和阀杆位移与流量之间特性（即流量特性）的组合，可

表示为 $G_v(s) = \dfrac{K_v}{T_v s + 1}$。而后者与阀芯形状、工作条件密切相关，我们也必须加以讨论。

控制阀流量特性是以阀杆相对位移为输入，相对流量为输出的静态特性，用函数表示为

$$Q/Q_{max} = f(l/L) \tag{4-21}$$

式中　Q/Q_{max}——相对流量，即阀门在任意开度下的流量与最大（全开时）流量之比；

　　　　l/L——阀杆相对位移，即阀门在任意开度下的行程与最大行程（全行程）之比。

众所周知，流过控制阀的流量不仅与阀的开度（流通截面积）有关，还受控制阀两端压差的影响，当控制阀两端压差不变时，流量特性只与阀芯形状有关，这时的流量特性就是控制阀生产厂家提供的特性，称为理想流量特性或固有流量特性。而控制阀在现场工作时，两端压差是不可能固定不变的，因此流量特性也要发生变化，我们把控制阀在实际工作中所具有的流量特性称为工作流量特性或安装流量特性。可见相同固有流量特性的控制阀，在不同现场不同条件下工作时，其工作流量特性并不完全一样。

1. 理想流量特性（固有流量特性）

目前，控制阀的理想流量特性主要有直线、等百分比（对数）、快开、抛物线四种形式，对应的阀芯形状和流量特性曲线分别如图 4-43 所示。

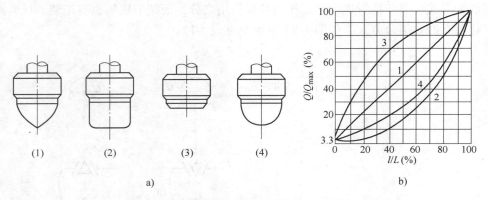

图 4-43　控制阀阀芯曲面形状与流量特性

a）阀芯曲面形状　b）理想流量特性曲线

1—直线　2—等百分比（对数）　3—快开　4—抛物线

图 4-43b 中，$R = Q_{max}/Q_{min}$，称为可调比，国产阀一般为 30；其中 Q_{min} 为最小可控流量。从图中可以看出，直线流量特性的相对流量与相对位移间成正比关系，两者之比为常数；对数流量特性的相对流量与相对位移之比随开度增大而增大；而快开流量特性阀的两者之比则随开度增大而减小，其阀芯的有效行程很短，一般很少使用；抛物线流量特性处于直线流量特性与对数流量特性之间。这四种流量特性对应的有关算式见表 4-12。

表 4-12　控制阀固有流量特性与算式

名　称	流量特性	算　式	特　点
直线阀	$\dfrac{d(Q/Q_{max})}{d(l/L)} = C（常数）$	$\dfrac{Q}{Q_{max}} = \dfrac{1}{R}\left[1 + (R-1)\dfrac{1}{L}\right]$	$K_v = $ 常数
等百分比（对数）阀	$\dfrac{d(Q/Q_{max})}{d(l/L)} = C(Q/Q_{max})$	$\dfrac{Q}{Q_{max}} = R^{(l/L - 1)}$	K_v 由小到大变化较剧

（续）

名　称	流量特性	算　式	特　点
快开阀	$\dfrac{\mathrm{d}(Q/Q_{\max})}{\mathrm{d}(l/L)} = C\,(Q/Q_{\max})^{-1}$	$\dfrac{Q}{Q_{\max}} = \dfrac{1}{R}\left[1 + (R^2 - 1)\dfrac{l}{L}\right]^{1/2}$	K_{v} 由大到小
抛物线阀	$\dfrac{\mathrm{d}(Q/Q_{\max})}{\mathrm{d}(l/L)} = C\,(Q/Q_{\max})^{1/2}$	$\dfrac{Q}{Q_{\max}} = \dfrac{1}{R}\left[1 + (\sqrt{R} - 1)\dfrac{l}{L}\right]^{2}$	K_{v} 由小到大比等百分比缓慢

2. 工作流量特性

根据控制阀在实际工作中的配管情况，可以分为串联管系和并联管系两种情况加以讨论。串联管系的工作示意图如图 4-44a 所示。

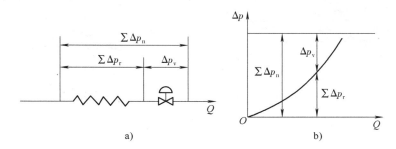

图 4-44　控制阀与管道串联工作

a）工作示意图　b）控制阀与管道压降分配图

图中，$\sum \Delta p_{\mathrm{r}}$ 为设备和串联管线上的等效总压降；Δp_{v} 为控制阀两端的压降；$\sum \Delta p_{\mathrm{n}}$ 为恒定的总压降。由于 $\sum \Delta p_{\mathrm{n}}$ 与流过的流量 Q 的二次方成比例关系，当 $\sum \Delta p_{\mathrm{n}}$ 一定时，Δp_{v} 则随流过流量的增加而减少，如图 4-44b 所示。当控制阀关闭 $Q = 0$ 时，$\Delta p_{\mathrm{v}} = \sum \Delta p_{\mathrm{n}}$，若该值为理想情况下的 Δp_{v}，那么，在实际工作中的 Δp_{v} 总是小于理想情况下的 Δp_{v}。因此，在相同阀芯位移即相同流通截面积下，实际流过控制阀的流量将比理想时减小，实际的流量特性将偏离理想的流量特性，我们把这种偏差称为畸变。畸变后的特性总是在理想特性的下方。畸变的严重程度与 Δp_{v} 占整个恒定总压差 $\sum \Delta p_{\mathrm{n}}$ 的比例有关，这种比例习惯上用 S 值（也叫畸变系数）来表示。S 值的定义为

$$S = \frac{控制阀全开时阀两端压差}{系统恒定的总压差} = \frac{\Delta p_{\mathrm{vmin}}}{\sum \Delta p_{\mathrm{n}}} \tag{4-22}$$

由于控制阀全开时两端的压差等于系统恒定的总压差减去全开时管线及设备压力总损失，因此值越小，说明损失越大，畸变程度就越严重，畸变后向下偏离理想曲线就越远。控制阀的实际可调比就越小，实际可调比 R_{s} 与 S 值之间的关系为 $R_{\mathrm{s}} \approx R\sqrt{S}$，在实际使用中要求 S 值不低于 $0.3 \sim 0.5$，图 4-45a、b 分别描述了线性阀和对数阀在不同 S 值下的工作流量特性。

图 4-45 中，$Q_{\max}$ 为控制阀处于最大开度且两端差压 Δp_{v} 为系统恒定的总压差 $\sum \Delta p_{\mathrm{n}}$ 时的流量。

控制阀除了与管道设备串联工作外，在现场使用中为了便于手动操作和维护，还与管道设备并联工作，如图 4-46 所示。图中，$Q = Q_1 + Q_2$，Q_1 为流过控制阀的流量，Q_2 为旁路流量。并联管道工作时的流量特性即为总流量 Q 与控制阀阀芯位移间的关系。因此当 $Q_2 = 0$

即旁路阀全闭时,并联管道控制阀的工作流量特性与理想流量特性一致。当 $Q_2 \neq 0$ 时,流过控制阀的流量 Q_1 只占总流量的一部分,可控流量为 $Q_1 = Q - Q_2$,可调范围下降,因此工作流量特性将发生畸变。畸变系数 S 可描述为 $S = Q_{1max}/Q_{max}$,式中,Q_{1max} 为控制阀全开时通过的流量,Q_{max} 为总管最大流量。不同 S 值下直线阀和对数阀并联管道工作时的工作流量特性如图 4-47 所示。

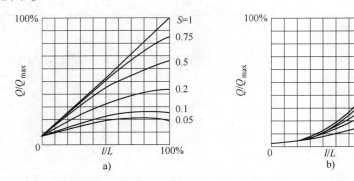

图 4-45 串联管系中压降分配比与工作流量特性的关系

a) 直线阀 b) 对数阀

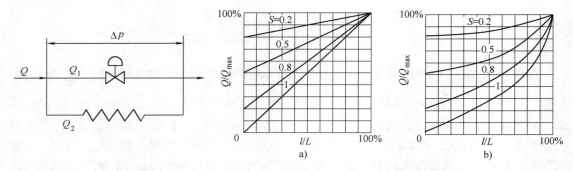

图 4-46 控制阀与管道
并联工作示意图

图 4-47 并联管道控制阀工作流量特性
a) 直线阀 b) 对数阀

在实际工作中,始终存在串联管道阻力的影响,因此并联管道工作的流量特性还将叠加串联管道的影响,这将使控制阀所能控制的流量范围更小,严重时可能几乎失去控制作用。所以,用打开旁路增加总流量的控制方案是不可取的。根据现场使用经验,旁路流量一般为总流量的 20%,即并联畸变系数 S 值不能低于 0.8。

4.5.4 阀门定位器

阀门定位器可分为气动阀门定位器、电-气阀门定位器和智能阀门定位器。阀门定位器是气动执行器的主要附件,它可与气动调节阀配套使用,如图 4-48 所示。阀门定位器接收控制器的输出信号,然后将控制器的输出信号成比例地输出到执行机构。当阀杆移动以后,其位移又通过机械装置负反馈作用于阀门定位器,因此它与执行机构

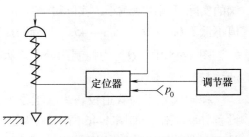

图 4-48 阀门定位器与执行器连接示意图

组成一个闭环系统，从而改善了控制阀的定位精度和灵敏度。

1. 阀门定位器的主要功能和作用

1）提高控制阀的定位精度和可靠性。阀门定位器主要用于对调节质量要求高的重要调节系统中。

2）改善控制阀的动态特性。可以将气压信号的传递滞后，改善阀门的动作反应速度。阀门定位器主要用于要求控制器快速动作和控制器输出的气压信号长距离传输（60m 以上）的场合。

3）通过提高气源压力增大执行机构的输出力，以克服液体对阀芯产生的不平衡力，减小行程误差。阀门定位器主要用于阀门两端压差大（$\Delta p > 1\mathrm{MPa}$）或控制阀口径大（$D_\mathrm{g} > 100\mathrm{mm}$）的场合。

4）克服时滞。当被调介质为高温、高压、低温、有毒、易燃、易爆时，为了防止对外泄漏，往往将填料压得很紧，因此阀杆与填料间的摩擦力较大，时滞增加，可用阀门定位器克服时滞。

5）克服阀杆移动阻力。当被调介质为黏性流体或含有固体悬浮物时，用阀门定位器可以克服介质对阀杆移动的阻力。

6）用来改善调节阀的流量特性。

7）实现分程控制。当要用一个控制器分段控制两个执行器实行分程控制时，可用两个阀门定位器，使两个阀分别在信号的某一区段内完成全行程动作（一个接收低输入段信号，一个接收高段输入信号，则一个执行器低程动作，另一个高程动作），从而实现分程控制。

2. 电-气阀门定位器

虽然气动控制器已经不再使用，但是由于气动执行器具有的一系列优点，至今仍然大量使用，为使气动执行器能够接收控制器送出的电信号，必须把其转换成为 20 ~ 100kPa 的标准气压信号，这就需要电-气阀门定位器。电-气阀门定位器的输入信号是标准电流或电压信号，例如 DC 4 ~ 20mA 电流信号或 DC 1 ~ 5V 电压信号等，在电-气阀门定位器内部将电信号转换为电磁力，然后输出标准的气压信号到气动控制阀。其工作原理可用图 4-49 说明。

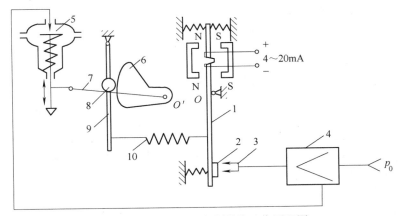

图 4-49　电-气阀门定位器的工作原理图

1—主杠杆　2—挡板　3—喷嘴　4—放大器　5—膜头　6—反馈凸轮片
7—反馈杠杆　8—滚轮　9—副杠杆　10—反馈弹簧

电气阀门定位器是按力矩平衡原理工作的。当 DC 4 ~ 20mA 电流信号输入线圈时，在线圈中便产生磁场，对主杠杆 1 产生一个输入力矩，在此力矩的作用下，主杠杆绕支点 O 作逆时针方向偏转，挡板 2 靠近喷嘴 3，背压升高，经放大器 4 放大后的输出气压信号作用于执行器的膜头 5，使阀杆下移，并同时通过反馈杠杆 7 带动反馈凸轮片 6，使其绕支点 O' 逆时针方向转动，经凸轮 8 使副杠杆 9 作顺时针偏转，将反馈弹簧拉长，从而对主杠杆 1 产生一个负反馈力矩来平衡输入力矩，当主杠杆达到平衡状态时，一定的输入电流信号就对应执行器一定的开度。

3. 智能阀门定位器

智能阀门定位器的定义是以微处理器技术为基础，采用数字化技术进行数据处理、决策生成和双向通信技术来实现其功能的仪表，它可以通过配备附加的传感器和附加的功能来补充其主要功能。它除具备传统阀门定位器的功能外，还具有数字仪表的通信、运算、控制、报警、自诊断等功能，相比传统阀门定位器具有以下特点：

1）改善控制阀的动态和静态特性，提高控制阀的控制精度和定位精度，基本消除了死区。

2）通过非线性补偿环节，可以实现流量特性的在线修改，从而实现更精确的流量控制。

3）用智能化功能模块实现与被控过程特性的匹配，可使控制阀产品的类型和品种大大减少，使控制阀的制造过程得到简化。

4）控制阀与阀门定位器、PID 控制功能模块结合，使控制功能在现场级实现，使危险分散，使控制更及时、更迅速。

5）具有自动调零和调量程、智能诊断、报警显示功能，可靠性好。

6）阀位检测采用霍尔应变式、电感式和非接触传感器，提高了控制回路的性能。

7）可以接模拟、数字混合信号和全数字信号（符合现场总线通信协议），如 DC 4 ~ 20mA/HART、FF、PROFIBUS 等，可远程通信。

8）通过手持终端或其他组态工具能对智能阀门定位器进行就地或远程组态，调试十分方便。

9）品种齐全、安全防爆。

10）安装成本较低，系统维护方便。

智能阀门定位器品种众多、功能不一，总体上可以用如图 4-50 所示的一般模式来描述。下面对各模块的功能做一般性说明。

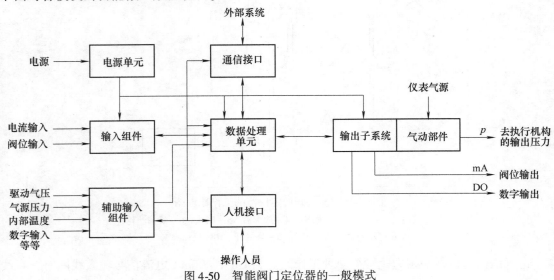

图 4-50 智能阀门定位器的一般模式

电源单元：大多数智能阀门定位器是二线制仪表，通过接收控制器输出的 4～20mA 信号或 DCS 计算机控制信号，整机电源取自输入 4～20mA 的信号，通过电源单元转换为微处理器和其他电路所需的供电。

输入组件：用来连接电流控制信号（输入给定值）和接收阀位传感器对控制阀行程检测的反馈信号，实现定位控制。对于 HART 信号模式，输入回路中要设置 FKS 调制解调器进行 HART 数字信号分离。对于接收数字控制信号的 PROFIBUS-PA 和 FF 等现场总线类型，则在输入组件中没有电流输入，而是通过通信接口连接外部总线网络。阀位反馈信号通过类似图 4-49 所示控制阀阀杆（轴）和反馈杆等机械连接件将阀位传递给阀位传感器。阀位测量多采用接触式电位器及滑动电阻，或采用非接触的霍尔元件及磁阻式位移（角度）传感器等。

辅助输入组件：阀位定位控制是阀门定位器的首要功能，所以把接收阀位设定和反馈输入的组件单独定义为输入组件，而接收其他输入的功能单独为一个模块分析，即定义为辅助输入组件。为了拓展功能和实施预测性维护（即把维护技术和设备的有关实时信号关联起来，从而可实现按需完成维护工作），一些智能阀门定位器内配置了多个传感器，如气源压力、输出驱动压力、定位器内部温度等，还接收填料泄漏传感器、压力开关等外部传感器信号，以及一些数字输入信号等，这些全部纳入辅助输入组件。辅助输入组件与输入组件集成在一起，共同构成数据处理单元的输入接口。

人机接口：人机接口是用于交互的重要工具，应能读出数据（本机显示）、提供输入组态操作并请求访问数据（本机按键）。没有本机显示和本机操作的，则通过数据通信接口与外部设备（如手持式现场通信器或 PC）提供访问。

通信接口：通信接口进一步增强了阀门定位器的智能化，使之与外部系统连接在一起，成为现场总线的一个节点，并通过总线网络实现数据传输（控制设定、组态和过程监视等）。对于没有通信接口的智能阀门定位器，只能使用人机接口进行组态和读取数据。

数据处理单元：是否有以 CPU 为核心的数据处理功能是区分智能阀门定位器和普通阀门定位器的标志。数据处理单元主要实现控制、运算、组态配置、校准、整定、状态监测和识别、外部过程控制、自诊断、趋势记录和数据存储等功能。有的智能阀门定位器的在线测试、故障诊断和诊断结果存储等依赖上位机来完成。

输出子系统：输出子系统包括输出接口模块和气动部件，根据气动执行机构选定情况确认智能阀门定位器的气动输出是单作用（一路输出）还是双作用（两路正反输出）形式。

气动部件在智能阀门定位器的常规模型中属于"输出子系统"，用于将数字信息转换为控制执行机构的气动信号。气动部件一般包括电-气（I-P）转换和功率放大两部分。I-P 转换主要使用两种技术，一种是基于非对称构造晶体的压电逆效应材料的压电阀技术，通常是接受数字信号（电脉冲）两位动作气动输出；另一种是基于电磁原理和气动喷嘴/挡板机构的 I-P 转换器（如图 4-49 所示电-气阀门定位器的 I-P 转换），通常接受模拟电信号连续动作气动输出。在 I-P 转换后都通过气动放大器或气动滑阀一类的功率放大器放大后再输出。

外部功能：通过数据通信接口和现场总线，智能阀门定位器可与手持式现场通信器、PC 和过程控制系统进行双向通信，这些外部设备也具备智能阀门定位器的一部分功能，如远程组态、初始化、校准、数据存储（组态文件、趋势、状态）、状态监控、故障识别、报警、预测性维护与资产管理等，通过外部集成可以增强系统能力，提高智能阀门定位器的互操作性和可用性。

智能阀门定位器为控制阀提供了数字解决方案，有效地提升了控制性能，完善了预测性维护和资产管理，满足了现代过程控制的需求。随着工业现场越来越多地应用新技术新型号的智能设备，如何使用好智能阀门定位器，让智能阀门定位器更好地发挥定位控制和数据处理、状态识别、预测性维护、双向通信等功能并安全有效地长周期运行显得越来越重要。

4.6 变频器

4.6.1 概述

变频器（Variable Frequency Drive，VFD）是应用变频技术与微电子技术，通过改变电动机工作电源频率方式来控制交流电动机的电力控制设备。

随着交流电机控制理论的进步，电力电子技术、大规模集成电路和微机技术的迅速发展，交流电动机变频调速技术已日趋完善。变频器的主电路大体上可分为两类：电压型和电流型。电压型是将电压源的直流变换为交流，直流回路的滤波器件是电容；电流型是将电流源的直流变换为交流，直流回路的滤波器件是电感。变频器靠内部功率半导体器件的开断来调整输出电源的电压和频率，根据电动机的实际需要来提供其所需要的电源电压，进而达到节能、调速的目的。另外，变频器还有很多的保护功能，如过电流、过电压、过载保护等。随着工业自动化程度的不断提高，变频器也得到了非常广泛的应用。

4.6.2 变频器原理

变频器主要由整流回路、逆变回路及相关控制回路构成，可以将频率、电压都固定的交流电变换成频率、电压都连续可调的三相交流电源。典型的交-直-交变频器的结构原理如图 4-51 所示。

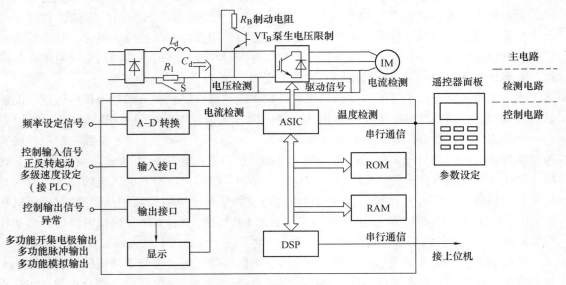

图 4-51 交-直-交变频器的结构原理图

整流回路将输入的工作频率固定交流电源整流成直流；逆变回路由大功率开关晶体管阵列组成电子开关，将直流电源调制成不同频率、宽度、幅度的交流电源输出给电动机；控制单元按设定的程序工作，控制输出方波的幅度与脉宽，使叠加为近似正弦波的交流电，驱动交流电动机。

变频器输出的波形是模拟正弦波，主要是用在三相异步电动机调速中，因此又叫变频调速器。工业应用中，变频器输出频率一般在 0～50Hz 之间变化。电源频率降低，电源电压也随之降低，使得电动机的瞬时功率下降，以保证磁通不变。

4.6.3 变频器功能

1. 变频节能

变频器节能主要表现在风机、水泵的应用上。为了保证生产的可靠性，各种生产机械在设计配用动力驱动时，都留有一定的富余量。当电动机不能在满负荷下运行时，除达到动力驱动要求外，多余的力矩增加了有功功率的消耗，造成电能的浪费。风机、泵类等设备传统的调速方法是通过调节入口或出口的挡板、阀门开度来调节给风量和给水量，其输入功率大，且大量的能源消耗在挡板、阀门的截流过程中。当使用变频调速时，如果流量要求减小，通过降低泵或风机的转速即可满足要求。

2. 功率因数补偿节能

无功功率不但增加线损和设备的发热，更主要的是功率因数的降低导致电网有功功率的降低，大量的无功电能消耗在线路当中，设备使用效率低下，浪费严重。使用变频调速装置后，由于变频器内部滤波电容的作用，从而减少了无功损耗，增加了电网的有功功率。

3. 软起动节能

电动机硬起动对电网造成严重的冲击，而且还会对电网容量要求过高，起动时产生的大电流和振动时对挡板和阀门的损害极大，对设备、管路的使用寿命极为不利。而使用变频节能装置后，利用变频器的软起动功能将使起动电流从零开始，最大值也不超过额定电流，减轻了对电网的冲击和对供电容量的要求，延长了设备和阀门的使用寿命，节省了设备的维护费用。

从理论上讲，变频器可以用在所有带有电动机的机械设备中，电动机在起动时，电流会比额定高 5～6 倍的，不但会影响电动机的使用寿命而且消耗较多的电量。系统在设计时，在电动机选型上会留有一定的余量，电动机的速度是固定不变，但在实际使用过程中，有时要以较低或者较高的速度运行，因此进行变频改造是非常有必要的。变频器可实现电机软起动、补偿功率因素。

本 章 小 结

1. 过程控制仪表主要包括控制器（含可编程调节器）、执行器、变频器等，它们是自动控制系统的基本环节。控制器是将被控变量的测量值与给定信号进行比较并产生差值，再对该差值（偏差信号）进行数学运算后以一定的信号形式（控制信号）送往执行器，通过控制操纵量实现对被控量的自动控制。

2. DDZ 型控制器虽然不是今天的主流控制器，甚至在新建系统中极少使用，但是它的基本电路堪称经典，是学习基本电路设计、准确理解 PID 控制规律的内涵的最佳选择，本书仍然进行了系统而简明扼要地讨论。

3. 可编程调节器是一种带微处理机的智能调节器，内部有多个 PID 模块，不仅能完成内部串级，独立实现多路 PID 调节的输出，还具有开方、温度补偿、压力补偿及加、减、乘、除、折线近似等多种运算功能，并具有通信功能，与监控微机相连可组成分散控制系统。虽然今天许多地方的应用已经被可编程序控制器（Programmable Logic Controller，PLC）取代，但是作为过程控制领域智能仪表的代表，对它的学习仍然具有现实意义。

4. 执行器接收控制器输出的控制信号实现对操纵变量的改变，从而使受控变量向期望值靠拢。它是自动控制系统的重要组成部分，相当于人的手足，不能因其简单而有所忽视。

5. 变频器可以将频率、电压都固定的交流电变换成频率、电压都连续可调的三相交流电源，由于其显著的节能效果，目前广泛应用于工业实践中。

6. 传统的电-气阀门定位器是气动调节阀的主要控制附件，与阀配套组成带电-气阀门定位器的气动调节阀。智能阀门定位器作为新一代产品，将传统型阀门定位器功能与数字通信技术结合起来，性能有很大突破，如控制精度提高、流量特性补偿、与外部通信、可自动调零位、自动调满量程、阀门故障诊断技术智能化、维修保养及现场调校十分方便等，有的还带 PID 运算等各种控制模块和智能运算模块。

思考题与习题

4-1　在过程控制系统中，哪些仪表是属于过程控制仪表？

4-2　试述 DDZ-Ⅲ控制器的组成、特点、输入输出信号及其工作状态。

4-3　什么是无平衡无扰动切换？DDZ-Ⅲ控制器是如何实现这种无扰动切换功能的？什么是硬手动操作和软手动操作？在 DDZ-Ⅲ控制器中是怎样实现这种功能操作的？

4-4　KMM 可编程调节器有哪些主要特点？

4-5　试述 KMM 可编程调节器的体系结构。

4-6　KMM 可编程调节器有哪些主要功能？

4-7　KMM 可编程调节器有哪几种控制类型？怎样实现手动（M）、自动（A）、串级（C）之间的无扰动切换（以一种控制方式为例做一说明）？

4-8　根据系统控制流程图进行组态设计时，必须注意哪些主要问题？

4-9　什么是 KMM 可编程调节器的正常运行状态和非正常运行状态？

4-10　在过程控制系统中，为什么大多数调节器是电动的，而执行器是气动的？

4-11　气动单元组合仪表和电动单元组合仪表各单元之间的标准统一信号是如何规定的？

4-12　调节器的正反作用是如何规定的？

4-13　执行器由哪几部分组成？它在过程控制系统中起什么作用？常用的电动执行器和气动执行器各有何特点？

4-14　调节阀的气开、气关形式是如何实现的？在使用时应该根据什么原则来加以选择？

4-15　什么是调节阀的结构特性、理想流量特性和工作流量特性？

4-16　当调节阀与工艺管道串联使用时，直线结构特性和等百分比结构特性的调节阀工作流量特性会发生什么变化？它们随此系统中哪些参数发生变化？为什么？

4-17　当调节阀与工艺管道并联使用时，直线结构特性和等百分比结构特性的调节阀工作流量特性会发生什么变化？它们随此系统中哪些参数发生变化？为什么？

4-18　电气阀门定位器的功能和作用有哪些？

4-19　智能阀门定位器有哪些功能？有何特点？

4-20　什么是变频器？其基本原理是什么？

4-21　变频器有哪些应用？

第 5 章

简 单 控 制 系 统

　　所谓简单控制系统，就是如第 1 章中图 1-1 所示的由一个控制器、一个执行器、一套测量变送器组成的实现对一个变量控制的系统。因为它是反馈控制中最为简单的形式，所以叫简单控制系统。又因为它只有一个闭合回路，所以又叫单回路控制系统。

　　简单控制系统作为过程控制讨论的重点，不仅是因为它在目前工业控制中应用最广泛，还因为它是学习复杂控制、计算机控制和高等过程控制的基础。因此，学好、用好简单控制系统是至关重要的。

　　本章首先讨论不同场合下衡量过程控制系统好坏的品质指标，然后系统地讨论单回路控制系统的方案设计，最后讨论控制器 PID 参数的工程整定法和应用。

5.1　控制系统的品质指标

　　一个过程控制系统所要完成的任务，就是要在一定的条件下使受控变量在尽可能长的时间内维持在给定值附近。而事实上干扰随时都可能发生，受控变量随时都可能偏离给定值。我们设计系统的目的正是为了克服干扰的影响，使受控变量尽快回到给定值附近。可见，受控变量总是会因为干扰作用而偏离给定值，经系统控制重新回到给定值附近，干扰再作用，系统再控制，系统一直处于这种动荡的过程之中。若某个瞬间干扰被克服了，给定值也为一个常数，受控变量不再随时间而变化时，我们称此时系统处于稳定状态（即稳态）。那么当系统受到任何外来干扰作用后，受控变量就随时间的变化而发生变化，我们称此时的系统处于动态过程。由于干扰是随机的、经常的，所以，系统总是处在这种从一个稳态到另一个稳态的变化过程中，这种过程称为过渡过程。因此不仅要考虑一个系统处于稳态时受控变量偏离给定值的程度如何，而且要更加关心在过渡过程中即动态情况下偏离程度如何。过程控制系统的性能指标就是衡量这种偏离程度的尺度。

　　性能指标的类型并不是唯一的，应用时选什么样的性能指标作为评价不同系统的依据呢？一方面依据分析或设计系统时所采用的方法而定，这一点控制理论已明确告诉我们；另一方面则要根据工艺过程的实际需要和控制手段而定。就一般情况而言，人们主要采用以下三类性能指标：

　　1）以阶跃响应曲线定义的单项性能指标。

　　2）偏差积分综合指标。

　　3）准品质指标。

5.1.1　以阶跃响应曲线定义的单项指标

　　控制系统的阶跃响应有振荡与不振荡，发散与衰减各种类型。但从工业受控过程对控制的要求讲，希望系统稳定、准确、快速。这样，图 5-1 所示振荡衰减的过渡过程有可能是同时满足这三个方面要求的最佳选择，具体描述这类曲线形状的常用指标有衰减比（衰减率）、最大偏差（或超调量）、残余偏差和回复时间等。

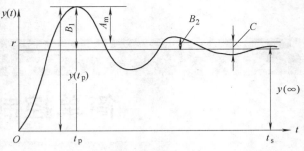

图 5-1　阶跃设定下过程控制系统过渡过程曲线

1. 衰减比和衰减率

衰减振荡过程是最一般的过渡过程，衰减的快慢对过程控制的品质影响极大。由图 5-1 可见，第一、二两个周期的振幅 B_1 和 B_2 的比值充分反映了振荡衰减的程度，故称之为衰减比 n，即

$$\frac{B_1}{B_2} = n$$

衰减比 $n = 1$ 时为等幅振荡；衰减比 $n < 1$ 时为发散振荡；衰减比 $n > 1$ 时为衰减振荡。为保证系统有足够的稳定度，衰减比一般取 $4 \sim 10$（即 $4:1 \sim 10:1$），有时甚至取非周期形式。

衰减率为第一、二两个周期的振幅 B_1 和 B_2 的差与 B_1 的比值，即

$$\frac{B_1 - B_2}{B_1} = \psi$$

2. 最大偏差（或超调量）

对一个稳定的定值系统来说，过渡过程的最大偏差 A_m 是指第一个波峰值与设定值的差，也叫动态偏差。如图 5-1 中的所示部分，但系统中常采用超调量这个指标，即

$$\text{超调量 } \sigma = \frac{y(t_p) - y(\infty)}{y(\infty)} \times 100\%$$

3. 残余偏差

过渡过程终了时，受控变量的变化在规定的小范围内波动，其稳态值与设定值的偏差则为残余偏差即余差 C，也叫稳态误差，即

$$\text{余差 } C = y(\infty) - r$$

4. 回复时间

回复时间也叫过渡过程时间，它是系统受到干扰后，受控变量从原来的稳定状态恢复到新的稳定状态的最短时间，如图 5-1 中的 t_s。从理论上讲，受控变量达到新的稳定状态需要无限长的时间。但是这个时间在工程上是没有意义的，通常在受控变量进入新稳态值的 $\pm 5\%$（或 $\pm 2\%$）的范围内不再超出时，就认为受控变量已达到新的稳态值，所以回复时间就是受控变量因扰动作用开始变化时起，到受控变量进入稳态值的 $\pm 5\%$（或 $\pm 2\%$）的范围内并不再超出的最短时间。

5.1.2　偏差积分综合指标

以上单项指标分别代表了系统一个方面的性能。衰减比是描述系统稳定性的，最大偏差和稳态偏差则是分别描述动态和稳态的精度即准确性的，而回复时间则反映了系统的控制速度即快速性。而这些指标往往相互影响、相互制约，所以要对几种过渡过程曲线做出谁是

"最优"的评价，用这些指标是很难的。要对整个过渡过程的形状做出评价，一般采用偏差积分的综合指标。在计算机控制中常以此作为最优的目标函数。常用的指标有以下几种，选用不同的积分公式作目标函数则意味着控制的侧重点不同。各积分形式的表达式、特点及控制结果见表 5-1。

表 5-1　偏差积分综合指标比较表

名　　称	表　达　式	特　点	控制结果
偏差绝对值积分（IAE）	$J = \int \|e(t)\| \, dt$	把不同时刻不同幅值的偏差等同看待	各方面的性能比较均衡
偏差二次方值积分（ISE）	$J = \int e^2(t) \, dt$	对大偏差敏感	最大偏差小但回复时间长
偏差绝对值与时间乘积积分（ITAE）	$J = \int t \|e(t)\| \, dt$	对初期偏差不敏感而对后期偏差敏感	最大偏差大但回复时间短

在我们决定采用这类指标时，必须根据生产过程的要求，结合经济效益进行合理选用。图 5-2 是同一广义过程采用同一模式的控制器，利用不同的性能指标所得到的设定值阶跃响应曲线。

除了上述两类常用的控制品质指标外，还有一类指标，即所谓"准品质指标"。它反映的是一个受控过程受控的难易程度，也叫"过程可控度"。不同的受控过程其特性参数（K、T、τ、ε 等）可能差异很大，因此控制起来难易程度差异也很大。在同等条件下，对一个易于控制的受控过程实施控制，一定能得到比控制一个难以控制的过程更好的品质，因此"过程可控度"在一定程度上也反映了所构成系统的品质的高低，所以也叫"准品质指标"。

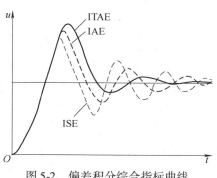

图 5-2　偏差积分综合指标曲线

5.1.3　准品质指标（过程可控度）

1. 可控度的频域描述

（1）可控度的描述　一个受控过程的可控度是用受控过程在纯比例控制下系统处于临界稳定状态时的增益 K_{cr} 和频率（ω_{cr}）的乘积来表示的，即 $K_{cr}\omega_{cr}$。K_{cr} 增加，说明系统有更宽的稳定域，因而系统也就有更好的稳定性；而 ω_{cr} 增加，则说明系统有更高的快速性。对二阶系统而言，阻尼比相同的系统，工作频率正比于 ω_{cr}。综合考虑，$K_{cr}\omega_{cr}$ 值越大，相应的受控过程越易于控制，在一定条件下所构成系统的控制器品质就越高。

（2）可控度的求取　在频域中可控度的求取是十分方便的。我们知道，一个系统要产生等幅振荡（即临界稳定），必须满足幅值和相位两个条件，即：①系统开环频率特性振幅比等于 1；②系统开环频率特性的相位角为 $-180°$。

若已知系统广义过程的动特性，便可通过作图求得 K_{cr} 和 ω_{cr}，方法如下：

1）在上述条件下，把系统开环传递函数表示为 $G_k(s) = K_c G_g(s) = K_c K_g G_g'(s)$，其中 $G_g'(s)$ 为广义过程的动态部分。

2）作出动态部分 $G_g'(s)$ 的幅频和相频特性，如图 5-3 所示。

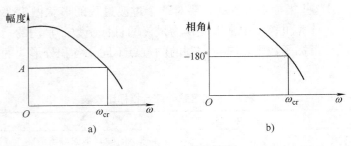

图 5-3 $G'_g(s)$ 的伯德图

a) 幅频特性   b) 相频特性

3）在相频特性上找出 −180°所对应的角频率 ω 即临界稳定状态的频率（无阻尼自然振荡频率），如图 5-3b 中 ω_{cr} 所示。

4）在幅频特性上找出角频率为 ω_{cr} 的振幅 $|G'_g(\omega_{cr})|$ 值，如图 5-3a 中 A 点所示。

5）根据幅值条件 $|K_c K_g G'_g(\omega_{cr})| = 1$，可求得满足临界稳定状态的开环静态增益为 $K_c K_g = \dfrac{1}{|G'(\omega_{cr})|} = \dfrac{1}{A}$，即 K_{cr}，从而可得 $K_{cr}\omega_{cr}$ 的值。

上述求取过程告诉我们，过程可控度的求取仅需作出广义过程特性动态部分的幅频和相频特性即可，而与静态部分无关。也就是说，一个过程的可控度取决于它的动态特性，而与静态特性无关。

（3）可控性指标的应用   可控性指标反映了过程控制的难易程度，因而可作为系统设计时控制通道选择的依据。但是，由于可控性指标是用开环参数间接反映闭环性能的，因而必须考虑二者的对应性问题。对单位反馈系统而言，开环传递函数与闭环传递函数是一一对应的；对于非单位反馈系统，若前向通道（控制通道）与反馈通道的环节对调，虽然开环传递函数并不改变，但是其闭环性能发生了变化。在这种情况下，仅用开环参数衡量闭环系统是不可信的。值得庆幸的是，在过程控制中，虽然系统并非单位反馈，但是测量变送环节一般可近似为纯比例环节，即反馈通路的动态特性的影响相对控制通道可以忽略不计，也即开环传递函数中的主要时间常数一般在控制通道中。因此可控性指标仍具有广泛的应用价值。只有对那些主要时间常数出现在反馈通道的广义过程，用频域可控性指标去衡量才是不合适的。

2. 可控度的时域描述

事实上，反映一个受控过程可控的难易程度是多方面的，可以说与受控过程的每一个动态特征参数有关，而起主导作用的是纯滞后时间和时间常数的相对大小。所以我们把

$$\alpha = \frac{\tau_p}{T_p} \tag{5-1}$$

定义为过程的可控性系数；而把

$$\beta = \frac{\tau_p}{T_{pt}} \tag{5-2}$$

定义为过程的可控度。

式中 τ_p——受控过程的纯滞后。

T_p——对一阶模型而言为其时间常数，而对二阶模型则为两时间常数之和，即

$$T_p = T_{p1} + T_{p2}$$

而 T_{pt} 则是 τ_p 与 T_p 之和，即

$$T_{pt} = \tau_p + T_p$$

α 或 β 值越大，纯滞后时间相对越大，过程越难以控制。当 $\alpha > 1$ 时，称为难以控制的过程，在系统设计中必须充分注意。

5.1.4　三类指标之间的关系

偏差绝对值积分（IAE）在图形上反映的是偏差的面积。如果说该面积能用其他两类指标 进行描述，其关系就会十分明确。为此我们假定有两个不同的受控过程均用纯比例控制器进行控制，并且均整定为 4:1 的衰减过渡过程。对于这种过程往往可以近似地看成二阶系统的欠阻尼过程。而对一个标准的二阶系统，其 4:1 过渡过程的曲线形状是固定的，那么偏差的面积可近似地看成与最大偏差（A_m）和振荡周期（T_d）的乘积成正比。这样，这两个系统的面积比就可以用上述乘积比来近似描述了，即

$$\frac{J_1}{J_2} = \frac{\int |e_1(t)| \, dt}{\int |e_2(t)| \, dt} \approx \frac{A_{m1} T_{d1}}{A_{m2} T_{d2}} \tag{5-3}$$

式中　下标 1——第一个系统的参数；
　　　　下标 2——第二个系统的参数。

最大偏差和振荡周期怎样度量呢？假设一个二阶系统如图 5-4 所示。

$$G_c(s) = K_c$$
$$G_p(s) = \frac{K_p}{(T_1 s + 1)(T_2 s + 1)}$$
$$G_d(s) = \frac{K_d}{(T_1 s + 1)(T_2 s + 1)}$$

在干扰作用下的传递函数为

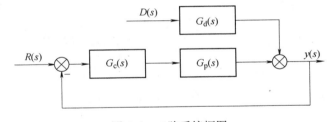

图 5-4　二阶系统框图

$$\frac{Y(s)}{D(s)} = \frac{K_d(s)}{(T_1 s + 1)(T_2 s + 1) + K_c K_p} \tag{5-4}$$

它没有闭环零点，对这种二阶系统，达到 4:1 衰减震荡时，其最大偏差可描述为

$$A_m \approx 1.5 \frac{K_d}{1 + K_c K_p} = 1.5 \frac{K_d}{1 + K} \tag{5-5}$$

由于周期和频率互为倒数，这样式（5-3）可写成

$$\frac{J_1}{J_2} = \frac{\int |e_1(t)| \, dt}{\int |e_2(t)| \, dt} \approx \frac{1.5 \dfrac{K_{d1}}{1 + K_1} \cdot \dfrac{1}{\omega_{d1}}}{1.5 \dfrac{K_{d2}}{1 + K_2} \cdot \dfrac{1}{\omega_{d2}}} \tag{5-6}$$

式中　K，ω_d——4:1 时的开环增益和工作频率。

若再假设两个系统的 K_d 是相同的，那么式（5-6）可写为

$$\frac{\int |e_1(t)| \, dt}{\int |e_2(t)| \, dt} = \frac{(1 + K_2)\omega_{d2}}{(1 + K_1)\omega_{d1}} \tag{5-7}$$

若系统没有较大的纯滞后或分布参数，一般 K 值大于 10，这样 $1 + K \approx K$，另外，4 : 1 最佳整定时

$$K_c = \frac{K_{cr}}{2}$$

即约 50% 的稳定裕度，那么式（5-7）可写为

$$\frac{\int |e_1(t)| \, dt}{\int |e_2(t)| \, dt} = \frac{K_{cr2}\omega_{d2}}{K_{cr1}\omega_{d1}} \tag{5-8}$$

对一个二阶系统，当 $0 < \xi < 1$ 时的脉冲响应可表示为

$$y(t) = Ae^{-\alpha t}\cos(\omega_d t + \varphi)$$

对应的响应曲线如图 5-5 所示。

由图 5-5 可求得衰减比为

$$n = \frac{B_1}{B_2} = \frac{Ae^{-\alpha t_0}}{Ae^{-\alpha(t_0 - 2\pi/\omega_d)}} = e^{2\pi\frac{\alpha}{\omega_d}} \tag{5-9}$$

因为二阶系统欠阻尼状态下

$$\alpha = \xi\omega_{cr}; \quad \omega_d = \omega_{cr}\sqrt{1 - \xi^2}$$

式中 ω_{cr}——无阻尼自然振荡频率。

所以

$$n = e^{2\pi\frac{\xi\omega_{cr}}{\sqrt{1-\xi^2}\omega_{cr}}} = e^{2\pi\frac{\xi}{\sqrt{1-\xi^2}}} \tag{5-10}$$

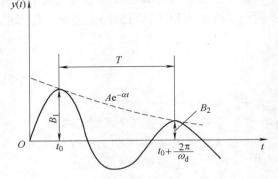

图 5-5 二阶系统欠阻尼脉冲响应曲线

当 $n = 4$ 时，求得 $\xi = 0.22$，所以说 4 : 1 的衰减振荡对应于一定的阻尼比，而 $\omega_d = \omega_{cr}\sqrt{1 - \xi^2}$，因此对于两个同等衰减比系统而言

$$\frac{\omega_{d1}}{\omega_{d2}} = \frac{\omega_{cr1}}{\omega_{cr2}} \tag{5-11}$$

代入式（5-8），得

$$\frac{\int |e_1(t)| \, dt}{\int |e_2(t)| \, dt} = \frac{K_{cr2}\omega_{cr2}}{K_{cr1}\omega_{cr1}} \tag{5-12}$$

由式（5-12）知，系统偏差面积之比反比于相应可控度之比。因此，又一次说明了"准品质指标"越大，同等条件下系统的控制品质越高。

综上所述，我们可以得到

$$\frac{J_1}{J_2} = \frac{\int |e_1(t)| \, dt}{\int |e_2(t)| \, dt} \approx \frac{A_{m1}T_{d1}}{A_{m2}T_{d2}} \approx \frac{K_{cr2}\omega_{cr2}}{K_{cr1}\omega_{cr1}} \tag{5-13}$$

可见这些指标相互之间不是孤立的，它们分别从不同角度来描述系统的品质，以适应不同的应用场合。通过过程可控度的推导，也使我们更加明确了把它作为控制指标的必要性和重要性。

有关时域里描述的可控性与其他指标间的关系更为明确。α 越大，过程控制通道的纯滞后时间相对越大，控制越不及时，因而同等条件下，动态偏差越大，稳定性越差，过渡过程

越长。这一点在操纵量选择中再做进一步说明。

在最优控制中，一般以偏差积分综合指标作为目标函数。单项时域指标是应用最广泛的一种，它不仅单独使用，有时还可作为偏差积分综合指标的补充，以弥补它不能保证系统有一个合适的衰减比。而对于"准品质指标"，则用在系统方案设计中，以选择一个合适的操纵变量，从而有一个尽可能易于控制的受控过程。另外，时域里的可控性指标对控制器控制规律选择和离散系统采用周期的选择是十分有用的。

5.2　简单控制系统的方案设计

过程控制系统的设计包括系统的方案设计、工程设计、工程安装和仪表调校、控制器参数整定等四个主要内容。

控制方案的设计是整个系统设计的核心，若方案设计不合理，不论选用何种先进的过程控制仪表，控制器参数如何整定，都不可能使控制系统达到预期的目的，甚至无法运行。

工程设计是在方案设计的基础上进行的，其基本任务是负责工艺生产装置与公用工程、辅助工程系统的控制，各种仪表的选型，控制室和仪表设计，供电供气系统设计，信号报警和联锁系统的设计等。

各种仪表的正确安装和连接是保证系统正常运行的前提，对安装好的系统还要对每台仪表进行单校和每个控制回路的联校。

综上所述，要设计一个好的过程控制系统，需要各方面人员的共同努力和艰苦工作。就系统方案设计这一个环节而言，也需要设计工程师深入了解生产工艺情况，结合控制要求，根据对象特性、干扰情况及限制条件，从全局出发，运用控制理论并做大量的实验和仿真才能设计出一个合理的过程控制方案。一个好的控制方案应是在满足控制要求前提下的最简单、最实用的方案。

任何复杂的工作都是从最简单、最基本的入手，所以本章将提供简单控制系统控制方案设计的基本步骤和原则，概括起来可用图 5-6 来说明。

当我们通过分析、考察，确定对某一生产设备或过程实施控制时，我们就拥有了一个受控过程，首先要寻找表征生产设备或过程工作状态的关键变量作为受控变量 y。在分析影响受控变量的各种因素的前提下，找出所有的输入 $q_1 \sim q_n$，然后按一定的原则选择其中最合理的一个作为操纵量 q。根据操纵量的性质和工艺情况确定出执行器的类型和有关参数。受控变量的正确测量是非常重要的，因此必须选择合适的测量仪表和变送器并考虑对测量信号的处理问题，至此一个广义过程已形成。通过对广义过程的分析和在有关实验的基础上选择合适的控制规律。为了保证系统为负反馈，必须正确确定控制器的正、反作用形式，这样一个简单控制方案就构成了。它是否能达到预期的设计目的，要用控制系统的品质指标去衡量，通过现场运行才能下结论，因此，控制系统的品质指标也是我们方案设计过程中的一个关键依据。

5.2.1　受控变量的选择

受控变量的选择是过程控制系统方案设计的第一步，也是设计的核心。如果受控变量选择不当，无论用多么高品质的仪表都无济于事。受控变量的选择一般按这样的思路进行：先寻求控制的原始目的，然后寻求与原始目的有良好关系的参数。

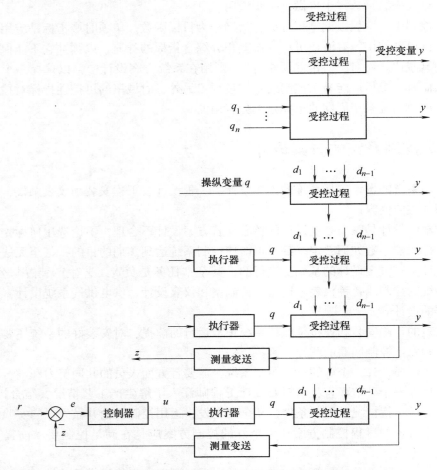

图 5-6　简单控制系统方案设计基本步骤示意图

1. 寻求控制的原始目的

从过程控制的根本任务出发，选择受控变量就是寻求控制的原始目的，使所选的受控变量能决定产品的产量、质量、原材料消耗、安全以及给环境造成的危害等。

在多数情况下，受控变量的选择是显而易见的，如绪论中提到的锅炉锅筒水位控制系统，锅筒水位的高低对锅炉能否安全运行、产生蒸汽质量如何，起着决定作用，因此选水位作为受控变量是十分明确的。

2. 寻求与原始目的有良好关系的参数

在多数生产过程中，从生产的要求出发，往往明确要求某个物理量恒定或按一定的规律变化，这些自然也就是所要选的受控变量。比如一个电冰箱，其目的就是要产生一定的恒温，温度自然被选作受控变量。以上所选参数我们称之为直接参数，也就是控制的原始目的，但是受控变量的选择并非都能选到直接参数，有时还会碰到如下问题：

1）所选的直接参数目前还没有合适的仪表进行检测。

2）所选直接参数虽能检测但信号太弱。

3）所选的直接参数虽能检测，但反应迟钝并含有较大的纯滞后。

这种情况下就需要寻求一个与直接参数有良好关系的间接参数作为受控变量。例如洗衣粉生产中，干燥塔是其关键设备之一，而干燥塔出口产品的水分是希望控制的关键变量。若含水量过多，洗衣粉质量不合格，反之则会影响生产厂的利益。但是目前国内对水分在线检测还不过关，所以选塔内温度这一个间接参数作为受控变量。为什么控制塔内温度可以达到控制水分的目的呢？因为塔内温度与洗衣粉的水分含量有一一对应关系，当温度一定时，其出口产品的水分也是一定的，只要找到了希望含水量所对应的温度，实施温度定值控制便可保证满足洗衣粉含水量的要求。再如硫酸生产中，硫酸焙烧炉是其重要的生产设备，工艺流程如图 5-7 所示。

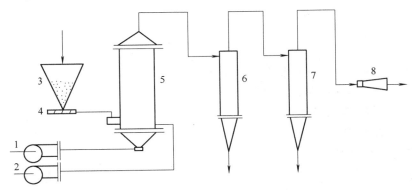

图 5-7　焙烧炉的工艺流程

1——次风机　2—二次风机　3—加料斗　4—圆盘加料器　5—焙烧炉

6——级旋风器　7—二级旋风器　8—文丘里除尘器

　　稳定焙烧炉出口的 SO_2 浓度，对整个生产过程具有极为重要的意义，所以曾被选作受控变量加以控制，但是经过实际运行表明，SO_2 浓度变化很大，无法满足生产要求，被迫停止运转，其过渡过程曲线如图 5-8a 所示。究其原因，是由于焙烧炉的干扰因素极多，而检测 SO_2 浓度的取样系统十分复杂，系统和测量滞后很大而无法克服，因此大大削弱了控制的及时性，限制和降低了抗干扰能力，从而增加了过渡过程的超调量，拉长了回复时间。针对上述问题，有人经过了一系列的试验研究发现，用炉内氧量这个间接参数作为受控变量是合适的。这是因为炉内氧量与炉出口 SO_2 浓度之间有一个明确的单值对应关系，氧量的变化完全可以表征 SO_2 浓度的变化。其次，以炉内氧量作为受控变量构成的系统滞后远小于以 SO_2 浓度作为受控量的系统，使系统的总滞后时间由原来的 30min 缩短到 30~40s，从而加快了控制速度，使控制品质得到了全面的提高，其过渡过程曲线如图 5-8b 所示。

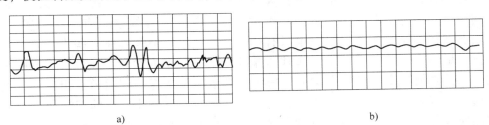

图 5-8　焙烧炉控制系统过渡过程曲线

a）以 SO_2 浓度为受控变量的过渡过程　b）以炉内氧量为受控变量的过渡过程

　　上述例子说明，当选择直接参数作受控变量有困难或不合适时，寻找一个与直接参数有一一对应关系、反应灵敏、便于测量的间接参数作为受控变量会更好。值得注意的是，这种间接参数并非总是存在的，有时直接参数 y 无法测量，却同时受几个参数的影响，假设同时受三个参数的共同影响，并满足 $y=f(x_1,x_2,x_3)$。对于这种情况我们可通过对 x_1、x_2、x_3 的控制，实现对 y 的控制，具体处理方法有以下几种：

1) 在 x_1、x_2、x_3 中选择对 y 影响最为敏感，便于测量的一个作为间接参数，而对另外两个实施定值控制，从而使间接参数满足与 y 有一一对应的关系。

2) 以其中一个作为受控变量（如 x_3），根据 y 的希望值 y^* 和 x_1、x_2 的测量值，由 $y=f(x_1,x_2,x_3)$ 计算出 x_3 的希望值 x_3^* 作为 x_3 控制系统的设定，如图 5-9 所示。

3) 若 x_1、x_2、x_3 之间的关系也是确定的，如 $x_1=f_1(x_2,x_3)$，那么，把它代入式 $y=f(x_1,x_2,x_3)$ 可得新的关系式 $y=f_2(x_2,x_3)$，这样再用方法 1) 则可节省一套定值控制系统。

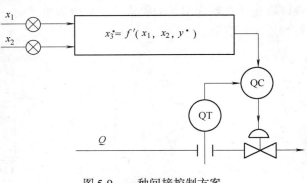

图 5-9　一种间接控制方案

这里还有一点是值得注意的，对上述情况，若把 x_1、x_2、x_3 作为间接受控变量分别构成三套控制系统，将因三套系统有关联而冲突。

综上所述，选取受控变量的一般原则如下：

1) 首先选择对产品产量、产品质量、安全高效生产、环境保护等具有决定作用的、便于测量、灵敏可靠的工艺参数作为受控变量。

2) 当直接参数作为受控变量不合适时，应选取一个与直接参数有一一对应关系、便于测量、灵敏可靠的间接参数作为受控变量。

3) 若合适的间接参数也选择不到，可增加一些辅助控制系统，并通过一定的运算处理达到对直接参数的控制。由于计算机在过程控制中的广泛应用，这种方法的实现更具潜力。

4) 不论用何种方式选取受控变量，都必须考虑工艺的合理性和仪表的现状。

5.2.2　操纵变量的选择

选择操纵变量（即操纵量），就是在对受控过程进行认真分析研究的基础上，根据已选定的受控变量找出所有影响受控变量的各种变量（即输入），从中找出一个工艺合理、实施上可行并具有良好可控性的变量作为操纵量。事实上，一般情况下，操纵量都是工艺规定的。例如绪论中讲到的锅炉锅筒水位控制系统，其操纵量只有一个，即给水量。再如冰箱温度控制系统中，操纵量也只有一个，即电流。但是，在有些生产过程中，可供选作操纵量的输入并不止一个，这时选择哪一个输入作为操纵量，就可能影响到系统的成败，因此必须认真考虑。事实上，选择操纵量就是选择控制通道，相应地也就决定了干扰通道。因此，在工艺上合理、实施上可行的前提下，什么样的控制通道有利于提高控制品质，什么样的干扰通道可使干扰对系统的输出影响小，就成为选择操纵量的依据。

影响通道特性的主要参数有 K、T 和 τ_0，干扰通道就是干扰影响受控变量使之偏离给定值的信号通路。而控制通道则是校正干扰的影响使受控变量向期望值（给定值）靠拢的信号通路，即操纵量到受控变量间的信号通路。因此必须分开讨论。

1. 干扰通道特性对控制品质的影响

设简单控制系统的框图如图 5-10 所示。图中，$G_c(s)$ 为控制器的传递函数，K_v 为执行器的增益，$G_p(s)$ 为控制通道的传递函数，$G_d(s)$ 为干扰通道的传递函数，$Y_d(s)$ 为干扰通道的输出。在具有相同干扰作用，不同干扰通道特性（用 K_d、T_d、τ_d 来描述）时，哪一种通道的输出 $Y_d(s)$ 变化幅值小、变化速度慢，哪一种通道就有利于控制品质的提高。

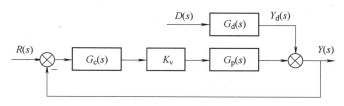

图 5-10　简单控制系统框图

（1）干扰通道静态放大系数 K_d 对控制品质的影响　K_d 越小，同等输入下其输出的幅值就越小，干扰对输出的影响也就越小，越有利于控制品质的提高。

（2）干扰通道惯性时间常数的大小及多少对控制品质的影响　干扰通道的传递函数一般为

$$G_d(s) = \frac{K_d}{(T_{d1}s + 1)(T_{d2}s + 1)\cdots(T_{dm}s + 1)} \tag{5-14}$$

式中　T_d——惯性时间常数。

惯性环节也就是低通滤波环节。从动态特性看，时间常数越大，截止频率就越低，对输入变化的抑制作用越强，干扰对受控量的影响也就越小；时间常数的个数越多，滤波器的阶数就越高，滤波效果就越好，对输入变化的抑制作用就越强，干扰对受控变量的影响也就越小。

图 5-11 为单位阶跃干扰作用下不同干扰通道特性时，干扰通道的输出和系统输出响应曲线。

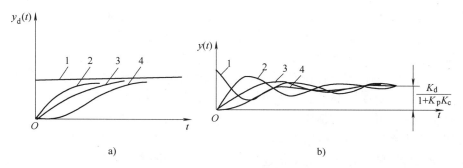

图 5-11　单位阶跃干扰下的响应曲线
a）干扰通道输出响应曲线　b）系统输出响应曲线

图中，曲线 1 为干扰通道时间常数为零即 $G_d(s) = 1$（设 $K_d = 1$）的响应曲线。这种情况实际生产过程中是不大可能出现的。曲线 2 为只有一个惯性时间常数的响应曲线，传递函数为

$$G_d(s) = \frac{1}{(T_d s + 1)}$$

曲线3也为只有一个惯性时间常数的响应曲线，但 $T'_\mathrm{d} > T_\mathrm{d}$，即

$$G_\mathrm{d}(s) = \frac{1}{(T'_\mathrm{d}s + 1)}$$

曲线4为具有两个惯性时间常数的响应曲线，即

$$G_\mathrm{d}(s) = \frac{1}{(T_\mathrm{d1}s + 1)(T_\mathrm{d2}s + 1)}$$

由图5-11可见，干扰通道的惯性时间常数越大，其个数越多，干扰作用下的动态偏差越小。

（3）干扰通道纯滞后时间对控制品质的影响　设无纯滞后的干扰通道传递函数为

$$G_\mathrm{d}(s) = \frac{1}{(T_\mathrm{d}s + 1)}$$

而有纯滞后的干扰通道传递函数为

$$G_\mathrm{d\tau}(s) = \frac{\mathrm{e}^{-\tau_\mathrm{d}s}}{(T_\mathrm{d}s + 1)}$$

那么单位阶跃干扰作用下的响应曲线如图5-12所示。

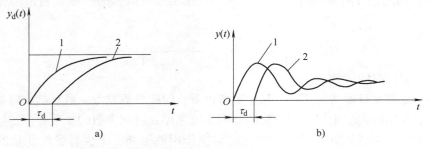

图5-12　干扰通道有、无纯滞后时的干扰阶跃响应曲线

a）干扰通道的单位阶跃响应　b）系统输出响应

1—干扰通道无纯滞后时的响应曲线　2—干扰通道有纯滞后时的响应曲线

从干扰通道输出看，有纯滞后和无纯滞后相比，相当于干扰晚发生了一个纯滞后时间，对系统输出而言，就相当于过渡过程晚发生了一个纯滞后时间，即干扰的纯滞后仅使响应曲线在时间轴上右移了一个 τ_d 的距离，对控制品质无任何影响。

（4）干扰作用点的位置对控制品质的影响　干扰作用点的位置不同，相应的干扰通道也就不同，那么干扰对受控变量的影响就会不一样。图5-13a所示为三个串联工作的水箱，控制目的是实现 $3^\#$ 水箱的水位恒定。扰动 f_1、f_2、f_3 分别由 $1^\#$、$2^\#$、$3^\#$ 水箱的入口引入系统。为了能清楚地看出系统结构，根据流程图可画出系统框图，如图5-13b所示。为了更清楚地看出因干扰作用位置的变化所引起干扰通道的变化，可把图5-13b等效变换为图5-13c。

假设三个水箱均为一阶惯性环节，其余为比例环节，从图5-13可以看出，干扰作用的位置离受控变量越远，越向执行器方向靠近，其干扰通道的时间常数个数就越多，那么干扰对受控变量的影响就越小。相反，当干扰作用点离受控变量越近（即离执行器越远）时，其干扰通道就越短，干扰对受控变量的影响就越大。当然，若干扰作用点移过的是一个静态放大倍数大于1的比例环节或超前环节时，结果相反。

2. 控制通道特性对控制品质的影响

前面已经说过，控制通道就是通过操纵变量的改变去校正干扰对受控变量的影响使受控

变量向给定值靠拢的信号通路。一般来说，以系统校正及时、校正能力强为好。

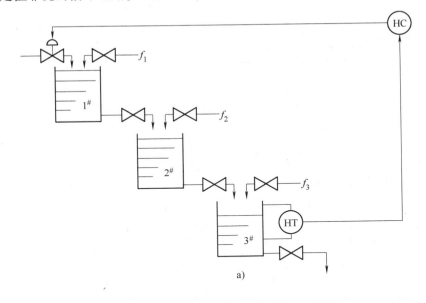

a)

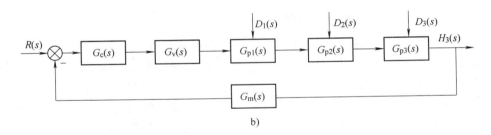

b)

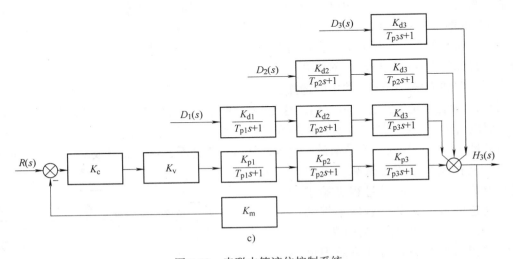

c)

图 5-13　串联水箱液位控制系统

a）控制流程图　b）系统框图　c）系统等效框图

（1）控制通道的静态特性对控制品质的影响　设简单控制系统的框图如图 5-14 所示。设各环节的传递函数为

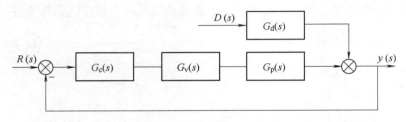

图 5-14　简单控制系统框图

$$G_d(s) = \frac{K_d}{T_d s + 1}; G_p(s) = \frac{K_p}{T_p s + 1}; G_v(s) = K_v$$

干扰作用下系统的传递函数为

$$\frac{Y(s)}{D(s)} = \frac{G_d(s)}{1 + G_c(s)G_v(s)G_p(s)} \tag{5-15}$$

将各环节的传递函数代入式（5-15）并整理，得

$$\frac{Y(s)}{D(s)} = \frac{K_d(T_p s + 1)}{(T_d s + 1)(T_p s + 1) + K_c K_v K_p(T_d s + 1)} \tag{5-16}$$

对于稳定系统，可由终值定理求得系统在单位阶跃作用下的稳定误差为

$$e(\infty) = y(\infty) = \lim_{t \to \infty} y(t) = \lim_{s \to 0} Y(s) = \frac{K_d}{1 + K_c K_v K_p} \tag{5-17}$$

由式（5-17）可知，过程的静态特性对控制品质也有很大的影响，也是操纵量选择的重要依据。通过分析干扰通道可知，K_d 越小，干扰对受控变量的影响越小，越有利于控制品质的提高。式（5-17）也有同样的结论，K_d 越小，同等干扰下引起的静态偏差就越小。通过式（5-17）还可知，K_p 越大，控制作用越灵敏，克服干扰的能力越强，静态偏差也就越小。虽然最佳控制过程 $K_c K_v K_p$ 应为某一常数，而 K_c 是可以调节的，K_p 的大小可以通过控制器静态放大系数 K 来补偿，但是，若 K_p 减小，K_c 增加，在同等偏差下执行器输入信号（即控制器的输出）就越大，这不仅要求执行器的动作范围大，甚至出现全开关现象，而且也增加了执行器的磨损，因此会增大执行器的投资、缩短执行器的寿命、降低控制品质。所以说，在操纵量选择时还应尽可能提高控制通道的放大系数 K_p。

为了说明如何根据放大系数正确选择操纵量，下面举例说明。

图 5-15 为烧毛机工艺流程示意图。这是一个煤气和空气混合燃烧的加热过程，生产工艺要求温度（θ）恒定，其中温度为受控变量。影响温度的主要因素有煤气的流量、压力，空气的流量、压力，以及生产负荷的变化等。从生产工艺看，煤气流量或空气流量均可选作操纵量；从控制角度看，选哪一个更好呢？为此我们首先通过过程试验求取两个通道的放大系数，然后根据放大系数的大小来确定哪个为操纵量。

由过程特性试验获得的系统温度阶跃响应曲线如图 5-16 所示。以 Q_1 和 Q_2 分别作为输入的过程放大系数为

$$K_1 = \frac{\Delta\theta_1}{\Delta Q_1} \tag{5-18}$$

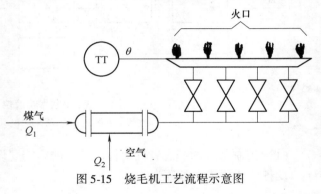

图 5-15　烧毛机工艺流程示意图

$$K_2 = \frac{\Delta\theta_2}{\Delta Q_2} \tag{5-19}$$

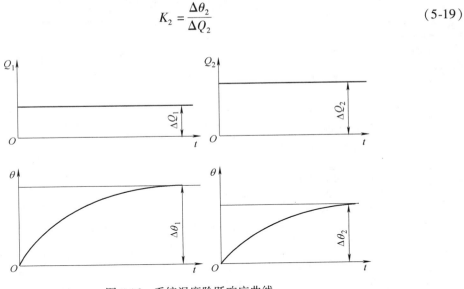

图 5-16　系统温度阶跃响应曲线

经比较，可明显看出 $K_1 > K_2$，即以煤气流量作为输入的通道放大系数明显大于以空气流量作为输入的通道放大系数，因此应选煤气流量作为操纵变量。这样，控制通道的放大系数大，控制作用强，有利于克服干扰影响，提高控制品质。在煤气流量作为操纵变量的前提下，空气流量波动就是干扰作用，而干扰通道的放大系数小，干扰对输出影响小，有利于温度的稳定。实际运行证明，以煤气流量作为操纵变量构成的系统（见图 5-17a）运行良好，而以空气流量作为操纵变量构成的系统（见图 5-17b）因温度偏差大且长期偏离给定值而无法正常运行。

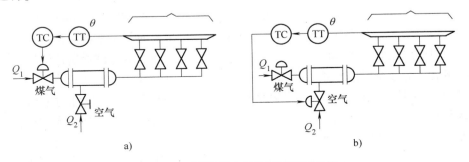

图 5-17　不同操纵变量的温度控制系统

a）以煤气量作为操纵变量构成的系统　b）以空气流量作为操纵变量构成的系统

（2）控制通道的动态特性对控制品质的影响　与干扰通道动态特性的讨论一样，控制通道动态特性的讨论即为 T 和 τ 的讨论。这里包括以下四个方面：

1）时间常数个数的影响。

2）时间常数大小的影响。

3）多个时间常数时，相对大小的影响。

4）纯滞后时间的影响。

这四个方面的影响均反映在可控度的变化上，为此列表 5-2 比较说明。

表 5-2　控制通道的动态特性与可控度

环节序号	参数变化	传递函数	K_{cr}	ω_{cr}	$K_{cr}\omega_{cr}$	可控度
1	二阶等容环节	$\dfrac{1}{(s+1)^2}$	—	∞	∞	
2	时间常数个数增多	$\dfrac{1}{(s+1)^3}$	8.0	1.73	13.84	比环节1下降
3	时间常数比环节2增大1倍	$\dfrac{1}{(2s+1)^3}$	8.1	0.87	7.05	比环节2下降
4	在环节1上增加纯滞后	$\dfrac{1}{(s+1)^2}e^{-s}$	2.7	1.32	3.56	比环节1下降
5	时间常数比环节4增加1倍	$\dfrac{1}{(2s+1)^2}e^{-s}$	4.7	0.96	4.51	比环节4增加
6	三阶非等容环节	$\dfrac{1}{(10s+1)(5s+1)(2s+1)}$	12.6	0.41	5.17	
7	减小第一大时间常数	$\dfrac{1}{(5s+1)(5s+1)(2s+1)}$	9.8	0.49	4.80	比环节6下降
8	减小第二大时间常数	$\dfrac{1}{(10s+1)(2.5s+1)(2s+1)}$	13.5	0.54	7.29	比环节6增加
9	减小最小的时间常数	$\dfrac{1}{(10s+1)(5s+1)(s+1)}$	19.8	0.57	11.29	比环节6增加
10	增加第一大时间常数	$\dfrac{1}{(20s+1)(5s+1)(2s+1)}$	19.2	0.37	7.10	比环节6增加
11	减小第一大以外的时间常数	$\dfrac{1}{(10s+1)(2.5s+1)(s+1)}$	19.3	0.74	14.28	比环节6增加

表 5-2 表明，有关控制通道的动态特性对 K_{cr}、ω_{cr} 及 $K_{cr}\omega_{cr}$ 的影响是十分明确的。

1）由环节2与环节3的比较可知，全面减小时间常数有利于系统品质的提高。但是环节6与环节7的比较则告诉我们，只减小最大时间常数，对系统品质提高不但无益反而有害。这是因为第一大时间常数的减小将使本来只有一个主要时间常数的对象变为有两个主要时间常数，因而对控制是不利的。因此，在选择操纵量时不仅要考虑控制通道绝对时间常数的大小，还应考虑多个时间常数的相对大小，使它们相对错开为好。

2）虽然增加第一大时间常数可以提高可控度，但是这不是系统设计时追求的目标。一是因为最大的时间常数往往取决于生产工艺设备，不便轻易改动；二是因为在选择控制通道时，一般考虑选择快速的，而使干扰通道相对尽可能慢。再者，若要通过增大第一大时间常数来提高控制品质，必须要求控制器有更强的控制能力，执行器有更大的动作范围，这在一定条件下可能会限制控制品质的提高，并需增加投资。

3）环节6与环节8、9的比较告诉我们，减小最小的时间常数比减小中间的时间常数更有利于系统控制品质的提高。这是因为，最小时间常数的进一步减小可能使其与主要时间常数相比可以忽略不计，从而使系统阶数降低，对系统品质提高当然有利。若把第二大时间常数减小为最小的时间常数（如变为1），对系统品质提高一定更加有利（$K_{cr}\omega_{cr}=16.76$）。

4）从环节1与环节4比较告诉我们，纯滞后时间的增加将使控制品质严重降低，影响是最为严重的。关于这一点还可以通过控制通道的阶跃响应曲线做进一步的说明，而环节5与环节4的比较则告诉我们，在有纯滞后的控制通道中增大惯性时间常数有利于可控度的提高，这与前面提到的增大可控性系数 α 有益于系统控制是一致的。

下面从阶跃响应曲线看控制通道的纯滞后时间 τ_p 对控制品质的影响。

图 5-10 所示系统中，若在控制通道中引入纯滞后，系统框图如图 5-18 所示。

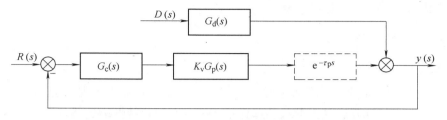

图 5-18   有纯滞后的简单控制系统框图

若干扰 $D(s)$ 为单位阶跃，在系统开环即无控制作用的情况下，其干扰响应如图 5-19 中的曲线 1。由于是定值控制，曲线 1 也就是干扰作用下的误差响应。

下面来讨论 $\tau_\mathrm{p}=0$ 即无纯滞后和 $\tau_\mathrm{p}\neq0$ 即有纯滞后两种情况下的闭环响应。

当 $\tau_\mathrm{p}=0$，即 $\mathrm{e}^{-\tau_\mathrm{p}s}=1$ 时，由于输出从 O 点开始变化，理想情况下控制器输出也从 O 点开始变化，通过控制通道产生的校正作用也应从 O 点影响受控变量，图中，2 即为校正曲线。曲线 1、2 的叠加即为控制通道无纯滞后时的闭环干扰响应，如图中曲线 3。

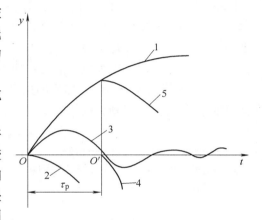

图 5-19   单位阶跃干扰时系统的响应曲线

当 $\tau_\mathrm{p}\neq0$ 即有纯滞后时，控制器的输出仍从 O 点开始变化，并作用于控制通道，但是由于纯滞后的存在，使得这个控制作用要过时间 τ_p 后才能影响受控变量，如图中曲线 4 所示。因此，从偏差的产生到校正作用影响到受控变量来看，有纯滞后比无纯滞后时要推迟时间 τ_p，即在 O' 处校正作用才开始影响到输出，而在这段时间内受控变量因干扰作用已更远地偏离了给定值。曲线 5 为控制通道有纯滞后时闭环系统的干扰阶跃响应曲线。显然，由于纯滞后的存在，系统对偏差的校正不及时而使动态偏差增加，稳定性下降，回复时间拉长，使控制品质全面下降。

3. 选择操纵量的一般原则

选择操纵量也就是选择一个可控度良好的控制通道。通过以上过程特性对控制品质影响的分析，可以得出这样的结论：一个有利于控制系统品质提高的控制通道应该是：

1）控制通道的放大倍数 K_p 应适当大些。

2）控制通道的纯滞后时间 τ_p 应尽可能小。

3）控制通道的惯性时间常数要相对错开，即相互间的相对距离要大一些（主要是指第一大 和第二大时间常数）。

4）控制通道各惯性时间常数相对值不变的前提下，时间常数要适当小些。

5）控制通道时间常数的个数应尽量减少。

6）当通道为有纯滞后的一阶或二阶模型时，应尽量提高 α 值，即时域可控性系数。

通过干扰通道和控制通道特性对控制品质影响的分析告诉我们，什么样的控制通道好，什么样的控制通道坏，一旦选定了控制通道，相应干扰通道也就不可改变了。这时讨论干扰通道的另一目的就在于明确诸干扰中哪一些对系统影响更大，也即所谓主要干扰。设计系统时应尽量考虑这些干扰对系统控制品质的影响并克服。

5.2.3　执行器的选择

1. 控制阀的选择

控制阀的选择应从四个方面来考虑，即①控制阀结构形式及材料的选择；②控制阀口径的选择；③控制阀气开、气关形式的选择；④控制阀流量特性的选择。

从应用角度看，①、②两项选择是相当重要的。控制阀结构型式及材料的选择要根据控制介质的工艺条件（如压力、流量等）和控制介质的特性（如黏度、腐蚀性、毒性、是否含悬浮颗粒、介质状态等）进行全面考虑，口径的选择则应根据流通能力来计算。具体问题请读者参阅有关设计资料。

从控制角度讲，更加关心后两项应如何确定。

（1）控制阀气开、气关形式的选择　控制阀气开、气关形式是按输入信号压力与阀的开度间的相对关系来划分的，表5-3给出了这种关系。

表5-3　气开、气关形式表

控　制　阀	输入与开度	极　限　位　置	
		输入≤20kPa	输入≥200kPa
气开式		全关	全开
气关式		全开	全关

对于一个过程控制系统来说，应选气开还是气关形式的控制阀，要由生产要求来决定，一般根据这样一个总原则：假设出现气源供气中断、控制器因失常而使输出为零、阀的膜片破裂等故障使对阀杆的作用力为零即等效为控制阀压力输入信号为零时，根据生产工艺要求决定控制阀应处的状态，然后根据表5-3查出所应选择的气开、气关形式。

为了正确运用上述原则，我们应该明确如何根据生产工艺要求决定控制阀的状态。首先应从生产的安全出发，即当出现上述故障时，控制阀所处的状态应能确保生产及设备的安全。如锅炉供水控制阀，为了保证发生上述情况时不至于把锅炉烧干而损坏，应使供水阀处于全开状态，即当输入信号压力为零时控制阀处于全开，故应选气关阀。而安装在燃料管线上的燃料控制阀则多采用气开阀，因为该阀一旦发生上述情况，应使控制阀处于全关状态以切断燃料，避免因燃料过多而发生事故。

当控制阀的气开、气关形式与生产及人身设备安全无关时，可从以下两个方面来考虑：

1）从保证产品质量来考虑：当发生上述情况而使系统无法正常工作时，控制阀所处状态应尽量不造成产品质量的下降。如精馏塔回流控制系统中就常选用气关阀，因为精馏塔是石油炼制、石油化工和其他化工生产的重要设备，精馏的目的就是将混合液中的各组分进行分离，使之达到所规定的纯度，而回流与产品质量密切相关，回流量越大，塔顶产品纯度越高，但产出量越低，因此回流量应适量。一旦出现上述情况使系统无法工作、生产不能正常进行时，就应打开回流阀使之处于全回流状态，以避免不合格产品产出。图 5-20 是精馏塔的部分控制流程图。

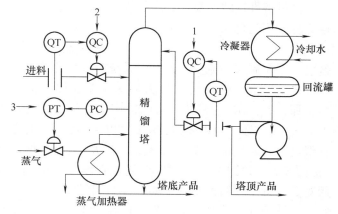

图 5-20　精馏塔部分控制流程图

1—精馏塔回流量控制系统　2—精馏塔进料流量控制系统

3—精馏塔塔釜压力控制系统

2）从降低原料和动力的损耗考虑并兼顾介质特点：如精馏塔进料控制阀，一般选用气开阀，一旦出现上述情况使系统无法正常工作时，应关闭进料阀以减少原料浪费。而精馏塔加热蒸气控制阀的选择则有两种可能：从降低原料和动力损耗考虑一般选气开阀以保证发生上述故障时把阀关闭不浪费蒸气；但是如果釜液易结晶、易聚合、易凝结时，则应选用气关阀，以防在上述事故发生时因停止蒸气供给而导致釜内液体的结晶或凝聚。

（2）控制阀流量特性的选择　选择什么样的流量特性要结合过程特性、干扰情况、介质性质、测量变送情况及配管情况全面考虑，但是通常先根据广义过程为线性的要求确定控制阀所应具有的工作流量特性，然后根据配管情况（即 S 值的大小）决定所需阀的理想流量特性。

1）用阀的静态流量特性来补偿系统特性的准则性方程。设某一简单控制系统的开环传递函数为

$$G_c(s)G_m(s)G_v(s)G_p(s) = K_cK_vK_mK_p G_c'(s)G_m'(s)G_v'(s)G_p'(s) \tag{5-20}$$

式中　　　　　　　　　　K_c、K_v、K_m、K_p——控制器、测量变送、控制阀、过程的静态增益；

$|G_c'(j\omega_{cr})|$、$|G_m'(j\omega_{cr})|$、$|G_v'(j\omega_{cr})|$、$|G_p'(j\omega_{cr})|$——控制器、测量变送、控制阀、过程在临界频率下动态部分的模。

当 $K_cK_vK_mK_p |G_c'(j\omega_{cr})||G_m'(j\omega_{cr})||G_v'(j\omega_{cr})|G_p'(j\omega_{cr})| = 1$ 时，系统处于临界振荡状态。

不论工作条件如何变化，只要维持式（5-20）成立，那么系统就始终处于临界稳定状态，同理，若 $K_cK_vK_mK_p |G_c'(j\omega_{cr})||G_m'(j\omega_{cr})||G_v'(j\omega_{cr})||G_p'(j\omega_{cr})| = 0.5$，系统总有 50% 的稳定余量，而对于大多数实际过程来说系统就处于 4∶1 的衰减振荡状态。

这就告诉我们，只要某系统满足

$$K_cK_vK_mK_p |G_c'(j\omega_{cr})||G_m'(j\omega_{cr})||G_v'(j\omega_{cr})||G_p'(j\omega_{cr})| = 常数 \tag{5-21}$$

一般就可以认为该系统始终有一个固定的衰减比（即稳定性）。式（5-21）中常数值一般为 $0.5 \sim 0.8$，因此我们总是希望系统在工作中不论工作点如何变化，$K_cK_vK_mK_p |G_c'(j\omega_{cr})|$

$|G'_m(j\omega_{cr})||G'_v(j\omega_{cr})||G'_p(j\omega_{cr})|$ 始终保持某一固定的常数不变。故式（5-21）可作为控制阀流量特性选择的准则性方程。

流量特性反映的是控制阀的静态特性，假设不考虑上述各环节动态部分变化，上述准则性方程就可简化为

$$K_c K_v K_m K_p = 常数 \tag{5-22}$$

这就是用控制阀的流量特性补偿系统静特性的准则性方程。

式（5-22）中一般认为测量变送器和控制器为线性环节，那么 K_m、K_c 为常数，从保持广义过程为线性出发，要求 $K_v K_p$ 为常数，也即要用控制阀的非线性（K_v 的变化）去补偿过程的非线性（K_p 的变化）。若 K_p 随负荷增加而减小（见图 5-21 曲线 1），就希望 K_v 随负荷增加而增加，即应选用对数流量特性的控制阀，如图 5-21 中曲线 2 所示。那么，在理想情况下补偿后的广义过程特性如图 5-21 中曲线 3 所示。

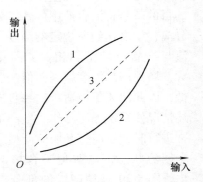

图 5-21　控制阀的流量特性补偿
1—过程静特性　2—控制阀流量特性
3—补偿后的广义过程特性

2）选择准则。综上所述，我们可以给出一般选择原则作为选择参考依据：

首先根据过程特性，从使广义过程为线性出发，依据准则性方程确定在工作中所希望的控制阀流量特性，然后再根据配管状况即 S 值（畸变系数）的大小，决定所需控制阀的理想流量特性。表 5-4 可供选用时参考。从表中可以看出，当 $S > 0.6$ 时，特性曲线畸变不严重，一般认为二者基本一致；但当 $0.3 < S < 0.6$ 时，则认为畸变已使流量特性发生了质的变化，若希望的工作流量特性为直线型，则应选用理想流量特性为等百分比特性的控制阀；当 $S < 0.3$ 时，则认为不宜控制，要从管路上想办法，使 S 值增高以后再考虑流量特性的选择。

表 5-4　配管状况与控制阀工作流量特性关系

配管状况	$S > 0.6$		$0.3 < S < 0.6$		$S < 0.3$
希望的工作流量特性	直线	等百分比	直线	等百分比	不适宜控制
应选的理想流量特性	直线	等百分比	等百分比	等百分比	

事实上，选用什么样的控制阀流量特性不仅与过程特性有关，还与安装场合、干扰情况等有关，人们已综合各种因素总结出了流量特性选择的有关准则，表 5-5 为目前国内推荐的准则，特别是当过程特性不十分清楚时，建议作为选择原则。表中流量特性是指希望的工作流量特性，若 $S < 0.6$，控制阀流量特性的选择可参照表 5-4 中 $0.3 < S < 0.6$ 所对应的工作流量特性和理想流量特性对应关系进行。另外，当干扰不止一个时，应以对系统影响最为严重的主要干扰为依据来选择阀的流量特性。

表 5-5　典型系统不同干扰下控制阀工作流量特性选择准则表

控制系统及受控变量	主　要　干　扰	选择控制阀流量特性
流量控制系统（流量 Q）	压力 p_1 或 p_2	等百分比
p_1 ⊢⊢ Q ⊢ ⋈ p_2	Q 的给定值	直线

（续）

控制系统及受控变量	主要干扰	选择控制阀流量特性
压力控制（压力 p_1）	压力 p_1	等百分比
	压力 p_3	直线
	给定值 p_1	直线
液位控制系统（液位 H）（操纵量为入口流量）	被控液位设备出口阻力	直线
	H 的给定值	直线
液位控制系统（操纵量为出口流量）	H 的给定值	等百分比
	被控液位设备入口流量	直线
温度控制系统（流体出口温度 θ_2）	θ_3 或入口压力 p_1	等百分比
	受热物体流量 Q_1	等百分比
	入口温度 θ_1	直线
	θ_2 的给定值	直线

5.2.4　测量变送环节在系统设计中的考虑

反馈控制是依据受控变量的偏差进行的，如何准确、迅速地获得受控变量的真实值是控制的关键之一。因此，正确处理测量变送问题是系统设计中的重要一环。

在系统设计中，测量变送环节主要从测量方法的选择、测量元件的选用、测量元件的正确安装以及测量信号的处理四个方面加以考虑。在有些情况下，还要采用适当的补偿措施。而这些问题在检测技术与仪表中已做过全面讨论，这里仅做补充性说明。

1. 测量元件的考虑

由于绝大多数情况下，什么样的受控变量采用什么样的测量装置是显而易见的，因此测量（变送）信号不仅是控制的依据，而且也是人们了解、观察系统运行状况的关键环节，它不仅是闭环控制的关键，也是开环控制、巡回检测乃至手动控制系统的关键。如果处理不当，就会使系统的"视力"下降，严重时会使系统变为"瞎子"，这时不仅不能有效地发挥控制系统的校正作用，甚至会背道而驰。

对测量装置线性化处理后，一般可以等效为一阶惯性加纯滞后环节，即

$$G_{\mathrm{m}}(s) = [K_{\mathrm{m}}/(T_{\mathrm{m}}s+1)]\mathrm{e}^{-\tau_{\mathrm{m}}s}$$

由于它是广义过程的一部分，时间常数 T_{m} 和纯滞后时间 τ_{m} 的大小必须加以考虑，在大多数情况下，T_{m}、τ_{m} 与过程时间常数相比可以忽略不计。而有些情况下，它们可能会成为广义过程的主要组成部分。不论在什么情况下，减小 T_{m} 和 τ_{m} 总是有利于系统控制品质的提高。对于较快的过程而言，减小 T_{m} 和 τ_{m} 是极为重要的。

2. 变送环节的考虑

变送环节就是把测量装置获得的反映受控变量大小和变化的信号转换成与受控变量成

比例的标准信号,以便控制器和显示器能够接收。在常规过程控制中,变送器是单元组合仪表的一个单元,因此它的选择并不困难。随着计算机过程控制的开发和应用,变送的概念已不再局限于将工艺变量转换成标准统一的气信号20~100kPa或电流信号0~10mA、4~20mA,而应包括把工艺变量(模拟量)转换成与之相对应的数字信号。这时常规的标准变送器仅是变换中的一个环节,也可能是不必要的。在计算机控制中的变送问题已成为控制系统设计的重要一环,在后面我们将予以讨论。

由于气动信号传送代价高、传送滞后大、信号损失严重,使得控制作用不及时而影响控制品质的提高。电动单元组合仪表出现后,仪表间传送的是标准电流信号,上述问题自然不再存在。计算机控制迅速发展的今天,信号传送问题(即数字通信)又成了控制系统设计的一个重要内容,计算机参与控制给信号传送既增添了"喜",也带来了"忧"。借助通信卫星可以实现常规控制系统所无法实现的超远距离通信,但是在中远距离的有线传送中,干扰的屏蔽、信号的驱动成为传送中必须考虑的问题。

5.2.5 控制器的选型及应用

通过以上各节的讨论,我们已经学习了受控变量和操纵变量的选择原则,学习了执行器及其选择和系统设计中测量、变送环节的考虑,系统方案设计的最后一个环节就是控制器的选型。

控制器是控制系统的"心脏",它将测量变送信号与设定值进行比较产生偏差信号,并按一定的运算规律对该偏差进行运算产生输出信号去操纵执行器。因此采用什么样的运算规律是十分重要的。一个简单控制系统是由广义过程和控制器两部分组成。如图5-22所示,显然应该根据广义过程特性选择合适的控制规律,使二者很好地配合,从而使系统能满足工艺对控制品质的

图5-22 简单控制系统框图

要求。一个控制系统品质的高低是相对的,影响品质指标的因素也不是唯一的,因此在选择控制规律时,仅考虑广义过程特性还不够,还应考虑负荷变化情况、主要干扰的情况、生产工艺对控制质量的要求以及经济性与投运方便等。

控制器的选型除了考虑工业控制中广泛应用的基型PID控制器的控制规律选择外,还应考虑一些特殊场合,特殊过程和特殊工艺要求下特殊控制器及其控制规律的选择问题。

1. 控制器控制规律的选择和应用

控制规律的选型并不是寻求一个随意的函数,目前仪表厂生产的常规基型控制器主要有三种控制规律:比例(P)、比例积分(PI)和比例积分微分(PID)。事实上控制器控制规律的选择就是选择比例控制(P)作用、积分控制(I)作用和微分控制(D)作用三种之一或它们的某种组合。因此了解三种基本控制规律及其控制效果是十分必要的。PID控制规律的数学描述为

$$u(t) = K_c \left[e(t) + \frac{1}{T_1} \int_0^t e(t) \mathrm{d}t + T_D \frac{\mathrm{d}e(t)}{\mathrm{d}t} \right] + u(0) \tag{5-23}$$

式中 $u(t)$——控制器输出信号;

K_c——控制器静态增益;

$e(t)$——设定值与测量值之差;

T_{I}——积分时间常数；

T_{D}——微分时间常数；

$u(0)$——当偏差 $e(t)=0$ 时的控制器输出，即控制器的稳态输出。其传递函数为

$$\frac{U(s)}{E(s)} = G_{\text{c}}(s) = K_{\text{c}}\left(1 + \frac{1}{T_{\text{I}}s} + T_{\text{D}}s\right) \tag{5-24}$$

理想的控制器方程中有纯微分作用，在物理上是不能实现的，所以工业上实际的控制器传递函数为

$$G_{\text{c}}(s) = K_{\text{c}}\left(1 + \frac{1}{T_{\text{I}}s}\right)\left(\frac{T_{\text{D}}s + 1}{aT_{\text{D}}s + 1}\right) \tag{5-25}$$

式中　a——常数，典型的范围是 $0.02 \sim 0.1$。

为了表明比例（P）、比例积分（PI）、比例积分微分（PID）三种控制方式的控制效果，我们把一个带有纯滞后的一阶惯性过程分别用三种控制规律去控制，在同样的阶跃干扰（幅值为 Δd）作用下，各最佳控制过程的响应曲线如图 5-23 所示。

图 5-23 中，曲线 1：无控制即开环时的扰动使输出偏离给定值的程度逐渐增大，终值为 $K_{\text{d}}\Delta d$；曲线 2：纯比例（P）控制，存在稳态误差，其值为 $C = K_{\text{d}}\Delta d/(1 + K_{\text{g}}K_{\text{c}})$（$K_{\text{g}}$ 为广义过程的放大倍数）；曲线 3：比例积分（PI）控制，它与比例控制相比，引入积分后消除了稳态误差，但超调量增加，振荡周期加长；曲线 4：比例微分（PD）控

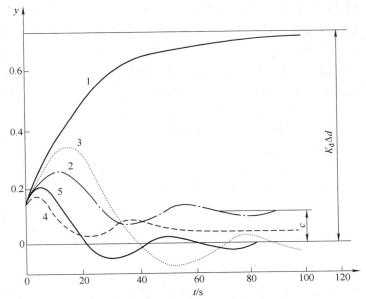

图 5-23　不同控制规律作用下的阶跃响应曲线

1—无控制　2—比例控制　3—比例积分控制
4—比例微分控制　5—比例积分微分控制

制，它与比例控制相比，由于微分的引入，减小了动态偏差，但静态偏差仍然存在；曲线 5：比例积分微分（PID）控制，它与上述控制规律相比，超调量较小，振荡周期较短，静态偏差为零。

虽然 PID 控制是四种控制中最好的一种，但是微分作用对于干扰和测量噪声来说是敏感的，因此除非受控过程容积滞后比较大，受控变量变化比较缓慢的过程外，一般不引入微分作用。另外，三种控制规律同时引入，也将给三种作用参数的确定带来一定的困难。正是由于上述原因，工业控制中广泛应用的是 PI 控制器。了解了基本控制规律对控制效果的影响后，给出下述控制规律选择的基本原则，将不再难以理解。

（1）根据过程特性选择控制规律　若广义过程的传递函数可近似描述为 $G_{\text{g}}(s) = \dfrac{K_{\text{g}}}{T_{\text{g}}s + 1}\text{e}^{-\tau_{\text{g}}s}$，则可根据纯滞后时间与时间常数的比值 α，即时域中广义过程的可控性系数来选取控制规

律，选择方法是：当 $\tau_g/T_g < 0.2$ 时，选用比例或比例积分控制规律；当 $0.2 < \tau_g/T_g < 1.0$ 时，选用比例积分或比例积分微分控制规律；当 $\tau_g/T_g > 1.0$ 时，简单控制系统已不能满足控制要求，应根据实际情况，采用其他控制方式。

（2）控制规律选择的综合考虑　当过程控制通道时间常数较大或过程容积滞后较大时，可选用 PID 控制规律；当过程控制通道时间常数较小、负荷变化较小而工艺要求不高时，可选用 P 控制规律；若工艺要求较严，应引入积分作用。当控制通道时间常数或容积滞后很大而负荷变化也很大时，简单控制系统不能满足要求时，应设计其他控制系统。

2. 特殊控制器及控制规律的选择和应用

（1）特殊控制器及控制规律的选择　随着自动化仪表的发展和工业生产要求的不断提高，一方面出现了许多满足生产上某些特殊场合的特殊控制器，这些控制器一般是在基型控制器的基础上，增设一些附加部件组成，主要有输出限幅控制器、间隙控制器、PI-P 控制器、非线性控制器、前馈控制器、自动选择控制器和输出跟踪控制器等。在这些控制器中，有些是为复杂控制而设计的，这将在后面的章节中进行讨论；另一方面，20 世纪 40 年代前后兴起的基地式控制仪表也有了新的发展。这虽然不是过程控制的发展方向，但对那些整体自动化水平要求不高，仅有少数装置的个别参数需要控制的小型工厂而言，不失为投资少、收效快、行之有效的方法，也应该引起控制工程师的注意。

目前这类基地式控制仪表主要有三个方面，一是老式的动圈式指示控制仪表，其控制规律有二位、三位、二位 PID、三位 PID、连续 PID 和时间比例控制等，其中广泛应用的主要有二位式控制和三位式上下限报警；二是能够取代老式动圈式指示控制仪表的数字式指示控制仪表，它与老式动圈式指示控制仪表相比，具有读数清晰、直观、无视差、精度高、抗振性好等一系列特点，因此有一定的生命力；三是由于微型计算机的发展，不仅产生了能替代常规控制器的简单控制器，而且由各种单片微型计算机构成的基地式数控仪表也随之产生，它不仅具有基型 PID 控制规律，而且可以根据过程特点和生产工艺要求设计出与之相适应的控制规律和满足一些特殊的要求。另外，由于单片微机的应用，有些仪表已具备自适应和自整定功能，为单设备、单参数的高性能就地控制带来了福音。事实上，由于单片微机的应用，基地式仪表的整体体积可以做得很小，因而它可以作为执行器的一部分构成智能式电动执行器。由于这种执行器自身具有控制功能，在脱离控制器的情况下能独立实施控制，因此也可以说它是一种功能上更为集中的新一代基地式控制仪表。

（2）特殊控制器的应用

1）二位式控制器。二位式控制器实质上是具有很高增益的比例控制器，随着偏差信号符号的改变而输出一个开关量，若用它去控制控制阀，会因产生冲击性的流量而影响工艺过程，还易损坏控制阀，所以不常使用。但是对那些以中间继电器、晶闸管过零触发功率开关、电磁阀等为执行机构，对工艺参数要求不高并允许在一定范围内波动的场合是行之有效的。

图 5-24 是电热炉二位式控制过程，温度总是呈近似等幅振荡波形。这种系统从控制理论角度看属临界稳定过程，但是由于操纵量能量的约束产生的非线性，使它保持"极限循环"，而不至于发散。

2）非线性控制器。具有非线性放大倍数的控制器称为非线性控制器。这种控制器在不同区域有不同的放大倍数，一般可单独设定。例如日本横河电机制

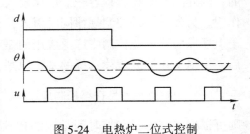

图 5-24　电热炉二位式控制

作所的一系列非线性控制器，其非线性特性如图 5-25 所示。其不灵敏区给定范围为 0 ~ ±30%，最小增益 K_{cmin} 为 0.02 ~ 0.2；不灵敏区控制器增益为 K_{cmin}/δ_c，即 $K_{cmin}K_c$（δ 为通常的比例度）。

这种非线性控制器在工业废水处理中和过程 pH 值控制中应用很广。工业废水处理大多是将酸性废水用碱性溶液中和到 pH 值为 6 ~ 9 的废液，pH 值过程特性存在严重的非线性，如图 5-26a 所示，pH 值在 7 附近，过程增益很大，而两头又较小，若使用普通线性控制器，必然会因广义过程有严重的非线性而使系统在负荷干扰下工作不稳定；若用非线性控制器，通过适当调整两个区的比例增益和不灵敏区的大小，可补偿过程非线性，使系统开环增益在大范围内接近常数，稳定系统工作过程。

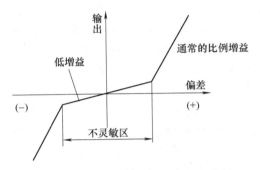

图 5-25　非线性控制器的比例特性曲线

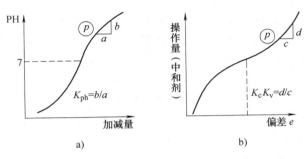

图 5-26　中和控制特性曲线
a）pH 值过程特性曲线　b）控制器控制阀综合特性

若在中和控制中，过程特性如图 5-26a 所示。控制阀工作流量特性为线性，则控制器和控制阀综合特性如图 5-26b 所示。这样组合后的增益 $K_{ph}K_cK_v$ 接近常数，就可以使控制系统在各工作点的增益都一样，从而可保证工作品质不因工作点的改变而改变。

3）带偏差反馈输出限幅控制器。对一个普通的 PI 或 PID 控制器，用于间歇过程的控制或一些特殊工艺过程的控制会产生积分饱和，因此，要对控制器进行输出限幅。图 5-27 是火炬放空控制系统。

图 5-27 所示控制器接收瓦斯管线的压力信号控制放空阀。但是这并不是一般的瓦斯管压力定值控制。当管压低于给定值时，放空阀是关闭的，一旦压力高于给定值时，必须立即打开放空

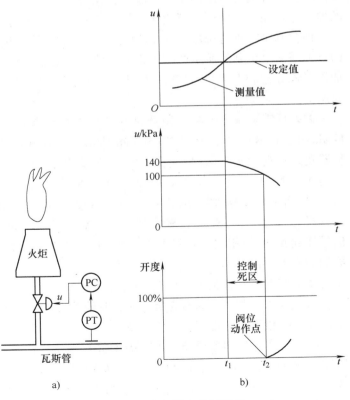

图 5-27　火炬放空控制系统
a）控制系统　b）积分饱和的影响

阀，瓦斯管开始放空，以使压力快速回到给定值以内。为了保证故障状态下不至于使瓦斯管压力过高而产生危险，控制阀选为气关。控制器为反作用，当管压力低于设定值时，控制器输入偏差始终为正，若反作用控制器有积分作用，积分将不断进行，输出不断增加，经历一定时间就会达到气源压力 140kPa，而不是标准信号的上限 100kPa，这种现象就称为饱和。可见所谓积分饱和就是具有积分作用的控制器，因偏差"长期"得不到消除，积分作用将随时间的增长而使输出单向变化直至进入某一极限的现象。对气动控制器而言，正饱和压力值为 140kPa，负饱和压力值为 0kPa。一旦产生积分饱和，就会给控制带来死区，影响控制的及时性，严重时会危及安全。从图 5-27b 可以看出，在火炬放空控制中，控制器输出进入饱和值 140kPa 以后，若管压力开始增加，测量值随之增加，但在达到设定值之前，偏差总是负值且符号不变，如果积分作用强于比例作用，PI 控制器的输出不会下降而保持正向饱和值。当 $t = t_1$ 时，管压达到设定压力，若管压继续增加，偏差反向，积分作用开始反向积分，输出开始减小。但直到 t_2 时刻（输出小于或等于 100kPa 以前），控制阀并不动作，一直处于关闭状态，$t_1 \sim t_2$ 这一段时间称为退饱和时间。在这段时间内，虽然测量值已大于给定值，偏差在不断增加，控制器输出逐渐减小，但并未起到控制作用，从而造成控制的不及时，产生很大的动态偏差，严重时可能危及安全。为了避免这种情况的发展，就应采取相应措施防止由于积分作用使信号超越"信号有效范围"，这就是所谓的"防积分饱和"。

防积分饱和的方法很多，在不同的场合、不同的系统中应采用不同的方法和选用相应的控制器。比如，若需要使控制阀的开度或串级控制系统的副控制器的给定值限定在一定的范围内时，可选用带输出限幅的控制器；在给定值不经常变化的间歇控制中，可用带间歇开关的控制器；而在给定值频繁改变的间歇控制中，宜选用带积分反馈输出限幅的控制器；对于选择性控制中，则可选用 PI-P 切换控制器或接入外部积分反馈等。这里仅就用于火炬控制的日本横河电机制作所生产的 I 系列带偏差反馈输出限幅控制器做概要介绍，其主要目的是加深对积分饱和及其防止概念的理解，其余防积分饱和的方法将在后面章节用到时再做介绍。

偏差反馈型输出限幅控制器是在基型 PID 控制器的基础上附加了偏差反馈（Deviation Feedback，DFB）限幅单元，如图 5-28 所示。在 DFB 限幅单元中，有上、下限给定机构和比较器及偏差消除演算器。反向积分器 N_3 的输出 E_0 和给定上限 E_H、下限 E_L 的负值分别在比较器 N_4、N_5 上比较。当 $E_L < E_0 < E_H$ 时，N_4 输出为负，N_5 输出为正，VD_1、VD_2 均截止。由于 N_6 为 1：1 隔离器，因此 DFB 单元不起作用，此时的控制器和一般控制器一样动作。

当 $E_0 > E_H$ 时，N_4、N_5 输出均为正，VD_1 导通，VD_2 仍然截止，这时经 VD_1 有一个正信号加到 N_6 的同相端，而同相端的另一信号为 N_2 的输出。对于上限限幅的情况，反向积分器的输入为负值，即 N_2 的输出为负值，因此 N_4 的输出抵消了 N_2 的输出即负偏差，使 N_6 的输出变成零电位，直至 E_0 和 E_H 相等并保持不变。

当 $E_0 < E_L$ 时，N_5 输出为负，而此时偏差为正，即 N_2 输出为正，可以看出 N_2、N_5 的输出极性仍然相反相互抵消直到 $E_0 = E_L$。

综上所述，带偏差反馈输出限幅实质上是引入了一个开关负反馈，当 $E_0 > E_H$ 时，以上限限幅值 E_H 为给定的负反馈起作用，从而使输出 $E_0 = E_H$；当 $E_0 < E_L$ 时，以下限限幅值 E_L 为给定的负反馈起作用，使 $E_0 = E_L$；当 $E_L < E_0 < E_H$ 时，两个负反馈均断开，控制器恢复到一般工作状态。由 I 系列带偏差反馈输出限幅控制器构成的火炬本质安全控制系统及动作说明如图 5-29 所示。图 5-27b 和图 5-29b 比较可见，采用带偏差反馈输出限幅控制器后，防

止了积分饱和，克服了动作延时，提高了控制的及时性，不仅有更好的控制品质，而且提高了控制的可靠性和生产的安全性。

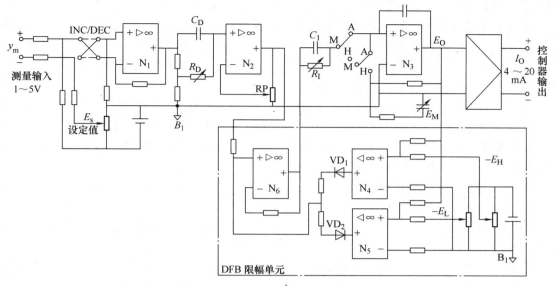

图 5-28　偏差反馈输出限幅控制器原理图

注：图中 E_H 为上限幅，其给定范围为（75～105）%；E_L 为下限幅，其给定范围为（-5～25）%；DFB 为限幅单元，省略了软手动回路。

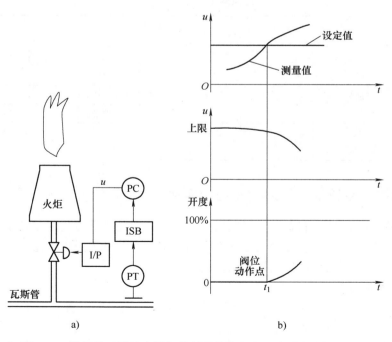

图 5-29　带偏差反馈输出限幅控制器构成的火炬本质安全控制系统

3. 控制器正、反作用方式的选择

一个控制系统要实现正常运行，必须是一个负反馈系统，而控制器正、反作用方式决定

着系统的反馈形式，因此必须正确选择。

控制器正、反作用方式选择的基本方法如下：首先确定执行器的气开、气关形式；然后根据受控过程的输入、输出关系确定控制器的正、反作用方式。

为了保证系统为负反馈，必须满足控制器、执行器、受控过程三者的符号相乘为负，即

$$（控制器 ±）（执行器 ±）（受控过程 ±）= "-" \tag{5-26}$$

满足式（5-26）的各环节符号是这样规定的：当其输入增加时，若输出也随之增加，则取正号，反之取负号；其中控制器是以测量值作为输入的。

对控制器而言：当测量值增加时，若控制器输出也随之增加，则取"+"号，反之取"-"号，也就是说正作用控制器取"+"号，反作用控制器取"-"号。

对执行器而言：当输入（压力）信号增加时，若开度增加，则取"+"号，反之取"-"号，也就是说气开阀取"+"号，气关阀取"-"号。

对受控过程而言：当操纵量增加时，若其输出（受控变量）增加，则取"+"号，反之取"-"号。

对测量变送而言：一般被测参数增加其输出总是增加的即总为正环节，所以式（5-26）中并没出现。

明确了各环节正、负号确定原则后，首先根据选定的执行器的气开、气关形式确定其正、负号；然后由过程的输入、输出关系确定其正、负号；再由判别式确定控制器所应有的正、负号，从而选定其正、反作用型式。为了使用方便，把选择时的各种组合形式列于表 5-6 中，供读者选择时直接查找。

表 5-6 控制器正、反作用方式选择表

执 行 器				受 控 过 程			控 制 器	
输入输出关系		气开、气关形式	应取符号	输入、输出关系		应取符号	应取符号	正、反作用方式
输入	输出			输 入	输 出			
增加（或减小）	增加（或减小）	气开	+	增加（或减小）	增加（或减小）	+	-	反作用
					减小（或增加）	-	+	正作用
	减小（或增加）	气关	-	增加（或减小）	增加（或减小）	+	+	正作用
					减小（或增加）	-	-	反作用

5.2.6 简单控制系统的设计原则及应用实例

上面已经讲过，简单控制系统不仅应用最为广泛，而且是学习其他控制系统的基础。因此，掌握单回路控制系统的设计原则的基本应用对实现生产过程的自动化有着十分重要的意义。下面通过一个实例的设计过程做总结性说明。

1. 生产工艺简况

图 5-30 所示为牛奶类乳化物干燥过程中的喷雾式干燥工艺设备。由于乳化物属胶体物质，激烈搅拌易固化，不能用泵输送，故采用高位槽的办法。浓缩的乳液由高位槽流经过滤器 A 或 B（两个交换使用，保证连续操作）除去凝结块等杂质，再至干燥器顶部从喷嘴喷出。空气由鼓风机送至换热器（用蒸汽间接加热），热空气与鼓风机直接送来的空气混合后，经风管进入干燥器，以蒸发走乳液中的水分，使其成为奶粉，并随湿空气一起输出，再进行分离。生产工艺对干燥后的产品质量要求很高，水分含量不能波动太大，必须控制在规

定的范围内。

2. 系统设计

（1）受控变量的选择　根据上述生产工艺可知，产品质量（含水量）是控制的原始目的。但是，由于奶粉水分高精度在线测量十分困难，而根据生产工艺，产品质量与干燥温度密切相关，因而选干燥器的温度为受控变量（间接参数）。

（2）操纵量的选择　根据前述选择原则，首先应寻找影响受控变量的因素即过程输入，然后求取各通道数学模型，在未知模型的情况下可直接就过程进行分析，寻找一个可控性好、工艺合理的输入作为操纵量。由图 5-30 可知，影响产品含水量的因素有乳液流量 $Q_1(t)$、旁路风量 $Q_2(t)$ 和加热蒸汽流量 $Q_3(t)$ 等。为了便于分析，画出过程框图如图 5-31 所示。

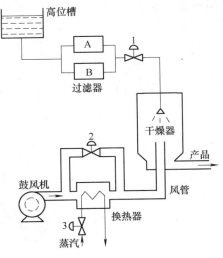

图 5-30　牛奶干燥过程流程图

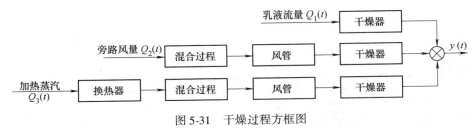

图 5-31　干燥过程方框图

通过三个输入通道比较可明显看出，以乳液流量 $Q_1(t)$ 作为操纵量控制通道最短，可控性最好；以加热蒸汽为操纵量控制通道最长，可控性最差，所以从控制角度而言，选择乳液流量 $Q_1(t)$ 作为操纵量是最好的。但从生产工艺考虑，乳液流量是生产负荷，一般要求能充分发挥设备的生产能力并保证产量稳定，若以乳液流量作为操纵量工艺上并不合理，故不宜选作操纵变量。综合考虑选择旁路空气流量作为操纵是最合理的，并可构成如图 5-32 所示的控制原理示意图和控制方框图。

（3）执行器的选择　以流量作为操纵量，自然应选择控制阀作为执行器。根据安全原则、介质特点和工艺要求，考虑应选气关式控制阀，以防故障（对阀芯的作用力为零）时中断加热蒸汽导至乳液直接流入出口使管道堵塞和产生劣质产品。

根据过程特性（其放大系数随负荷增加而减小）和控制要求（希望大负荷时控制作用强些，小负荷时控制作用弱些）选用对数流量特性的控制阀。根据生产时对操纵量流量的要求选择控制阀的公称直径和阀芯直径的尺寸。

（4）测量、变送的考虑　根据受控变量的要求，同时考虑受控温度在 600℃ 以下，选用 Pt100 热电阻温度计。为了提高测量精度，采用三线制接法。

（5）控制器选型　根据过程特性和控制要求，可选用 P、PI、PID 控制规律，这里控制要求比较严格，故引入积分作用；因为是温度过程，容量滞后较大，故宜引入微分，所以应选用 PID 控制规律。

（6）控制器正、反作用方式的选择　根据工艺要求，控制阀选为气关式，所以应取负号。当旁路风量 $Q_2(t)$ 增加时干燥器内的温度降低，所以受控过程应取负号；根据控制器、控制阀和受控过程三者符号相乘为负的原则，控制器也应取负号，因此应设置为反作用方式。

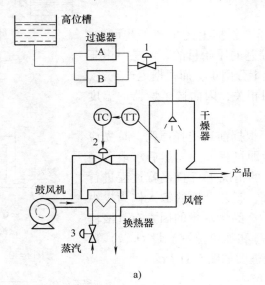

a)

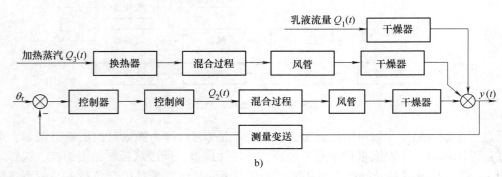

b)

图 5-32　温度控制系统
a）控制原理　b）控制框图

做出上述选择之后，还可以根据系统的控制过程，应用分析法进行验证。

在本例中，假设因干扰作用（比如乳液流量增加）使干燥器内温度降低（出口处奶粉含水量增加）。那么控制器的测量输入将减小，对反作用控制器而言，其输出必然增大，而控制阀为气关式，所以其开度减小，旁路风量减小，进入干燥器的空气温度升高，干燥器内温度升高（结果使出口奶粉含水量下降）。这说明上述控制过程为负反馈，即控制器选反作用方式是正确的。

（7）仪表选型　采用什么样的控制仪表，要根据工艺特点、用户对控制水平的要求、用户现有系统的情况、当时仪表生产情况等诸因素综合考虑，合理选用。

5.3　简单控制系统的参数整定

5.3.1　概述

控制系统的控制质量与受控过程的特性、干扰信号的形式和幅值、控制方案以及控制器的参数等因素有着密切的联系，过程的特性和干扰情况是受工艺操作和设备特性限制的，不可能任意改变。这样，控制方案一经确定，过程各通道的特性就已定，这时控制系统的控制质量就只取决于控制器的控制策略和参数了。控制系统的参数整定，一般是指 PID 控制器的参数整定，就是确定系统达最佳过渡过程时控制器的比例度 δ、积分时间 T_I 和微分时间 T_D 的具体数值。对于大多数过程控制系统来说，当衰减比为 4∶1 时，过渡过程稍带振荡，它不仅具有适当的稳定性、快速性，而且又便于人工操作管理，因此称其为最佳过渡过程，此时的控制器参数为最佳参数。

整定控制器的参数使控制系统达到最佳调整状态是有前提条件的，这就是系统结构必须合理，仪表和控制阀选型正确，安装无误和调校正确，否则，无论怎样去调整控制器的参数，也无法达到预定控制质量要求。这是因为控制器的参数只能在一定范围内起作用，参数整定仅仅是控制系统投运工作中的一个重要环节。控制系统整定的实质，就是选择合适的控制器参数，使控制器特性和受控过程特性配合来改善系统的动态和静态特性，求得最佳控制效果。

控制器参数整定的方法很多，可归结为理论计算法、工程整定法和自整定法三种。理论计算法有对数频率特性法、扩充频率特性法、M 圆法和根轨迹法等；工程整定法有经验法、临界比例度法、衰减曲线法和响应特性法等；PID 参数自整定主要有两大类，即辨识法和规则法。理论计算法要求获得过程的特性参数，由于工业过程的特性往往比较复杂，其理论推导和实验测定都比较困难，有的不可能得到完全符合实际过程特性的资料，有的方法烦琐、计算麻烦，有的采用近似方法而忽略了一些因素。因此，该方法最后所得数据可靠性不高，还须拿到现场去修正，因而在工程上采用较少，本书不做讨论。工程整定法就是避开过程特性曲线的数学描述，直接在控制系统中进行现场整定，其方法简单、计算方便、容易掌握。当然这也是一种近似的方法，所得到的控制器参数不一定是最佳参数，但相当实用，可以解决一般实际问题，因此在工程实际中得到了广泛应用。PID 参数自整定概念中应包括参数自动整定（Auto-tuning）和参数在线自校正（Self Tuning on-line）。具有参数自动整定功能的控制器，能通过一按键就由控制器自身来完成控制参数的整定，不需要人工干预，它既可用于简单系统投运，也可用于复杂系统预整定。自校正的基本观点是力争在系统全部运行期间保持优良的控制性能，使控制器能够根据运行环境的变化，适时地改变其自身的参数整定值，以求达到预期的控制品质，并有效地提高系统的鲁棒性。限于篇幅，本书仅介绍控制器的工程整定法。

5.3.2　工程整定法

1. 经验凑试法

此法是根据经验先将控制器的参数放在某一数值上（参考表 5-7），直接在闭环控制系统中，通过改变设定值施加干扰试验信号，在记录仪上看受控量的过渡过程曲线形状，运用 δ、T_I、T_D 对过渡过程的影响为依据（参考表 5-8），按规定的顺序对比例度 δ、积分时间 T_I、微分时间 T_D 逐个进行整定，直到获得满意的控制质量。

控制器参数凑试的顺序有两种方法：一种认为比例作用是基本的控制作用，因此首先把比例度凑试好，待过渡过程已基本稳定，然后加积分作用以消除余差，最后加入微分作用以进一步提高控制质量。其具体步骤如下：

对 P 控制器：将 δ 放在较大数值位置，逐步减小 δ 观察受控量的过渡过程曲线，直到曲线满意为止。

表 5-7　控制器整定参数经验范围

控制系统 参数 范围	δ	T_I/min	T_D/min
液位	20% ~ 80%	—	—
压力	30% ~ 70%	0.4 ~ 3	—
流量	40% ~ 100%	0.1 ~ 1	—
温度	20% ~ 60%	3 ~ 10	0.3 ~ 1

表 5-8　整定参数对控制质量的影响

控制系统 整定 参数	减小 δ	减小 T_I	增大 T_D
最大偏差	增大	增大	减小
余差	减小	减小	不变
衰减比	减小	减小	增大
振荡次数	增加	增大	减小

对 PI 控制器：先置 $T_I = \infty$，按纯比例作用整定比例度 δ 使之达到 4∶1 衰减过程曲线，然后将 δ 放大（10 ~ 20）%，将积分时间 T_I 由大至小逐步加入，直到获得 4∶1 衰减过程。

对 PID 控制器：将 $T_D = 0$ 先按 PI 作用凑试程序整定 δ 和 T_I 参数，然后将比例度 δ 减小（10 ~ 20）%，T_I 也适当减小之后，再把 T_D 由小至大地逐步加入，观察过渡过程曲线，直到获得满意的过渡过程为止。

另一种整定顺序的出发点是：比例度与积分时间在一定范围内相匹配，可以得到相同递减比的过渡过程。这样，比例度的减小可用增大积分时间来补偿，反之亦然。因此可根据表 5-7 的经验数据，预先确定一个积分时间数值，然后由大至小调整比例度，获得满意的过渡过程为止。如需加微分作用，可取 $T_D = (1/3 - 1/4) T_I$，选好 T_I、T_D 之后，再调整比例度。

在用经验法整定控制器参数的过程中，若观察到曲线振荡很频繁，则需把比例度 δ 加大以减小振荡；若曲线最大偏差大，且趋于非周期过程，则需把比例度减小；当曲线波动较大时，应增加积分时间 T_I；若曲线偏离设定值后长时间回不来，则需减小积分时间；如果曲线振荡得厉害，需把微分作用减到最小或者暂时不加微分作用；如果曲线最大偏差大而衰减慢，则需把微分时间加长。总之，要以 δ、T_I、T_D 对控制质量的影响为依据，看曲线调参数，不难使过渡过程达到两个周期基本稳定，使控制质量满足工艺要求。

2. 临界比例度法

临界比例度法又称稳定边界法，是目前应用较广的一种控制器参数整定方法。临界比例度法就是先让控制器在纯比例作用下，通过现场试验找到等幅振荡过程，记下此时的比例度 δ_{cr} 和等幅振荡周期 T_{cr}，再通过简单的计算求出衰减振荡时控制器的参数。其具体步骤为：

1）将 $T_I = \infty$，$T_D = 0$，根据广义过程特性选择一个较大的 δ 值，并在工况稳定的前提下 将控制系统投入自动状态。

2）将设定值突增一个数值，观察记录曲线，此时应是一个衰减过程曲线。逐步减小比例度 δ，再做设定值干扰试验，直至出现等幅振荡为止，如图 5-33 所示，记下此时控制器的比例度 δ_{cr} 和振荡曲线的周期 T_{cr}。

3）按表 5-9 计算衰减振荡时控制器参数。

使用临界比例度法整定控制器参数时，应注意以下几个问题：

1）此法的关键是准确地测定临界比例度 δ_{cr} 和振荡周期 T_{cr}，因而控制器的刻度和记录仪应调校准确。

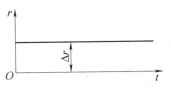

2）当控制通道的时间常数很大时，由于控制系统的临界比例度 δ_{cr} 很小，常使控制阀处于时而全开、时而全关状态，即处于位式控制状态，对生产不利，因而不宜采用此法进行控制器的参数整定，某些生产工艺不允许受控量作较长时间的等幅振荡时，也不能采用此法。

3）有的控制系统临界比例度很小，控制器的比例度已放到最小刻度而系统仍不产生等幅振荡时，就把最小刻度的比例度作为 δ_{cr} 进行控制器的参数整定。

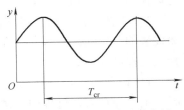

图 5-33　临界比例度试验曲线

表 5-9　临界比例度法参数计算公式

控制作用 控制参数	δ	T_I	T_D
P	$2\delta_{cr}$	—	—
PI	$2.2\delta_{cr}$	$0.85T_{cr}$	—
PID	$1.7\delta_{cr}$	$0.5T_{cr}$	$0.13T_{cr}$

临界比例法虽然是一种工程整定方法，但它并不是操作经验的简单总结，而是有理论依据的，这就是根据控制系统边界稳定条件。

3. 衰减曲线法

衰减曲线法是针对经验法和临界比例度法的不足，并在此基础上经过反复实验而得出的一种参数整定方法。如果要求过渡过程达到 4∶1 递减比，其整定步骤如下：

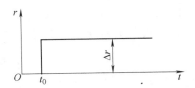

1）将 $T_I = \infty$，$T_D = 0$，在纯比例作用下，系统投入运行，按经验法整定比例度，直到出现 4∶1 衰减为止。此时的比例度为 δ_s，波动周期为 T_s，如图 5-34 所示。

2）根据 δ_s、T_s 值，按表 5-10 所列经验公式计算出控制器的整定参数 δ、T_I 和 T_D。

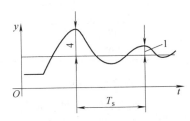

3）先将比例度放到比计算值大一些的数值上，然后把积分时间放到求得的数值上，慢慢放上微分时间，最后把比例度减小到计算值上，观察过渡过程曲线，如不太理想，可适当调整。

图 5-34　4∶1 衰减过程曲线

表 5-10　4∶1 过程控制器整定参数计算公式

控制作用 整定参数	δ	T_I	T_D
P	δ_s	—	—
PI	$1.2\delta_s$	$0.5T_s$	—
PID	$0.8\delta_s$	$0.3T_s$	$0.1T_s$

应用衰减曲线法整定控制器参数时，应注意下列事项：

1）此法的关键是要求出准确的 δ_s 和 T_s，因此应校准控制器的刻度和记录仪，否则会影响整定结果的准确性。

2）对反应较快的小容量过程，如管道压力、流量等，在记录曲线上读 4∶1 与求 T_s 比较困难，对有指针记录仪的场合可用记录指针的摆动情况来判断。指针来回摆动两次就达稳定可视为 4∶1 过程，摆动一次的时间为 T_s。

3）工艺条件变动，特别是负荷的变化将会影响受控过程的特性，从而影响 4∶1 衰减曲线法的整定结果。因此，在负荷变化较大时，必须重新整定控制器参数，以求得新负荷下合适的控制器参数。

4）以获得 4∶1 递减为最佳过程，这符合大多数控制系统。但在有些过程中，例如热电厂锅炉的燃烧控制系统，4∶1 递减比振荡就太厉害，则可采用 10∶1 的衰减过程，如图 5-35 所示，在这种情况下，由于衰减太快，要测取操作周期较困难，但可测取从施加干扰开始至达到第一个波峰的上升时间 T_x。10∶1 衰减曲线法测定控制器参数的步骤和要求与 4∶1 衰减曲线法完全相同，仅采用的经验公式见表 5-11。表中，δ_s' 指过渡过程出现 10∶1 衰减比的比例度，T_r 指达到第一个波峰值的上升时间。衰减曲线法同临界比例法度一样，虽然是一种工程整定法，但它并不是操作经验的简单总结，而是有理论依据的，表 5-10 和表 5-11 的公式是根据自动控制原理，按一定的衰减比要求整定控制系统的分析计算，再对大量实践经验总结而得出的。

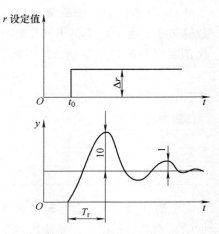

图 5-35　10∶1 衰减过程曲线

表 5-11　10∶1 过程控制器整定参数计算公式

整定参数 ＼ 控制作用	δ	T_I	T_D
P	δ_s'	—	—
PI	$1.2\delta_s'$	$2T_r$	—
PID	$0.8\delta_s'$	$1.2T_r$	$0.4T_r$

4. 响应曲线法

上面介绍的三种控制器参数整定方法都不需要预先知道过程的特性，如果有过程的特性在手，则可用响应曲线法，整定精度将更高一些。整定步骤如下：

1）测定广义过程的响应过程，并对已得的响应曲线进行近似处理，获得表征过程动态特性的纯滞后时间 τ 和时间常数 T，如图 5-36 所示。

按式（5-27）求取广义过程的放大系数 K 或飞升速度 ε（无自平衡能力过程）：

$$\begin{cases} K = \dfrac{\Delta z}{z_{max} - z_{min}} \Big/ \dfrac{\Delta u}{u_{max} - u_{min}} \\[4mm] \varepsilon = \dfrac{\dfrac{\Delta z}{z_{max} - z_{min}} \Big/ \dfrac{\Delta u}{u_{max} - u_{min}}}{\tau} \end{cases} \tag{5-27}$$

式中　Δz——受控量测量值的变化量；

　　　Δu——控制器输出的变化量；

z_{max}、z_{min}——测量仪表的刻度范围的上、下限；

u_{max}、u_{min}——控制器输出变化范围的上、下限。

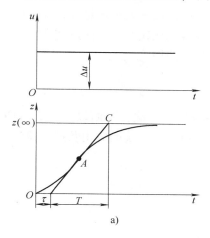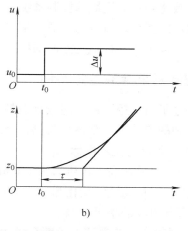

图 5-36　响应曲线及其近似处理

2）对有自平衡能力过程的响应曲线根据过程的特性参数 τ、T、K 按表 5-12 确定 4∶1 衰减过程控制器的参数 δ、T_I 和 T_D。

表 5-12　响应曲线法控制器整定参数计算公式

控制作用 整定参数	δ	T_I	T_D
P	$K\tau/T \times 100\%$	—	—
PI	$1.1K\tau/T \times 100\%$	3.3τ	—
PID	$0.85K\tau/T \times 100\%$	2τ	0.5τ

3）对无自平衡过程的响应曲线根据过程的特性参数 τ、ε 按表 5-13 确定 4∶1 衰减过程控制器的参数 δ、T_I 和 T_D。

表 5-13　响应曲线法控制器整定参数经验公式

控制作用 整定参数	δ	T_I	T_D
P	$\delta\tau \times 100\%$	—	—
PI	$1.1\varepsilon\tau \times 100\%$	3.3τ	—
PID	$0.85\varepsilon\tau \times 100\%$	2τ	0.5τ

上述四种工程整定方法各有优缺点，经验凑试法简单可靠，能够应用于各种控制系统，特别适合干扰频繁、记录曲线不太规则的控制系统；缺点是需反复凑试，花费时间长。同时，全是靠经验来整定的，是一种"看曲线，调参数"的整定方法，对于不同经验水平的人，对同一过渡过程曲线可能有不同的认识，从而得出不同结论，整定质量不一定高。因此，对于现场经验较丰富，技术水平较高的人使用此法较为合适。临界比例度法简便而易于

判断，整定质量较好，适用于一般的温度、压力、流量和液位控制系统；缺点是对于临界比例度很小，或者生产工艺约束条件严格，对过渡过程不允许出现等幅振荡的控制系统不适用。衰减曲线法的优点是较为准确可靠，而且安全，整定质量较高，缺点是对于外界干扰作用强烈而频繁的系统或由于仪表、控制阀工艺上的某种原因而使记录曲线不规则，或难于从曲线判断衰减比和衰减周期的控制系统不适用。响应曲线法是根据过程特性来确定控制器的整定参数的，因而整定质量高，缺点是要测响应曲线，比较麻烦。因此在实际应用中，一定要根据过程的情况与各种整定方法的特点，合理选择使用。

5.3.3 控制系统参数整定实例

前面讲过了简单控制系统的设计及控制器参数整定方法，下面以某厂的 WGC-20/25-13 饱和蒸汽锅炉的单冲量控制系统为例，介绍一下简单控制系统的应用及控制器参数整定。

1. 工艺上要求的技术指标

1）锅炉运行的最高工作压力为 1.6MPa。

2）最大允许负荷随时变化为 10 ~ 12t/h。

3）蒸汽压力波动小于 10%。

2. 锅炉锅筒水位的单冲量控制系统

众所周知，单冲量控制系统如图 5-37 所示。该液位控制系统采用 DDZ-Ⅱ型电动单元组合仪表构成（DC 0 ~ 10mA 的标准统一信号），如图 5-38 所示。

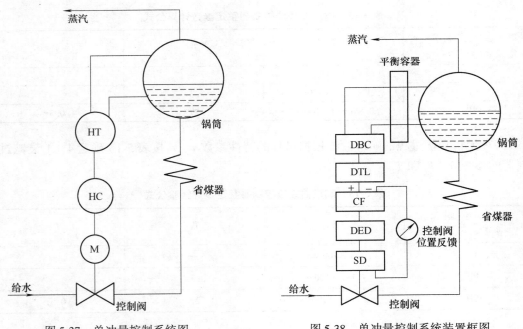

图 5-37　单冲量控制系统图　　　　图 5-38　单冲量控制系统装置框图

3. 控制器的参数整定

用响应曲线法整定控制器参数，首先做水位扰动试验，结果见表 5-14、表 5-15，并由此确定的响应曲线如图 5-39、图 5-40 所示（这里水位检测装置的水位变化方向与信号输出方向正好相反）。

表 5-14　$D = 4.7\text{mA}$，增大 $\Delta u = 2.1\text{mA}$ 的水位飞升特性（水位上升）

时间/s	0	5	10	15	20	25	30	35	40	45	50
水位/mA	7.0	6.90	6.85	6.75	6.75	6.75	6.65	6.60	6.55	6.55	6.50
时间/s	55	60	65	70	80	90	100	110	120	130	140
水位/mA	6.45	6.45	6.40	6.40	6.30	6.30	6.20	6.10	6.00	5.90	5.80

注：D 对应蒸汽流量，即锅炉负荷。

表 5-15　$D = 4.7\text{mA}$，减小 $\Delta u = 1.8\text{mA}$ 的水位飞升特性（水位下降）

时间/s	0	5	10	15	20	25	30	35	40	45	50
水位/mA	4.90	4.90	4.95	5.05	5.15	5.20	5.25	5.25	5.30	5.30	5.35
时间/s	55	60	65	70	80	90	100	110	120	130	140
水位/mA	5.40	5.45	5.45	5.50	5.55	5.65	5.75	5.80	5.90	6.00	6.10

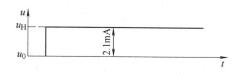
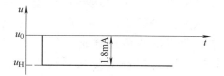
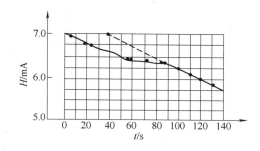
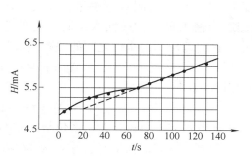

图 5-39　扰动作用下过程飞升特性（上升）　　图 5-40　扰动作用下过程飞升特性（下降）

由图及表可求得 $\tau = 25\text{s}$，$T = 75\text{s}$，对应于 T 内的水位变化 $\Delta H = 0.65\text{mA}$，扰动量 $\Delta u = 2.1\text{mA}$，由此可求得飞升速度

$$\varepsilon = \frac{\dfrac{\Delta z}{z_{max} - z_{min}}}{T} \bigg/ \frac{\Delta u}{u_{max} - u_{min}} = (0.65/2.1/75)\,\text{s}^{-1} = 0.0041\,\text{s}^{-1}$$

控制器参数计算值为

$$\begin{cases} \delta = 1.1\varepsilon\tau = 1.1 \times 0.0041 \times 25 = 11.3\% \\ T_I = 3.3\tau = 3.3 \times 25\text{s} = 82.5\text{s} \end{cases}$$

由于锅炉锅筒水位过程无自衡能力，因此单冲量控制系统容易不稳定，在实际投运时，应加大比例度 3～5 倍进行投入运行，再根据经验整定法进行适当调整，使运行结果满意为止。

由于锅炉锅筒水位信号的测量一般是通过平衡容器将水位转换成差压，再经差压变送器转换成电流信号，水位转换成差压的原理如图 5-41 所示。

差压与水位关系可表示为

$$\begin{aligned} \Delta p &= p_1 - p_2 = Lr_1 - Hr_1 - (L - H)r_s \\ &= L(r_1 - r_s) - H(r_1 - r_s) \end{aligned} \tag{5-28}$$

式中 r_s——饱和蒸汽重度（kN/m³）；

$\quad r_1$——饱和水的重度（kN/m³）；

$\quad \Delta p$——差压（kPa）；

$\quad L$、H——锅筒下部取样点算起的高度，如图 5-41 所示。

从式（5-28）可以看出，差压大小与水位高低正好相反，当水位 H 升高时，实际差压 Δp 减小，差压变送器的输出 I 减小，当水位 $H = 0$ 时，实际差压 Δp 最大。这样使运行人员观察水位指示表和调整水位变送器时很不习惯。因此，必须加以改进，改进的具体办法是把正、负压室调换一下，把锅筒下部取压口引出管接差压变送器正压室，差压变送器负压室接平衡管，与一般接法相反。再利用差压变速器的负迁移把平衡管的固定差压迁移掉，以实现差压变送器输出与水位高度之间的正常正比例对应关系，即最高水位时变送器输出最大，最低水位时变送器输出最小，这时差压即与水位之间的关系式可写成

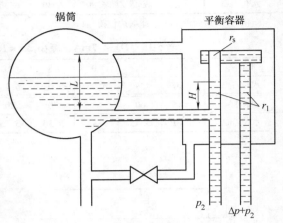

图 5-41　锅筒与平衡容器接管原理图

$$\Delta p = p_2 - p_1 = Hr_1 + (LH)r_s - Lr_1 \qquad (5\text{-}29)$$

当 $H = 0$ 时

$$\Delta p = Lr_s - Lr_1 = -(r_1 - r_s)L \qquad (5\text{-}30)$$

即为差压变送器的负偏移量。水位与压差的关系如图 5-42 所示。

一般蒸汽锅炉锅筒取样孔中心距为 440mm，而玻璃板两面计可见长度为 270mm，这个长度一般与允许水位波动的最高和最低水位相适应，超过这个范围即认为是满水或缺水，如果以 270mm 变化范围对应的差压值与差压变送器相匹配，会使得变送器过于灵敏，水位的微小自然波动就会引起控制阀动作，影响控制水位的稳定性，为了解决这一矛盾，将变送器按 440mm 水柱对应的差压值进行调校，使对应的输出为 0 ~ 10mA。而对于饱和蒸汽锅炉压力在 1.3MPa 温度为 194℃ 对应的饱和水重度 $r_1 = 8.75\text{kN/m}^3$，饱和蒸汽重度 $r_s = 0.065\text{kN/m}^3$，对应的 440mm 水位的差压值为 $H = 0$ 时的差值为

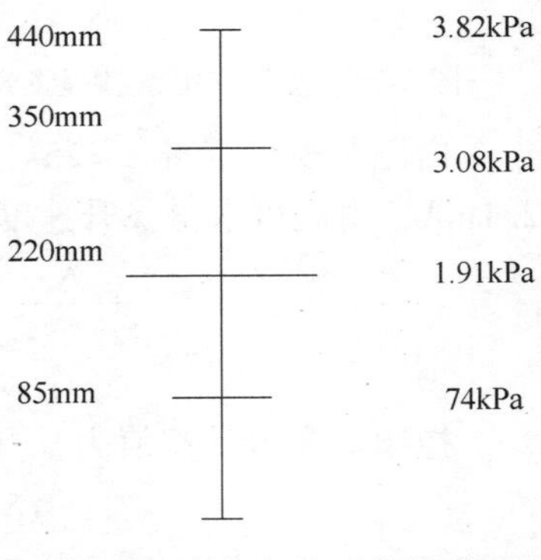

440mm	3.82kPa
350mm	3.08kPa
220mm	1.91kPa
85mm	74kPa

图 5-42　水位与差压的关系图

$$\Delta p = -(r_1 - r_s)L = -440 \times (0.875 - 0.0065)$$
$$= -382\text{mmH}_2\text{O} = 3.82\text{kPa}$$

由此可确定差压变送器的量程为 3.82kPa，负偏移量为 3.82kPa，而报警点分别置于下列位置：

低水位报警：$I_d = (74/382) \times 10\text{mA} = 1.9\text{mA}$

高水位报警：$I_g = (308/382) \times 10\text{mA} = 8.1\text{mA}$

这样，即使出现轻微的缺水或满水，也能由仪表进行监视，同时也改善了控制系统的稳定性。

正常水位一般维持在玻璃板液位的中心线水位处，常称"中水位"。因此对应的给定值为 $I_r = (191/382) \times 10\text{mA} = 5\text{mA}$，但此水位并非作为经济水位值，而经济水位值一般偏下，称为"中下水位"，一般可定在 4.5mA 处，但前提条件是控制系统运行必须可靠，负荷变化不剧烈，幅度不太大。

4. 单冲量控制系统的投运及运行结果分析

（1）控制系统的投运　根据整定计算结果，为防止过调，本系统投运时对计算参数加以修正：$\delta = 50\%$，$T_1 = 60\text{s}$。

积分时间与计算值接近，而 δ 加大了，目的提高系统的稳定性。运行结果如图 5-43 所示。

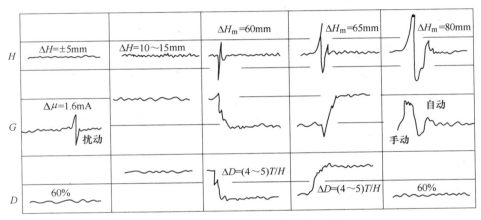

图 5-43　GWC-20/25-13 锅炉水位单冲量控制实验记录

（2）运行结果分析　由图 5-43 可以看出，长期偏差为零，水位波动 $\pm 5\text{mm}$（最大尖峰扰时）短期偏差为 $\pm 50\text{mm}$，运行结果还表明，该水位满足生产工艺的要求。

本章小结

1. 由于简单控制系统具有投资小、收效快、结构简单、易于整定和投运等特点，因此被广泛应用于可控度较好、控制质量要求不太高的场合。

2. 简单控制系统的分析、设计方法是其他复杂控制系统乃至高等控制系统分析、设计的基础。就是今天先进的高级分布式计算机控制系统，其现场控制层大多数若仍然是简单控制。

3. 要分析、设计和应用好一个过程控制系统，必须对受控过程的特点、工作条件及生产工艺进行全面的了解和比较深入的分析，准确掌握和正确理解每一个设计环节的原则及步骤，并能灵活运用。

4. 控制方案的设计和控制器参数整定是过程控制系统设计、应用和改进提高的两个主要内容。二者是相辅相成的。若控制方案设计不合理，就会使系统先天不良，无论如何选择控制器参数，都不可能获得较好的控制品质；相反，若控制方案很好，但控制器参数整定得不好，也无法使系统运行在最佳状态。只有在方案正确的基础上进行最佳整定，才能做到锦上添花。

5. 控制系统的方案设计概括起来为：

1）选择一个能表征生产状态的关键参数作为受控变量，所谓关键参数即为直接或间接地决定着生产的安全性，生产的产量、质量、价格和消耗，生产对环境的影响，工艺合理、便于测量的过程变量。

2）选择一个工艺合理、可控制良好的控制通道即操纵量。

3）执行器的选择，要从对象静特性和配管情况出发选择流量特性，使广义过程在工作中尽量具有线性特性；主要从生产的安全性出发选择阀的气开、气关形式；要根据流通能力正确确定阀的口径；要根据介质情况和工作条件决定阀芯的材料和结构。

4）测量变送是系统的眼睛，要根据被测介质的情况选择反应灵敏、准确、价格合理的测量元件，采取正确的变送和传输方法，保证测量的快速、准确和可靠。

5）控制器是控制系统的核心，必须根据过程特性和控制要求选择合理的控制规律。比例是最基本的控制作用，积分可以消除余差，但降低了系统的稳定性，对变化缓慢的对象引入微分是应该的。

6）品质指标是系统分析、设计和评价的依据，不同场合、不同控制手段可能采用不同类型的评价方法。应用最多的还是以阶跃响应曲线定义的单项指标。

7）控制器参数整定的方法很多，要根据过程特性、工艺条件和个人情况选择合理的方法和评价指标。比较常用的是工程整定法。

思考题与习题

5-1　试说明简单控制系统的构成、特点和应用场合。

5-2　过程控制系统设计包括哪些内容？其中方案设计应包含哪些内容？

5-3　试述评价过程控制系统质量的指标。

5-4　原方案的广义对象传递函数为 $\dfrac{1}{10s+1} \cdot \dfrac{1}{5s+1} \cdot \dfrac{1}{2s+1}$；相比较方案为 $\dfrac{1}{20s+1} \cdot \dfrac{1}{10s+1} \cdot \dfrac{1}{4s+1}$，试以可控指标（$K_{cr}\omega_{cr}$）比较二者的优劣，并对结果做适当讨论。

5-5　将题5-4中的比较方案改为 $\dfrac{1}{10s+1} \cdot \dfrac{1}{5s+1} \cdot \dfrac{1}{2s+1}e^{-2s}$，试与原方案比较优劣。

5-6　选择受控变量应遵循哪些原则？

5-7　选择操纵变量时，为什么要从分析过程特性入手？应遵循什么主要原则？

5-8　为什么在选择受控变量时，要使通道放大系数适当大一些，而时间常数适当小一些？

5-9　为什么在选择操纵变量时，要使干扰通道的放大系数尽量小一些，而时间常数尽量大一些？

5-10　为什么系统设计时要重视对控制阀的选择？选择阀的流量特性的依据是什么？选择阀的气开、气关形式的依据是什么？

5-11　试述选择控制器规律的原则。为什么要确定控制器的正、反作用方式？有何规定和确定程序？

5-12　测量滞后、纯滞后和信号传递滞后对控制品质有何影响？应从什么角度来解决？

5-13　试述积分饱和产生的原因及造成的危害。

5-14　在简单系统方案设计正确的前提下，为何还要整定控制器参数？目前常用的工程整定方法有哪几种？试比较其特点。

5-15　如图5-44所示，在水利工程的河工模型试验中，要实现流量自动控制，现在用泵将含有泥沙的江水送入模型。已知流量的控制范围为 $q_{min} \sim q_{max}$，并要求无余差，试设计一个简单控制系统。

5-16　在生产过程中，要求控制水箱液位，故设计了如图5-45所示的液位定值控制系统。如果水箱受到一个单位阶跃扰动 d 作用，试求：

1）当控制器为比例作用时，系统的稳态误差；

2）控制器为比例积分作用时，系统的稳态误差。

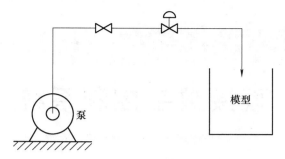

图 5-44　河工模型试验

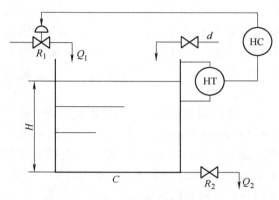

图 5-45　液位定值控制

第 6 章

直接数字控制系统

现代工业过程正在向着大型化和连续化的方向发展，生产过程日趋复杂，对生态环境的影响也日益突出，这些都对控制提出了越来越高的要求。仅靠常规仪表已不能满足现代化企业的控制要求。由于计算机有运算速度快、精度高、存储量大、通过编程可实现各种控制算法、灵活方便以及逻辑判断功能强等特点，在控制中的地位越来越高，已显示了它强大的生命力和常规仪表无法比拟的优点。可以说，计算机技术的发展已将过程控制推入了一个崭新的时期。

计算机用于过程控制，从初期的数据处理和巡回检测、设定值控制和数字控制到今天的分布式控制系统（Distributed Control Systems，DCS，又称集散系统或分级计算机控制系统），并正在朝着递阶控制系统（Hierarchical Control）发展。直接数字控制（Direct Digital Control，DDC）系统是计算机控制的一种最基本形式，也是计算机控制的基础。它和常规控制系统并无本质区别，仅是用一台计算机取代模拟控制器并引入采样。因此，在常规系统设计中讨论的受控变量和操纵变量的选择；对构成系统各环节的要求和选择原则等在这里仍然适用，就是参数的整定也仅需作适当修正就可用于 DDC 系统。当然，DDC 系统能方便地产生复杂算法以适应各种过程的要求，只要认清了这一点，在学习常规简单系统设计及参数整定的基础上学习 DDC 系统，仅需讨论一些计算机控制所特有的问题。这里主要包括：

1）DDC 系统的基本配置。

2）离散控制算式及其实施中的有关问题。

这里应该指出的是，对那些没有学过控制原理中离散系统的读者，在学习本内容时要参阅有关参考资料，也只有如此，才有可能针对不同控制场合和要求设计出更加完美的控制算法。

为了正确认识常规过程控制系统与 DDC 系统的区别与联系，还是从简单常规过程控制系统讲起，然后由计算机代替模拟控制器，并特别讨论所要解决的新问题。

6.1 从常规控制到计算机控制

6.1.1 常规控制

一个由常规仪表构成的流量简单控制系统如图 6-1 所示。

流量变送器将孔板测量的压差转换成标准信号，流量控制器将此信号与设定值作比较，如果有偏差存在，控制器把偏差按一定的控制算法（如 PI 算法）运算后，输出一个控制信号至控制阀，以改变流量 Q，最后消除余差。在此，首先应该注意的问题：这里不论用什么类型的仪表，回路中所有信号都是连续的；其次要注意控制器是通过电路或气路按下述算式进行偏差运算的。

$$u(t) = K_c \left[e(t) + \frac{1}{T_I} \int_0^t e(t) \, dt \right] + u(0) \quad (6-1)$$

式中　$u(t)$——控制器输出；

$\quad\quad u(0)$——控制器的初始输出；

$\quad\quad K_c$——比例增益；

$\quad\quad e(t)$——给定值与测量值的偏差；

$\quad\quad T_I$——积分时间常数。

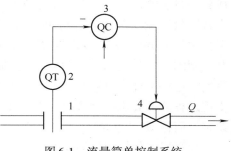

图 6-1　流量简单控制系统

6.1.2　计算机控制

图 6-1 所示常规流量控制回路的流量控制器由计算机直接取代后的回路如图 6-2 所示。

对计算机来说，所能接收的只能是离散时间形式的数字量，而流量变送器的输出为连续时间形式的模拟量，这其间必须配置一些硬件即把连续信号变为时间离散信号的采样器和把时间离散的模拟量转换为时间离散的数字量的模/数转换器（A-D 转换器），必要时还要配置相应的接口。计算机输出的当然是数字量，也必须把它转换成模拟量才能去驱动控制阀。综上所述，一个基本的计算机控制系统如图 6-3 所示。

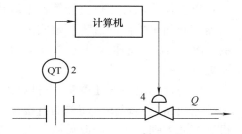

图 6-2　计算机取代模拟控制器的流量回路

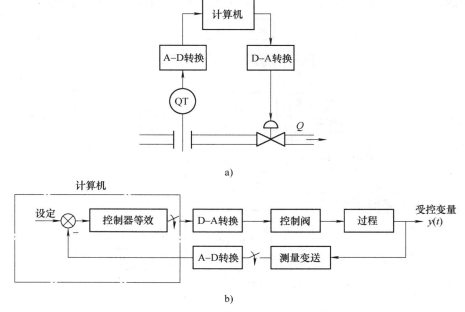

图 6-3　计算机控制系统

a）原理示意图　b）系统框图

在这里，流量变送器将孔板测量的压差转换成电信号，经采样后由 A-D 转换器将其变成数字量送给计算机，计算机把该数字量与设定数字量比较，对偏差进行 PI 运算后输出数字控制信号并经 D-A 转换器变成模拟量去控制控制阀，最后使流量调回到设定流量上来。我们把这种由计算机取代模拟控制器直接控制受控过程的计算机控制系统称为直接数字控制系统，简称 DDC 系统。

计算机取代模拟控制器实施对受控过程的控制，除了需要增加实现 A-D 转换和 D-A 转换的硬件电路外，取代模拟控制器实现控制规律运算以及输入/输出控制的软件是必不可少的。图 6-4 是应用 PI 控制算法实现计算机控制的程序流程图。

以上仅是用计算机直接等价地取代模拟控制器实施简单控制的过程。事实上，一个实际的 DDC 系统可能比这种更具吸引力，当然也要更复杂些。

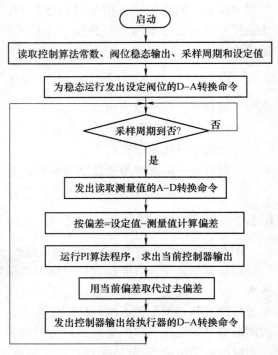

图 6-4　实现计算机控制的程序流程图

因为计算机运算速度快，可以分别处理多个控制回路，实现多个简单的直接控制；计算机运算能力强，程序修改灵活，无需更改任何硬件就可很容易地实现各种复杂的控制规律；计算机具有很强的图文处理功能和逻辑处理功能，配以相应的 I/O 设备便可实现良好的人-机对话功能，使生产过程的情况一目了然。图 6-5 是 DDC 系统组成的一般框图。

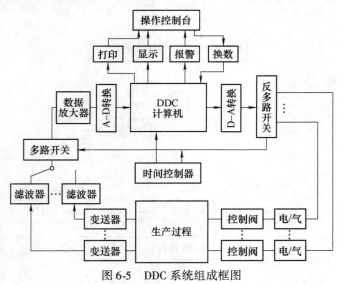

图 6-5　DDC 系统组成框图

6.2　过程通道

所谓过程通道就是指在计算机接口和受控过程间传递和交换信息的连接通道（不包含

传感器、变送器和执行器)。过程通道是计算机控制系统的重要组成部分,受控过程的各种信息要通过过程通道才能送入计算机,而计算机发出的各种命令又必须通过过程通道才能输出或控制执行器。因此,过程通道是计算机控制系统设计的重要内容,它的好坏将直接影响控制系统功能的实现情况。

按信号传递方向来分,过程通道可分为输入通道和输出通道两类;按所传递信号形式分,又可分为模拟量输入/输出通道和数字量输入/输出通道见表 6-1。

表 6-1　过程通道的分类

当输入通道处理的是来自传感器或变送器的连续电压信号时就称为模拟量输入通道,简称模入通道。若输入通道处理的是来自继电器、双位开关等的数字信号(开关信号)时,就称为数字量输入通道,简称数入通道。反之,把计算机的数字量处理成模拟量的输出通道就称为模拟量输出通道,简称模出通道。计算机输出控制继电器、报警器、步进电动机等的数字信号也需经过一定的处理(如电平转换、功率放大、输出隔离等),这一处理通路就是数字量输出通道,简称数出通道。

6.2.1　模拟量输入/输出通道

1. 模拟量输入通道

模拟量输入通道的任务是将变送器或检测元件送来的电信号,以系统所允许的误差转换成数字信号,并在程序支持下将变换结果送入计算机。

(1) 模拟量输入通道的结构　典型的模拟量输入通道结构如图 6-6 所示。

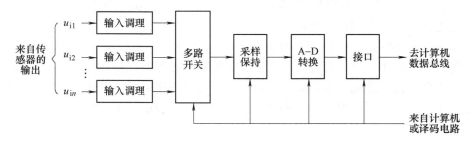

图 6-6　典型的模拟量输入通道结构

现场传感器发来的电信号经输入调理电路处理成 A-D 转换器所要求的输入信号,经输入接口送入计算机。根据被测信号的不同、要求不同、现场条件的不同以及所用元件的不同,模拟量输入通道的结构并不完全一样。

(2) 功能说明

1) 输入调理。当输入信号为 A-D 转换器所能接收的标准信号(0~5V)时,常用的输入调理电路如图 6-7 所示。输入信号先经 *RC* 滤波，由接成同相跟随器的运算放大器作阻抗隔离，有时为减小外来噪声对计算机的干扰，提高系统的工作可靠性，要使外来信号与微机间进行电气隔离，如采用隔离放大器、光隔离器等。

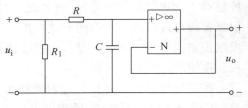

图 6-7　常用的输入调理电路

当输入信号为小信号时必须先经过放大器放大，然后再进入上述电路。对每一路输入可以由独立的放大器，也可以多路输入共用一个程控放大器，但程控放大器必须在多路开关的后面，如图 6-8 所示。

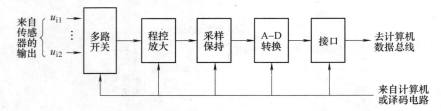

图 6-8　用程控放大器的典型模拟量输入通道结构

2）采样保持与 A-D 转换。由于模拟信号是连续变化的，而 A-D 转换总是需要一定的时间，所以把输入信号采样后还需要保持一定的时间，以便 A-D 转换期间被转换信号保持不变，保证转换精度。当 A-D 转换的速度远远高于信号变化速度时，采样保持器可以省略，而通过对 A-D 转换的启动控制实施采样。

A-D 转换器的选择主要从转换精度（即数字的位数）、转换速度、接口条件、工作环境条件和成本等综合考虑。A-D 转换器位数的确定与整个控制系统所要测量控制的范围及精度有关。但是整个系统的精度与系统构成的各环节及软件控制算法有着密切的关系，所以不是由 A-D 转换器的位数唯一确定，然而估算时，A-D 转换器的位数至少要比精度所要求的最低分辨率高一位。如果选得过低，会影响整个系统的控制和显示精度，但并不是越高越好，因为这样不仅会增加 A-D 转换器与微机接口的难度，还会使系统成本大幅度上升。对一般的系统而言，8 ~ 12 位的 A-D 转换器已能满足过程的需要，转换速度是 A-D 转换器的一个重要指标，由于转换原理和制造工艺的不同，转换速度相差很大，因而价格也相差甚远。像双积分型、电荷平衡型和跟踪比较型 A-D 转换器速度较慢，价格低，转换时间从几毫秒到几十毫秒不等，一般适用于单通道温度、成分等缓慢变化过程参数的转换。另外，V-F 转换器由于具有价格低、抗干扰能力强和微机接口简单等特点，在单通道慢过程的转换中也倍受欢迎。常用于工业多通道的典型 A-D 转换器转换时间在 10 ~ 50μs，即转换速度为（2 ~ 10）万次/s。

2. 模拟量输出通道

模拟量输出通道的任务是将计算机输出的数字量转换成模拟量。模拟量输出通道一般有两种结构形式，一种是一个 D-A 转换器对应一路输出，另一种是一个 D-A 转换器对应于多路输出，两种结构形式各有其优缺点。

（1）一个 D-A 转换器对应一路输出的形式　这种结构的模出通道一般由 I/O 接口、D-A 转换器两部分组成。D-A 转换器本身具有输出保持功能，这种结构也称为数字保持式的模出通道，如图 6-9a 所示。

（2）一个 D-A 转换器对应多路输出的形式　这种结构的模出通道一般由 I/O 接口、D-A 转换器、多路开关和输出保持电路四部分组成。其结构如图 6-9b 所示。这种结构的模出通道，由于只有一个 D-A 转换器为多路输出服务，所以必须在微机控制下分时为各路服务，即依次把 D-A 转换器的模拟电压（或电流）经多路开关传给每一路，所以每一路必须加模拟保持器，因此这种结构形式也称模拟保持式的模出通道。

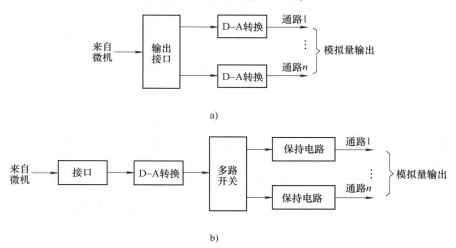

图 6-9　模拟量输出通道结构图

a）一个 D-A 转换器对应一路输出　b）一个 D-A 转换器对应多路输出

（3）两种形式的比较　第一种形式的模出通道，由于各路独立使用一个 D-A 转换器，因此速度快、精度高（数字无保持误差）、工作可靠，即使某一路 D-A 转换有故障，也不会影响其他通道的工作，但是若输出通道较多，将使用较多的 D-A 转换器，从而使硬件总体价格升高，好在随着大规模集成电路技术的发展，D-A 转换器的价格在不断下降，这种结构的模出通道越来越受欢迎。目前主要用在混合计算、测试自动化、模拟量混合计算和模出通道比较多的 DDC 系统中。

第二种结构的模出通道，虽然仅用一个 D-A 转换器，但是要增加多路开关和输出保持电路，所以仅适用于输出通道多且速度要求不高的场合。目前主要用于监控和通路较多但要求不太高的 DDC 系统中，另外，由于仅使用一个 D-A 转换器，一旦 D-A 转换器有故障，所有通路均无法工作，所以系统工作可靠性也不如第一种形式高。

6.2.2　数字量 I/O 通道

数字量 I/O 通道相对模拟量 I/O 通道要简单，因为这些量都具有二进制形式，易于被计算机所接收。但是这种量大多直接与现场相连，为了提高计算机的可靠性，一定要考虑隔离问题。另外，当输入电平与计算机电平不符时，必须加电平转换电路。

1. 数字量输入通道

数字量输入通道的常见结构形式如图 6-10 所示。对于有些数字量输入图中点画线框内部分可以不要，如来自 BCD 码拨盘输出、键盘输出等的数字量。对于来自现场的数字量，电气隔离往往是必需的，常见的隔离电路有光耦合器和高频变压器耦合两种，如图 6-11 所示。

光耦合器由发光二极管和光敏晶体管组成，输入状态的变化（如开关的通断）首先变成发光二极管的发光强度，经光路传递给接收元件光敏晶体管，使晶体管产生饱和导通（低电平）和截止（高电平）两种状态。而U_{cc1}和U_{cc2}是两个相互独立的电源，因此可实现光耦合器输入与输出间的电气隔离。

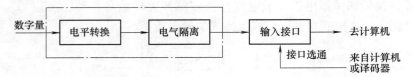

图 6-10　数字量输入通道

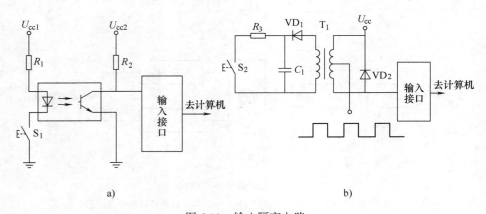

a)　　　　　　　　　　　　　　　　　　b)

图 6-11　输入隔离电路

a）用光耦合器的输入隔离电路　b）采用变压器耦合的输入隔离电路

变压器隔离的特点是输入侧不需要电路，减少了用光耦合器隔离时需要两组独立电源的麻烦。图中，当变压器二次侧的中心抽头上加入高频方波电流时，根据输入侧电路状态的不同，二次侧表现出不同的阻抗。

2. 数字量输出通道

数字量输出通道一般由输出接口、电气隔离、电平转换和功率驱动四部分组成，如图 6-12 所示。

图 6-12　数字量输出通道

图中，点画线框内部要根据输出所驱动的设备决定取舍，如作为状态指示、数字显示等的输出数字量一般不要此部分或仅加驱动器，而输出数字量要去驱动继电器时，这部分一般是必需的。常见的输出电路形式有光耦合器和高频变压器耦合电路两种，如图 6-13 所示。

对于图 6-13a，负载回路均采用晶体管开关，以集电极开路方式与外电路相接，二极管以作为保护二极管使用。对图 6-13b，当 I/O 接口输出高电平时，时钟脉冲 CLK 经变压器耦合，二极管整流，使输出晶体管导通；当 I/O 接口输出为低电平时，时钟脉冲被封锁，变压器无交变信号输入，输出为零，输出晶体管截止，从而完成了数字量的输出。

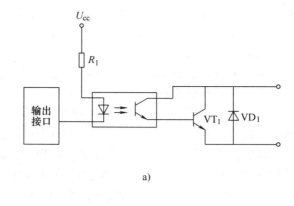

a)

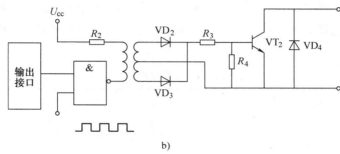

b)

图 6-13　数字量输出通道常用电路

a) 光耦合器式数字量输出通道　b) 高频变压器耦合式数字量输出通道

对于用作晶闸管触发控制的输出通道来说, 若晶闸管工作在移相触发方式, 则在模拟量输出通道的基础上再引入相应的移相触电路即可; 若以过零触发方式工作, 则应在数字量输出通道的基础上, 再引入适当的过零触发电路。具体电路请参阅有关书籍。

6.3　信号采集、数字滤波及数据处理

6.3.1　香农采样定理及采样频率的选择

经调理电路获得的随时间连续变化的模拟信号经过采样器将它转换为一连串不连续的脉冲信号, 这种变换过程称为采样过程或离散化过程, 如图 6-14 所示。

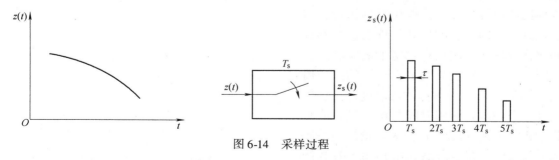

图 6-14　采样过程

采样过程中所用的采样器实质上是一个简单的受控开关按规定的时间闭合和断开。采样后的脉冲序列 $z_s(t)$ 是一个时间离散信号, 但在函数轴上仍然是连续的, 因为连续信号 $z(t)$

的幅值变化也反映在采样信号的幅值上，所以采样信号是一个离散的模拟信号。0、T_s、$2T_s$、…为采样时刻即采样开关的闭合时刻。T_s 为采样周期，$f_s = 1/T_s$ 为采样频率，τ 为采样宽度，代表采样开关闭合的时间。

从上面的采样过程看：经过采样后，不是取全部时间上的信号值，而是仅取某些时间点上的值，那么，采样信号能否不失真地反映被采样信号呢？或者说采样后的信号是否还能复原到采样前的状态呢？这由所选用的采样周期（或频率）决定。香农（Shannon）采样定理指出：如果随时间变化的模拟信号 $z(t)$ 的最高频率为 f_{smax}，只要按照 $f_s \geq 2f_{smax}$ 进行采样，则采样信号 $z_s(t)$ 就能无失真地恢复到连续信号 $z(t)$。香农采样定理给人们选择最小采样频率提供了依据。事实上，采样频率越高，控制越及时，控制品质就越好（大纯滞后的特殊过程除外）；如果采样频率接近于无限，那么，离散系统的性能会接近于同等条件下的连续控制系统。但这仅是一种假设，那么在满足香农采样定理的条件下，最佳的采样周期应该如何选取呢？采样周期选择的最简单方法是参考经验数据进行。在大多工业过程中，表 6-2 所提供的数据是可行的。

表 6-2　采样周期选择表

受控变量	采样周期 T/s	备注
成分	15 ~ 20	
温度	15 ~ 20	或取纯滞后时间；对串级系统，$T_{s副} = (1/4 ~ 1/5)T_{s主}$
液位	5 ~ 8	
压力	3 ~ 10	优先选用 5 ~ 8s
流量	1 ~ 5	优先选用 1 ~ 2s
转速	0.01 ~ 0.02	速度控制系统外闭环
电流或电压	0.001 ~ 0.002	速度控制系统内闭环

上述经验数据仅给出了一个选择范围，要选择具体数值则有一定的难度，因为采样周期选小了，则要求计算机的运算速度和 A-D 转换的速度高，增加了硬件的成本；若采样周期选大了，则会降低控制品质。因此，设计人员总想知道一种更为精确的方法。如果已经获得了受控过程的数学模型，采用下述方法可以做更精确的估算。上面已经说过，由于采样延时的影响，离散控制系统的动态响应和等价的连续系统相比将变坏，因此只有确定了响应品质允许降低的最大程度后，最大允许的采样周期（即最低采样频率）才可通过计算机仿真计算得到。我们用时间与误差绝对值乘积的积分准则（ITAE）作为衡量控制品质降低的程度。图 6-15 就是用 PI 和 PID 控制的二阶加纯滞后过程在控制品质降低 30% 条件下规格化采样周期（T_s/T_{ps}）和时域可控

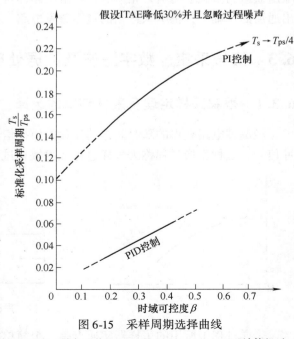

图 6-15　采样周期选择曲线

注：引自［美］P. B. Deshpande R. H. Ash《计算机过程控制——先进控制策略的应用》

度 β （$\beta = \tau_p / T_{ps}$）的关系曲线（仿真用受控过程数学模型为 $G_p(s) = \dfrac{e^{-\tau_{ps}}}{(\tau_{p1}s + 1)(\tau_{p2}s + 1)}$。图中，曲线的虚线部分表示采样周期 T_s 恒取 $T_{ps}/4$；$T_{ps} = \tau_p + T_{p1} + T_{p2}$，即过程纯滞后时间与惯性时间常数的和。

采样周期的选择不仅与过程特性有关，还与干扰及噪声的大小、周期性干扰的频率以及控制品质的侧重点有关。例如，干扰和噪声大的系统 T_s 应选小些，反之可选大些。对周期性干扰严重的系统，一般选择采样频率为干扰频率的整数倍。当按上述方法所选采样频率低于主要周期性干扰的频率时，建议按下式进行

$$T_s = nT_d \pm 1/2T_d \tag{6-2}$$

式中　n——0，1，2，3，…；

　　　T_d——干扰信号的周期。

从生产对控制质量的要求看，若对超调量要求严格，则 T_s 可选大些；若对过渡过程时间要求严格，则 T_s 应选小些。所以采样周期的选择要综合考虑各方面的因素，并结合现场调试，最后才能获得最佳值。

6.3.2　数字滤波

正如上一节所述的那样，为了抑制进入 DDC 系统的干扰，提高系统的信噪比和可靠性，通常在模拟输入通道的输入调理电路中设置模拟 RC 滤波网络。这种滤波网络对滤除高频是相当有效的。但是，对于频率较低的干扰不仅要增加滤波电容的体积，而且滤波效果也不理想。在 DDC 系统中一般引入软件数字滤波技术，从而较好地克服硬件滤波的不足，有效地提高滤波效果。

所谓数字滤波就是通过一定的计算机程序对采样信号进行一定的计算，以提高有用（或真实）信号，消除或削弱各种周期性的、脉冲性的干扰和噪声，因此也称为程序滤波。与模拟滤波相比，数字滤波有许多优点：一是不需要增加硬件设备，只需它对采入的数据先运行一段数字滤波程序；二是数字滤波稳定性高，不存在阻抗匹配问题，一般滤波程序可多通道公用；三是适应性强，不像模拟滤波器那样受电容量的影响，对低频干扰滤波效果差，甚至根本无法滤除，数字滤波可对各种频率的干扰进行滤除；最后，数字滤波应用起来最灵活、方便，只要选择不同的滤波方法或适当改变滤波器参数就可适合滤除不同频率、不同形状的干扰。正是由于上述优点，在计算机测控系统中数字滤波得到了广泛的应用。把它和模拟滤波同时使用，可以收到良好的效果。数字滤波的方法很多，既可选择常用的方法，也可根据信号及干扰特点和对信噪比的要求自行设计滤波程序。目前数字滤波技术发展很快，下面仅就常用的几种方法做一般介绍。

1. 平均值滤波

（1）算术平均值滤波　算术平均值滤波又称递推平均值滤波，它的基本方法是对某一输入进行 n 次采样，取得 n 个瞬时采样值 $y_i (i = 1, 2, 3 \cdots, n)$，然后求出它们的算术平均值 $\bar{y}$ 作为本次滤波器的输出，以使 $\bar{y}$ 与各采样值 y_i 间的偏差二次方和 E 为最小。由

$$E = \sum_{i=1}^{n} (\bar{y} - y_i)^2 \tag{6-3}$$

求极小可得

$$\bar{y} = \frac{1}{n} \sum_{i=1}^{1} y_i \tag{6-4}$$

由程序实现算术平均值滤波的框图如图 6-16 所示。算术平均值滤波特别适应于滤除近似等幅振荡的周期性干扰信号，如流量、液位信号等。在这种情况下通过合理的选择采样周期和求平均值的次数 n，可以得到良好的滤波效果。图 6-17 描述了对这类干扰的滤波效果。

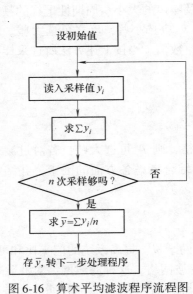

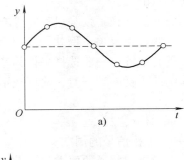

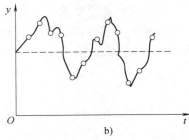

图 6-16　算术平均滤波程序流程图

图 6-17　周期性干扰滤波示意图
a）正弦干扰　b）非正弦干扰

图 6-17 中虚线为真实信号，实线为叠加干扰后的信号，"∘" 为瞬时采样值。若干扰为图 6-17a 所示正弦信号（如工频干扰），可以使 $\bar{y}$ 等于真实值即完全滤除干扰的影响。即使是图 6-17b 所示的非正弦周期信号，只要有合适的采样频率和足够的平均值次数，也有很好的滤波效果。

算术平均值滤波对随机脉冲干扰难以得到理想的效果，如图 6-18 所示（点画线为 $\bar{y}$）。因此，此法不宜用于脉冲干扰严重的场合，特别是有同向干扰的场合。

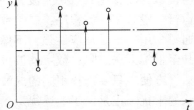

图 6-18　随机信号干扰滤波示意图

算术平均滤波的效果与求平均值的采样点数关系密切，一般而言，n 值越大，滤波效果越好，但 n 值越大，占用计算机内存越多，运算时间越长，滤波输出（即 $\bar{y}$）反应被采信号的变化越迟钝，因此，n 值一定要适中，一般对流量 n 取 8～12，对压力 n 取 4。

（2）滑动平均值滤波　算术平均值滤波每输出一个平均值必须采样 n 个瞬时值。当 n 过小时，滤波效果差；当 n 比较大，又要求数据输出速度比较高时，就要求 A-D 转换器有非常高的转换速度，这样势必要增加硬件成本，而滑动平均值滤波则弥补了这个不足。

滑动平均值滤波除一开始需要采集 n 个瞬时值后求取算术平均值外，以后每采一次就求一次算术平均值作为滤波器的输出。设第一次采样的 A-D 转换值为 y_1，第二次为 y_2，…，第 n 次为 y_n，这时数字滤波器的输出为 $\bar{y} = (y_1 + y_2 + \cdots + y_n)/n$；以后每采入一个值数字滤波器就输出一个滤波值，当进行第 $n+1$ 次采样（值为 y_{n+1}）后，数字滤波器输出为 $\bar{y} = (y_2 + y_3 + \cdots + y_{n+1})/n$；第 $n+2$ 次采样后，滤波器的输出为 $\bar{y} = (y_3 + y_4 + \cdots + y_{n+2})/n$；以此类推，每采入一个新值就去掉一个最老的采样值求取新的 n 次采样值的算术平均值。

滑动平均值滤波的应用和 n 值的选取和算术平均值滤波是一样的。

（3）加权平均值滤波 上述两种滤波方法在求平均值时，对每次采样值的比重是同等看待的，有时为达到不同的滤波效果，对各次采样值乘以不同的系数后再相加求平均值，这就是加权平均滤波，所乘系数称为加权系数。对算术平均值加权滤波后为

$$\bar{y} = a_1 y_1 + a_2 y_2 + \cdots + a_n y_n = \sum_{i=1}^{n} a_i y_i \qquad (6\text{-}5)$$

式中 a_1，a_2，$\cdots$，a_n——加权系数，均为常数，且满足

$$\sum_{i=1}^{n} a_i = 1$$

式（6-5）中 a_i 的值要根据具体情况而定，一般有 $0 < a_1 < a_2 < a_3 < \cdots < a_n$，即对越新的采样值，乘的系数越大，以提高新的采样值在平均值中的比重，从而使系统对当前信号的变化有更高的灵敏度。这种方法适用于纯滞后较大的过程，若过程的纯滞后时间为 τ_p，加权系数为

$$a_1 = 1/\Delta$$
$$a_2 = e^{-\tau_p/\Delta}$$
$$\vdots$$
$$a_n = e^{-(n-1)\tau_p}$$
$$\Delta = 1 + e^{-\tau_p} + e^{-2\tau_p} + \cdots + e^{-(n-1)\tau_p}$$

（4）中值法滤波（中值滤波） 上述三种方法对于脉冲性随机干扰的滤波效果均不理想，对某些变化速度不太快的信号，为了滤除脉冲性干扰，常采用中值滤波。其方法是：对被测信号连续采样三次存入内存，计算机对其进行比较判断，舍去三者中的最大和最小值，仅取中间值作为本次有效采样值。设三次采样值分别为 y_1，y_2，y_3，且有 $y_1 < y_2 < y_3$；那么，y_2 为本次有效采样值，即本次中值滤波的输出 $y_i = y_2$。中值滤波的效果取决于三个采样值中有几个受干扰的影响。若三次采样值中仅有一个受干扰的影响，那么，不论哪一个受到干扰都将被滤除，因它要么是三者中的最大者（受正向干扰），要么是三者中最小者（受负向干扰），如图 6-19a 所示。若三个采样值有两个受到了干扰，异向干扰的两次采样值必然是一个最大者和一个最小者，如图 6-19b 所示。若两个干扰是同向的，如图 6-19c 所示，中值滤波无能为力，只能把受干扰小的那一个采样值作为有效的采入。如果说三个采样值均受到了干扰，如图 6-19d 所示，不论干扰方向如何，中值滤波都滤除不掉。可见，中值滤波对滤除缓慢变化的过程变量中的因偶然因素引起的波动或采样器不稳定引起的脉冲干扰有良好的效果，而对于像流量这种变化快的过程参量不宜采用，因它会把信号的真实变化滤除，中值滤波的程序流程如图 6-20 所示。

在应用中常把中值滤波和平均滤波综合在一起进行，即对平均值滤波中的 n 个瞬时值进行排队，舍去最大和最小的，仅取其余的 $n-2$ 个的平均值。

（5）程序判断滤波 中值滤波虽能较好地滤除缓慢变化过程变量中的随机脉冲干扰，但对测量元件故障（如热电偶断偶）、变送器不良和连续受到大幅度脉冲干扰的情况却无能为力。这时采用程序判断滤波法可得到良好的效果，并提高了系统的可靠性。

这种滤波方法的基本思路是：由于过程采样的时间间隔（即周期）较短，过程参数的变化速度不会很大，因此相邻两次采样值不会相差很大，我们可以根据被采信号的实际变化情况设置一个允许变化的上限 Δy，若相邻两次采样值（以绝对值表示），小于或等于 Δy，

则认为本次采样值有效, 否则, 认为本次采样值不正常, 仍以上一次采样值作为本次采样值。其数学表达式为

$$|y(k) - y(k-1)| \begin{cases} \leq \Delta y & \text{则取 } y(k) = y(k); \\ > \Delta y & \text{则取 } y(k) = y(k-1) \end{cases} \tag{6-6}$$

式中　$y(k)$——第 k 次采样值;

　　$y(k-1)$——第 $k-1$ 次采样值。

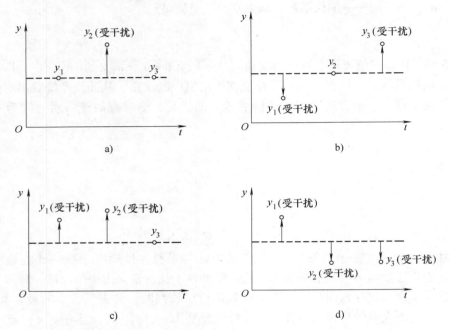

图 6-19　中值滤波的效果

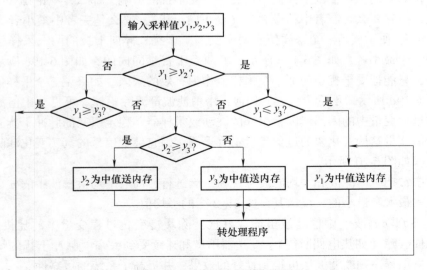

图 6-20　中值滤波程序流程图

在判断滤波中, Δy 的选择是相当关键的, 若选得过大, 可能会把受干扰的信号作为真实值被利用; 若选得过小, 则会把被采样的正常变化滤掉而不能实施正确控制。一般 Δy 的

值要根据被采信号的实际变化速度来定，即

$$\Delta y = V_{\max} T_s$$

式中　$V_{\max}$——被采信号可能的最大正常变化速度；

　　　T_s——两次相邻采样时间间隔，即采样周期。

事实上，数字滤波不仅能完成模拟滤波器所无法实现的静态滤波，而且还可以把动态模拟滤波器数字化，如低通滤波器、高通滤波器和带通滤波器等。只要能设计出所需滤波器的传递函数，通过差分变换求得其离散表达式就可编程实现。当然数字滤波器还有不如模拟滤波器的地方（如滤波效果受采样频率的影响，会产生相位滞后等），因此并不能完全取代模拟滤波器，在工程上往往把它们结合起来使用。

6.3.3　数据处理

数据处理主要包括数据读入、有效性检查、数字滤波、线性化处理、工程量化、计算机处理、上下限检查和数据存储等八个方面。

1. 数据读入

当被测参数不止一路时，要根据被测参数的性质和大小进行分类，一类模入量对应一个采样周期，各类模入量应根据预先选定的采样周期分时地读入计算机内存。当多路被测参数共用一个 A-D 转换器通过多路开关分时采入时，为使各回路及采样读入正确工作，一个 A-D 转换器对应的路数及多路采样周期必须满足

$$\frac{a_1}{T_{s1}} + \frac{a_2}{T_{s2}} + \cdots + \frac{a_n}{T_{sn}} \leqslant \frac{1}{t_s} \tag{6-7}$$

式中　　　　　n——一个 A-D 转换器所对应的模入量种类数；

T_{s1}，T_{s2}，$\cdots$，T_{sn}——各类模入量的采样周期；

a_1，a_2，$\cdots a_n$——各类模入量的数目；

　　　　　　　t_s——完成一次 A-D 转换所需要的时间。

若假设 $T_{s1} < T_{s2} < \cdots < T_{sn}$，各模入量的采样周期的安排应如图 6-21 所示。

2. 有效性检查

计算机一般通过判别模入数据量程是否溢出或是否低于仪表零位来决定模入部件（如测量变送仪表或连线）是否有故障的。比如 DDZ-Ⅲ 型变送器输出电流为 DC 4 ~ 20mA，若输出电流大于 20mA，读入数据将产生溢出，若输出电流小于 4mA，则读入数据就为负值，这均表明测量变送器故障，应报警告知维护人员进行处理，同时采

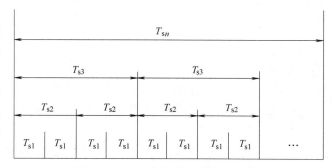

图 6-21　各类模入量采样周期安排图

取相应保护措施，如使执行器保持一个合适的输出，或采取信号联锁。

3. 数字滤波

由上所述，数字滤波的方法很多，必须根据被测信号特点、干扰情况合理选择并正确使用，从而有效地滤除混入被测信号中的各种干扰成分。

除数字滤波外，相应的模拟滤波器、必要的屏蔽措施和正确的接地方法都是提高输入装

置的共模抑制比、削弱混入信号中的干扰、提高系统运行可靠性的必要手段。

4. 线性化处理

采样信号与它代表的过程参数间不一定都是线性关系，往往存在一定的非线性，如节流装置和差压变送器测量流量时，变送器输出与流量间成二次方根关系，即

$$Q = k\sqrt{Z} \tag{6-8}$$

式中　k——流量系数；

　　　Z——变送器输出；

　　　Q——被测流量。

所以对差压变送信号要进行开方处理，在常规控制仪表中有专用的开方器可供选用，在这里则由软件开方代替开方器。再如热电偶测温时，其输出毫伏值与被测温度间也是非线性关系，在常规控制系统中，热电偶变送器含有线性化电路，这里则可由软件进行线性化。除此之外，还可同时进行流量、温度、压力补偿以及热电偶的冷端温度补偿处理等。

在计算机中，由于采用软件进行线性化处理，不仅灵活、方便，而且精度高，从而可有效地提高系统的控制品质。

5. 工程量化

工程量化就是把采入的 A-D 转换值转换成对应的过程参数的工程单位值及工程中所需要其他单位的换算，例如，把气体流量换算成标准状态下的流量等。

6. 计算处理

生产过程中有些希望知道但无法测量的过程参量，对此必须采用间接法进行测量，为了获得希望过程参量的真实数值，必须进行一定的运算。例如精馏塔内回流量就要通过对外回流量、塔顶气流温度与回流温度之差 ΔT 的测量经计算获得的，其表达式为

$$Q_i = Q_0\left(1 + \frac{C_p}{\lambda}\right)\Delta T \tag{6-9}$$

式中　Q_i——内回流量；

　　　Q_0——外回流量；

　　　C_p——液体比热；

　　　λ——液体的汽化潜热；

　　　ΔT——塔顶气相温度与回流液温度之差。

因此，在计算机控制系统中，许多无法直接测量的参数也可以实现实时显示和控制。

7. 上下限检查和报警

在生产过程中，为了生产的安全，对有些参数必须进行上下限检查和报警。其方法是把直接采入的数据或经过一定计算处理后的数据，与某一个预先规定的上下限进行比较，如果超出允许的范围就要进行报警，以便采取紧急措施，必要时，还要设计一定的联锁系统，避免无人或人员处理失误而造成的不安全因素。这也是全面提高生产过程自动化水平的一个重要内容。

8. 数据存储

对每次采入的瞬时值或计算处理结果都应按预先分配好的空间存入内存和磁盘的相应区域，以备控制、显示、打印等之用。

6.4　DDC 系统的 PID 算式

比例、积分、微分（简称 PID）控制是模拟控制中普遍采用的控制方法。虽然在采用了计算机控制技术之后，使许多过去难以实现的非线性、多变量、自适应和最优化等控制算法得以实现，但是 PID 控制算法仍是最受人们欢迎的控制方式。这是因为目前大多数工业过程的动态特性尚未被掌握，仍无法得到精确的数学模型，使复杂的算法无法准确实施。而 PID 控制整定方便，只需做少量的计算或直接凭经验依据现场调试情况便可确定控制参数，并能满足大多数生产过程的控制要求。

在计算机控制中，目前最常用的控制算法是由模拟 PID 经离散后直接产生的和经演变与改进的一些其他数字 PID 控制算式。下面仅就最基本的和常用的改进型 PID 算式做介绍，并对实施中的若干问题做一般性的讨论。

6.4.1　基本 PID 控制算式

计算机控制中的 PID 算式是由模拟 PID 算式经离散化得来的，由于大多数工业过程参数变化是相当缓慢的，只要选择合适的采样周期 T_s，离散控制形式就趋近于连续控制形式。基本 PID 算式分为位式算式型和增量算式型两种。

1. 位式算式

模拟控制中的基本 PID 算式为

$$u(t) = K_c \left[e(t) + \frac{1}{T_I} \int e(t) \, dt + T_D \frac{de(t)}{dt} \right] + u(0) \tag{6-10}$$

对上述算式只要将积分用求和代替，微分用有限差分代替，就可得出近似的离散算式。若计算机对该信号的采样周期为 T_s，那么，第 k 次采样时有 $u(t) = u(kT_s)$，$e(t) = e(kT_s)$，式中的 $u(kT_s)$ 和 $e(kT_s)$ 分别记为 $u(k)$ 和 $e(k)$，则

$$\begin{cases} \int_0^t e(t) \, dt \approx T_s \sum_{i=0}^k e(i) \\ \dfrac{de(t)}{dt} \approx \dfrac{e(k) - e(k-1)}{T_s} \end{cases} \tag{6-11}$$

将式（6-11）代入式（6-10）得

$$u(k) = K_c \left\{ e(k) + \frac{T_s}{T_I} \sum_{i=0}^k e(i) + \frac{T_D}{T_s} [e(k) - e(k-1)] \right\} + u(0) \tag{6-12}$$

由于上述中 $u(k)$ 就是 kT_s 时希望执行机构所达到的阀位置，因此，称式（6-12）为位置式 PID 控制算式，简称位式算式。

2. 增量算式

结合式（6-12）可以写出

$$u(k-1) = K_c \left\{ e(k-1) + \frac{T_s}{T_I} \sum_{i=0}^{k-1} e(i) + \frac{T_D}{T_s} [e(k-1) - e(k-2)] \right\} + u(0) \tag{6-13}$$

将式（6-12）和式（6-13）相减得

$$\begin{aligned} \Delta u(k) &= u(k) - u(k-1) \\ &= K_c \left\{ [e(k) - e(k-1)] + \frac{T_s}{T_I} e(k) + \frac{T_D}{T_s} [e(k) - 2e(k-1) + e(k-2)] \right\} \end{aligned} \tag{6-14}$$

式 (6-14) 的 $\Delta u(k)$ 不是 kT_s 时实际希望执行机构的位置，而是相对 $(k-1)T_s$ 时执行机构位置希望的改变量，因此称为增量型 PID 算式，简称增量算式。式 (6-14) 经整理可写成

$$\Delta u(k) = K_c[e(k) - e(k-1)] + K_I e(k) + K_D[e(k) - 2e(k-1) + e(k-2)] \qquad (6\text{-}15)$$

式中 K_I——积分系数，$K_I = K_c \dfrac{T_s}{T_I}$；

$\qquad K_D$——微分系数，$K_D = K_c \dfrac{T_D}{T_s}$。

有时为了编程方便，人们更愿意将式 (6-15) 写成式 (6-16) 的形式

$$\Delta u(k) = Ae(k) + Be(k-1) + Ce(k-2) \qquad (6\text{-}16)$$

式中 $A = K_c + K_I + K_D$；

$\qquad B = K_c + 2K_D$；

$\qquad C = K_D$。

式 (6-16) 中已看不出比例、积分和微分作用的存在，A、B、C 三个动态参数仅为中间变量，该式只反映各采样偏差对控制作用的影响，为此人们把它称为偏差系数控制算式。应用该算式时，人们输入的仍然是 P、I、D 参数，先由计算机求出 A、B、C，再代入式 (6-16) 求出 $\Delta u(k)$。这样做是因为只有 K_c、T_I、T_D 才有明确的物理意义，便于参数的设置和整定。

3. 位式算式和增量算式的比较

1) 位式算式中有 $u(0)$ 项，而增量算式中则没有，因此应用位式算式时在手动与自动切换前须要先由外部预先设置执行机构的初始位置，而增量算式每次输出的是执行机构动作增量，无须预置初始值，而且手动/自动切换方便，冲击较小。

2) 位式算式中的积分项是整个历史过程偏差的积累，这样一来会产生较大的累加计算误差，二来若偏差长期得不到消除，累积会越来越大以致产生积分饱和，为此还需引入防积分饱和的措施；增量算式中输出增量一次累积，尽管当偏差长期存在时输出也使执行器达到极限位置，但是一旦偏差符号改变，$\Delta u(k)$ 立即改变，在一个采样周期内即可使输出脱离饱和回到正常控制范围，从而消除了因积分饱和带来的控制误差。

3) 增量算式每次仅输出执行器动作增量，因此误差动作可能性小，当计算机发生故障而无法输出时，执行器仍能保持现状使生产过程继续维持，为操作提供可靠的备用手段，而位式算式则不具备这些。

4) 增量算式也有不足的地方，如比例项 $K_c[e(k) - e(k-1)]$ 与积分项 $T_s e(k)/T_I$ 符号相反时，将削弱控制作用，从而使控制过程变缓，为此有时须采取一些特殊的措施。

由于增量算式的诸多优点，因而得到了广泛的应用，图 6-22 为带有系统输出鉴别子程序的增量型 PID 控制算式程序流程图。

图中，执行机构正向余量 Δu_{v_1} 和反向余量 Δu_{v_2} 为执行机构由当前位置到达极限位置的最大变化量，δ 为执行机构的最小分辨量。除上述基本 PID 控制算式外，有时还用到一种速度型控制算式 $\Delta u(k)/T_s$，以适应积分式控制器。

6.4.2　对基本 PID 控制算式的改进

由于生产工艺的特殊性，受控过程的多样性和控制品质的不同性，仅有基本 PID 控制算式是不够的，人们根据生产的实际需要对基本 PID 算式进行了发展并形成了一些改进型 PID

控制算式，如不完全微分的 PID 算式、微分先行的 PID 算式、积分分离的 PID 算式等，对这几种算式下面将一一介绍。

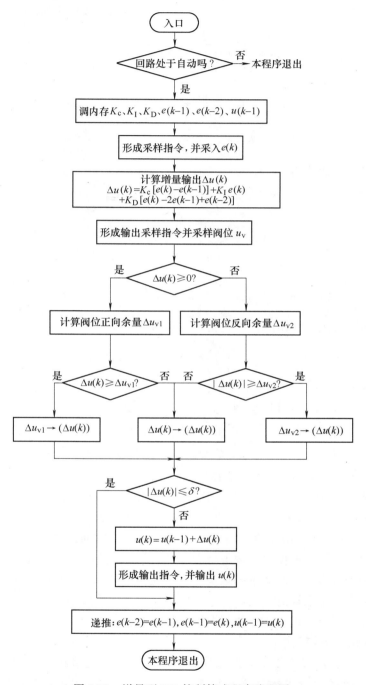

图 6-22　增量型 PID 控制算式程序流程图

1. 采用不完全微分的 PID 算式

由于理想的微分作用对高频噪声十分敏感，易引入高频干扰而降低系统的控制品质，在实际应用中不论是模拟控制器还是数字控制，通常均采用不完全微分型的 PID 算式，所谓不完全微分型的 PID 算式，就是在基本 PID 的基础上再串入一个一阶惯性环节（低通滤波环节），如图 6-23 所示。

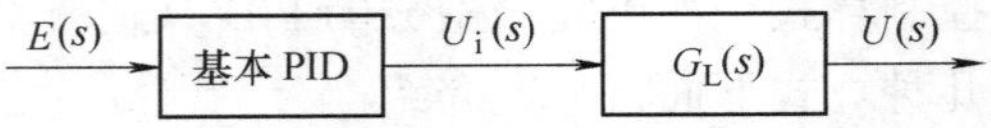

图 6-23　不完全微分 PID 算式框图

图中，$G_L(s) = \dfrac{U(s)}{U_j(s)} = \dfrac{1}{T_L s + 1}$；$\dfrac{U_j(s)}{E(s)} = K_c\left(1 + \dfrac{1}{T_I s} + T_D s\right)$

所以

$$T_L \frac{\mathrm{d}u(t)}{\mathrm{d}t} + u(t) = u_j(t) \tag{6-17}$$

$$u_j(t) = K_c\left[e(t) + \frac{1}{T_I}\int_0^t e(t)\,\mathrm{d}t + T_D \frac{\mathrm{d}e(t)}{\mathrm{d}t}\right] \tag{6-18}$$

对式（6-17）离散化得

$$T_L \frac{u(k) - u(k-1)}{T_s} + u(k) = u_j(k)$$

则

$$u(k) = \alpha u(k-1) + (1-\alpha)u_j(k) \tag{6-19}$$

式中　$\alpha = \dfrac{T_L}{T_L + T_s}$

因

$$u_j(k) = K_c\left\{e(k) + \frac{T_s}{T_I}\sum_{i=0}^{k} e(i) + \frac{T_D}{T_s}[e(k) - e(k-1)]\right\}, \tag{6-20}$$

将式（6-20）代入式（6-19）即可得不完全微分型位置算式

$$u(k) = (1-\alpha)K_c\left\{e(k) + \frac{T_s}{T_I}\sum_{i=0}^{k} e(i) + \frac{T_D}{T_s}[e(k) - e(k-1)]\right\} + \alpha u(k-1) \tag{6-21}$$

$$= (1-\alpha)u(k) + \alpha u(k-1)$$

与基本 PID 算式一样，其增量型算式为

$$\Delta u(k) = (1-\alpha)K_c\left\{[e(k) - e(k-1)] + (T_s/T_I)e(k) + (T_D/T_s)[e(k) - 2e(k-1) + e(k-2)]\right\} + \alpha[u(k-1) - u(k-2)] \tag{6-22}$$

$$= (1-\alpha)\Delta u'(k) + \alpha\Delta u(k-1)$$

图 6-24 为基本 PID 算式和不完全微分 PID 算式的单位阶跃响应曲线。由图可见，基本 PID 算式的微分作用仅在第一个采样周期起作用，而且控制作用很强。这样一方面由于控制输出幅值的限制，过程的微分作用得不到有效输出；另一方面，由于执行器动作需要一定的时间，在这短暂的时间内即使输出幅值很大，执行器也达不到相应的位置而产生输出失真。另外，过强的冲击也容易引起系统的振荡。而不完全微分的 PID 是将基本 PID 一个采样周期输出的微分作用分几个采样周期输出，这样每次输出的幅值较小，而微分的有效作用时间较长，从而使微分作用有效地作用于执行器，使控制品质提高。

2. 微分先行的 PID 算式

在系统运行中，当操作工对系统设定值调整时，往往是阶跃形式的；在数字控制系统中，设定值往往通过键盘以数字方式设定，因而设定值以阶跃变化是不可避免的，常使系统产生较大的微分冲击，使操纵量大幅度变化，受控变量产生较大的超调，这对有些生产过程（如燃气、燃油的燃烧过程）是不允许的，因此产生了微分先行的算式。所谓微分先行，就是 PID 的微分作用提至反馈通道中，仅对测量值微分，而不对设定值微分，如图 6-25 所示。

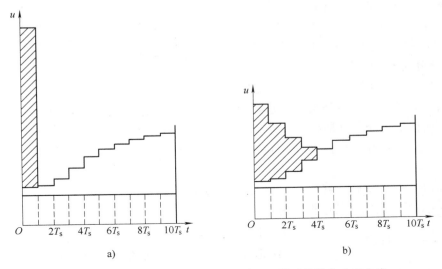

图 6-24 基本 PID 算式和不完全微分 PID 算式的单位响应曲线

a）基本 PID b）不完全微分 PID 算式

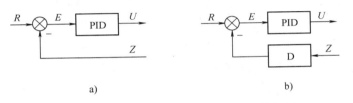

图 6-25 基本 PID 和微分先行 PID 的运算框图

a）基本 PID b）微分先行 PID

采用微分先行控制算式后，可使给定值阶跃响应的超调量减小为基本 PID 算式时的约 1/4，如图 6-26 所示。

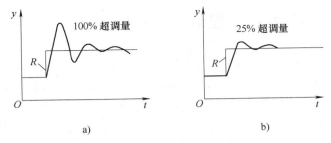

图 6-26 基本 PID 和微分先行 PID 给定阶跃响应曲线

a）基本 PID b）微分先行 PID

由图 6-25b 可得

$$U(s) = E(s)G_{PI}(s) - G_D(s)Z(s) \tag{6-23}$$

式中 $G_{PI}(s)$、$G_D(s)$——PI 环节和微分环节的传递函数。

由基本 PID 算式得到微分先行的 PID 算式是十分简单的。在各微分作用项中，原比例积分项保持不变，仅把相加的微分作用修改为减去对测量值的微分即可。由式（6-15）的基本

PID 增量算式，可得微分先行 PID 增量算式为

$$\Delta u(k) = K_{\mathrm{c}}[e(k) - e(k-1)] + K_{\mathrm{I}}e(k) - K_{\mathrm{D}}[z(k) - 2z(k-1) + z(k-2)] \tag{6-24}$$

同样可以得出微分先行的 PID 位式算式和 PID 速度算式。

3. 积分分离的 PID 算式

在 P、I、D 三作用中，积分作用主要是用于克服静态偏差，在偏差较大的时候，积分作用的存在不但无益，而且还会造成超调量增加，系统稳定性下降，所以常采用积分分离的 PID 算式。所谓积分分离就是针对上述情况在偏差比较大时取消积分作用，并适当增加比例作用，以加强调节的快速性和减小超调量。结合式（6-15）可得积分分离的增量型 PID 算式为

$$\Delta u(k) = K_{\mathrm{c}}[e(k) - e(k-1)] + \Delta L K_{\mathrm{I}}e(k) + K_{\mathrm{D}}[e(k) - 2e(k-1) + e(k-2)] \tag{6-25}$$

式中　ΔL——逻辑系数，其逻辑值为

$$|e(k)| = \begin{cases} > \Delta e_{\mathrm{I}} & \Delta L \text{ 取 "0"；取消积分作用} \\ \leqslant \Delta e_{\mathrm{I}} & \Delta L \text{ 取 "1"；引入积分作用并适当减小 } K_{\mathrm{c}} \end{cases} \tag{6-26}$$

图 6-27 描述的为基本 PID 算式和积分分离 PID 算式的给定值阶跃响应曲线，以供比较。图中，R 为原给定值，R' 为新给定值。

在实施过程中，Δe_{T} 的选取是很关键的，一般可通过实验确定。

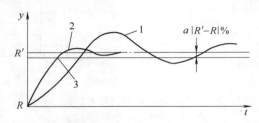

图 6-27　基本 PID 和积分分离 PID 控制过程

1—基本 PID 控制的给定值阶跃响应曲线　2—积分分离 PID 控制的给定值阶跃响应曲线　3—积分引入点

6.5　DDC 系统在工业过程控制中的应用

DDC 系统是计算机在工业应用中最为普遍的一种方式。根据不同的过程、不同的要求，DDC 系统繁简程度差异很大，因此所选用的微机也相差甚远，可以是单片微型计算机，也可以是工业 PC 或个人计算机等。但是由于单片机具有便于小型化、智能化、研制周期短、可靠性高和性能价格比好等一系列优点而受到人们的重视。另外，以单片机为 CPU 的 STD 总线微机在小型 DDC 系统中有着同样显著的优点，因而更加被人们所重视。下面以 8031 单片计算机构成的全自动电镀电源为例，系统地讨论 DDC 系统的设计过程。

6.5.1　计算机控制系统的设计过程

一个计算机控制系统由硬件和软件两部分组成，这两部分常常互为条件不可分割，所以在系统设计过程中应并行考虑。另外，硬件和软件在一定的条件下是可以相互转化的，因此在设计过程中，要从经济性、工作量、对整机性能的影响等诸多方面进行权衡，进行软件和硬件功能的合理分工。一旦系统建成后，若有不妥之处，改变是相当困难的，一般应尽量通

过改变软件来完善和补救。但是软件不是
万能的，有时单靠修改软件是难以实现的，
因此设计阶段硬件和软件需并行考虑、合
理分工及相互结合是至关重要的。

图 6-28 给出了微机控制系统的设计流
程图。

用户要求、系统功能描述及系统联调、
现场试用、系统评价等环节是微机控制系
统设计和常规控制系统设计所共有的，因
此在这里讨论具有普遍的意义。若把
图 6-28 中软件和硬件共同完成的部分完全
由硬件来完成，图 6-28 里的流程也可被常
规过程控制系统的设计所借鉴。

1. 用户要求

用户要求就是用户需要设计的控制系
统是用来干什么的，希望具备什么样的功
能、达到什么样的指标和先进性、系统工
作环境如何等，这不仅是系统设计的依据，
也是将来评价系统的依据，因此必须明确定出。

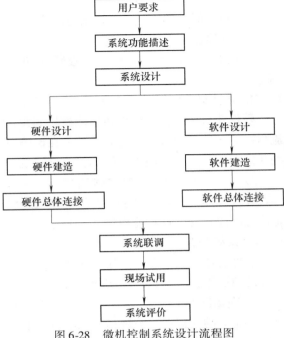

图 6-28　微机控制系统设计流程图

2. 系统功能描述

系统功能就是根据用户的要求确定系统所要具有的全部功能。这里包括两个方面：

（1）系统的控制功能　控制功能就是根据用户的要求和生产过程确定系统所应实现的
控制目标，另外还包括自检、容错等计算机功能以提高系统的可靠性。

（2）人机对话功能　对一个良好的控制系统来说应能有效地接收用户的指令，并对过
程实施良好的控制，而在满足上述条件下作为一个设计者总希望在有限的条件下，尽可能使
用户与系统间联系（即人机对话）灵活、方便。

作为系统设计和评价依据的功能描述必须准确详尽，以求能完整无误地反映系统的功能
行为。

3. 系统设计

系统设计就是依据系统功能描述和用户要求进行系统的整体设计和局部设计，而局部设
计除在常规简单系统设计中所讨论的方案设计的全部内容外，还要考虑后面将要讨论的复杂
控制方案。如果用户要设计的是一个工厂、车间，或需包含有若干控制系统体控制系统的一
个生产过程，则整体控制系统设计的问题是必须考虑的，这部分内容请读者参阅有关书籍。

首先要考虑硬件和软件的分工，在确定哪些功能由硬件完成，哪些功能由软件完成后，
对二者再分别考虑。

（1）硬件设计的考虑

1）各级功能模块的划分。

2）各功能模块输入量和输出量的描述。

3）微机系统的设计。

（2）软件设计的考虑

1）各级功能模块的划分。

2）各功能模块输入量和输出量的描述。

3）程序流程图的设计。

完成上述设计后，应重新审查硬件和软件的功能分配是否合理，如不合理应做相应调整。

4. 硬件建造和软件建造

硬件建造主要包括硬件各功能模块的设计、制作和调试试验等，软件建造主要包括根据流程图对各软件模块的编程和调试，在该阶段，硬件和软件建造人员仍应不断交换意见，有些功能仍存在软件和硬件交换的可能性。

5. 硬件总体连接和软件总体连接

硬件总体连接就是将各硬件功能模块逐级依次连接、通电调试和试验，软件整体连接就是用主程序将各软件功能模块（子程序、中断服务程序、工具程序）依次连接调试。

6. 系统联调

硬件总体和软件总体连接，在实验室内模拟现场情况进行调试。系统调试通过后，在有条件的情况下，应模拟现场实际试运行一段时间，以考验系统并随时修正。

7. 现场试用

实验室的模拟运行与现场相比毕竟有很大差异，因此在实验室试运行成功后必须经过现场的试运行，在实际工况下来考验系统的性能，并反复调整和修正。

8. 系统评价

在现场试运行一定时间确认成功后，就应请有关专家和用户依据用户要求和系统功能描述，结合现场实际运行情况对整个系统进行评价，看其是否达到了用户要求。

上述从用户提出要求到对系统做出评价，就是一个微机控制系统设计的全过程。最后的评价无疑会得出两种可能的结论，其一该设计是成功的；其二是失败的或部分失败的设计。对一个成功的设计，我们应总结成功的经验找出存在的不足，以便进一步完善和提高。成功的不一定是最好的，最好的应是在满足用户要求前提下最为简单、合理的。对一个失败或局部失败的设计，自然应寻找原因，部分或全部地重复上述设计流程，直至成功为止。

6.5.2 DDC 系统设计举例——全自动电镀电源的设计

在印制电路板制作中，电镀是其关键工艺之一，电镀的好坏直接影响印制电路板的质量。为了保证电镀的安全性（不烧板）和高质量，电镀电流的密度是其关键参数之一，必须严格控制。而电流密度的测量难度较大，在实际应用中，人们是通过对间接参数阴极电位的控制来实现的，电流密度与阴极电位间有一一对应关系，阴极电位便于测量，因此选作间接受控变量是合理的。影响阴极电位的主要变量有电镀溶液的配方、温度和电镀电流等，而这些变量中，电流不仅易于操纵，而且对阴极电位影响比较大，因而被选作操纵变量。这样就构成了一个最基本的控制系统。

1. DDC 系统的功能

根据用户要求，结合实际生产工艺，该 DDC 系统应具有如下功能：

1）对电镀槽阴极电位实施控制。

2）对阴极电位、电镀电流、电镀槽电压进行巡检显示。

3）对电流密度、镀件面积、设定值、工作时间实时显示。

4）工作时间、希望电位随机设定。

5）对电流密度、总电流超限、三相电断相、电镀时间到及 I/O 通道硬件故障实行报警。

6）其他辅助功能。

2. 系统构成

DDC 系统的组成框图如图 6-29 所示，主要由 8031 最小系统、I/O 通道、晶闸管（SCR）控制电路、电源变压器、人机对话结构及受控过程等组成，各部分的功能分述如下：

（1）受控过程　本系统是对电镀过程中的阴极电位实施控制，其目的是保证电镀电流密度满足工艺要求，以保证镀件的高质量。

（2）8031 最小系统　8031 最小系统是整个 DDC 系统的心脏，一切工作均是在其控制下完成的。

（3）测量元件　为了能满足用户对控制、显示的要求，需要对阴极电位、回路电流、镀槽端电压实施测量。其测量元件分别为化学电极、电流取样电阻。电镀槽端电压直接从槽两端取样。

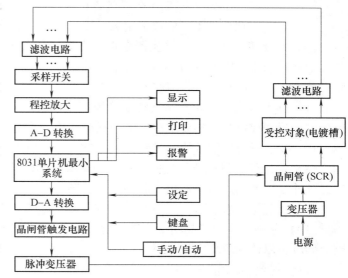

图 6-29　电镀槽 DDC 控制系统构成框图

（4）滤波器　采用 RC 滤波器和数字滤波器，以滤去干扰、减小脉动。

（5）采样器　各级信号经 RC 滤波后并行送至模拟采样开关，依次进行采样，采样次序的选通与程控放大系统的选通以及 A-D 转换器启动是同步的。由于各路测量信号范围不同，而要求放大至统一的信号送至 A-D 转换器，考虑到信号的特点和发挥计算机的控制能力，采用程控差动放大。其放大器原理如图 6-30 所示。

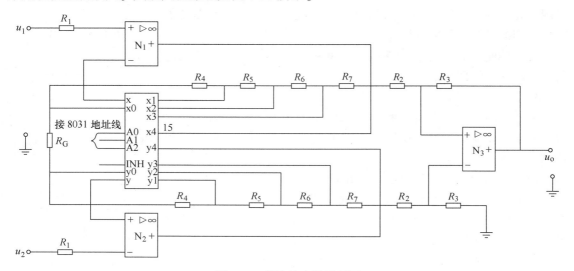

图 6-30　程控放大器原理图

该程控放大器由三个模拟放大器、一个模拟开关和一些电阻组成，放大器的增益可由下式求出

$$K = -\frac{R_3}{R_2}\left(1 + \frac{2R_F}{R_G}\right)$$

式中 R_F——等效的反馈电阻。例如：当 $A_2A_1A_0 = 010$ 时，模拟开关选通 x_2 和 y_2，此时反馈电阻为 $R_F = R_6 + R_7$，计算机通过对 $A_2A_1A_0$ 的控制及 R_G、$R_4 \sim R_7$ 的配合即可实现五种不同的放大倍数，以满足不同的放大倍数要求。

（6）A-D 转换器 A-D 转换器是把放大器输出的模拟信号转换为数字量，实现对生产过程参数的采入，因此 A-D 转换器的位数是决定系统显示和控制精度的关键因素，根据要求选择 12 位的 A-D 转换器 AD574。

（7）D-A 转换器 将数字量转换成模拟量以实现对生产过程的控制，而 D-A 转换器的位数应该根据控制精度的要求决定。根据晶闸管触发电路的要求，D-A 转换器的输出电压范围为 0 ~ 8V，而控制信号的分辨率要求高于 5mV，所以选择 12 位的 D-A 转换器 DAC1210。

（8）晶闸管触发电路 接收 D-A 转换器输出作为执行电路的一部分，输出六路移相脉冲经脉冲变压器隔离放大后去控制晶闸管的导通角。

（9）变压器 变压器把三线电压 380V 的工频变成三相 12V 作为晶闸管的输入电压。

（10）晶闸管 六只晶闸管构成全桥整流电路，在计算机的控制下对三相 12V 电压进行整流调压，以达到改变电流的目的。

（11）键盘显示电路 本系统设置了四路 4 位显示窗口，借助键盘功能键可实现电流密度的测量值和设定值、电位的测量值和设定值、回路电流、端电压、镀件总面积、工作时间等参数的切换显示。整个键盘、显示电路均在 8279 键盘显示接口的管理下进行。

（12）其他电路 本系统考虑到工作中设定值（电流密度、电位）一般是不变的，同时为了提高故障状态下的手动操作能力而采用电位设定，并装有手动/自动转化开关。

报警电路包括光报和声报两部分，声报提醒用户有参数设置超限，光报指明是哪些参数超限以采取相应的措施，从而提高了系统工作的安全性和可维护性。

打印功能可实现对工作参数、电量累计和工作时间等参数进行打印以提高管理水平。

3. 系统软件设计

本系统的软件可分为主程序、采样及处理模块、输出控制模块、显示打印模块、键盘识别及处理模块五大部分，40 余个子程序和一个极化曲线表。

（1）主程序 主程序框图如图 6-31 所示。

（2）采样及处理模块 A-D 转换中断服务程序主要完成 A-D 转换结果的采入、信号有效性判别、数字滤波、报警处理和数据处理等。其程序框图如图 6-32 所示。

（3）输出控制模块

1）电位程控：在开机初始阶段，由于镀件是逐步放入的，一

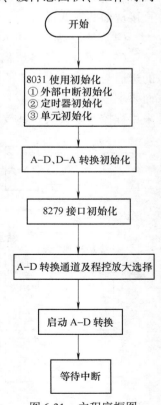

图 6-31 主程序框图

方面电位波动较大，另一方面根据电镀工艺要求，电流密度应在一定时间内逐步达到设定值，所以设置了程控输出并有三种速度可供选择。

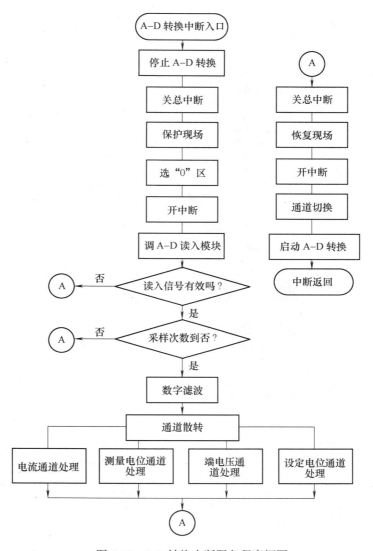

图 6-32   A-D 转换中断服务程序框图

2）控制算法及输出控制：在电镀过程中，开始阶段（挂件阶段）电镀面积变化大、速度快、要求控制能力强，而电镀完全挂完后，面积在不再变化，处于稳定工作阶段要求控制精度要好。根据上述工艺特点，才有了特殊的控制算法，把设定值和测量值偏差分为高、中、低三个比较点，若实际偏差大于或等于最高比较点时，说明测量值与设定值相差甚远，必须大幅改变输出控制量，应加（或减）粗增量；若实际偏差小于最高比较点而大于中间比较点时，输出控制量应加（或减）中增量；若实际偏差小于中间比较点而大于最低比较点时，输出控制量应加（或减）细增量；若实际偏差小于最低比较点时，说明偏差在允许范围内，输出控制量不变。输出控制模块框图如图 6-33 所示。

（4）显示打印模块   这里仅做一般介绍，有关程序框图从略。

1）显示处理：显示处理包括键盘数字显示处理、工作时间显示处理、程控电位显示处理、电流显示处理、测量电位显示处理及电流密度显示处理、设定电位及电流密度显示处理、电压显示处理等。各显示处理的主要功能就是把待显示的数据设置相应的显示标志和小数点等之后送入显示缓冲区。

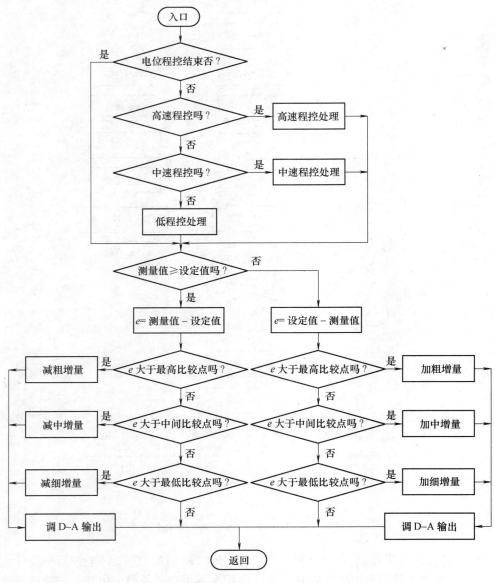

图 6-33　输出控制模块框图

2）输出显示：把要显示的内容从显示缓冲区输出给显示接口电路，从而实现输出显示功能。

3）输出打印：打印部分包括打印处理、定时和手动启动处理及输出打印等内容。

（5）键盘识别及处理模块　键盘中断服务程序包括键码查询和键盘处理两部分。其程序框图如图 6-34 所示。

4. 系统评价

在没有采用该系统之前（采用的是手动调压器），电镀过程全由人工控制，凭借操作人员的经验通过观察镀件的变化情况来判断电镀速度是否合理；通过划伤镀层来观察镀层厚度看是否达到要求，因此电镀质量的好坏取决于操作人员的经验和责任心。而采用该系统后，不仅提高了镀件质量，减轻了劳动强度，而且提高了生产效率，各项指标均达到了设计要求。

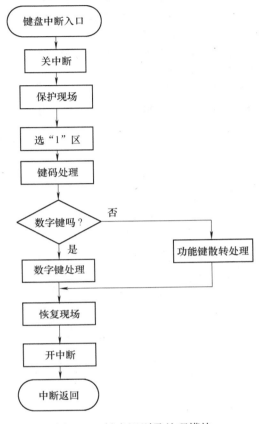

图 6-34　键盘识别及处理模块

本 章 小 结

1. 计算机过程控制在工业生产中获得了越来越广泛的应用，它不仅使生产过程的控制水平得到了提高，而且已使管理水平发生了重大变化。

2. 基本的计算机控制和常规控制并无本质区别，在一定条件下只要引入采样和转换，计算机就可以取代常规控制器。因此，常规简单控制系统的分析、设计也是计算机控制系统分析、设计的基础，正确领会二者的区别与联系极为重要。

3. DDC 系统是计算机参与控制最直接、最基本和最常见的形式之一，也是各类计算机控制系统的基础，它主要由控制用计算机、输入输出通道、接口、执行器、受控过程、测量环节及辅助部分组成。

思考题与习题

6-1　什么叫数字过程控制系统？它有什么特点？

6-2 有一控制系统，温度控制范围要求在 0~1000℃ 之间。若要求最低分辨率为 0.5℃，至少要选择多少位的 A-D 转换器？

6-3 指定输入模拟量范围为 0~5V，为使误差小于 0.001V，求所需 A-D 变换器的位数。

6-4 指定模拟量范围为 −10~10V，则 8 位和 12 位 A-D 转换器可能的误差是多少？

6-5 指定模拟量范围为 −10~10V，用 12 位 A-D 转换器，则 −2V 和 +5V 对应的二进制数为多少？

6-6 数字滤波有何特点？

6-7 算术平均值滤波适用于什么场合？为什么说程序判断滤波可以提高系统的可靠性？

6-8 什么是采样？简论采样周期的选择方法。

6-9 什么叫 DDC？它有什么特点？

6-10 计算机控制中，为什么多采用增量型 PID 算式？什么叫微分先行？什么叫积分分离？它们起什么作用？

第 7 章

改善控制品质的复杂控制

在以上介绍的控制系统中，不论是常规控制，还是计算机直接数字控制，讨论的都是最简单的闭环控制系统——单回路控制系统。这种控制结构是最简单、最基本、应用最广的一种形式。它解决了工业生产过程中大量的参数控制问题，但是工业生产过程种类繁多，过程特性和工艺要求相差很大，而且随着现代化生产的迅速发展，对工艺操作条件的要求更加严格，对生产的安全性、经济性、环保和质量要求也越来越高。仅靠单回路控制系统是不能满足生产工艺对控制品质的要求的。为了进一步提高控制品质，满足复杂过程和高品质过程的要求，人们开发了一些复杂控制系统。本章将就最常用的、最具有代表性的几种加以讨论。

如何提高控制系统的控制品质是本章的宗旨，也是控制理论所讨论的课题，在这一章的讨论中将更多地利用控制理论去分析研究，因此也更能体现控制理论与控制工程间的紧密关系。

7.1 串级控制系统

串级控制系统在电气拖动控制中也叫双闭环控制系统，是提高控制品质的有效方法之一，因此在工业控制中得到了广泛的应用。

7.1.1 概述

1. 串级控制

为了认识串级控制，先通过一个控制实例来介绍串级控制的问题。加热炉是工业生产中常用的设备之一。工艺上要求热物料出口处温度应为某一定值，为此选择出口温度为受控变量，加热燃料量为操纵变量，构成如图 7-1a 所示的单回路控制系统。但实际运行表明，该系统动态偏差很大，无论选择何种控制规律和 PID 参数都无法满足工艺要求。为寻求控制失败的原因，需从干扰对输出的影响和操纵量对输出的影响进行比较分析。

影响加热炉出口温度的主要因素有：燃料压力、流量的波动和热值的变化（用 d_2 表示）；被加热物料的流量变化、初温变化（用 d_1 表示）；烟囱挡板位置的改变、抽力的变化（用 d_3 表示）等。对图 7-1a 所示方案，所有这些干扰均被包括在控制回路中，任何干扰引起输出温度变化使之偏离给定值时，均可由温度控制器通过对燃料流量的操纵加以克服，这是本系统的优点。但是燃料流量的变化首先影响炉膛温度，然后炉膛温度的变化再经加热管管壁至被加热物料，最后影响到出口温度。由于这个传热过程的容量滞后大，控制作用不及时，因此克服干扰的能力差，致使动态偏差大，无法满足工艺要求。针对上述燃料变化首先影响炉膛温度的特点和上述系统的不足，又设计了以稳定炉膛温度来达到稳定出口温度的单回路控制系统如图 7-1b 所示，该系统由于控制通道滞后比较小，控制作用较为及时，因此对影响炉膛温度的各种干扰均能有效克服使其对出口温度的影响很小，但对于 d_1 的波动几乎无控制作用。这是因为 d_1 对炉膛温度的影响极小，而直接影响出口温度，也就是说该干扰并未被包括在现有控制回路中。当这种干扰长期存在或经常出现时，必将使出口温度偏离给定值而无法克服，仍然不能满足生产工艺的要求。能否把两个系统同时使用，发挥各自的优点构成图 7-2 所示的系统呢？

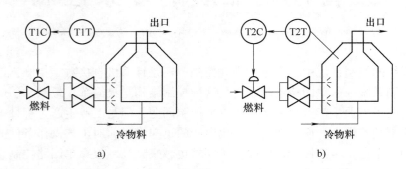

图 7-1　加热炉温度控制系统

　　经分析可以看出，这种简单的合并将会造成两套系统的不相容现象，系统根本无法正常工作。由于两个控制器各有各的设定值，而两个受控变量又是相互影响的，必然产生相互矛盾而使操纵量不能按正确要求去变化。

　　虽然上述简单合并不能工作，但也给人们许多启示。首先，加热炉控制的最终目的只有一个，即出口温度的稳定，当出口温度等于设定值，控制器 T1C 输出不变时，对炉膛温度实施定值控制保持炉膛温度恒定是正确的，而当出口温度偏离给定值，T1C 要求燃料流量发生变化以改变炉膛温度使出口温度向给定值靠拢时，对炉膛显然不应再实施定值控制，而应按出口温度控制器的要求去改变炉膛温度。

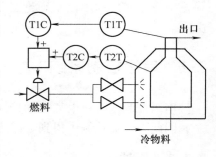

图 7-2　出口温度和炉膛温度单回路控制系统同时作用的系统

　　综上所述，我们可以得出这样的结论：

　　1）当出口温度偏差为零，T1C 输出不变时，应对炉膛温度实施定值控制，以克服干扰通过炉膛对出口温度的影响。

　　2）当出口温度偏离给定值，T1C 输出开始变化时，炉膛温度应按 T1C 的要求进行变化，以使出口温度向给定值靠拢。

　　按照这样的要求，人们把出口温度控制器 T1C 的输出不是直接去操纵控制阀，而是作为炉膛温度控制器 T2C 的设定值构成两个控制器串联工作的系统，这种系统就叫串级控制系统，如图 7-3 所示。对应框图如图 7-4 所示。

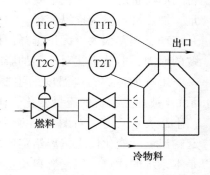

图 7-3　加热炉出口温度-炉膛温度串级控制系统示意图

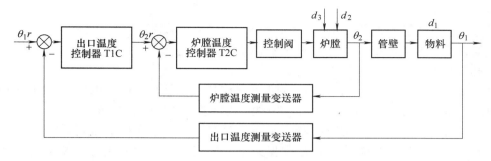

图 7-4 加热炉出口温度-炉膛温度串级控制系统框图

2. 串级控制系统的名词、术语

为了便于分析串级控制系统的结构，画出了通用串级控制系统框图（见图 7-5）。并对有关名词、术语介绍如下。

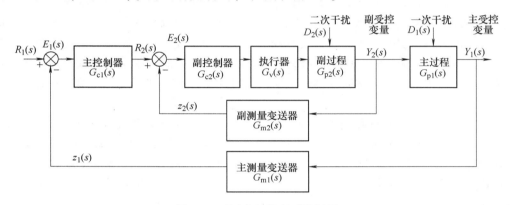

图 7-5 通用串级控制系统框图

主受控变量：在串级控制系统中起主导作用的那个受控变量，常用 y_1 表示，如图 7-4 中的加热炉出口温度 θ_1。

副受控变量：在串级控制系统中为了稳定主受控变量而引入的中间辅助变量，常用 y_2 表示，如图 7-4 中的炉膛温度 θ_2。

主受控过程：由主受控变量表征其特性的过程部分，其输入为副受控变量，输出为主受控变量，如图 7-4 中管壁及物料传热过程。

副受控过程：以操纵量为输入，副受控变量为输出的过程部分，如图 7-4 中的炉膛温度过程。

主控制器：按主受控变量的测量值 z_1 与其给定值 r_1 的偏差 e_1 进行工作的控制器，其输出作为副控制器的设定值，如图 7-4 中的加热炉出口温度控制器 T1C。

副控制器：按副受控变量的测量值 z_2 与主控制器输出 r_2 的偏差 e_2 进行工作的控制器，其输出直接控制控制阀，如图 7-4 中的炉膛温度控制器 T2C。

副回路：由副控制器、副受控过程以及副测量变送器组成的闭合回路，也称内回路。

主回路：由主控制器、以 r_2 为输入 y_2 为输出的副回路等效环节、主受控过程以及主测量变送器组成的闭合回路，也称为外回路。

一次扰动：不被包括在副回路直接影响主受控变量的扰动，如图 7-4 中被加热物料的流

量和初始温度变化 d_1。

二次扰动：被包括在副回路内，首先影响副受控变量的扰动，如图 7-4 中燃料的压力波动、流量波动、热值变化 d_2 和烟囱抽力变化 d_3。

3. 串级控制系统的工作过程

串级控制系统从结构上看，比相应的单回路控制系统多了一个副回路，因此具有许多特点，通过工作过程的分析，可以初步了解一些与单回路系统的不同之处。

当生产过程处于稳定工况时，各干扰均不存在，主、副受控变量均处于相对平衡状态，控制器保持某一固定输出，控制阀保持某一固定开度，此时主受控变量稳定在给定值附近不变。一旦有扰动出现，平衡将被打破，串级控制系统便进入了动态控制过程，以克服干扰的影响，使主受控变量向给定值靠扰。根据干扰来源不同，可分三种情况讨论。

(1) 当只有二次干扰作用时（即来自燃料压力、流量、热值的变化 d_2 和烟囱抽力变化 d_3 等）　干扰 d_2、d_3 先影响炉膛温度，使副控制器产生偏差，于是副控制器的输出开始变化去调整控制阀的开度以改变燃料流量，克服上述干扰对炉膛温度的影响。在干扰不太大的情况下，由于副回路控制速度比较快，及时校正了干扰对炉膛温度的影响，可使该类干扰对加热炉的出口温度几乎无影响。即使干扰较大，经副回路的及时校正也可使其对加热炉出口温度的影响比无副回路时大大减弱，再经主回路的进一步控制，即可使出口温度及时回到给定值上来。

(2) 当只有一次干扰作用时（即被加热物料的流量和初始温度变化 d_1）　由于一次干扰 d_1 直接作用于主过程，首先使出口温度发生变化，副回路无法对其实施及时校正，但通过主控制器输出的改变，即副回路的设定值的调节去及时改变燃料量以克服干扰的影响。在这种情况下，副回路的存在仍可加快主回路的控制速度，使一次干扰对出口温度的影响比无副回路时小。

(3) 当一次干扰和二次干扰同时作用时　当一次、二次干扰同时作用时，二者对主受控变量的影响又可分为同向和异向两种情况。在系统各环节设置正确的条件下，如果一、二次干扰的作用是同向的，也就是均使主受控变量出口温度增加或减小时，在一次干扰的影响下主受控变量偏离给定值，主控制器输出将发生变化，在二次干扰的影响下，副受控变量（炉膛温度）将发生变化，此时主控制器的变化方向与副测量变送器输出信号的变化方向必然是相反的，在副控制器输入端将产生较大偏差，其输出将大幅度变化以迅速改变操纵量（燃料），及时校正两类干扰产生的影响，使主受控变量快速回到给定值。如果一、二次干扰的作用是异向的，也就是说一个干扰的影响将使主受控变量增大，而另一个干扰的影响则使其减小，此时主控制器输出的变化方向与副测量变送器输出的变化方向一定是相同的。在副控制器输入端仅产生较小的偏差或几乎无偏差产生，其输出只产生较小的变化，以适应两类干扰的相互抵消作用，不至于产生过调。

通过以上工作过程的分析可以看到，由于串级控制系统多了一个副回路，因此产生了一系列特点。这正是下一节将要讨论的内容。

4. 串级 DDC 系统

(1) 串级 DDC 系统的结构　前面已经提出，DDC 系统与模拟控制系统并无本质区别，只要用计算机取代模拟控制器并引入采样即可。因此在模拟串级控制系统的基础上用计算机取代主、副控制器并引入采样即可实现串级 DDC，其框图如图 7-6 所示。

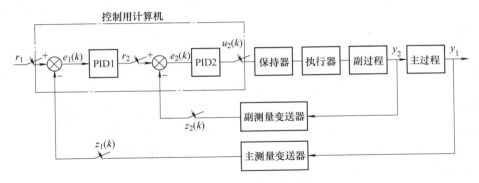

图 7-6 串级 DDC 系统框图

由图 7-6 可以看出，一个串级 DDC 系统包括主、副两个受控变量的输入，进行两次运算，一次控制输出，所以在单回路 DDC 系统的基础上主要是明确其计算顺序问题。对串级 DDC 系统而言，计算顺序总是从最外面的回路向内逐一进行的，具体顺序如下：

1）计算主回路的偏差 $e_1(k)$

$$e_1(k) = r_1(k) - z_1(k) \tag{7-1}$$

2）计算主回路（主控制器）控制算式的增量输出 $\Delta r_2(k)$，以理想 PID 算式为例：

$$\Delta r_2(k) = K_{c1}[e_1(k) - e_1(k-1)] + \tag{7-2}$$
$$K_{I1}e_1(k) + K_{D1}[\Delta e_1(k) - \Delta e_1(k-1)]$$

3）计算主回路（主控制器）控制算式的位置输出 $r_2(k)$

$$r_2(k) = r_2(k-1) + \Delta r_2(k) \tag{7-3}$$

4）计算副回路偏差 $e_2(k)$

$$e_2(k) = r_2(k) - z_2(k) \tag{7-4}$$

5）计算副回路（副控制器）控制算式的增量输出 $\Delta u_2(k)$

$$\Delta u_2(k) = K_{c2}[e_2(k) - e_2(k-1)] + K_{I2}e_2(k) + K_{D2}[\Delta e_2(k) - \Delta e_2(k-1)] \tag{7-5}$$

（2）串级 DDC 采样周期的考虑　在串级控制中，仅以温度-温度串级和流量-温度串级控制为例讨论。对于温度-温度串级控制，因为主、副回路均为温度回路，所以采样周期的大小及输入通道的处理方法一般是一样的。而对于流量-温度串级控制，主、副过程特性相差很大，流量副回路响应速度较快，而温度主回路响应速度则比较慢。流量过程的采样周期一般在 $0.1 \sim 1s$ 之间，而温度过程采样周期一般在几十秒到几十分钟之间，二者差别很大。如果两回路采用相同的采样周期即同步采样，显然是得难协调的。若按流量回路的原则选择，将增加计算机的负担，影响计算机的实际使用效率；若按温度回路的原则选择，流量回路将因采样速度过低而影响其控制效果和抑制干扰的能力。为此，应采用主副回路选择不同采样周期的办法，即采用异步采样。假设副回路的采样周期为 T_{s2}，一般主回路的采样周期取 T_{s2} 的整数倍，即

$$T_{s1} = KT_{s2} \tag{7-6}$$

式中　K 值一般取 $4 \sim 5$。

5. 可编程调节器构成的串级控制系统

可编程调节器属于智能仪表，具有计算机控制的特点。又由于它保留了模拟控制器的特点内含 I/O 通道，可以直接替代模拟控制器，因此当时很受用户的欢迎。

由于可编程调节器算术和逻辑运算功能丰富，因此有很高的性能价格比，可以构成各种复杂的控制系统，但使用中必须尽量发挥自身所具有功能，以使其性能价格比真正实现。下面通过一个加热炉流量-温度串级控制系统的组成进一步了解可编程调节器的特点及其应用。

某加热炉要求对出口温度进行程序控制并具有超限报警等功能，要构成模拟串级控制系统则需要两台控制器、一台开方器、一台函数发生器、一台报警设定器。其原理示意图如图 7-7 所示。若用可编程调节器实现上述控制，除测量变送装置及执行器外，均可由一台可编程调节器来替代。而且测温元件的非线性也可由可编程调节器实现线性化。如图 7-8 所示，可见一台可编程调节器取代了五台模拟仪表，实现了如下功能：

1）按规定的温升曲线进行程序串级控制。

2）燃料流量的开方运算及温度信号线性化。

3）温度超限时输出报警信号。

4）手动、自动双向无扰动切换。

另外，有的可编程调节器还具有模糊控制功能和参数自整定功能，使系统可控制品质更高，使用也更加简便。

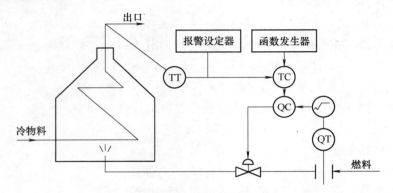

图 7-7　模拟串级控制系统

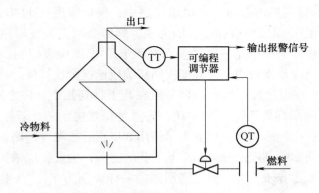

图 7-8　可编程调节器串级控制系统

7.1.2　串级控制系统的特点与分析

串级控制系统从结构上看比单回路系统多了一个副回路，因此具有以下四个方面的特点。

1. 改善了受控过程的动态特性

在串级控制中，由于副回路的存在使等效副过程的时间常数比原来减少，因此改善了受控过程的动态特性。这一点可通过传递函数的等效来证明。

设串级控制系统的框图如图 7-9 所示。与单回路系统相比较，可以看出，是用等效副回路 $G'_{p2}(s)$ 代替原来的 $G_v(s)G_{p2}(s)$。等效后的系统框图如图 7-10 所示。

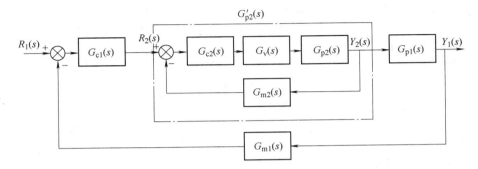

图 7-9　串级控制系统框图

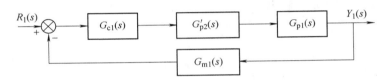

图 7-10　串级控制系统等效框图

图中
$$G'_{p2}(s) = \frac{G_{c2}(s)G_v(s)G_{p2}(s)}{1 + G_{c2}(s)G_v(s)G_{p2}(s)G_{m2}(s)} \tag{7-7}$$

假设 $G_{p2}(s) = \dfrac{K_{p2}}{T_{p2}s+1}$，$G_{m2}(s) = K_{m2}$，$G_{v2}(s) = K_v$，代入式（7-7）并经整理后可得

$$G'_{p2}(s) = \frac{K'_{p2}}{T'_{p2}s+1} \tag{7-8}$$

式中
$$K'_{p2} = \frac{K_{c2}K_vK_{p2}}{1 + K_{c2}K_vK_{p2}K_{m2}} \tag{7-9}$$

$$T'_{p2} = \frac{T_{p2}}{1 + K_{c2}K_vK_{p2}K_{m2}} \tag{7-10}$$

由串级控制等效后的 $G'_{p2}(s)$ 与单回路时的 $G_v(s)G_{p2}(s)$ 相比可以看出：惯性时间常数仅为单回路时的 $1/(1 + K_{c2}K_vK_{p2}K_{m2})$。$K_{c2}$ 越大，时间常数减少得越多。在一定条件下，当 T'_{p2} 可以忽略不计时，则有

$$G'_{p2}(s) = \frac{K'_{p2}}{T'_2s+1} \approx K'_{p2} \tag{7-11}$$

而此时一般有 $K_{c2}K_vK_{p2}K_{m2} \geqslant 1$，所以式（7-11）可简化为

$$G'_{p2}(s) \approx \frac{1}{K_{m2}} \tag{7-12}$$

这就是深度负反馈的结果。由于一般测量变送环节可视为比例环节，其容积滞后仅剩下主过程部分，所以总的容积滞后明显减小，过程特性得到改善，控制更加及时，控制品质亦

会更高。

2. 提高了系统的工作频率

串级控制系统和单回路系统相比，由于多了一个副回路，减小了过程的时间常数，加快了系统的控制速度，从而提高了系统的工作频率，这一点可通过系统特征方程分别求出两种系统的工作频率并比较得到证明。

由图 7-10 所示串级控制系统等效框图可求得其特征方程为

$$1 + G_{c1}(s) G'_{p2}(s) G_{p1}(s) G_{m1}(s) = 0 \tag{7-13}$$

再设 $G_{p1}(s) = \dfrac{K_{p1}}{T_{p1}s + 1}$，$G_{c1}(s) = K_{c1}$，$G_{m1}(s) = K_{m1}$，并代入式（7-13）可得

$$1 + K_c \frac{K'_{p2}}{T'_{p2}s + 1} \frac{K_{p1}}{T_{p1}s + 1} K_{m1} = 0$$

$$s^2 + \frac{T_{p1} + T'_{p2}}{T_{p1} T'_{p2}} s + \frac{1 + K_{c1} K'_{p2} K_{p1} K_{m1}}{T_{p1} T'_{p2}} = 0 \tag{7-14}$$

标准二阶系统的特征方程为

$$s^2 + 2\xi\omega_{cr}s + \omega_{cr}^2 = 0 \tag{7-15}$$

将式（7-14）与式（7-15）比较可得

$$2\xi\omega_{cr} = \frac{T_{p1} + T'_{p2}}{T_{p1} T'_{p2}}$$

$$\omega_{cr}^2 = \frac{1 + K_{c1} K'_{p2} K_{p1} K_{m1}}{T_{p1} T'_{p2}} \tag{7-16}$$

因此串级控制无阻尼自然振荡频率 ω_{cr} 为

$$\omega_{cr} = \frac{1}{2\xi} \cdot \frac{T_{p1} + T'_{p2}}{T_{p1} T'_{p2}}$$

由控制理论知，二阶系统工作频率 $\omega_{串}$ 为

$$\omega_{串} = \frac{\sqrt{1 - \xi^2}}{2\xi} \cdot \frac{T_{p1} + T'_{p2}}{T_{p1} T'_{p2}} \tag{7-17}$$

因此同等条件下的单回路控制系统的框图如图 7-11 所示。

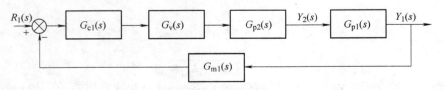

图 7-11　单回路控制系统

同理可以求得单回路控制系统的工作频率为

$$\omega_{单} = \frac{\sqrt{1 - \xi'^2}}{2\xi'} \cdot \frac{T_{p1} + T_{p2}}{T_{p1} T_{p2}} \tag{7-18}$$

若两系统均处于最佳整定状态，则有相同的阻尼比，即 $\xi = \xi'$，那么

$$\frac{\omega_{串}}{\omega_{单}} = \frac{1 + T_{p1}/T'_{p2}}{1 + T_{p1}/T_{p2}} \tag{7-19}$$

由于 $T'_{p2} < T_{p2}$，则有 $(T_{p1}/T'_{p2}) > (T_{p1}/T_{p2})$，所以 $\omega_{串}/\omega_{单} > 1$，即 $\omega_{串} > \omega_{单}$。

由于副控制器的比例作用越强（即 K_{c2} 越大），T'_{p2} 就越小，因此 $\omega_{串}/\omega_{单}$ 的值就越大（图 7-12 描述了它们之间的关系）。控制系统的工作频率就越高，克服干扰越及时，控制品质也就越好。当然，系统的工作频率过高并不一定有益，这一点单回路中已有讨论，但是对于使用串级控制的场合而言，工作频率一般总是偏低的，所以在保证一定稳定裕度的前提下，尽量提高系统的工作频率是有利的。

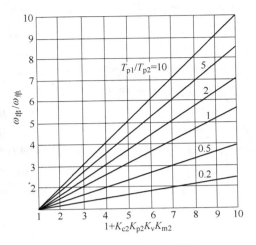

图 7-12 工作频率比较图

3. 大大提高了抗二次干扰的能力

串级控制系统由于副回路的存在，对进入副回路的干扰有超前控制的作用，因而减少了干扰对主变量的影响，从而提高了系统抗二次干扰的能力。这一点可通过设定值作用与干扰作用时系统闭环传递函数的比值大小来证明。

对于串级控制系统，假设二次干扰从控制阀前进入，如图 7-13 所示，并可等效为图 7-14。

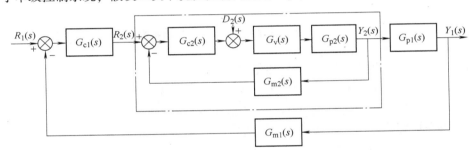

图 7-13 串级控制系统原理框图

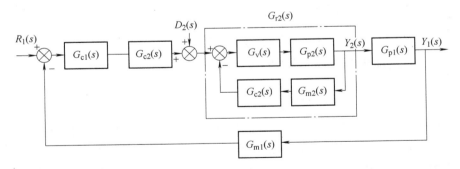

图 7-14 串级控制系统等效图

若用 $G'_{p2}(s)$ 代表图 7-14 中点画线框内的等效传递函数，则有

$$G'_{p2}(s) = \frac{G_v(s)\,G_{p2}(s)}{1 + G_v(s)\,G_{p2}(s)\,G_{c2}(s)\,G_{m2}(s)} \tag{7-20}$$

该系统在二次干扰作用下的闭环传递函数为

$$\frac{Y_1(s)}{D_1(s)} = \frac{G'_{p2}(s)\,G_{p1}(s)}{1 + G_{c1}(s)\,G_{c2}(s)\,G'_{p2}(s)\,G_{p1}(s)\,G_{m1}(s)} \tag{7-21}$$

该系统在设定值作用下的闭环传递函数为

$$\frac{Y_1(s)}{R_1(s)} = \frac{G_{c1}(s)G_{c2}(s)G'_{p2}(s)G_{p1}(s)}{1 + G_{c1}(s)G_{c2}(s)G'_{p2}(s)G_{p1}(s)G_{m1}(s)} \tag{7-22}$$

众所周知，控制系统的抗干扰能力可用设定值作用与干扰作用时系统闭环传递函数的比值来评价，该比值越大，说明抗干扰能力越强，对串级系统由式（7-21）、式（7-22）可得

$$\frac{Y_1(s)/R_1(s)}{Y_1(s)/D_2(s)} = C_{c1}(s)G_{c2}(s) \tag{7-23}$$

若主、副控制器均为纯比例作用，则有

$$\frac{Y_1(s)/R_1(s)}{Y_1(s)/D_2(s)} = K_{c1}(s)K_{c2}(s) \tag{7-24}$$

同等条件下的单回路控制系统如图 7-15 所示。

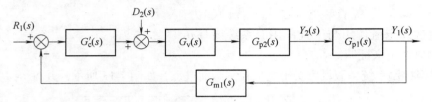

图 7-15　同等条件下的单回路控制系统

由图 7-15 可得干扰作用下的闭环传递函数为

$$\frac{Y_1(s)}{D_2(s)} = \frac{G_v(s)G_{p1}(s)G_{p2}(s)}{1 + G'_c(s)G_{p1}(s)G_{p2}(s)G_m(s)} \tag{7-25}$$

同理可得在设定值作用下的闭环传递函数为

$$\frac{Y_1(s)}{R_1(s)} = \frac{G'_c(s)G_v(s)G_{p1}(s)G_{p2}(s)}{1 + G'_c(s)G_{p1}(s)G_{p2}(s)G_v(s)G_{m1}(s)} \tag{7-26}$$

抗干扰能力为

$$\frac{Y_1(s)/R_1(s)}{Y_1(s)/D_2(s)} = C'_c(s) \tag{7-27}$$

若控制器也选用纯比例作用，放大系数为 K'_c，则有

$$\frac{Y_1(s)/R_1(s)}{Y_1(s)/D_2(s)} = K'_c \tag{7-28}$$

由式（7-24）及式（7-28）可见，我们只要证明 $K_{c1}K_{c2}/K'_c > 1$，就可以说明串级控制系统的抗二次干扰能力比同等条件下的单回路控制系统强。对二阶系统而言，一般工作在 $0 < \xi \leq 1$ 的范围内（ξ 为系统的阻尼比），所以只要证明在 $0 < \xi \leq 1$ 范围内 $K_{c1}K_{c2}$ 与 K'_c 的比值大于 1 即可。由图 7-14 可知，串级控制系统的闭环特征方程为

$$1 + G_{c1}(s)G_{c2}(s)G_{p1}(s)G_{m1}(s)\frac{Y_2(s)}{D_2(s)} = 0 \tag{7-29}$$

设 $G_{c1}(s) = K_{c1}$，$G_{c2}(s) = K_{c2}$，$G_{m1}(s) = K_{m1}$，$G_{m2}(s) = K_{m2}$，$G_{p1}(s) = \dfrac{K_{p1}}{T_{p1}s + 1}$，$G_{p2}(s)$

$= \dfrac{K_{p2}}{T_{p2}s + 1}$，则

$$\frac{Y_2(s)}{D_2(s)} = \frac{G_v(s)G_{p2}(s)}{1+G_{c2}(s)G_v(s)G_{p2}(s)G_{m2}(s)} = \frac{K_vK_{p2}}{1+K_{c2}K_vK_{p2}K_{m2}+T_{p2}s} = \frac{K'_{p2}}{1+T'_{p2}s}$$

式中

$$K'_{p2} = \frac{K_vK_{p2}}{1+K_{c2}K_vK_{p2}K_{m2}} \tag{7-30}$$

$$T'_{p2} = \frac{T_{p2}}{1+K_{c2}K_vK_{p2}K_{m2}}$$

将各表达式代入特征方程式（7-29）并整理得

$$s^2 + \frac{T_{p1}+T'_{p2}}{T_{p1}T'_{p2}}s + \frac{1+K_{c1}K_{c2}K_{m1}K_{p1}K'_{p2}}{T_{p1}T'_{p2}} = 0 \tag{7-31}$$

将式（7-31）与二阶系统的标准特征方程比较可得

$$2\xi\omega_{cr} = \frac{T_{p1}+T'_{p2}}{T_{p1}T'_{p2}} \tag{7-32}$$

$$\omega_{cr}^2 = \frac{1+K_{c1}K_{c2}K_{m1}K_{p1}K'_{p2}}{T_{p1}T'_{p2}}$$

将式（7-32）整理得

$$\frac{(T_{p1}+T'_{p2})^2}{4\xi^2T_{p1}^2T'^2_{p2}} = \frac{1+K_{c1}K_{c2}K_{m1}K_{p1}K'_{p2}}{T_{p1}T'_{p2}}$$

即有

$$K_{c1}K_{c2} = \left[\frac{(T_{p1}+T'_{p2})^2}{4\xi^2T_{p1}^2T'^2_{p2}}-1\right]\bigg/ K_{m1}K_{p1}K'_{p2} \tag{7-33}$$

根据图7-15按上述方法可得同等条件下单回路控制系统对应的表达式为

$$K'_c = \left[\frac{(T_{p1}+T_{p2})^2}{4\xi^2T_{p1}^2T_{p2}^2}-1\right]\bigg/ K_vK_{p1}K_{p2}K_{m1} \tag{7-34}$$

式（7-33）和式（7-34）二者之比为

$$\frac{K_{c1}K_{c2}}{K'_c} = \frac{\dfrac{(T_{p1}+T'_{p2})^2}{4\xi^2T_{p1}^2T'^2_{p2}}-1}{\dfrac{(T_{p1}+T_{p2})^2}{4\xi^2T_{p1}^2T_{p2}^2}-1} \cdot \frac{K_vK_{m1}K_{p1}K_{p2}}{K_{m1}K_{p1}K'_{p2}} = \frac{\dfrac{(T_{p1}+T'_{p2})^2}{T'^2_{p2}}-4\xi^2T_{p1}^2}{\dfrac{(T_{p1}+T_{p2})^2}{T_{p2}^2}-4\xi^2T_{p1}^2} \cdot \frac{K_vK'_{p2}}{K'_{p2}} \tag{7-35}$$

令 $T'_{p2}=aT_{p2}$，$T_{p2}=bT_{p1}$，对串级控制一般有 $0<a<1$，$0<b<1$，这样，由式（7-30）可得

$$\begin{cases} a = \dfrac{1}{1+K_{c2}K_vK_{p2}K_{m2}} \\ K'_{p2} = aK_{v2}K_{p2} \end{cases} \tag{7-36}$$

将式（7-36）及 $T'_{p2}=aT_{p2}$，$T_{p2}=bT_{p1}$ 代入式（7-35）整理可得

$$\frac{K_{c1}K_{c2}}{K'_c} = \frac{(1+ab)^2-4\xi^2ab}{(1+b)^2-4\xi^2b} \cdot \frac{1}{a^2} \tag{7-37}$$

对式（7-37）求一阶导数并整理可得

$$\frac{d\left(\dfrac{K_{c1}K_{c2}}{K'_c}\right)}{d\xi} = \frac{8b\xi\left[(1+ab)^2-(1+b)^2a\right]}{a^2\left[(1+b)^2-4b\xi^2\right]^2} \tag{7-38}$$

由式（7-38）可知，$\dfrac{K_{c1}K_{c2}}{K_c'}$ 的唯一极点在 $\xi=0$ 处，又因

$$(1+ab)^2-(1+b)^2a=1+2ab+a^2b^2-a(1+2b+b^2)$$
$$=(1-a)(1-ab^2)>0$$

所以，当 $\xi>0$ 时，$\dfrac{\mathrm{d}(K_{c1}K_{c2}/K')}{\mathrm{d}\xi}>0$；当 $\xi<0$ 时，$\dfrac{\mathrm{d}(K_{c1}K_{c2}/K')}{\mathrm{d}\xi}<0$，因而 $\dfrac{K_{c1}K_{c2}}{K_c'}$ 在 $\xi=0$ 处有极小值。

又因为 $\xi=0$ 时

$$\frac{K_{c1}K_{c2}}{K_c'}=\frac{(1+ab)^2}{(1+b)^2a^2}=\frac{(1+ab)^2}{(a+ab)^2}>1 \tag{7-39}$$

虽然当 $\xi=\pm\dfrac{1+b}{2\sqrt{b}}$ 时，$\dfrac{K_{c1}K_{c2}}{K_c'}\to\infty$，$\left[\dfrac{K_{c1}K_{c2}}{K_c'}\right]'\to\infty$，但是，$\xi=\pm\dfrac{1+b}{2\sqrt{b}}$ 这点的 ξ 值为 $-1>\xi>1$，因而在 $-\dfrac{1+b}{2\sqrt{b}}<\xi<\dfrac{1+b}{2\sqrt{b}}$ 内有 $\dfrac{K_{c1}K_{c2}}{K_c'}>1$。

一般系统正常工作的阻尼比范围是 $0<\xi\le1$，上述证明保证了该范围内有

$$K_{c1}K_{c2}>K_c'$$

这说明，串级控制系统由于副回路的存在，抗二次干扰的能力比单回路强。另外，从式（7-39）可以看出，随着 a、b 值的减小，$K_{c1}K_{c2}$ 与 K_c' 的比值增加，即一个快速的内回路对提高抗二次干扰的能力是有益的。

4. 使系统对副过程的变化不再敏感

受控过程往往具有非线性和时变性。随着负荷的变化或时间的推移，原来整定好的控制参数不再是"最佳的"，从而使系统控制品质变差。对于串级控制系统而言，由于副回路是随动回路，其设定值可以随负荷或者特性的变化而调整，使其对负荷或者特性的变化具有一定的适应能力，从而使系统对副过程（含执行器）的变化不再敏感，改善了系统的鲁棒性。这一点用副回路等效静特性式（7-9）可以说明。

式（7-9）为
$$K_{p2}'=\frac{K_{c2}K_vK_{p2}}{1+K_{c2}K_vK_{p2}K_{m2}}$$

从中可以看出，分子、分母均有 K_vK_{p2}，因此副过程或执行器的非线性使 K_vK_{p2} 变化时，K_{p2}' 变化并不大。若满足式（7-12）即 $K_{c2}K_vK_{p2}K_{m2}\gg1$ 时，$K_{p2}'\approx1/K_{m2}$，那么可使串级控制系统几乎不受副过程和执行器非线性的影响。

综上所述，串级控制系统与单回路控制系统相比，由于多了一个副回路，因而具有以下特点：

1）由于副回路的作用，减小了过程的时间常数，缩短了副回路的控制通道，因而提高了系统的工作频率，加快了控制速度，克服干扰更加及时。

2）由于副回路的快速和超前作用，对于作用于副回路的干扰（即二次干扰）在影响主变量之前即可由副控制器加以克服，从而大大提高了抗二次干扰的能力。而对于抗一次干扰的能力也因控制通道的缩短和工作频率的提高而有所提高。

3）由于随动副回路的存在，使串级系统对副过程及执行器特性的变化不再敏感，从而提高了系统的鲁棒性。

4）由于副回路的存在，可以使操纵量更加准确、快速地按主控制器控制要求变化。

7.1.3　串级控制系统的工业应用

串级控制系统虽然有许多优点，但它也不是万能的。另外，它与单回路系统相比多了一个副回路，因此系统结构更加复杂，使得控制系统的投资增加，维护难度加大，因此我们必须正确使用。为此要明确以下两个问题：①什么情况，什么场合使用串级控制系统是合适的？②如何根据过程特点及工艺要求充分发挥它的优点以解决主要矛盾？下面针对四种不同的工业应用场合举例说明。

1. 当过程存在变化剧烈、幅值大的干扰时，应考虑使用串级控制

对于一个受控过程，若干扰平缓、幅值比较小，即使控制通道容积滞后较大，使用单回路控制仍可有较高的控制品质；反之，若干扰剧烈、幅值比较大，即使控制通道容积滞后不大，单回路控制也难以满足生产要求，这时可使用串级控制系统。

通过上一节的讨论可知，串级控制系统对进入副回路的干扰（即二次干扰）有很强的抑制能力。针对那些有作用剧烈、大幅值干扰的工业过程，人们可以设计一个快速的副回路，把这些干扰包在副回路中，使之成为二次干扰，以有效克服之。

例如前面提到的管式加热炉出口温度控制系统，如果说使用单回路控制时，使控制品质低的主要原因是燃料油压力波动大，在控制阀开度不变时，燃料流量变化严重，那么，选炉膛温度为副受控变量的控制方案就不一定是最好的，这种选择下，虽然副回路包括了燃料油压力波动干扰，但副回路速度比较慢。而选择燃料流量作为副受控变量，对克服燃料油压力波动就更加有效。

由于副回路的快速控制作用，对因燃料油压力波动而引起的流量变化的抑制作用极强，可使出口温度几乎不受其影响。这时构成的串级控制系统如图 7-16 所示。

再如蒸汽转化炉温度-流量串级控制系统，蒸汽转化炉是甲醇生产中的重要设备之一，而转化炉的出口温度是生产中的重要工艺参数，必须严格加以控制。在影响转化炉出口温度的主要因素中，中压蒸汽流量与天然气流量已进行双闭环比值控制（后面章节会展开），炉内压力进行了定值控制，因此主要干扰只有燃料气流量波动，所以选择燃料气流量为副受控变量，构成如图 7-17 示串级控制系统是合理的。

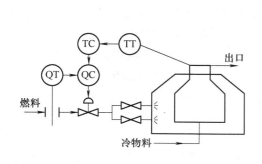

图 7-16　加热炉温度-流量串级控制系统

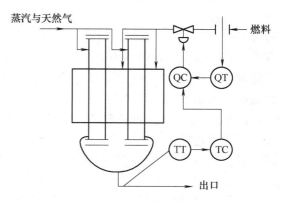

图 7-17　蒸汽转化炉温度-流量串级控制系统

2. 当受控过程容量滞后较大时，应考虑使用串级控制

过程容量滞后大，控制不及时，使用单回路无法满足生产工艺的要求，利用串级控制能减小容量滞后的特点，提高系统的控制速度，增强抗各种干扰的能力。在这种情况下，副受控变量的选择应使回路包括尽可能多的干扰和尽可能大的容量滞后，以使过程特性有较大的改善。

例如上面提到的管式加热炉出口温度控制系统，若使用单回路控制不能满足要求的主原因除燃料油压力波动大外，燃料油热值的变化、烟囱挡板位置的变化、抽力的变化等也是不可忽视的因素，那么，上述选择燃料油流量为副受控变量的方案就是不合理的，而应选择炉膛温度为副受控变量。

再如辊道窑中烧成带窑温的串级控制，辊道窑是 20 世纪 60 年代发展起来的新型窑炉之一。辊道窑主要用以素烧或釉烧地砖、外墙砖、釉面砖等产品。由于辊道窑烧成时间短，要求烧成温度在较小的范围内波动，所以必须对烧成带和其他各区的温度实现自动控制。辊道窑对油温、油压、烧成带窑温、急冷带窑温、窑尾冷却区窑温、烟道负压等实现了自动控制。其中烧成带窑温控制可确保其窑温稳定，以保证烧成质量。由于辊道窑有马弗板，窑温过程的时间常数很大，放大系数较小。随着窑龄的增长、马弗板老化与堆积物的增多，使其传热系数减小，火道向窑道的传热效率降低，时间常数增大。因此，需设计应用如图 7-18 所示的窑道温度与火道温度的串级控制系统。

如图 7-18 所示，选取火道温度为副受控变量构成串级控制系统副回路，它对于油压、燃料油黏度、助燃风量的变化等扰动所引起的火道温度变化都能快速进行控制。当窑道温度变化、产品移动速度变化、窑内冷风温度变化等扰动而引起变化时，由于主回路的控制作用能使窑道温度稳定在预先设定的数值上，采用串级控制，提高了产品质量，满足了生产要求。

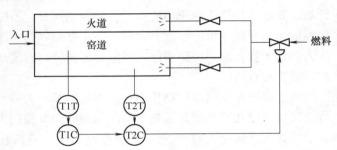

图 7-18　窑道温度与火道温度的串级控制系统

3. 当受控过程纯滞后较大时，可考虑使用串级控制

过程控制通道的纯滞后影响控制的及时性，是降低控制品质的重要因素，当纯滞后较大时，将使系统产生较大的动态偏差，稳定性降低，无法满足生产要求。对这种情况，应用串级控制有时可以收到良好的效果。这里必须明确，串级控制并不能减小过程的纯滞后，而是利用串级控制系统副回路的超前控制作用，有效地克服了二次干扰对输出的影响，从而可以降低对主回路的控制要求。因此，在选择副受控变量时，必须把主要干扰纳入副回路并尽可能减小副回路的纯滞后，以提高副回路抗二次干扰的能力。下面是两个这方面的例子。

例 7-1　某造纸厂网前箱的温度-温度串级控制系统，如图 7-19 所示。

生产工艺过程：纸浆从储槽用泵送入混合器，在混合器内用蒸汽直接加热至 72℃ 左右，经立筛、圆筛除去杂质后到网前箱，再去铜网脱水。

工艺要求：为了保证纸张质量，要求网前箱温度应保持在 61℃ 左右，最大偏差不允许超过 ±1℃，采用单回路控制时，由于混合器到网前箱纯滞后时间达 90s，当纸浆流量波动 35kg/min 时，最大偏差达 8.5℃，过渡过程时间长达 450s，满足不了工艺要求。

用串级控制：为了克服控制通道长达 90s 的纯滞后的影响，在控制阀较近处选择混合器出口温度作为副受控变量，网前箱的出口处温度为主受控变量，构成了如图 7-19 所示的串

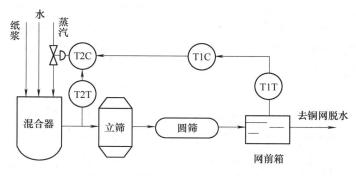

图 7-19　网前箱温度-温度串级控制系统

级控制系统。这样就把纸浆流量的波动及蒸汽压力的波动等主要干扰包括在了纯滞后极小的副回路中。当上述干扰出现时，由于副回路的快速控制，予以了提前控制，实现了网前箱温度最大偏差在 1℃ 以内，过渡过程时间为 200s，满足了工艺生产的要求。

例 7-2　纺丝胶液压力串级控制。图 7-20 为化纤装置板式冷却器，纺丝胶液从混合器用计量泵输送到板式冷却器进行冷却，随后又被送至过滤器去除杂质，工艺上要求过滤前的胶液压力稳定在 0.25MPa，否则该压力的波动将直接影响过滤效果，并将严重影响后面工序喷头抽丝的正常进行。另外，该过程的特点是从计量泵到过滤器前的距离很长，而且介质的黏度又很大，所以传输时间长，纯滞后时间较大，用单回路控制系统不能满足工艺要求。为此，在靠近计量泵的附近选择压力为副受控变量，与过滤前的压力（主受控变量）构成压力-压力的串级控制系统，如图 7-20 所示。

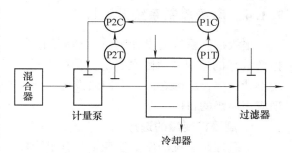

图 7-20　纺丝胶液压力串级控制

在生产过程中，扰动来自纺丝胶液的黏度变化或者计量泵的混合器有污染而引起压力变化时，在它通过纯滞后较大的主过程去影响主受控变量之前，就被副受控变量所感受。由于从计量泵到取压点的通道较短，滞后较小，通过副回路的及时控制，可以对其扰动及时予以有效克服，从而稳定了过滤前胶液的压力。长期工作表明，系统运行可靠，主受控变量即压力波动不超过 ±0.02MPa，符合工艺要求。

4. 当过程有非线性时，可考虑使用串级控制

一般生产过程都有一定的非线性，当负荷发生变化时，会因工作点的变化而使过程的静态增益发生变化。这种变化通常可以通过正确选择控制阀的流量特性来补偿，使广义过程近似为线性。但是这种补偿的能力是有限的，特别是对 S 值（控制阀流量特性畸变系数）较低的场合，当过程非线性较严重、补偿效果较差时，若用单回路控制，在一定负荷下整定到最佳的系统会因负荷的变化而偏离最佳工作状态，若负荷变化较大或干扰严重，控制品质严重恶化以至无法满足生产要求。这时若利用串级控制系统对副过程的变化不再敏感的特点，一般是可以解决的。但要注意在这种情况下，副受控变量的选择一定要使过程的主要非线性纳入副环。

图 7-21 所示为醋酸乙炔合成反应器，中部温度是生产工艺上的重要参数，必须严格控

制才能确保合成气的质量。但是，在它的控制通道中有两个串联的热交换器和一个合成反应器。而换热器具有严重非线性，出口温度随负荷增加而明显下降，为此选择换热器出口温度为副受控变量，反应器中部温度为主受控变量构成串级控制，其中主要非线性被包括在副回路中，从而大大提高了控制品质，满足了生产要求。

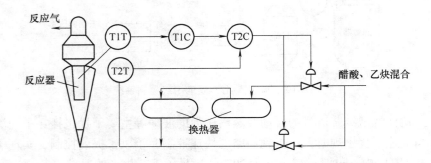

图 7-21　醋酸乙炔合成反应器温度串级控制系统

7.1.4　串级控制系统的设计

串级控制系统的设计实质上是副回路的设计，副回路的设计关键是副受控过程（副受控变量）的选择。原因之一是主受控变量、操纵量、执行器及测量变送的考虑与单回路系统设计一样；原因之二是副回路设计的合理与否决定着串级控制系统能否发挥其特点，以实现应用串级的目的。

1. 副受控变量的选择

串级控制系统的副受控变量是整个受控过程的中间变量，当过程中有多个变量可以引出时，就存在一个副受控变量的选择问题，副受控变量的选择决定着副回路的特性，人们总希望能充分发挥串级控制系统的优点，但往往各优点间相互矛盾，为此人们必须针对过程特点和工艺情况充分发挥某一优点，以解决主要矛盾。人们首先根据以上所述串级控制的四种不同应用场合给出的副受控变量选择的基本原则进行。

1）因过程存在变化剧烈、幅值大的干扰，使用串级控制时，副受控变量选择的基本原则是：在把影响系统控制品质的主要干扰纳入副环（使之成为二次干扰）的前提下，应尽量使副受控过程的时间常数小些，以提高副回路的快速性，增强抗二次干扰的能力。

该情况的实例有如图 7-16 所示管式加热炉出口温度-燃料流量串级控制系统和图 7-17 所示蒸汽转化炉温度-流量串级控制系统。

2）因受控过程容量滞后较大而使用串级控制时，副受控变量的选择应使副回路包括尽可能多的干扰（以使更多的干扰成为二次干扰）、尽可能大的容量滞后（使过程特性有较大的改善）。

该情况的实例有如图 7-3 所示管式加热炉出口温度-炉膛温度串级控制系统和图 7-18 所示窑道温度-火道温度的串级控制系统。

在以克服过程容量滞后为主要目的串级控制系统设计中，必须注意主、副过程时间常数的匹配问题，以防"共振"的发生。这是保证串级控制系统正常运行和安全生产的前提，请读者务必牢记。

所谓"共振"，就是由于主、副过程时常数大小接近，主、副回路的工作频率相差不大，使主、副回路间的动态联系十分密切，当一个变量因干扰作用而振荡时，另一个变量也跟随振荡的现象。严重时二者相互促进，越振越烈，不仅使系统工作失常，处理不当还可能造成生产事故，因此必须设法避免。

为了防止"共振"，就要尽量削弱主、副回路间的动态联系，使两回路的工作频率相对拉开，因此在副受控变量选择时必须使主、副过程的时间常数匹配。一般应使主、副过程时间常数之比大于或等于 3，即 $T_{p1}/T_{p2} \geqslant 3$。但是，时间常数匹配是一个十分复杂的问题，在工程上应根据具体过程的实际情况与控制要求来定。若在投运中万一出现了"共振"，通过调整两控制器之一的比例度是可以消除的。消除后必须查找原因，以从根本上加以解决。

3）因受控过程纯滞后较大而使用串级控制时，副受控变量选择的基本原则是：在把主要干扰纳入副回路的前提下，应尽可能减小副回路的纯滞后，以提高副回路抗二次干扰的能力。

该情况的实例有如图 7-19 所示的网前箱的温度-温度串级控制系统和图 7-20 所示的纺丝胶液压力-压力串级控制系统。

4）因过程有非线性而使用串级控制时，副受控变量的选择一定要使过程的主要非线性纳入副环，并注意过程时间常数的匹配。

该情况的实例有如图 7-21 所示的醋酸乙炔合成反应器串级控制系统。

以上四点选择原则是根据串级控制的特点及主要应用场合提出的，其基本出发点是充分发挥串级控制的特长，以解决单回路无法解决的主要矛盾，除此之外，副受控变量的选择还有如下问题在各种应用场合下均应加以考虑。

1）所选副受控变量要灵敏可靠，确有代表性。因为它既是受控变量，又是主变量的操纵量。

2）应考虑工艺上的合理性和实现的可能性，因为控制的目的是为了满足生产上的要求，保证生产的安全、高效和高质量，所以设计的系统应考虑并满足生产工艺的要求。作为受控变量必须可测。

3）要考虑经济性。当有多个变量可供选择时，应从全局考虑，在满足生产要求的前提下，应力求节约。

例如，以液丙烯气化需吸收大量热量而使热物料冷却的冷却器出口温度的控制。图 7-22a、b 分别为两种不同的串级控制方案。二者均是以出口温度为主受控变量，所不同的是副受控变量。图 7-22a 是以冷却器液位为副受控变量，而图 7-22b 是以冷却器压力为副受控变量。从控制角度看，方案一构成的副回路不如方案二灵敏、快速。然而，从经济角度看，方案一可以比方案二节省一套液位控制系统。另外，假定抽吸气态丙烯的冷冻机（图中没有画出）入口压力在两种情况下相等的话，方案二的蒸汽压力必须比方案一要高一些，才能有一定的控制范围，但是这样将导致冷却剂利用不够充分，使生产耗费增加，所以从经济角度考虑，在温度控制要求不太高的场合，只要方案一能满足要求，就应尽量采用。

以上虽然给出了副受控变量选择的基本原则。但是，在一个实际的受控过程中，可供选择的副受控变量并非都能满足控制要求，必须根据实际情况综合考虑。图 7-24 是对图 7-23 所示的单回路和串级控制系统进行计算机仿真，通过单回路控制的误差绝对值积分指标（ITAE）与串级控制的 ITAE 之比进行定量描述的结果。虽然它的应用受到某些限制，比如它不能表示纯滞后对串级控制的影响，但是对于所研究的系统模型有一定的代表性，对决定是否采用串级控制以及如何根据过程特点、工艺要求和要解决的主要矛盾合理选取副受控变量有一定的参考价值。

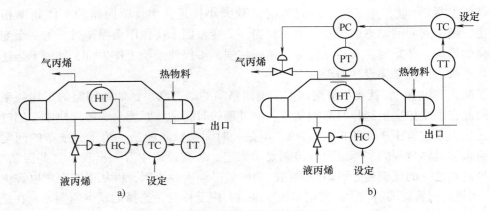

图 7-22 冷却器串级控制系统

a) 出口温度-液位串级控制（方案一）　b) 出口温度-蒸汽压力串级控制（方案二）

仿真研究所用的系统如图 7-23 所示，其数学模型为

$$G_{p2}(s) = \frac{1}{(10s+1)(s+1)^2}$$

$$G_{p1}(s) = \frac{1}{(T_{p1}s+1)(0.1T_{p1}s+1)}$$

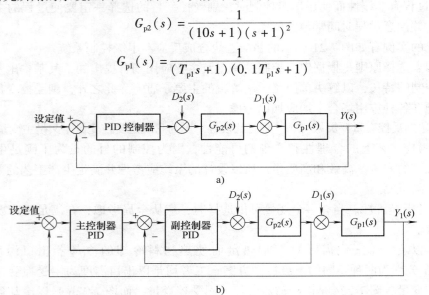

图 7-23　用于仿真研究的系统框图

a) 单回路控制系统　b) 串级控制系统

仿真时分别取 T_{p1} 为 0s、2s、5s、10s、30s、50s 和 100s（均为相对值）等七个不同时间常数进行。图中，T_{p1} 为主受控过程的主要时间常数，T_{p2} 为副受控过程的主要时间常数。

由仿真结果形成的曲线（见图 7-24）可知，正如人们在串级控制特性分析中所述的那样，串级控制抗二次干扰的能力比单回路强，且随着主、副过程时间常数比的增大而增强，可使其 ITAE 值是单回路时的几十到上千分之一，因此，从抗二次干扰角度考虑，人们希望副回路应尽量快些即副回路时间常数应尽量小些。抗一次干扰和设定值扰动的能力也有一定提高，对设定值扰动时可使 ITAE 值减小为 1/6 ~ 1/2，而一次干扰时可使 ITAE 值减小为 1/10 ~ 1/5。但是，抗一次干扰和设定值扰动的能力在一定范围内是随主、副过程时间常数比值的增加而减弱的。这是因为，抗一次干扰和设定值扰动能力的提高，主要是通过过程特性的改善（即等效时间常数减小）来实现的。因此，从改善过程特性考虑，应尽量使副回路时间常数大些，但不能过大，以防"共振"。从图 7-24 所示曲线也可看出，过大抗一次干扰能力反会减弱。另外，主、副过程时间常数的比值过小时抗二次干扰能力提高不多，且比较敏感；而主、副过程时间常数的比值较大时，再进一步提高意义不大。因此，在进行串级控制系统设计时，应该根据应用场合并结合图 7-24 综合考虑。

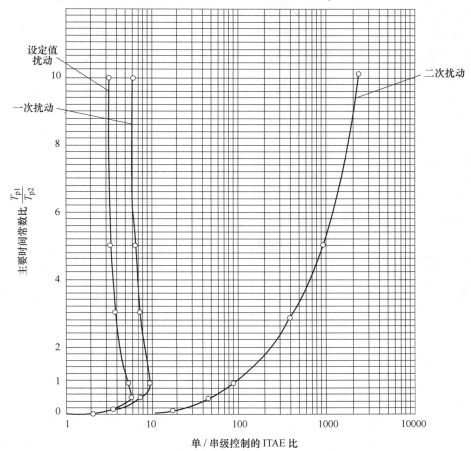

图 7-24　串级控制比单回路控制的相对改进

注：引自 ［美］ P. B. Deshpande R. H. Ash《计算机过程控制——先进控制策略的应用》

2. 主、副控制器控制规律的选择

在串级控制系统中，主、副控制器所起的作用并不完全一样，主控制器主要起定值控制作用，副控制器则起随动控制作用，这是选择控制规律的基本依据之一。在一般的串级控制中，主受控变量是工艺上要求严格加以控制的变量，因此，主控制器的控制规律应按单回路控制中所述的原则选择。而副受控变量则是为稳定主受控变量而引入的辅助变量，一般无严格指标要求，为了提高副回路的快速性，一般采用纯比例控制。但是在有的串级控制中比例作用较弱，为了防止因同向干扰而引起的误差积累也应适当引入积分作用。微分作用一般是不引入的，因为一般副回路容积滞后相对较小，无须引入微分。另外，随动系统引入微分，当其给定突变时易产生过冲而使系统动作幅度过大，对系统控制不利。

3. 主、副控制器正反作用方式的选择

与单回路控制系统一样，一个串级控制系统要实现正常运行，其主、副回路都必须是负反馈，因此主副控制器的正、反作用方式都必须正确选择。

　　串级控制中控制器正、反作用方式选择的基本思路是：首先按单回路中所述的方法确定副控制器的正、反作用方式，然后再确定主控制器的正、反作用方式。

　　副控制器正、反作用方式的确定与单回路控制系统中控制器正、反作用方式的确定一样。为了保证副回路为负反馈，必须满足副控制器、执行器、副过程三者的符号相乘为负，即（副控制器±）（执行器±）（副过程±）＝"－"。

　　满足该式的各环节符号的确定与单回路中完全一样，这里不再重述。

　　明确了各环节正、负号的确定原则后，人们就可以根据选定的执行器确定其正、负号，然后由副过程的输入、输出关系确定其正、负号，再由判别式确定控制器所应有的正、负号，从而选定其正、反作用形式。为了使用方便，把选择时的各种组合形式列于表7-1中，以供选择时直接查找。

　　当确定了副控制器的正、反作用方式后便可进一步确定主控制器的正、反作用形式。首先确定主过程的正、负号（当副受控变量增加时若主受控变量输出增加，则取"＋"号，反之则取"－"号，然后确定主控制器的正、反作用方式。为了使主回路为负反馈应满足（主控制器±）（副过程±）（主过程±）＝"－"。

　　同样为了使用方便，亦把该式的组合形式列于表7-1及表7-2中。

表7-1　副控制器正、反作用方式选择表

执行器				副过程				副控制器
输入输出关系		气开气关形式	应取符号	输入输出关系		应取符号	应取符号	正、反作用方式
输入	输出			输入	输出			
增加（或减小）	增加（或减小）	气开	＋	增加（或减小）	增加（或减小）	＋	－	反作用
					减小（或增加）	－	＋	正作用
	减小（或增加）	气关	－	增加（或减小）	增加（或减小）	＋	＋	正作用
					减小（或增加）	－	－	反作用

表7-2　主控制器正、反作用方式选择表

副过程			主过程			主控制器	
输入输出关系		应取符号	输入输出关系		应取符号	应取符号	正、反作用方式
输入	输出		输入	输出			
增加（或减小）	增加（或减小）	＋	增加（或减小）	增加（或减小）	＋	－	反作用
				减小（或增加）	－	＋	正作用
	减小（或增加）	－	增加（或减小）	增加（或减小）	＋	＋	正作用
				减小（或增加）	－	－	反作用

当按上述方式确定了控制器的正、反作用方式后，可采用下述方法验证选择的正确与否：假设某扰动作用使输出增加（或减小），然后分析系统的控制过程，若各回路的控制方向是克服干扰对输出的影响，使输出向给定值靠拢（即使偏差的绝对值减小），则说明上述选择是正确的，否则就是错误的。

现以图 7-3 所示加热炉出口温度-炉膛温度串级控制系统为例说明主、副控制器正、反作用方式的确定方法。

根据生产工艺情况，为了保证故障状态下加热炉的安全，燃料油控制阀应选气开式。一旦出现故障使控制阀杆所受的作用力为零，应使阀处于全关状态，以切断燃料油进入炉膛，确保加热炉的安全，所以控制阀应取" + "号。当燃料油（副过程输入）增加时，炉膛温度（副过程输出）亦增加，故副过程应取" + "号。为了保证副回路为负反馈，副控制器应取" – "号，即应选择反作用方式。对主过程而言，当炉膛温度（主过程输入）增加时，其出口温度（主过程输出）亦随之增加，所以主过程也取" + "号。为了保证主回路也为负反馈，主控制器也必须取" – "号，即应选反作用方式。

检验上述结论的正确性：假设因二次干扰作用使炉膛温度增加，则副回路将进行如下的控制过程：

①干扰使炉膛温度↑ → ②副测量变送器输出 ↑ → ③副控制器输出↓ → ④控制阀开度↓ → ⑤燃料油流量↓ → ⑥炉膛温度↓

可见副回路为负反馈过程，这说明副控制器选反作用方式是正确的。

假设上述干扰影响到主受控变量（即出口温度）使其增加，那么主回路将进入下述控制过程：

①干扰使出口温度↑ → ②主测量变送器输出↑ → ③主控制器输出↓ → ④副控制器给定↓（可等效为其测量↑） → ⑤副控制器输出↓ → ⑥控制阀开度↓ → ⑦燃料油流量↓ → ⑧炉膛温度↓ → ⑨出口温度↓

可见主回路亦为负反馈，即主控制器选择反作用方式也是正确的。

7.1.5 串级控制系统的投运与参数整定

1. 控制器参数整定

串级控制系统有两个控制器且相互关联。因此它的整定要比单回路控制系统困难，在进行串级控制系统整定时，深入了解生产工艺过程及要求，准确理解系统设计目的是十分重要的。就一般情况而言，串级控制系统的副回路是为提高主回路的控制品质而引入的。因此，对副回路没有严格的控制品质要求，这样对副控制器的整定要求不高，从而可以使其整定简化。

串级控制系统的整定一般可按下述步骤进行：

首先使主控制器为纯比例作用，比例度取 100%，然后按单回路控制系统的整定方法整定副控制器，使副回路工作在最佳状态，然后把副控制器设置为最佳整定参数，把副回路看作主回路的一个等效环节按单回路的方法整定主控制器，使之处于最佳状态。对于一般的串级控制系统，经这两步整定便可满足要求，因此这种方法叫两步整定法。如果经上述两步整定后控制品质仍不理想，可在此基础上再按副控制器→主控制器→…→的顺序继续整定直到满意为止。从理论上而言，每经过一个回合的整定，主、副控制器的参数应向最佳值逼近一步，所以此法又叫作逐步逼近法。

在串级控制系统整定时，还有两个问题需要特别注意。一是整定过程中可能产生的"共振"现象。虽然在设计时已考虑到了使主、副回路的时间常数错开以减少它们间的动态联系。但是，在整定阶段两控制器的参数设置还不合理，可能会使两回路的工作频率较为接近，特别是对主、副对象时间常数相差不太大的场合，这种可能性更大。一旦出现了"共振"现象，只要及时发现冷静对待，迅速减弱主控制器的控制作用或加强副控制器的控制作用便可使"共振"停息。二是副回路最佳过渡过程的确定。在多数情况下可按单回路系统的要求选择 4：1～10：1 衰减比的最佳过程。对于以气体燃料为操纵量的系统中，系统过程希望平稳些则以 10：1 为佳。对于串级副回路不仅具有定值单回路的特点，还有随动系统的要求，因此有时也按随动系统的要求进行整定，即认为临界振荡状态是最佳的。对于那些为了提高执行器的执行精度而引入副回路的串级控制系统中，按随动系统的要求整定副控制器更加合理。

2. 串级控制系统的投运

串级控制系统的投运亦要比单回路复杂一些。一般情况下是先投运副回路，然后把副回路看作主回路的一个等效环节，按单回路的方法再投运主回路。也有反向投运或主、副回路同时投运的。

7.2　前馈控制

前馈控制从原理上看完全不同于反馈控制，是利用对扰动的测量直接补偿扰动可能对输出可能产生的影响的开环控制方式。在某些情况下，前馈控制可以产生很好的效果，特别是自计算机参与控制以来，前馈控制越来越受到人们的重视，并获得了广泛应用，它是一种很有前途的控制方法。

7.2.1　前馈与反馈

1. 前馈控制的引入

串级控制系统由于相对于单回路多了一个副回路，在许多场合能有效地提高控制品质，解决了单回路控制系统所无法解决的一些问题。然而串级控制并不是一种万能的控制方法，在有些场合也会令串级控制系统无能为力。例如 7.1 节中所述管式加热炉出口温度的控制，若主要干扰既不是来自燃料油，也不是来自烟囱挡板位置的改变、抽力的变化，而是来自被加热物料的流量和其初温的变化，该变化几乎是直接影响出口温度。不论是选燃料油流量还是选炉膛温度作为副参数，均无法把该干扰纳入副回路，而被加热物料作为生产负荷一般不宜实施定值控制。虽然副回路的存在能使控制通道缩短并提高抗一次干扰的能力，但等效后的控制通道仍有较大的滞后，对抗一次干扰能力的提高是有限的，对这类问题，一种从原理上完全不同于反馈控制的控制方式就可以有效解决，这就是前馈控制。

反馈控制之所以不能有效抑制上述干扰，是因为反馈控制作用总是落后于干扰，只有受控变量已偏离给定值并产生偏差后，控制器才能产生控制作用，使受控变量向给定值靠拢，即减小或消除偏差，因此动态偏差的存在是不可避免的。若过程可控性较差，则动态偏差大，偏离时间长，以致无法满足用户要求。而前馈控制则抓住了产生偏差的根源——干扰，不再是测量受控变量而是直接测量干扰，一旦干扰发生，在干扰影响输出的同时，前馈控制器输出也根据干扰的大小和方向按希望的规律变化去改变操纵量，使操纵量对输出的影响与干扰对输出的影响相反，以补偿（抵消）干扰对输出的影响，在理想情况下可以完全抵消干扰的影响，使得干扰与输出无关。例如上述管式加热炉温度控制中，若被加热物料的流量突然增加，不等出口温度变化，就去增大燃料量以补偿被加热物料增加对输出的影响，在两路的共同作用下就可能使出口温度不发生任何变化。按此设想设计的前馈控制系统原理图、框图及补偿过程曲线分别如图 7-25 ~ 图 7-27 所示。

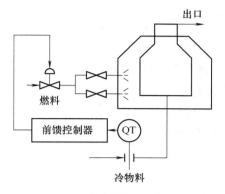

图 7-25　前馈控制系统原理

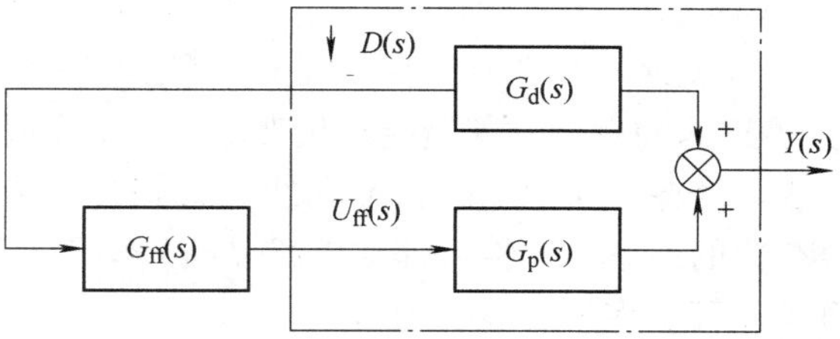

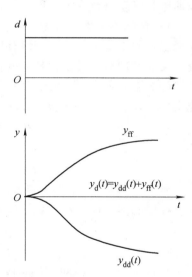

图 7-26　前馈控制系统框图

图中，$G_d(s)$ 为干扰通道传递函数；$G_p(s)$ 为控制通道传递函数；$G_{ff}(s)$ 为前馈控制器传递函数；$y_{dd}(t)$ 为没有前馈控制时阶跃干扰对输出的影响；$y_{ff}(t)$ 为阶跃干扰作用下前馈控制作用对输出的补偿作用；$y_d(t)$ 为前馈补偿后干扰对输出的响应。

显然 $y_d(t) = y_{ff}(t) + y_{dd}(t)$，即总的干扰输出响应为 $y_{dd}(t)$ 和 $y_{ff}(t)$ 的线性叠加，在理想情况下可实现 $y_d(t) = 0$，即干扰对输出无影响。在怎样的情况下才可能实现干扰对输出无影响，即全补偿呢？这要依靠不变性原理来回答。

2. 不变性原理与前馈控制器

（1）不变性原理　所谓不变性原理就是指某一控制系统的受控变量与干扰绝对无关或在一定准确度下无关，也就是说干扰对受控变量绝对无影响或基本无影响。假设受控过程如图 7-28 所示，则受控变量 $y(t)$ 的不变性可表示为

当干扰 $d_y(t) \neq 0$ 时，使　　$y_d(t) = 0$　$i = 1,2,3 \cdots, n$　　　　(7-40)

即干扰对受控变量无影响。

事实上，在一个实际受控过程中，干扰必然通过干扰通道影响输出，使受控变量偏离给定值。应用不变性原理可以设计一个合适的前馈控制器，通过前馈补偿实现干扰对受控变量基本无影响。由于种种原因，补偿的绝对不变性即完全补偿是不可能实现的，因此，按照干扰与受控变量间的不变性程度，提出以下几种不变性类型。

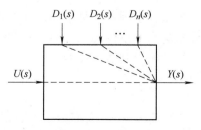

图 7-27　阶跃干扰下前馈
控制补偿过程曲线

图 7-28　受控过程的干扰、操纵量
与受控变量关系图

1）绝对不变性。所谓绝对不变性是指受控过程在干扰 $d_i(t)$ 作用下其受控变量 $y(t)$ 在整个过渡过程中始终保持不变，即控制过程因该干扰作用产生的动态偏差和静态偏差均为零。其数学描述如式（7-40）所示，其过渡过程如图 7-27 所示。在工程实际中，由于种种原因，绝对不变性是无法实现的，它只能作为补偿的理论依据。

2）ε 不变性。ε 不变性也叫误差不变性，实质上是说：过程在干扰作用下其受控变量允许在一定范围内变化。这可表示为

当干扰 $d_i(t) \neq 0$ 时， $\qquad |y_d(t)| < \varepsilon$ $\qquad$ (7-41)

这样就使不变性原理在工程上具有了实际意义。因而这种不变性获得了广泛的应用，并得到了迅速的发展。反馈控制从理论上讲也应属于 ε 不变性。

3）稳态不变性。稳态不变性也就是过程在干扰作用下其受控变量在过渡过程结束后（稳态）的绝对不变性。即在干扰 $d_i(t)$ 作用下，受控变量的动态偏差不为零，而稳态偏差（静差）等于零。可表示为

当干扰 $d_i(t) \neq 0$ 时， $\qquad \lim_{t \to \infty} y_d(t) = 0$ $\qquad$ (7-42)

静态前馈就属于这类不变性。对一个实际的受控过程是允许有一定的动态偏差的，而一般期望其静态偏差为零。所以工程上常将 ε 不变性和稳态不变性结合起来使用。

4）选择不变性。因为一个受控过程往往受到多个干扰的作用，若系统设计时仅对其中几个主要的干扰实施了不变性补偿，则称为选择不变性。这样既可以减少补偿装置、节省投资，又能实现对主要干扰补偿的目的，因此在工程上是实用的。

（2）前馈控制器 依据上述不变性原理，可以方便地求出满足图 7-28 所示前馈控制系统实现全补偿（即在干扰 $d(t)$ 作用下实现 $y(t)$ 绝对不变）的条件：

$$D(s) \neq 0 \text{ 时}$$
$$D(s)G_d(s) + D(s)G_{ff}(s)G_p(s) \equiv 0 \quad \text{即} \qquad (7-43)$$
$$D(s)[G_d(s) + G_{ff}(s)G_p(s)] \equiv 0$$

显然，只有当 $G_d(s) + G_{ff}(s)G_p(s) = 0$ 时才能满足式（7-43），从而可求得实现完全补偿的前馈控制器的数学模型为

$$G_{ff}(s) = -\frac{G_d(s)}{G_p(s)} \qquad (7-44)$$

对式（7-44）做如下几点讨论是十分必要的：

一是实现完全补偿的前馈控制器数学模型完全取决于过程特性，即干扰通道与控制通道的特性比。式（7-44）中的负号表示前馈补偿作用对受控变量的作用方向与干扰对受控变量的作用方向相反，即前馈控制作用是抵消干扰对输出的影响的。

二是在工程实际中，由于准确得到过程的数学模型是困难的，有时即使得到了过程的数学模型，也因过于复杂而使前馈控制器难以实现，因此只能实现 ε 不变性和稳态不变性。在许多场合下仅仅要求按稳态不变性原理设计前馈控制器，即仅考虑过程的静态特性对前馈控制的影响。其数学模型为

$$K_{ff} = -\frac{K_d}{K_p} \qquad (7-45)$$

式中 $\quad K_{ff}$——静态前馈模型放大倍数；

$\qquad K_d$——干扰通道的静态放大倍数；

$\qquad K_p$——控制通道的静态放大倍数。

以此实现的前馈控制则称为静态前馈。同理，若按式（7-44）实现的前馈控制器，或考虑了过程的动态特性使前馈控制器中或多或少地包含有动态补偿因素的前馈控制，通称为动态前馈。静态前馈虽然只能实现稳态不变性，但它易于实现，结构简单，在一定程度上可以有效地改善控制品质，对于控制通道与干扰通道动特性比较接近的过程，可以产生很好的效果，因而得到了广泛的应用，特别是在常规过程控制系统中。下面通过换热器静态前馈控制系统和动态前馈控制系统的构成，以及与反馈控制三者之间的控制效果比较来进一步加深对静态前馈、动态前馈及其控制效果的认识。

图 7-29 为列管式换热器前馈控制系统原理图。工作过程如下：流量为 Q、初温为 θ_1 的冷物料流经换热器被蒸汽加热使其达到一定的出口温度 θ_2。虽然影响 θ_2 的因素很多，若仅考虑物料流量波动这一个干扰，用图示前馈控制系统实施控制则是理想的控制方案。因物料流量的大小应由生产负荷来定，不宜实施定值控制，所以应采用前馈补偿。

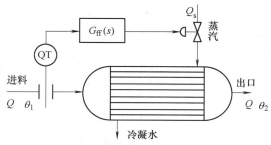

图 7-29　列管式换热器前馈控制

1）换热器静态前馈控制。实现换热器静态前馈控制的控制器可按热平衡关系列写静态方程来实现。在稳定条件下，忽略热量损失（即认为换热效率为 100%）时换热器的热量平衡关系为：被加热物料单位时间内所带走的热量应等于加热蒸汽单位时间内所放出的汽化潜热，即

$$QC_p(\theta_2 - \theta_1) = Q_s H_s \tag{7-46}$$

式中　Q——被加热物料的流量；

　　　C_p——被加热物料的比热容；

　　　H_s——蒸汽的汽化潜热；

　　　θ_2——被加热物料的出口温度；

　　　θ_1——物料加热前的温度；

　　　Q_s——加热蒸汽的流量。

由此可得出静态前馈方程

$$Q_s = C_p Q(\theta_2 - \theta_1)/H_s \tag{7-47}$$

即把初温为 θ_1、流量为 Q、比热容为 C_p 的冷物料加热至温度为 θ_2 的热物料所需汽化潜热为 H_s 的蒸汽流量为 Q_s。

在理想情况下，θ_2 应为希望温度 θ_{2r}，式（7-47）可写为

$$Q_{sr} = C_p Q(\theta_{2r} - \theta_1)/H_s \tag{7-48}$$

式中，C_p、H_s 为常数，θ_{2r} 为设定值，只要测出被加热物料的流量和初温便可求出 Q_{sr}，以此作为蒸汽流量控制的设定值，从而保证静态情况下 $\theta_2 = \theta_{2r}$。据此形成的控制方案如图 7-30 所示。此方案补偿了 Q 和 θ_1 两参数变化对输出温度的影响。

图 7-31a、b 分别给出了以 θ_2 为受控变量、以 Q 为操纵变量的单回路控制时负载扰动过渡过程曲线和按图 7-30 所示构成静态前馈的负载扰动过渡过程曲线。通过两个过渡过程的比较可以看出，对负载扰动，前馈控制作用具有相当明显的效果。但是由于前馈补偿通道和干扰通道的动态特性不完全一样，因而仅用静态补偿仍有较大的动态偏差，若引入动态补偿环节，补偿效果会更好。

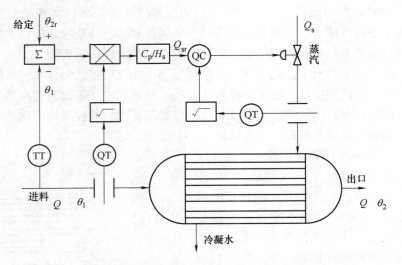

图 7-30　按平衡方程进行静态前馈的换热器温度控制系统

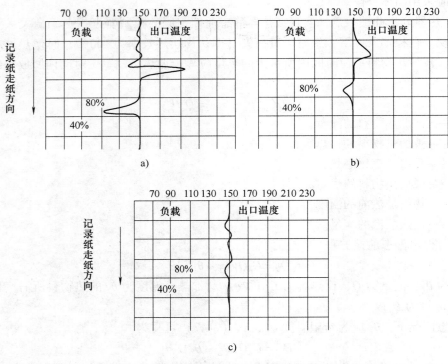

图 7-31　换热器不同控制方案过渡过程比较图
a) PID 反馈控制　b) 静态前馈控制　c) 动态前馈控制
注：引自［美］P. B. Deshpande R. H. Ash《计算机过程控制——先进控制策略的应用》

2）换热器动态前馈控制。假设图 7-30 所示换热器前馈控制的干扰通道和前馈控制通道的动态部分传递函数均用一阶环节近似描述，即

$$G_d(s) = \frac{1}{T_d s + 1} \quad G_p(s) = \frac{1}{T_p s + 1}$$

那么，按全补偿条件可得前馈控制器传递函数的动态部分为

$$G_{ff}(s) = \frac{T_p s + 1}{T_d s + 1} \tag{7-49}$$

将该式串入式（7-48），可得实现动态前馈补偿的前馈方程为

$$Q_{sr} = \frac{C_p}{H_s} Q(\theta_{2r} - \theta_1) \frac{T_p s + 1}{T_d s + 1} \tag{7-50}$$

包含动态前馈的换热器控制系统只要在图 7-30 所示静态前馈的基础上再串入（添加）动态部分 $(T_p s + 1)/(T_d s + 1)$ 即可。

这里时间常数的确定可以这样考虑：若有条件能求出换热器的 T_p 和 T_d 更好，否则可根据该动态环节的特点进行试探性现场调试。

$(T_p s + 1)/(T_d s + 1)$ 是控制理论中系统校正用的超前滞后环节。T_p 增加将使补偿作用加强，反之补偿作用减弱，这样通过 T_p、T_d 的调整便可得到满意的补偿过程，这也是前馈控制器参数整定的基本方法。包含有上述动态前馈补偿的负载扰动过渡过程如图 7-31c 所示，其补偿效果更加明显。

3. 前馈与反馈的比较

通过以上分析可以从以下几个方面对前馈与反馈各自的特点做比较，以加深对两类系统的理解和区别。

（1）产生控制作用的依据不同　前馈检测的是干扰信号，按干扰的大小和方向产生控制（补偿）作用；反馈检测的是受控变量，按受控变量与设定值偏差的大小和方向产生控制作用。

（2）控制效果不同　前馈控制及时，不等偏差出现就产生了补偿作用，理论上可以实现对干扰的全补偿；反馈落后于干扰，它是以偏差为代价来补偿干扰的影响，要做到无差必先有差。

（3）实现的经济性和可行性不同　前馈控制中，一般一个干扰需要一套系统，若干扰众多，不经济也不可行，对于无法检测的干扰，则无法实现补偿；反馈控制中，只需一个回路就可克服回路内的所有干扰，经济可行。

（4）结构不同　前馈控制属于开环控制不存在稳定性问题；反馈控制为闭环控制，必须考虑稳定性问题。且稳定性与控制精度是矛盾的，稳定性往往限制了精度的提高。

（5）控制器控制规律不同　前馈控制的控制规律取决于过程的特性即 $G_{ff}(s) = -G_d(s)/G_p(s)$；而反馈控制规律一般为 PID。所以反馈控制容易实现，前馈控制实现起来难度较大。当然，计算机参与控制后，前馈控制器的实现不再是影响前馈应用的问题。

7.2.2　前馈-反馈复合控制系统

1. 进行复合控制的原因

由换热器前馈控制方案可知，前馈控制对补偿某些干扰对受控变量的影响有着显著的效果。但是，由于众所周知的原因，前馈几乎无法单独使用。任何受控过程其干扰都是多方面的，一套前馈装置仅对有限的几个干扰（多数情况下仅一个）实施补偿，而且这种补偿所能达到的效果取决于对过程的了解程度和前馈控制规律实施的准确性，事实上，要实现对所有干扰的良好补偿是不可能的，更何况受控过程还可能存在无法测量的干扰。这样，在众多干扰中只要有一个干扰未被补偿或补偿精度不够，都可能使受控变量偏离期望值而无法满足控制要求。即使未被补偿的干扰对受控变量的影响是微不足道的，但是若长期受到同向干扰

的影响，也会因偏差的长期积累而使其远远偏离期望值。总之，虽然前馈控制有时可以获得显著的效果，但是，仅有前馈控制的过程是无法让人放心的。正确的做法是把前馈作为反馈的补充，对于那些可以测量而无法控制的和对受控变量影响严重的且仅用反馈无法有效抑制的干扰实施前馈补偿，而对于绝大多数次要干扰仍由反馈控制解决。这样既发挥了前馈补偿能有效克服主要矛盾的优点，又发挥了反馈控制经济、可靠、一个回路可以克服多个因素所引起的受控变量与期望值偏离的特点。这样的系统就是越来越受人们重视的前馈-反馈复合控制系统。

2. 前馈-反馈复合控制系统分析

如上所述，为了把图 7-25 所示管式加热炉出口温度控制在规定值上，仅有燃料流量的前馈控制是不够的，当被加热物料的初温、燃料油流量、燃烧值、烟囱抽力等发生变化时，该前馈控制系统均无任何抑制作用，为此应构成如图 7-32 所示的前馈-反馈复合控制系统。

下面从单独前馈、单独反馈和前馈-反馈复合控制三个方面列表比较说明（见表 7-3）。

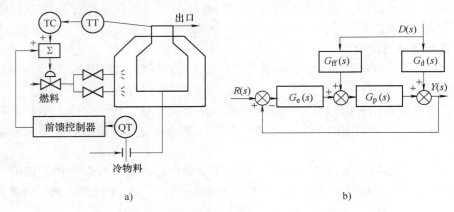

图 7-32　管式加热炉前馈-反馈复合控制系统

a）原理示意图　b）框图

表 7-3　前馈、反馈、前馈-反馈复合控制特点比较

控制形式	干扰 $D(s)$ 作用下的系统输出	特点及比较
单独前馈控制	$Y(s) = [G(s) + G_{ff}(s)G_p(s)]D(s)$	只能对干扰 $D(s)$ 进行有效补偿，而且对补偿精度要求苛刻，实施困难，当过程特性发生变化时补偿精度将无法保证，全补偿条件为 $G_{ff}(s) = -G_d(s)/G_p(s)$
单独反馈控制	$Y(s) = \dfrac{G_d(s)D(s)}{1 + G_c(s)G_p(s)}$	可以克服所有干扰影响，但是当过程可控性比较差时，对主要干扰克服能力较差，动态偏差大，存在控制能力与稳定性的矛盾，系统特征方程为 $1 + G_c(s)G_p(s) = 0$
前馈-反馈复合控制	$Y(s) = \dfrac{G_d(s) + G_{ff}(s)G_p(s)}{1 + G_c(s)G_p(s)}D(s)$	兼有前馈、反馈两方面的优点，既由前馈补偿了主要干扰 $D(s)$ 对输出的影响，减轻了反馈的负担，又由反馈保证了其他干扰及前馈补偿误差也能得到抑制，从而降低了对前馈控制器补偿精度的要求，提高了前馈控制应用的适应性，增加了工程实施的可能性；另一方面，由于前馈补偿不改变闭环系统的特征方程，从一定程度上缓解了控制能力与稳定性的矛盾，全补偿条件与单独前馈时相同

7.2.3　前馈-串级控制系统

虽然前馈-反馈复合控制兼有前馈和反馈两个方面的优点，在工程上得到了广泛的应用，

但是在有的生产过程中，主要干扰多、作用频繁、幅度大，对有些干扰采用串级副回路会更合理。例如上述管式加热炉，若主要干扰除被加热原料油流量波动外，燃料油压力波动引起的流量变化亦是主要干扰，仅靠上述前馈-反馈复合控制仍无法有效抑制燃料油压力波动对出口温度的影响。若按串级控制的设计原则，选择燃料油流量为副受控变量构成前馈-串级控制系统，则兼有串级和前馈的所有特点，因而可得到更好的控制精度和稳定性。管式加热炉前馈-串级控制系统如图 7-33 所示。

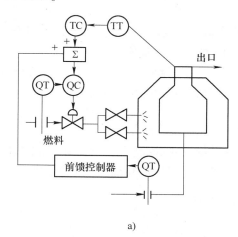

a)

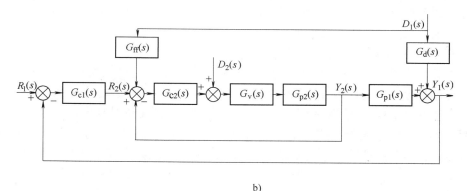

b)

图 7-33 管式加热炉前馈-串级控制系统

a）原理示意图 b）系统框图

图中，$D_1(s)$ 为被加热原料油流量波动，由前馈加以补偿；$D_1(s)$ 为燃料油压力波动，已纳入副回路。

为了讨论前馈-串级控制系统中前馈控制器的设计，把图 7-33b 等效为图 7-34。

图中，$G'_{p2}(s)$ 即为副回路等效环节，由前面的讨论知其传递函数为

$$\frac{Y_2(s)}{R_2(s)} = \frac{G_{c2}(s)\,G_v(s)\,G_{p2}(s)}{1 + G_{c2}(s)\,G_v(s)\,G_{p2}(s)}$$

经上述等效后的框图已与前馈-反

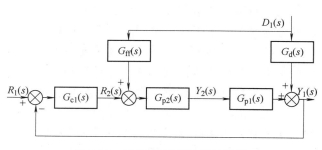

图 7-34 前馈-串级系统等效框图

馈复合控制的结构相同，因此在干扰 $D_1(s)$ 作用下的输出为

$$Y_1(s) = \frac{G_d(s) + G_{ff}(s)G'_{p2}(s)G_{p1}(s)}{1 + G_{c1}(s)G'_{p2}(s)G_{p1}(s)}D_1(s) \tag{7-51}$$

根据绝对不变性原理，要实现对 $D_1(s)$ 影响的全补偿，在 $D_1(s) \neq 0$ 时应实现 $Y_1(s)/D_1(s) = 0$，因此有 $G_d(s) + G_{ff}G'_{p2}(s)G_{p1}(s) = 0$，即

$$G_{ff}(s) = -\frac{G_d(s)}{G'_{p2}(s)G_{p1}(s)} \tag{7-52}$$

即在上述结构的前馈-串级控制中，实现干扰全补偿的前馈控制器的数学模型为干扰通道传递函数与等效控制通道传递函数之比的负值。

当副回路的工作频率远大于主回路工作频率时，副回路可近似为一个 $1:1$ 的等效环节，即 $G'_{p2}(s) \approx 1$。这时前馈控制器的数学模型可简化为

$$G_{ff}(s) = -\frac{G_d(s)}{G_{p1}(s)} \tag{7-53}$$

由式（7-53）可见，在前馈-串级控制中，不仅具有前馈串级控制的一切特点，而且由于副回路的存在，在一定条件下还可以简化前馈控制器的实施。

7.2.4　前馈控制的工业应用

和其他控制系统一样，前馈控制虽然有许多优点，但是必须应用得当，其优点方可得到充分发挥，否则只会事倍功半。我们可从以下两个方面考虑前馈控制的工业应用。一是从干扰的性质考虑；二是从过程特性考虑。

1. 从干扰的性质考虑

（1）当系统存在"可测不可控"的主干扰时应考虑引入前馈　所谓"可测"就是指该干扰可以通过相应测量变送装置获取作为前馈控制器的输入信号，这也是实现前馈控制的必要条件。对于有些干扰虽然存在但目前还无法在线测取，则无法对其进行补偿。

所谓"不可控"就是指有些变量不宜通过专门回路予以定值控制，那么干扰的存在也就不可避免，且得不到抑制。这主要是受工艺上的限制，例如上述管式炉原料油流量波动，因原料油是生产负荷，应由生产情况和后级处理要求而定，所以就属于"不可控"参数。

锅炉锅筒水位控制是这类应用的典型实例，下面就其过程特性及控制方法进行讨论。锅筒过程如图 7-35 所示。

1）锅筒水位特性分析。在前言中我们已讨论过锅筒水位控制问题。因锅筒水位是决定锅炉安全及蒸汽质量的关键变量，故需加以控制并选为受控变量组成了单回路锅筒水位控制系统（给水流量为操纵变量）。该系统在锅炉控制中被称为单冲量控制系统，并且在小型锅炉和生产平稳的场合得到广泛应用。然而，影

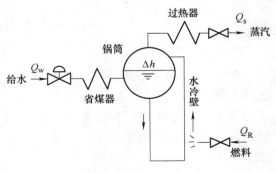

图 7-35　锅筒过程

响锅筒水位的因素很多且特性比较特殊，对控制十分不利。另外锅炉越大，相对蒸发速度越快，对控制要求越高，因此在大中型锅炉水位控制中单冲量控制无法满足控制要求，必须采用更复杂的控制方法。为了寻求最佳控制方案，必须先对锅筒水位特性加以分析。

① 蒸汽流量扰动下的水位特性。通常，在其他参数不变的情况下，当蒸汽流量突然变化时，水位变化应是单容无自衡特性，其阶跃响应曲线应如图 7-36 中 h_{s1} 所示。然而实际的阶跃响应曲线如 h_s 所示，这是因为水位高低反映的仅是锅筒中水的体积，在水量不变时，只要压力、密度等任一发生变化，其水位都将变化。因此当蒸汽流量突增时，一方面锅筒中因物料不平衡产生水量减小，反映在水位上如图 7-36 中曲线 h_{s1} 所示；另一方面由于锅筒内压力下降，使得沸腾加剧，水中锅筒增加，密度变小，体积膨胀，致使水位上升，这一部分的变化如图 7-36 中曲线 h_{s2} 所示。锅筒水位的实际阶跃响应曲线 h_s 应为二者共同作用的合成，即

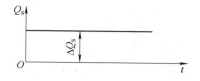

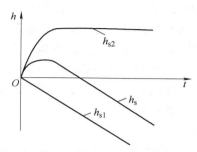

图 7-36 蒸汽流量阶跃变化水位响应曲线

$$h_s = h_{s1} + h_{s2}$$

对于大中型锅炉而言，后者（h_{s2}）的影响要大于前者（h_{s1}），因而在负荷阶跃增加后的一段时间内水位不但不下降，反而会明显上升。这种反常现象被称为"假水位"现象。随着时间推移，物料不平衡逐渐占主导地位，水位才开始反向，即降低。因而这种响应过程也被称为异向响应过程。该过程的传递函数可表示为

$$G_s(s) = \frac{H_s(s)}{Q_s(s)} = \frac{H_{s1}(s)}{Q_s(s)} + \frac{H_{s2}(s)}{Q_s(s)} = -\frac{\varepsilon_s}{s} + \frac{K_s}{1 + T_s s} \tag{7-54}$$

式中　ε_s——反映物料平衡关系的水位飞升速度；

K_s、T_s——水面下物料密度变化所引起的水位变化的增益和时间常数。

② 给水流量作用下的水位特性。与蒸汽变化一样，若仅从物料平衡角度看，给水变化下的水位特性也是单容无自衡特性，由此引起的响应应如图 7-37 中 h_{w1} 所示。然而实际的阶跃响应曲线如图 7-37 中 h_w 所示。同样的道理，水位的变化除了反映物料的平衡关系外，还反映了压力、密度等因素的影响。由于给水温度低于锅筒内的饱和水温度。当给水突增时，导致锅筒水温下降、沸腾减弱、气泡量减少、密度增加，反映在体积上为体积减小，因此水位反而下降。这一部分的特性曲线如图 7-37 中 h_{w2} 所示。总的水位响应曲线为 $h_w = h_{w1} + h_{w2}$，其中 h_w 即为合成曲线。其传递函数可表示为

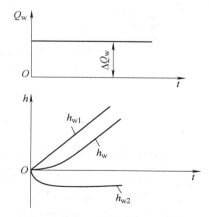

图 7-37 给水流量阶跃变化水位响应曲线

$$G_w(s) = \frac{H_w(s)}{Q_w(s)} = \frac{\varepsilon_w}{s} - \frac{\varepsilon T_w}{1 + T_w s} = \frac{\varepsilon_w}{s(1 + T_w s)} \tag{7-55}$$

或近似为

$$G_w(s) = \frac{H_w(s)}{Q_w(s)} = \frac{\varepsilon_w}{s} e^{-\tau_w s} \tag{7-56}$$

式中　ε_w——水位飞升速度；

　　　τ_w——等效滞后时间；

　　　T_w——等效时间常数。

③ 燃料变化、锅炉排污、吹灰等对水位的影响

燃料变化必然引起锅筒内水位的变化，结果导致蒸发量的变化和锅筒内水位、压力、密度变化，也伴有一定的"虚假"水位。然而这些变化有一定的牵制作用，加之锅筒和水冷壁金属管道的热惯性而使这种现象的影响并不严重。锅炉排污直接从锅筒里放水，吹灰时则使用锅炉自身的蒸汽，这些都将影响锅筒水位。

2）锅筒水位控制方案。锅筒水位控制根据锅炉大小、运行条件的不同有单冲量、双冲量、三冲量三种控制方案。单冲量也就是前述锅筒水位单回路控制系统，它适用于小型锅炉，这里不再重述。双冲量（即前馈-反馈复合控制）和三冲量（即前馈-串级控制）分别叙述如下。

① 锅筒水位前馈-反馈复合控制。在锅筒水位控制中，最主要的干扰是负荷即蒸汽流量的波动，由于"假水位"的影响，反馈控制无能为力。在反馈的基础上若对于这个"可测不可控"干扰实施前馈控制，依据干扰作用的真实影响予以及时补偿，则可不受"假水位"的影响。图 7-38 为典型的锅炉锅筒水位前馈-反馈复合控制系统（即双冲量控制系统）的原理图及系统框图。

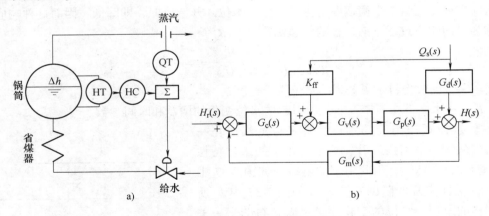

图 7-38　锅筒水位前馈-反馈复合控制

a）原理图　b）框图

本系统为静态前馈，前馈控制强弱由加法器的系数来调整。前馈信号的正负由控制阀气开、气关形式而定，最终应当满足蒸汽流量增加使控制阀开度增大的补偿要求。

② 锅筒水位前馈-串级控制

前馈-反馈复合控制虽能有效补偿负荷干扰的影响，但是对克服给水压力变化引起的给水干扰能力不强，当该干扰严重时，仍无法保证锅炉的安全运行。另外，由于执行器工作特性不一定能保证为线性并有惯性和死区，使补偿精度无法保证。为此可在前馈-反馈控制的基础上引入给水量副回路构成前馈-串级控制（即三冲量控制）系统，如图 7-39 所示。

在实际运行的三冲量控制系统中有更为简单的结构，即仅一台控制器，其结构框图如图 7-40 所示。

图 7-40a 所示方案一的结构最为简单，仅用一台多通道控制器即可实现。不足之处是仅

能保证水位、蒸汽流量、给水流量三个参数的综合误差为零（当控制器有积分作用时），水位余差大小将取决于三路信号的分流系数，因而在投运及参数设置方面较为困难。

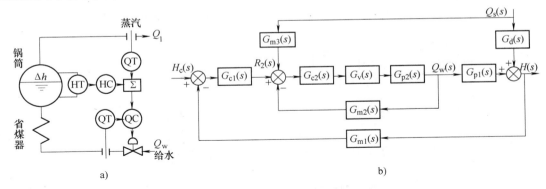

图 7-39　锅筒水位前馈-串级控制系统

a）原理图　b）框图

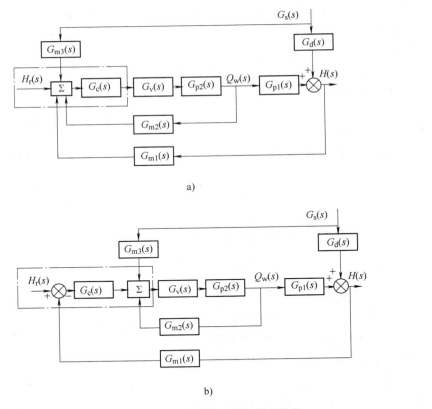

图 7-40　三冲量水位控制系统的简单结构

a）三冲量控制方案一　b）三冲量控制方案二

图 7-40b 所示方案二的优点是可保证水位无静差，不足之处是比方案一多用一台仪表，另外，副回路性能无法达到最优，因而不能最大限度地发挥串级控制的优点，亦不能有效地克服执行器的非线性和死区等，也会使前馈作用的精度降低。

在上述两种方案中，虽然只用了一个控制器，但仍具有前馈-串级的结构。图 7-40a 中相当于主控制器为 1：1 比例控制的前馈-串级控制。而图 7-40b 相当于副控制器为 1：1 比例控制的前馈-串级控制。其点画线框内的等效框图分别如图 7-41a、b 所示。

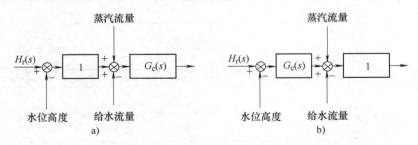

图 7-41　三冲量水位控制控制器等效框图

图中"＋""－"号代表各信号与控制阀开度的关系，即当信号增加时，若要求开大控制阀则标以"＋"号，反之标以"－"号表示。在具体连接时，应根据控制器正、反作用形式和控制阀气开、气关形式综合决定。

（2）当系统存在幅值大、作用频繁、反馈不宜克服的干扰时应考虑引入前馈　反馈控制是过程控制中最基本和最主要的一种结构形式，它经济可靠，但是由于控制的限制，对幅值大、作用频繁且对受控变量影响严重、过程可控度相对较差的场合，单靠反馈可能产生较大的动态偏差，这时应考虑引入前馈。当然该干扰必须是可测的。

2. 从过程特性考虑

由于前馈控制器的特性取决于过程特性，因此，前馈控制的应用不仅要考虑干扰和工艺情况，还应考虑过程特性。

在过程控制中，过程特性一般可近似描述为一阶加纯滞后环节。假设控制通道和干扰通道的传递函数分别为

$$G_d(s) = \frac{K_d}{T_d s + 1} e^{-\tau_d s} \quad G_p(s) = \frac{K_p}{T_p s + 1} e^{-\tau_p s}$$

那么，实现全补偿的前馈控制器传递函数则为

$$G_{ff}(s) = -\frac{T_p s + 1}{T_d s + 1} e^{-(\tau_d - \tau_p)s} \tag{7-57}$$

根据控制通道与干扰通道特性的不同，可以分几种情况说明前馈的应用。

1）当 T_p 与 T_d、τ_p 与 τ_d 比较接近时，仅须采用静态前馈便可获得良好的补偿效果，有时仅须增加一套测量变送装置即可。资料仿真证明，T_p 与 T_d 之比在 0.7～1.3 范围内时，静态前馈便可得到良好的补偿效果。

2）当 τ_p 与 τ_d 比较接近、T_p 与 T_d 相差较大时，前馈模型中可以忽略纯滞后时间，即仅有一个超前-滞后环节即可，工程实现亦不困难。

3）当 τ_p 与 τ_d 相差较大且 $\tau_p < \tau_d$ 时，则须考虑引入纯滞后补偿，这在模拟控制系统中要谨慎使用，因模拟仪表实现良好的纯滞后环节是困难的。

4）当 τ_p 与 τ_d 相差较大且 $\tau_p > \tau_d$ 时，则需要有纯"超前"补偿，即要求控制器具有预报功能。不论用什么控制手段，在常规控制中几乎都是不现实的。好在操纵量选择时就已考虑应尽量缩短控制通道的纯滞后，因而这种情况发生的可能性是极小的。

综上所述，是否使用前馈控制以及采用哪种形式的前馈控制器及系统结构，应从生产

过程的特性、生产工艺对控制品质的要求、干扰的情况及所采用的控制手段等综合考虑。用静态前馈能满足要求的就尽量采用静态前馈，当然在计算机控制中可多考虑采用动态前馈。

7.2.5 数字前馈控制系统

在计算机或数字仪表构成的系统中，引入前馈补偿是方便的。只要获得前馈控制器的数学模型就可以通过离散化由计算机编程实现，从而为实现动态前馈带来了希望，这也是前馈控制越来越受到人们重视的原因之一。

假设前馈控制器的数学模型为

$$G_{ff}(s) = -K_{ff}\frac{T_p s + 1}{T_d s + 1}e^{-\tau_{ff}} = \frac{U_{ff}(s)}{U_d(s)} \tag{7-58}$$

式中　$U_d(s)$、$U_{ff}(s)$——前馈控制器输入和输出的拉普拉斯变换，那么式（7-58）对应的微分方程为

$$T_d\frac{du_{ff}(t)}{dt} + u_{ff}(t) = -K_{ff}\left[T_p\frac{du_d(t-\tau_{ff})}{dt} + u_d(t-\tau_{ff})\right] \tag{7-59}$$

当采样周期 T_s 相对信号变化足够短时，其微分方程的导数项可近似用差分代替，即

$$\begin{cases} \dfrac{du_{ff}(t)}{dt}\bigg|_{t=kT_s} \approx \dfrac{u_{ff}(k) - u_{ff}(k-1)}{T_s} \\ \dfrac{du_d(t-\tau_{ff})}{dt}\bigg|_{t=kT_s} \approx \dfrac{u_d(k-n_\tau) - u_d(k-1-n_\tau)}{T_s} \end{cases} \tag{7-60}$$

式中　$n_\tau = \dfrac{\tau_{ff}}{T_s}$，若除不尽则取整数部分。

将式（7-60）代入式（7-59）并整理可得

$$u_{ff}(k) - bu_{ff}(k-1) = A[u_d(k-n_\tau) - au_d(k-1-n_\tau)]$$

即

$$u_{ff}(k) = bu_{ff}(k-1) + A[u_d(k-n_\tau) - au_d(k-1-n_\tau)] \tag{7-61}$$

式中

$$A = -K_{ff}\frac{T_p}{T_d}; a = 1 - \frac{T_s}{T_p}; b = 1 - \frac{T_s}{T_d}$$

显然，式（7-61）的编程关键是纯滞后时间的实现（第 k 次的输出 $u_{ff}(k)$ 是通过第 $(k-1-n_\tau)$ 次和第 $(k-n_\tau)$ 次的采样值计算产生）。在常规仪表构成的系统中，纯滞后的实现是困难的，而在计算机控制中则十分容易实现。方法如下：

在内存中开辟一个区域，对该区域按先进先出的原则组成堆栈，每次从栈底弹出一个数，栈内数据从栈顶至栈底递推一次，栈顶空出一个数的空间，供存放第 k 次采入值 $u_d(k)$。这样，数据从采入堆栈起到从栈中弹出所经历的时间就是纯滞后时间 τ_{ff}。可见，纯滞后时间的长短可通过改变堆栈区域的深度和数据在堆栈中的移动节拍来调整。数据在堆栈中的移动节拍由采样周期决定（每采样一次移动一次）。那么移动次数 l、采样周期 T、纯滞后时间 τ_{ff} 三者之间应满足关系 $(l-1)T_s = \tau_{ff}$。假设存放一个数据需要占用 n 个单元，那么实现时间 τ_{ff} 的纯延时所需堆栈区域的深度（即单元数）就为 $(ln + n)$ 个。

明确了纯滞后特性的实现方法后，式（7-61）的程序实现就不再困难了。图 7-42 为其程序流程图。

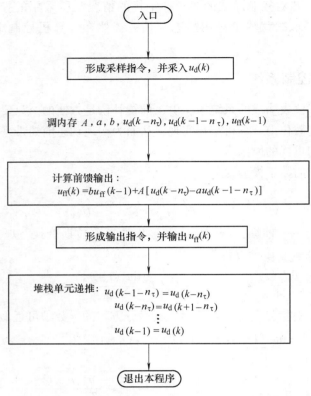

图 7-42　前馈控制器程序流程图

7.3　大滞后补偿控制

上述讨论我们已经知道，在工业过程中，被控过程除了具有容积滞后外，还存在程度不同的纯滞后。产生纯滞后的原因很多，主要有：①物料及能量在管道或者容器中传输及运送需要时间；②物质反应、能量的释放及能量交换需要一定过程和时间；③设备和设备之间的串联需要许多的中间环节；④测量装置的响应时间；⑤执行机构的动作时间。

在被控过程的控制通道、测量装置及执行机构等环节存在纯滞后时，控制系统闭环特征方程中就存在纯滞后因子，而且存在纯滞后的环节较多时，系统滞后时间也将随之增加。纯滞后的存在将明显降低系统的稳定性，而且纯滞后时间越长，系统稳定性就越差。由于纯滞后的存在，控制作用不及时，导致被控系统的动态品质下降。纯滞后越大，则系统的动态品质越差。一般来说，在大多数被控过程中，既包含纯滞后 τ 又包含惯性常数（容积滞后）T，通常用 τ/T 的比值来衡量被控过程纯滞后的严重程度。若 $\tau/T < 0.3$，则称为一般滞后过程；若 $\tau/T > 0.3$，则称为大滞后过程。大滞后过程是被公认为较难控制的过程，PID 控制策略无法解决大纯滞后问题。为了克服大滞后的不利影响，保证控制品质，科学工作者和工程技术人员一直在不停地探索。目前已经有了一些解决方案，如微分先行、中间反馈控制、Smith 预估补偿和内模控制等。近年来，随着智能控制的发展，智能控制用于解决大滞后问题的研究成果越来越多，并有了许多成功的应用。预估补偿技术也是解决这一问题的一个有效方法，在控制工程中最早应用的预估器就是 Smith 预估补偿器。限于篇幅，这里只讨论

Smith 预估补偿控制。

7.3.1 Smith 预估补偿控制

Smith 预估补偿控制是在系统的反馈回路中引入补偿装置，将控制通道传递函数中的纯滞后部分与其他部分分离，其特点是预先估计出系统在给定信号下的动态特性，然后由预估器进行补偿，力图使被延迟了的被调量超前反映到控制器，使控制器提前动作，从而减少超调量并加速控制过程。如果预估模型准确，该方法能够获得较好的控制效果，从而消除纯滞后对系统的不利影响，使系统品质与被控过程无纯滞后时相同。

为了学习 Smith 预估补偿系统的工作原理，先从一般的反馈控制系统开始讨论，一般反馈控制系统框图如图 7-43 所示。

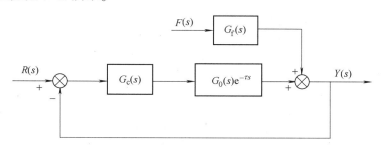

图 7-43 一般反馈控制系统框图

设 $G_0(s)e^{-\tau s}$ 为过程控制通道特性，其中 $G_0(s)$ 为过程不包含纯滞后部分的传递函数，$G_f(s)$ 为过程扰动通道的传递函数（不考虑纯滞后），$G_c(s)$ 为控制器的传递函数，则图 7-43 所示的单回路系统的闭环传递函数为

$$\frac{Y(s)}{R(s)} = \frac{C_c(s) G_0(s) e^{-\tau s}}{1 + G_c(s) G_0(s) e^{-\tau s}} \tag{7-62}$$

输出对干扰量的闭环传递函数为

$$\frac{Y(s)}{F(s)} = \frac{G_f(s)}{1 + G_c(s) G_0(s) e^{-\tau s}} \tag{7-63}$$

在式（7-42）和式（7-43）的特征方程式中，由于引入了 $e^{-\tau s}$ 项，使得闭环系统的品质大大恶化。若能将 $G_0(s)$ 与 $e^{-\tau s}$ 分开并以 $G_0(s)$ 为过程控制通道的传递函数，以 $G_0(s)$ 的输出信号作为反馈信号，则可大大改善控制品质。但是实际工业过程中，$G_0(s)$ 与 $e^{-\tau s}$ 是不可分割的，所以 J. O. Smith 提出采用等效补偿的方法来实现，即在 PID 反馈的基础上，引入一个预估补偿环节，从而使闭环特征方程不含纯滞后项，可大大改善控制品质。

Smith 预估补偿控制的原理图如图 7-44a 所示。

引入补偿环节 $G_k(s)$ 后，希望系统闭环传递函数的分母不再含 $e^{-\tau s}$ 项，即要求 $1 + G_c(s) G_k(s) + G_c(s) G_0(s) e^{-\tau s} = 1 + G_c(s) G_0(s)$，即 $G_k(s) = (1 - e^{-\tau s}) G_0(s)$。

为了实施方便，往往把 Smith 预估补偿的原理图（见图 7-44a）中的 $G_k(s)$ 化为实施图（见图 7-44b）的结构。

引入补偿环节 $G_k(s)$ 后，相当于把 $G_0(s)$ 作为对象，用 $G_0(s)$ 的输出作为反馈信号，从而使反馈信号相应地提前了 τ 时刻，所以这种控制也成为补偿控制。

根据图 7-44 可以得出，引入预估补偿装置后，输出对给定值的闭环传递函数为

$$\frac{Y(s)}{R(s)} = \frac{\dfrac{G_{c}(s)\,G_{0}(s)\,\mathrm{e}^{-\tau s}}{1+(1-\mathrm{e}^{-\tau s})\,G_{c}(s)\,G_{0}(s)}}{1+\dfrac{G_{c}(s)\,G_{0}(s)\,\mathrm{e}^{-\tau s}}{1+(1-\mathrm{e}^{-\tau s})\,G_{c}(s)\,G_{0}(s)}} \tag{7-64}$$

$$= \frac{G_{c}(s)\,G_{0}(s)}{1+G_{c}(s)\,G_{0}(s)}\mathrm{e}^{-\tau s} = G_{1}(s)\,\mathrm{e}^{-\tau s}$$

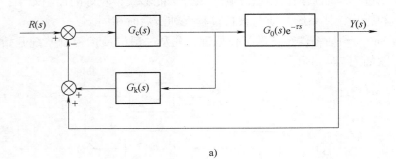

a)

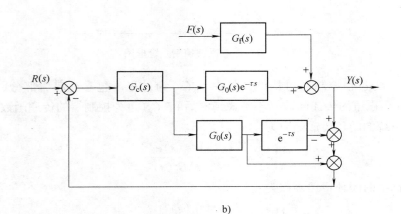

b)

图 7-44　Smith 预估补偿系统结构图

a）原理图　b）实施图

而输出对干扰量的闭环传递函数为

$$\frac{Y(s)}{F(s)} = \frac{G_{f}(s)}{1+\dfrac{G_{c}(s)\,G_{0}(s)\,\mathrm{e}^{-\tau s}}{1+(1-\mathrm{e}^{-\tau s})\,G_{c}(s)\,G_{0}(s)}} \tag{7-65}$$

$$= \left[\frac{1+G_{c}(s)\,G_{0}(s)-G_{c}(s)\,G_{0}(s)\,\mathrm{e}^{-\tau s}}{1+G_{c}(s)\,G_{0}(s)}\right]G_{f}(s)$$

$$= G_{f}(s)\left[1-G_{1}(s)\,\mathrm{e}^{-\tau s}\right]$$

由式（7-64）可见，经预估补偿，其特征方程中已消去了 $\mathrm{e}^{-\tau s}$ 项，即消除了纯滞后对系统控制品质的不利影响。至于分子中的 $\mathrm{e}^{-\tau s}$，仅仅将系统控制过程曲线在时间轴上推迟了 τ，所以预估补偿完全补偿了纯滞后对过程的不利影响。系统控制品质与被控过程无纯滞后时完全相同。

7.3.2　改进型 Smith 预估补偿控制

理论上，Smith 预估补偿控制能克服大滞后的影响。但由于 Smith 预估器需要知道被控过程精确的数学模型，且对模型误差十分敏感，因而难以在工业生产过程中广泛应用。针对 Smith 预估器的弊端，为改进其性能，学者们提出了许多改进型的 Smith 预估器。

增益自适应预估补偿控制器就是其中之一，如图 7-45 所示。它与 Smith 预估器结构相似，增益自适应预估结构仅是系统的输出减去预估模型输出的运算被系统的输出除以模型的输出所取代，而对预估器输出做修正的加法运算改成了乘法运算。除法器的输出还串联一个超前环节，其超前时间常数即为过程的纯滞后 τ，用来使延时了的输出比值有一个超前作用。这些运算的结果使预估器的增益可根据预估模型和系统输出的比值有相应的校正。系统仿真表明，增益自适应补偿的过程响应一般都比 Smith 预估器要好，尤其是对于模型不准确的情况。但是，当模型纯滞后比过程纯滞后偏大时，增益自适应补偿效果不佳。

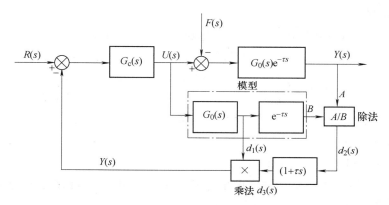

图 7-45　增益自适应预估补偿控制器

7.4　多变量解耦控制

7.4.1　多变量耦合

前述控制系统中只有一个被控参数，它被确定为输出，在众多影响这个被控参数的因素中，选择一个主要因素作为调节参数或控制参数，称为过程输入，而把其他因素都看成扰动。这样在输入、输出之间形成一条控制通道，再加入适当的控制器后，形成典型的简单控制系统（也叫单回路控制系统）。

然而，实际的工业过程是一个复杂的变化过程，为了达到设定的生产要求，往往有多个过程参数需要控制，相应地，决定和影响这些参数的原因也不是一个。因此大多数工业过程是一个相互关联的多输入多输出过程。在这样的过程中，一个输入将影响到多个输出，而一个输出也将受到多个输入的影响。如果将一对输入、输出称为一个控制通道，则在各通道之间存在相互作用，我们把这种输入与输出间、通道与通道间复杂的因果关系称为过程变量或通道间的耦合。

在多变量耦合系统中，一个控制变量的变化，会同时引起多个被控变量的变化。若简单地将其分为若干个单变量系统设计或处理，不但得不到满意的控制效果，甚至可能得不到稳定的控制过程。

图 7-46 所示精馏塔控制是一个典型的多变量过程控制问题，因为在精馏过程中，需要被控制的参数较多；可以选作控制的参数也较多。在对精馏塔塔底组分进行控制时，目前，用得较普遍的方法是通过塔顶回流量 q_r 和塔底蒸汽流量 q_s 来控制精馏塔塔顶组分 y_1 和塔底成分 y_2。

在精馏塔系统中，塔顶回流量 q_r、塔底蒸汽流量 q_s 对塔顶组分 y_1 和塔底组分 y_2 都有影响，因此，两个组分控制系统之间存在耦合。

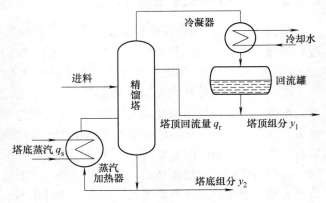

图 7-46　精馏过程示意图

对于一个实际多输入多输出过程，其传递函数一般可表示为

$$\boldsymbol{G}(s) = \frac{\boldsymbol{Y}(s)}{\boldsymbol{U}(s)} = \begin{pmatrix} G_{11}(s) & G_{12}(s) & \cdots & G_{1m}(s) \\ G_{21}(s) & G_{22}(s) & \cdots & G_{2m}(s) \\ \vdots & \vdots & & \vdots \\ G_{n1}(s) & G_{n2}(s) & \cdots & G_{nm}(s) \end{pmatrix}$$

式中　n——输出变量数；

　　　m——输入变量数；

　　G_{ij}——第 i 个输入与第 j 个输出间的传递函数，它也反映着该输入与输出间的耦合关系。

在解耦问题的讨论中，通常取 $m = n$，这与大多数实际过程相符合。

变量间的耦合给过程控制带来了很大的困难，因为很难为各个控制通道确定满足性能要求的控制器。从前面的讨论可知，单回路控制系统是最简单的控制方案，因此，解决多变量耦合过程控制的最好办法是解除变量之间的不希望的耦合，形成各个独立的单输入单输出的控制通道，使得此时过程的传递函数为

$$\boldsymbol{G}(s) = \begin{pmatrix} G_{11}(s) & & 0 \\ & G_{22}(s) & \\ 0 & & G_{nn}(s) \end{pmatrix}$$

实现复杂过程的解耦，应用得较普遍的解耦方法有：

1）突出主要被控参数，忽略次要被控参数，将过程简化为单参数过程。

2）寻求输入、输出间的最佳匹配，选择因果关系最强的输入、输出，逐对构成各个控制通道，弱化各控制通道之间即变量之间的耦合。

3）前馈补偿法是基于不变性原理的一种解耦方法，它使解耦网络模型支路大为减少、易于计算，是工业上应用最普遍的解耦设计法。

4）对角矩阵法，在系统选择了合理变量配对的前提下，实现控制量与被控制量之间一对一的控制。

5）单位矩阵法，单位矩阵法可以看作是对角矩阵法的一个特殊情况。

7.4.2 相对增益

相对增益是用来衡量一个选定的控制量与其配对的被控量之间相互影响大小的尺度。因为它是相对系统中其他控制量对该被控量的影响来说的，故称其为相对增益，也称为相对放大系数。

1. 相对增益定义

为了衡量某一变量配对下的关联性质，首先在其他所有回路均为开环，即所有其他控制量均不改变的情况下，找出该通道的开环增益；然后再在所有其他回路都闭环，即所有其他被控量都基本保持不变的情况下，找出该通道的开环增益。显然，如果在上述两种情况下，该通道的开环增益没有变化，就表明其他回路的存在对该通道没有影响，此时该通道与其他通道之间不存在关联。反之，若两种情况下的开环增益不相同，则说明该通道与其他通道之间有耦合联系。这两种情况下的开环增益之比就定义为该通道的相对增益。

多输入多输出过程中变量之间的耦合程度可用相对增益表示。设过程输入为 $U = [u_1 u_2 \cdots u_n]^\mathrm{T}$，输出为 $Y = [y_1 y_2 \cdots y_n]^\mathrm{T}$，令

$$p_{ij} = \frac{\partial y_i}{\partial u_j}\bigg|_{u_r} \quad (r \neq j) \tag{7-66}$$

式（7-66）表示 p_{ij} 是除输入 u_j 外，其他输入 $u_r (r \neq j)$ 都不变时，输入 u_j 到输出 y_i 对的开环增益即静态放大系数，这里称为第一放大系数。显然，这就是输入 u_j 单独作用下到输出 y_i 通道外，其他通道都断开的情况下，输入 u_j 到输出 y_i 的静态增益。又令

$$q_{ij} = \frac{\partial y_i}{\partial u_j}\bigg|_{y_r} \quad (r \neq i) \tag{7-67}$$

式（7-67）表示 q_{ij} 是在所有 $y_r (r \neq i)$ 不变时（即除输入 u_j 到输出 y_i 以外，其他回路均闭合，以保持其输出均不变（假设回路静态偏差为零）），输入 u_j 到输出 y_i 的开环增益，即静态放大系数，这里称之为通道 u_j 到 y_i 的第二放大系数。再令

$$\lambda_{ij} = \frac{p_{ij}}{q_{ij}} = \frac{\dfrac{\partial y_i}{\partial u_j}\bigg|_{u_r}}{\dfrac{\partial y_i}{\partial u_j}\bigg|_{y_r}} \tag{7-68}$$

λ_{ij} 就称为 u_j 到 y_i 通道的相对增益。对多输入、多输出过程可得

$$\Lambda = (\lambda_{ij})_{n \times n} = \begin{array}{c} y_1 \\ y_2 \\ \vdots \\ y_n \end{array} \begin{matrix} u_1 & u_2 & \cdots & u_n \\ \begin{pmatrix} \lambda_{11} & \lambda_{12} & \cdots & \lambda_{1n} \\ \lambda_{21} & \lambda_{22} & \cdots & \lambda_{2n} \\ \vdots & \vdots & & \vdots \\ \lambda_{n1} & \lambda_{n2} & \cdots & \lambda_{nn} \end{pmatrix} \end{matrix} \tag{7-69}$$

式（7-69）称为过程的相对增益矩阵，它的各元素就表示 u_j 到 y_i 通道的相对增益。

由定义可知，第一放大系数 p_{ij} 是在过程其他输入 u_r 不变的条件下 u_j 到 y_i 的传递关系，也就是只有 u_j 输入单独作用时对 y_i 的影响。第二放大系数 q_{ij} 是在过程其他输出 y_r 不变的条件下，u_j 到 y_i 的传递关系，也就是在 $u_r (r \neq j)$ 变化（通过无静差闭环使得 y_r 均不变）时，u_j 到 y_i 的传递关系。λ_{ij} 是二者的比值，这个比值的大小反映了变量之间即通道之间的耦合程度。若 $\lambda_{ij} = 1$，表示在其他输入 $u_r (r \neq j)$ 不变和变化两种条件下，u_j 到 y_i 的传递不变，

也就是说，输入 u_j 到输出 y_i 的通道不受其他输入的影响，因此不存在其他通道对它的耦合。若 $\lambda_{ij}=0$，表示 $p_{ij}=0$，即 u_j 到 y_i 没有影响，u_j 不能控制 y_i 的变化，因此该通道的选择是错误的。若 $0<\lambda_{ij}<1$，则表示 u_j 到 y_i 的通道与其他通道间有强弱不等的耦合。若 $\lambda_{ij}>1$，表示耦合减弱了 u_j 对 y_i 的控制作用，而 $\lambda_{ij}<0$ 则表示耦合的存在并使 u_j 对 y_i 的控制作用改变了方向和极性，从而有可能造成正反馈而引起控制系统的不稳定。

从上述定性分析可以看出，相对增益的值反映了某个控制通道的作用强弱和其他通道对该通道耦合的强弱，因此可作为选择控制通道和决定采用何种解耦措施的依据。

这里需要说明，通常过程一般都用静态增益和动态增益来描述，所以相对增益也同样包含这两个分量。然而，大多数情况下可以发现，静态增益分量具有更大的作用和重要性，而且也容易求取和实施。因此，这里只讨论静态增益问题。

2. 相对增益求取

由定义可知，求取相对增益需要先求出放大系数 p_{ij} 和 q_{ij}，这两个放大系数有两种求法。

（1）解析法　解析法包括直接微分法和传递函数法。直接微分法中，对描述系统各变量间的数学表达式进行微分（或偏微分），直接计算出式（7-68）所定义的相对增益 λ_{ij} 的分子和分母。而当已知系统框图或已知耦合系统的传递函数矩阵时，相对增益可利用各通道开环增益求得，即为传递函数法。

（2）实验法　按定义所述，先在保持其他输入 $u_r(r\neq j)$ 不变的情况下，求得在 Δu_j 单独作用下输出 y_i 的变化 Δy_i，由此可得

$$p_{ij}=\frac{\Delta y_i}{\Delta u_j}\bigg|_{u_r}\quad i=1,2,\cdots,n$$

依次变化 u_j，$j=1，2，\cdots，n(j\neq r)$，同理可求得全部的 p_{ij} 值，可得到

$$\boldsymbol{P}=(p_{ij})_{n\times n}=\begin{pmatrix} p_{11} & p_{12} & \cdots & p_{1n} \\ p_{21} & p_{22} & \cdots & p_{2n} \\ \vdots & \vdots & & \vdots \\ p_{n1} & p_{n2} & \cdots & p_{nn} \end{pmatrix} \tag{7-70}$$

其次在 Δu_j 作用下，保持 $y_r(r\neq i)$ 不变（即除 u_j 到 y_i 外，其余各回路闭环，并做到静态误差可以忽略不计），此时需调整 $u_r(r\neq j)$ 值，测得此时的 Δy_i，再求得

$$q_{ij}=\frac{\Delta y_i}{\Delta u_j}\bigg|_{y_r}\quad i=1,2,\cdots,n$$

同样依次变化 u_j，$j=1，2，\cdots，n(j\neq r)$，再逐个测得 Δy_i 值，就可得到全部的 q_{ij} 值，由此可得

$$\boldsymbol{Q}=(q_{ij})_{n\times n}=\begin{pmatrix} q_{11} & q_{12} & \cdots & q_{1n} \\ q_{21} & q_{22} & \cdots & q_{2n} \\ \vdots & \vdots & & \vdots \\ q_{n1} & q_{n2} & \cdots & q_{nn} \end{pmatrix} \tag{7-71}$$

再逐项计算相对增益

$$\lambda_{ij}=\frac{p_{ij}}{q_{ij}}$$

可得到相对增益矩阵

$$\Lambda = \begin{pmatrix} \lambda_{11} & \lambda_{12} & \cdots & \lambda_{1n} \\ \lambda_{21} & \lambda_{22} & \cdots & \lambda_{2n} \\ \vdots & \vdots & & \vdots \\ \lambda_{n1} & \cdots & \cdots & \lambda_{nn} \end{pmatrix} \tag{7-72}$$

用这种方法求取相对增益，只要实验条件满足定义的要求，就能够得到接近实际的结果。

3. 相对增益矩阵的性质

可以证明，相对增益矩阵 Λ 的任一行（或任一列）的元素值之和为 1。

相对增益的这个性质至少有两个重要用途。一是可以大大减少计算的工作量。例如对一个 2×2 过程来说，只要求出其中任何一个相对增益，根据同一行或同一列相对增益之和为 1 的性质，就可以简单地求得其余的相对增益。对于一个 3×3 过程来说，只要求出其中 4 个不同的相对增益，就可以利用这一性质简单地求得其余的相对增益。二是揭示了相对增益矩阵中各元素之间存在的某种定性关系。例如，在一个给定的行或列中，若出现一个大于数值 1 的元素，则在同行或同列就至少有一个小于 0 的数（即一个负数）。这些不仅对相对增益的计算有意义，而且对通过相对增益判断系统的性质也十分重要。

4. 相对增益应用

根据相对增益的大小，可以判断出某被控输出的操纵量选择是否合理；根据相对增益矩阵中各元素间的数字关系可以判断出各变量间的耦合程度，以指导系统设计；根据相对增益的正负可以判断系统是否存在因为耦合而改变了某回路的反馈性质的。

1）相对增益矩阵的所有元素（λ_{ij}）均为 0（或 1）。

通道间无耦合，可以根据相对增益显示的输入、输出配对实现系统无耦合控制；对应于相对增益为 1 的输入/输出配对是合理的；而对应于相对增益为 0 的输入/输出，表明输入对输出没有任何控制作用，因此不能配对。

2）相对增益矩阵的所有元素（λ_{ij}）都在 0 和 1 之间且接近 0 或 1。

在此情况下，若其中某一对变量的相对增益越接近 1，则表明其他通道对本通道的影响越小，因此这一对变量配对是合理的，而且这个通道可以与本通道控制器组成独立的单回路控制系统，而不需要采取特别的解耦措施。

这时，相对增益矩阵的各元素均为正值时，系统称为正耦合。正耦合的相关控制系统是稳定的。

3）相对增益矩阵的所有元素（λ_{ij}）都在 0 和 1 之间，但各元素数值相近。

此时相对增益在 0.5 附近，系统通道间存在强耦合，但它仍然是稳定的，这时必须采用解耦控制，而且这是一种很难应对的控制过程。

4）相对增益矩阵中有大于 1（或小于 0）的元素（λ_{ij}）。

由于矩阵中某元素大于 1，则在其同行（及同列）中必有一个小于 0 的负数，反之亦然。相对增益出现负值时称为负耦合，显然，负耦合的相关控制系统将改变其反馈性质而成为正反馈，系统无法稳定，此时系统将完全失控。

对于多变量过程控制系统，相对增益提示了系统的内在控制特性，它对耦合系统的耦合程度给出了定量的分析，这也正是人们判断是否需要进行解耦设计的依据。

7.4.3 多变量解耦系统设计

当多变量间的关联非常严重时，即使采用最好的回路匹配也得不到满意的控制效果，尤其是当两个回路特性几乎相同时难度更大，因为它们之间具有共振的动态响应。因此，对这种强耦合的系统必须进行解耦，否则系统不可能稳定。

解耦的本质是要设置一个补偿网络，用于部分或全部抵消系统间的关联，以保证各个回路控制系统工作的独立性。对有强耦合的复杂过程，要设计一个高性能的补充网络是困难的，通常只能先设计一个补偿器，使增广过程的通道之间不再存在耦合，具体讨论以下三种方法。

1. 前馈补偿法

前馈补偿法是前面已经系统讨论的克服可测干扰的一种有效控制方法。补偿原理同样也适用于解耦控制，而且是目前工业上应用最普遍的一种解耦方法。现以双输入-双输出过程来说明。

设双输入双输出过程可表示为

$$\begin{cases} Y_1(s) = G_{11}(s)U_1(s) + G_{12}(s)U_2(s) \\ Y_2(s) = G_{21}(s)U_1(s) + G_{22}(s)U_2(s) \end{cases} \tag{7-73}$$

对式（7-71）所描述的过程实施控制的两个单回路控制系统如图 7-47a 所示。耦合通道的传递函数分别为 $G_{21}(s)$ 和 $G_{12}(s)$。

为了抵消（补偿）u_1 通过 $G_{21}(s)$ 产生的输出对 y_2 的影响，按照前馈补偿原理需要构建一个补偿通道，如图 7-47b 中的 $D_{21}(s)$ 所示。为了实现 u_1 对 y_2 无影响（即全补偿），根据不变性原理应该有：当 $U_1(s) \neq 0$ 时，$U_1(s)G_{21}(s) + U_1(s)D_{21}(s)G_{22}(s) = 0$，则

$$D_{21}(s) = \frac{G_{21}(s)}{G_{22}(s)} \tag{7-74}$$

同理，为了抵消（补偿）u_2 通过 $G_{12}(s)$ 产生的输出对 y_1 的影响，按照前馈补偿的原理构建的补偿通道如图 7-47b 中的 $D_{12}(s)$ 所示。为了实现 u_2 对 y_1 无影响，根据不变性原理应该有

$$D_{12}(s) = \frac{G_{12}(s)}{G_{11}(s)} \tag{7-75}$$

经完全补偿后的系统输出 y_1 和 y_2 分别为

$$\begin{cases} Y_1(s) = G_{11}(s)U_1(s) \\ Y_2(s) = G_{22}(s)U_2(s) \end{cases}$$

可见系统间的解耦已经完全被解除，从而实现了相当于图 7-47c 所示的两个完全独立的简单控制系统。

2. 对角矩阵法

对角矩阵法的设计思想是：设计一个解耦装置 $D(s)$，用以解除多变量被控过程的相互耦合，使其等效的数学模型为期望的对角阵，从而构成相互独立的单输入单输出过程控制系统，一个基于对角阵法的双输入-双输出解耦控制的示意图如图 7-48a 所示。其目标是使得解耦装置的传递函数 $D(s)$ 与被控过程的传递函数 $G(s)$ 相乘成为一个对角矩阵 $G_\Lambda(s)$，即 $G(s)D(s) = G_\Lambda(s)$，这样就可以消除多变量系统变量间的耦合关系。显然这种方式解耦装置是串在控制器和被控过程之间，所以也叫串联解耦。

因此，期望的解耦装置的传递函数 $D(s)$ 为

$$D(s) = G^{-1}(s)G_\Lambda(s) \tag{7-76}$$

根据双变量解耦控制系统的示意图 7-48a 构成的解耦系统框图如图 7-48b 所示，由图可得出被控变量 $Y(s)$ 和控制变量 $U(s)$ 的关系矩阵为

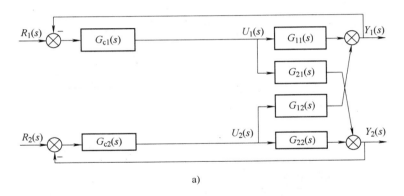

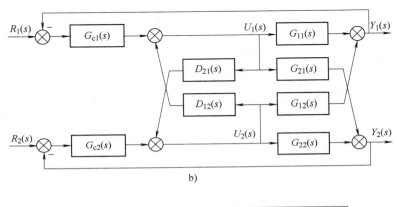

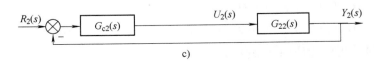

图 7-47 双输入-双输出控制系统解耦过程图

a) 解耦前的双输入-双输出控制系统 b) 前馈补偿法解耦控制系统 c) 完全解耦后得到的两个彼此独立的控制系统

$$\begin{pmatrix} Y_1(s) \\ Y_2(s) \end{pmatrix} = \begin{pmatrix} G_{11}(s) & G_{12}(s) \\ G_{21}(s) & G_{22}(s) \end{pmatrix} \begin{pmatrix} U_1(s) \\ U_2(s) \end{pmatrix} \tag{7-77}$$

控制变量 $U(s)$ 与控制器输出 $U_c(s)$ 的关系矩阵为

$$\begin{pmatrix} U_1(s) \\ U_2(s) \end{pmatrix} = \begin{pmatrix} D_{11}(s) & D_{12}(s) \\ D_{21}(s) & D_{22}(s) \end{pmatrix} \begin{pmatrix} U_{c1}(s) \\ U_{c2}(s) \end{pmatrix} \tag{7-78}$$

将式 (7-78) 代入式 (7-77)，可得系统的传递函数矩阵为

$$\begin{pmatrix} Y_1(s) \\ Y_2(s) \end{pmatrix} = \begin{pmatrix} G_{11}(s) & G_{12}(s) \\ G_{21}(s) & G_{22}(s) \end{pmatrix} \begin{pmatrix} D_{11}(s) & D_{12}(s) \\ D_{21}(s) & D_{22}(s) \end{pmatrix} \begin{pmatrix} U_{c1}(s) \\ U_{c2}(s) \end{pmatrix} \tag{7-79}$$

为了实现解耦，就要使输入 $U_c(s)$ 到输出 $Y(s)$ 的传递函数矩阵成为对角阵，即

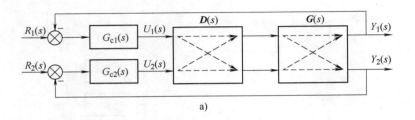

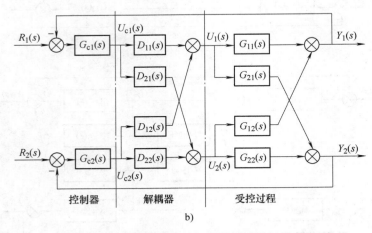

图 7-48　基于对角矩阵法的双输入-双输出解耦控制

a）解耦控制示意图　b）解耦控制框图

$$\begin{pmatrix} Y_1(s) \\ Y_2(s) \end{pmatrix} = \begin{pmatrix} G_{11}(s) & 0 \\ 0 & G_{22}(s) \end{pmatrix} \begin{pmatrix} U_{c1}(s) \\ U_{c2}(s) \end{pmatrix} \tag{7-80}$$

比较式（7-79）和式（7-80）可知，要想使输入 $U_c(s)$ 到输出 $Y(s)$ 的传递函数矩阵成为对角阵，则必须有

$$\begin{pmatrix} G_{11}(s) & G_{12}(s) \\ G_{21}(s) & G_{22}(s) \end{pmatrix} \begin{pmatrix} D_{11}(s) & D_{12}(s) \\ D_{21}(s) & D_{22}(s) \end{pmatrix} = \begin{pmatrix} G_{11}(s) & 0 \\ 0 & G_{22}(s) \end{pmatrix}$$

从而可以求得解耦装置的传递函数矩阵为

$$\begin{pmatrix} D_{11}(s) & D_{12}(s) \\ D_{21}(s) & D_{22}(s) \end{pmatrix} = \begin{pmatrix} G_{11}(s) & G_{12}(s) \\ G_{21}(s) & G_{22}(s) \end{pmatrix}^{-1} \begin{pmatrix} G_{11}(s) & 0 \\ 0 & G_{22}(s) \end{pmatrix} \tag{7-81}$$

也就是式（7-76）的表达式。

加入解耦器后，各回路保持前向通道特性，互相不再关联影响，就相当于两个独立单回路控制系统。

对于两个以上的多变量系统，同样可以用上述方法求得解耦装置的数学模型。但是，在实际实施中却很困难：一是需要获取过程的精确模型；二是解耦器可能很复杂。因此，该方法的实现必须具备两个条件：一是 $G(s)$ 矩阵必须可逆；二是解耦器 $D(s)$ 在物理上能够实现。

3. 单位矩阵法

单位矩阵法是对角矩阵法的一种特殊情况，就是对角矩阵法中期望的对角矩阵为单位矩阵。

系统仍如图 7-48b 所示。那么，双输入-双输出系统的单位矩阵法的解耦装置的传递函

数矩阵应该为 $\begin{pmatrix} D_{11}(s) & D_{12}(s) \\ D_{21}(s) & D_{22}(s) \end{pmatrix} = \begin{pmatrix} G_{11}(s) & G_{12}(s) \\ G_{21}(s) & G_{22}(s) \end{pmatrix}^{-1} \begin{pmatrix} 1 & 0 \\ 0 & 1 \end{pmatrix}$

即

$$\begin{pmatrix} D_{11}(s) & D_{12}(s) \\ D_{21}(s) & D_{22}(s) \end{pmatrix} = \begin{pmatrix} G_{11}(s) & G_{12}(s) \\ G_{21}(s) & G_{22}(s) \end{pmatrix}^{-1} \tag{7-82}$$

　　单位矩阵法最大的优点是加入补偿器后，广义被控过程特性为 1，因而系统性能极佳。但是，其补偿网络实现极其困难，这可以从其表达式中看到。当对象特性稍微复杂时，补偿网络就可能包含不可实现的环节，甚至可能无解。

　　综上所述，三种解耦方法都能达到解耦的目的，而且解耦器的实现都依赖于过程模型。但三种方法又各有特点。对角矩阵法和前馈补偿法具有相同的解耦效果，而单位矩阵法不仅实现了解耦，而且还可以使广义被控过程特性变为 1，从而实现被控量 1∶1 地跟踪控制量的变化。由于通过解耦使得被控过程的对象特性为 1，因而全面提高了系统的品质。但是，用单位矩阵法所求出的解耦器模型实现起来可能比其他两种方法更为困难。相比较而言，前馈补偿法所需的解耦装置最为简单。

7.4.4　解耦控制系统实例

　　下面以某 2×2 系统为例讨论解耦控制的应用设计。设分析的控制对象传递函数矩阵为

$$\boldsymbol{G}(s) = \begin{pmatrix} \dfrac{0.42}{s^2 + 2s + 1} & \dfrac{0.37}{2s + 1} \\ \dfrac{1.5}{s + 1} & \dfrac{0.86}{4s^2 + 4s = 1} \end{pmatrix} \tag{7-83}$$

由相对增益 λ 分析该系统的耦合程度，求相对增益矩阵

$$\boldsymbol{\Lambda} = \begin{pmatrix} \lambda_{11} & \lambda_{12} \\ \lambda_{21} & \lambda_{22} \end{pmatrix}。 \tag{7-84}$$

　　由相对增益的特性可知：$\boldsymbol{\Lambda}$ 中同一行诸元素之和为 1，同一列诸元素之和为 1，静态增益用 K_{ij} 表示，由式（7-83）可得出

$$\lambda_{11} = K_{11}K_{22}/(K_{11}K_{22} - K_{12}K_{21}) = -1.86$$

$$\lambda_{12} = 1 - \lambda_{11} = 2.86$$

$$\lambda_{21} = 1 - \lambda_{11} = 2.86$$

$$\lambda_{22} = \lambda_{11} = -1.86$$

即 $|\lambda_{ij}| > 1 (i, j = 1, 2)$。

　　引入耦合指标 $D = \lambda_{12}/\lambda_{11} = \lambda_{21}/\lambda_{22} = -1.5 < 0$，$|D| = 1.5 > 1$。

　　耦合指标 D 告诉我们，当 $0 < D < 1$ 时，耦合过程收敛，系统稳定；当 $D > 1$ 时，耦合过程发散，系统不稳定。

　　由此得出结论：此耦合过程发散，系统不稳定，仿真过渡过程曲线如图 7-49 所示。

　　由以上分析可知，必须采取有效措施进

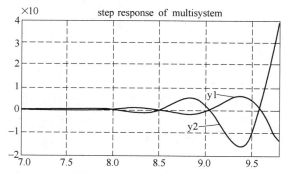

图 7-49　系统未加解耦控制的仿真过渡过程曲线

行解耦。这里采用对角矩阵法解耦，其解耦思想是使对象通道的传递函数成为对角阵。加入解耦器进行系统解耦后应使原系统解除耦合，各回路保持前向通道特性，互相不再关联影响，等效成两个彼此独立的系统。

由此我们设计解耦器，加入补偿器后，由式（7-81）、式（7-83）得出解耦器的数学模型为

$$D_{11}(s) = 0.36/(1.11s^2 + 1.67s + 0.19)$$
$$D_{12}(s) = (1.29s + 1.29)/(1.11s^2 + 1.67s + 0.19)$$
$$D_{21}(s) = (0.31s + 0.16)/(1.11s^2 + 1.67s + 0.19)$$
$$D_{22}(s) = 0.36/(1.11s^2 + 1.67s + 0.19)$$

构成解耦控制系统的仿真模型如图 7-50 所示。

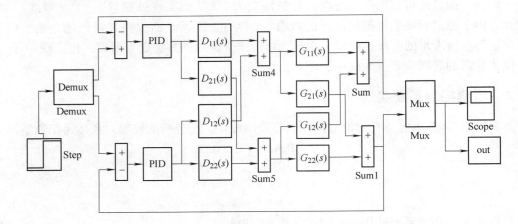

图 7-50　解耦控制系统仿真模型

进行解耦控制后，系统得到了解耦后的控制结果，其仿真结果如图 7-51 所示。

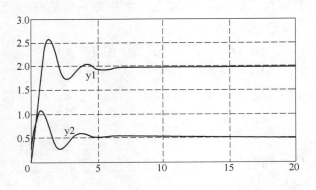

图 7-51　解耦控制仿真结果

对以上解耦控制系统仿真，设定值阶跃响应值分别为 $r_1 = 2$，$r_2 = 0.5$。解耦前的系统仿真结果如图 7-49 所示，可以看出解耦前系统是发散的，解耦后如图 7-51 所示，加入解耦器后，系统耦合得到了很好的控制，获得了令人满意的控制效果。

本 章 小 结

串级控制、前馈控制是为了提高控制品质而设计的复杂控制中应用最为广泛的两种形式。在那些可控度较差、控制品质与要求较高的场合，单回路控制系统往往无法满足控制要求，这时合理地选用串级或前馈以及它们的组合并经过精心设计，一般可以得到满意的效果。

复杂控制是在简单控制的基础上发展起来的。因此必须注意二者的区别与联系，要把简单控制的有关内容作为学习复杂控制的基础。

1. 串级控制是复杂控制中应用最为广泛的一种。由于它比单回路多了一个副回路，因此有了一系列优点。串级控制的关键是副回路的设计，即副受控变量的选择。在应用中必须根据过程特点和选用串级控制的目的，合理设计副回路，以充分发挥串级控制的优点，解决主要矛盾，保证控制品质能满足生产要求。

2. 计算机串级控制具有更大的灵活性，但是要注意主、副回路采样周期的协调，在保证控制品质的前提下更好地发挥 CPU 的利用率。

3. 前馈控制是按补偿原理设计的，因此，从原理上讲完全不同于反馈控制。它与反馈控制相比各有优劣，因此在使用中总是互为补充构成复合控制。前馈控制是补偿可测不可控干扰影响的理想方法，但是由于前馈补偿精度的高低取决于对受控过程的了解程度和前馈控制器的实现精度，因此前馈的应用不仅要考虑干扰的要求，还应考虑过程特点。对于那些控制通道与干扰通道特性比较接近的过程，仅需简单的前馈控制器就可得到很好的补偿效果。

4. 由于计算机在过程控制中的广泛应用，使得前馈控制有了更强的生命力。在计算机控制上实现复杂的动态前馈是方便的，特别是纯滞后环节的准确模拟。这正是常规仪表所不能及的。

5. 前馈控制器的参数整定尚无成熟的方法，只要我们能正确理解补偿过程、产生的效应以及动态环节的特点，通过看曲线调参数的方法进行现场整定，一般可得到较好的补偿效果。

6. 大纯滞后问题是控制的难题，虽然有了一些解决的办法，但至今 Smith 预估补偿控制仍然还是解决大纯滞后问题基本手段。

7. 大多数生产对象是多输入-多输出的多变量系统，也就是说有多个被控量和多个控制量。其中每个被控量受到多个控制量的影响，而每个控制量又同时对多个被控量施加影响。根据自制原则将多变量过程分解成多个近似单变量过程，是忽略了变量之间的关联，事实上，变量之间的耦合通过对象影响到其他单回路系统的工作。

8. 当上述耦合破坏了单回路控制系统的稳定性，使其无法满足控制要求时，需要对那些与控制不利的关联因素通过解耦控制进行解耦。实际系统是很复杂的，系统对解耦的要求越来越高，研究也日益深入，一些新的解耦理论和方法还在发展，需要不断发现，不断学习。同时解耦问题的工程实践性很强，真正掌握和熟悉解耦设计还有待于工程实践知识的不断积累。

9. 由于复杂控制系统比单回路控制系统结构复杂、所用仪表多，因此成本高，操作、维护比较困难。在进行系统方案设计时，用单回路系统能满足要求时，绝对不用复杂控制。

思考题与习题

7-1 串级控制系统是针对什么问题而进行设计的？

7-2 试述串级控制系统的特点。

7-3 串级控制系统中等效副过程时间常数和放大系数的减小对控制品质有何影响？

7-4 与单回路相比，为什么说由于副回路的引入提高了抗干扰能力？

7-5 为什么说串级控制系统对副过程的非线性不再敏感？

7-6 串级控制系统常用在哪些场合？

7-7 副参数与副回路的选择应遵循哪些原则？为什么大多数副受控变量为流量？

7-8 为什么在设计串级控制系统时，主、副过程时间常数之比 T_{p1}/T_{p2} 应在 3～10 范围内？

7-9 确定主、副控制器的正、反作用方式的原则是什么？试举例说明。

7-10 试画出图 7-17 和图 7-18 所示系统的框图，选择调节阀的气开、气关形式，并确定控制器的正、反作用方式。

7-11 什么是不变性原理？

7-12 什么叫前馈控制？比较前馈与反馈，找出其本质差异。

7-13 前馈控制有哪些主要形式？什么是动态前馈？什么是静态前馈？它们之间有什么区别？在什么条件下它们在克服干扰影响方面具有相同效果？

7-14 在工业生产过程自动控制中，为什么不采用开环前馈控制而是将前馈与反馈结合起来组成复合控制使用？

7-15 设计前馈控制方案时需要解决哪些主要问题？为什么说前馈控制器是专用的？

7-16 前馈控制通常用于哪些场合？

7-17 为了改善 d_2 干扰时的控制品质，图 7-52 的两个过程中哪一个适宜采用串级控制？为什么？并对适宜采用串级控制的系统画出系统框图（假设控制器均为纯比例作用，$G_m(s)=1$，$G_v(s)=1$）。

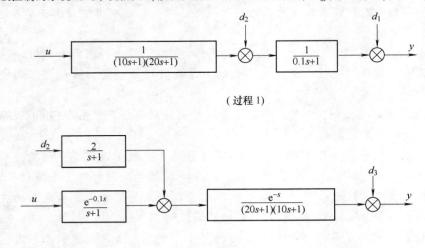

图 7-52　受控过程框图

7-18 有一串级控制系统，如图 7-53 所示。其主受控过程为 $\dfrac{2}{(10s+1)(2s+1)}$，副受控过程（包括控制阀特性）为 $\dfrac{3}{5s+1}$。其副控制器做了最佳整定后，相应副回路等效环节为 $\dfrac{2.2}{2.5s+1}$。为比较串级控制和单回路控制的差异，试求：

① 写出单回路控制时的广义过程传递函数。

② 写出单回路控制时的开环传递函数的动态部分。

③ 通过伯德图求取单回路时的 $K_{cr}\omega_{cr}$ 值。

④ 写出串级控制时整定主控制器的广义过程传递函数。

⑤ 写出串级控制时外环开环传递函数的动态部分。

⑥ 通过伯德图求取串级控制时的 $K_{cr}\omega_{cr}$ 值。

⑦ 比较单回路控制和串级控制时的值，并定性说明 $K_{cr}\omega_{cr}$ 值的提高带来什么好处。

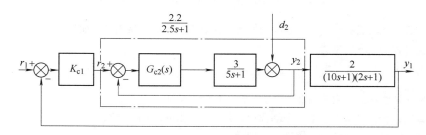

图 7-53 串级控制系统框图

7-19 图 7-54 所示串级系统，分别在 d_1、d_2 阶跃干扰下从一个稳态过渡到另一个稳态，试回答以下问题：

① G_{C1} 为 PI 环节，G_{C2} 为 P 环节，能否保证 $y_1(\infty) = y_1(0)$，$y_2(\infty) = y_2(0)$？

② G_{C1}、G_{C2} 均为 PI 环节，能否保证 $y_1(\infty) = y_1(0)$，$y_2(\infty) = y_2(0)$？

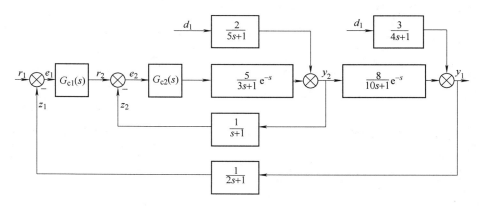

图 7-54 串级控制系统框图

7-20 图 7-38 所示的双冲量控制系统，假设

$$G_d(s) = \frac{3}{5s+1}, \ G_v(s)G_p(s) = \frac{2}{8s+1}$$

$$G_m(s) = \frac{1}{0.4s+1}$$

① 试求取实现全补偿的前馈控制器的动态部分 $G'_{ff}(s)$。

② 若要整定液位控制器参数，试求取与它相对应的广义过程的传递函数。

7-21 考虑如图 7-55 所示的热交换器，为了使热水出口温度 θ_2 恒定在 190℃，试确定：

① 所有影响 θ_2 的干扰，并指出哪些变量可选作操纵变量。

② 试分别设计一套反馈和前馈控制方案，并比较。

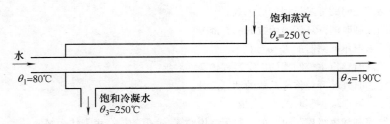

图 7-55　热交换器

7-22　为什么大纯滞后过程是一种难控的过程？它对系统的控制品质影响如何？

7-23　被控过程的数学模型为

$$G_0(s)\mathrm{e}^{-\tau_0 s} = \frac{5}{3.2s+1}\mathrm{e}^{-2.56s}$$

试设计 Smith 预估补偿器，并用系统框图表示此预估补偿系统如何实现。

7-24　什么叫耦合？试举工业上一个耦合对象分析其变量间的耦合关系。

7-25　为什么要对多变量耦合系统进行解耦设计？

7-26　试叙述增益矩阵的物理概念。

7-27　相对增益的实用意义是什么？

第 8 章

满足某种特殊要求的复杂控制

在生产过程中，还有许多特殊的控制要求，为此，人们针对这些要求开发了一些复杂的控制系统。本篇仅对比值控制、分程控制和选择性控制这三种系统进行讨论。

8.1 比值控制

8.1.1 比值控制的提出

在工业生产过程中，需要使两种物料的流量保持严格的比例关系是常见的。例如，在锅炉的燃烧系统中，要保持燃料和空气量的一定比例，以保证燃烧的经济性，而且往往其中一个流量随外界负荷需要而变，另一个流量则由控制器控制，使之成比例地改变，保证二者比值不变；否则，如果比例严重失调，就有可能造成生产事故，或发生危险。又如，以重油为原料生产合成氨时，在造气工段应该保持一定的氧气和重油比率，在合成工段则应保持氢和氮的比率保持一定。综上所述，凡是为了保证两种或两种以上的物料按某种比例进行配比的系统，均称为比值控制系统。比值控制的目的是使生产能在最佳的工况下进行。

无论生产要求物料比值是多少，在比值控制系统中，总有一个参数起主导作用，这个参数称为主动量，其他跟随主动量进行配比的称为从动量。主动量用 Q_1 表示，从动量用 Q_2 表示。下面介绍在工业生产中常用的比值控制系统。

8.1.2 比值控制的常用结构

1. 单闭环比值控制

下面用一个实例说明单闭环比值控制系统。

例 8-1 图 8-1 所示为冶金炉及隧道窑燃烧过程的单闭环比值控制系统，是一个温度控制系统。当炉膛温度偏离给定值时，温度控制系统的温度控制器发出控制信号，改变控制阀的开度，从而改变煤气量。空气量以一定比值跟着变化，二者按一定比例送到炉膛，这里，煤气量是主动量，空气量是从动量。

图 8-1b 为 Q_2 随 Q_1 改变的系统框图，煤气量 Q_1 的变化，相当于改变空气量 Q_2 的给定值。所以，空气量就要跟随改变，从而保持了比值关系。如果空气流量控制器（$G_c(s)$）选用比例积分作用，则平衡时 $G_k(s)G_{m1}(s)Q_1(s) = G_{m2}(s)Q_2(s)$ 或

$$\frac{Q_1(s)}{Q_2(s)} = \frac{G_{m2}(s)}{G_k(s)G_{m1}(s)}$$

式中　$G_{m1}(s)$，$G_{m2}(s)$——煤气流量和空气流量变送器的传递函数；

$G_k(s)$ ——比值控制器 QK 的传递函数。

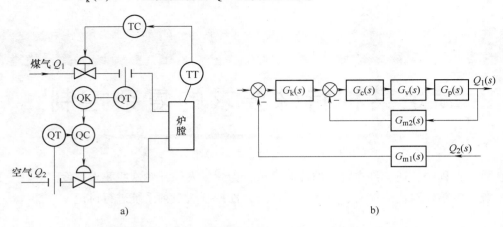

图 8-1　冶金炉及隧道窑燃烧过程单闭环比值控制

单闭环比值控制系统由于结构简单、调整方便，并能实现两个流量间较精确的比值关系，因此得到了广泛的应用。但是，由于主动量的自发扰动不受控制，从动量又随主动量而变化，因而通过该系统控制后的总流量是不固定的，不能消除流量的自发扰动，这对于要求严格的工艺生产过程可能是不允许的，此类问题需要用双闭环比值控制系统予以解决。

2. 双闭环比值控制系统

双闭环比值控制系统是为了克服单闭环比值控制系统的上述缺点而产生的。如图 8-2 所示，合成氨生产过程的石脑油与水蒸气双闭环控制系统中，主动量、从动量都由闭合的回路来控制，二者间通过比值器实现其比值关系，故称为双闭环比值控制系统。

在以石油为原料的合成氨生产过程中，工艺要求进入一段转化炉的石脑油（轻柴油）与水蒸气保持一定比例，而且还要求保持两者各自流量的稳定，为此设计了图 8-2 所示以蒸汽流量 Q_1 为主流量、石脑油流量 Q_2 为从流量的双闭环比值控制系统。

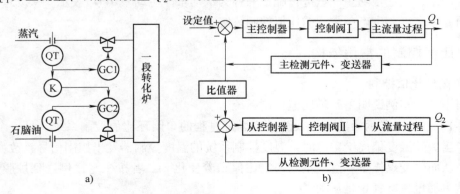

图 8-2　双闭环比值控制系统

由图 8-2 可知，双闭环比值控制系统实际上是由一个定值控制系统的主流量控制回路和一个由主流量通过比值器而设定的属于随动控制的从流量控制回路组成。正是由于主流量控制回路的存在，实现了对主流量的定值控制，大大克服了主流量干扰的影响，使主流量变得比较平稳。通过比值控制，从流量也将比较平稳。这样，系统总负荷将是稳定的，从而克服了上述单闭环比值控制系统的缺点。

双闭环比值控制系统的另一个优点是升降负荷比较方便,只要缓慢地改变主流量控制器的设定值就可升降主流量。同时,从流量也自动跟踪升降并保持二者比值不变。因此,这种比值控制方案常用在主流量干扰频繁或工艺上不允许负荷有较大的波动,或工艺上经常需要升降负荷的场合。若仅考虑两个流量值都不变,也可以采用两个单回路控制系统分别稳定主、从流量,同样也可以保证它们间的比值。这样在投资上可以节省一台比值器。

在双闭环比值控制系统中,因主、从流量不仅要保持恒定的比值,而且主流量要维持在设定值上,控制结果从流量控制器的设定值也是恒定的。因此,两个控制器均应选用 PI 控制作用。

双闭环比值控制系统在使用中,要防止主流量在定值控制后,其变化频率与从流量回路的工作频率接近时可能引起的共振。为此,在对主流量控制器进行参数整定时,应尽量保证其输出为非周期变化,从而防止“共振”的产生。

例 8-2　反应器双闭环比值控制系统

图 8-3 为一反应器的控制方案。Q_A、Q_B分别代表进入反应器的 A、B 两种物料的流量,该系统实际上为串级控制与双闭环比值控制的组合。

系统框图如图 8-4 所示。

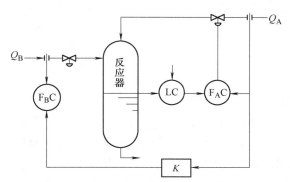

图 8-3　反应器的双闭环比值控制方案

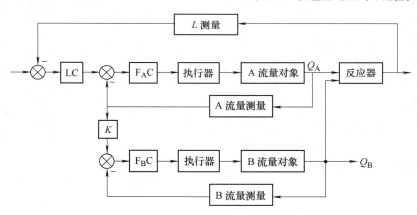

图 8-4　反应器的双闭环比值控制方案

主物料为 A,从物料为 B。控制器 $F_A C$ 与 $F_B C$ 分别构成 Q_A 与 Q_B 的闭环系统,分别用来稳定 Q_A 与 Q_B。当 Q_A 增加时,通过 K 使 $F_B C$ 的给定值增加,从而使其输出增加,控制阀打开,Q_B 相应也增加,以保持 Q_A 与 Q_B 的比值关系。液位 L 增加时,LC 输出降低,$F_A C$ 输出也降低,控制阀关小,以减少 Q_A,维持液位在给定的数值上。

3. 变比值控制

不管是单闭环还是双闭环比值控制系统,其控制的目的都是要保证两种物料流量的比值固定不变。而在有些生产过程中,流量比值只是一种控制手段,而不是控制目标,这就是变比值控制系统。

变比值控制要求两种物料流量的比值,随第三个参数的需要而变化。它通过控制流量比值,来实现第三参数的稳定不变。本质上是一个以第三参数为主参数、以流量比为副参数的串级控制系统。第三参数往往是产品质量指标。图 8-5 所示为典型变比值控制系统结构。其中，Q_2 和 Q_1 的比值作为串级控制的副控制器的反馈，系统控制的目标是保证 y_1 的品质，Q_2 和 Q_1 的比值是根据 y_1 的控制要求而变化的，所以称之为变比值控制。这和图 8-4 所示的含有串级控制的双闭环比值控制本质上是不一样的。

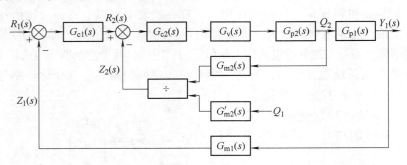

图 8-5　变比值控制系统

例 8-3　磨矿变比值控制系统。

一个磨矿系统如图 8-6 所示，若矿量已基本稳定，系统按比例进行给水控制，可以基本稳定球磨机内的浓度。但若仅以固定比值进行给水控制，难以保证球磨机内的浓度，甚至会造成磨机"胀肚"。所以，磨矿系统要求矿和水两种物料流量的比值随浓度的变化而变化，因此需要采用变比值控制方案，如图 8-6 和图 8-7 所示。

系统工作时，按当前给矿量比例控制给水。当浓度发生变化时，浓度控制器的输出将修改比例系数 K，从而修改了给水闭环的给定值，给水闭环及时调节给水量，保证浓度相对稳定。

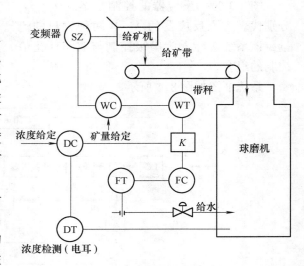

图 8-6　磨矿变比值控制系统示意图

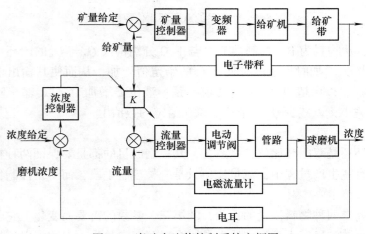

图 8-7　磨矿变比值控制系统方框图

例 8-4　油品调和配方变比值控制系统。

在两种以上物料的比值控制中，如果各物料的流量及其比例是固定的，也可以通过各自流量的定制控制来实现。如果多种物料的配比是按照某种要求变化的，就可通过配比控制后作为各物料流量控制的设定值。油品调和就是这样的系统。在图 8-8 所示的油料调和比值控制系统中，需将不同组分油品按不同比例混合，以获得满足性能指标要求的调和油品。配比控制器接受从当前调和方案送来的主需求流量（各掺炼线混合后总管线流量）及优化配比要求，综合实测各掺炼油在线流量（F_{kpv}）、阀位（V_{kpv}）及压力信息（p_{kpv}），最终由配比控制器给出各掺炼线流量的实际瞬时需求值（设定值）（$F_{isp}, i = 1, 2, \cdots, j$）。

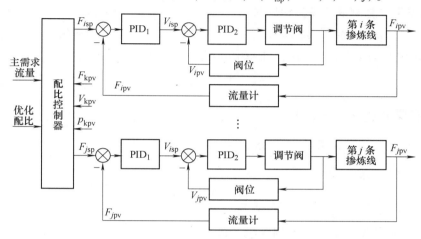

图 8-8　多路串级闭环比值控制框图

多条掺炼线通过串级闭环结构实现设定流量的控制，外环为流量控制环，内环为调节阀位控制环。以第 i 条掺炼线为例，外环采用控制器 PID_1 的比例积分（PI）算法控制阀门的开度大小，实现流量控制，即

$$V_{isp}(t) = K_c \left[e(t) + \frac{1}{T_I} \int_0^t e(t) \, \mathrm{d}t \right] + V_{isp0} \qquad (8\text{-}1)$$

式中　$V_{isp}(t)$——t 时刻控制器输出掺炼线 i 的控制阀设定开度；

　　　　K_c——比例放大系数；

　　　$e(t)$——第 i 条掺炼线 t 时刻的流量设定值和当前值的差值，$e(t) = F_{isp}(t) - F_{ipv}(t)$；

　　　　T_I——积分时间常数；

　　　V_{isp0}——控制阀初始阀位值。

内环采用类似外环的控制算法，不同之处是内环设定值为外环控制器输出 $V_{isp}(t)$，控制器 PID_2 偏差输入 $e'(t) = V_{isp}(t) - V_{ipv}(t)$，其他不复赘述。

这类系统中，由于配比控制器给出的各参加调和的油品流量需求是随主需求流量、各掺炼油在线流量、阀位、压力瞬时值，以及优化配比要求等综合优化时给出的，所以在各流量-阀位串级控制系统正定时，与前面讨论的串级控制系统整定有所不同，主控制器不再是一个定值控制器，而是具有随动特性。

8.1.3　从物料流量比到仪表信号比

比值控制系统中，实际控制为主动量 Q_1 与从动量 Q_2 之间保持一定的比值关系，即

$$\frac{Q_1}{Q_2} = K \qquad (8\text{-}2)$$

而这一比值关系与比值控制系统中的比值系数是有区别的。系统中的比值系数也可以称为仪表的比值系数，即仪表信号比。在比值控制系统的使用中，必须将流量的比值 K 换算成仪表信号的比值系数 K'，在换算中，可以分成实际流量与其测量信号之间为线性关系或非线性关系分别计算。

由涡轮流量变送器、转子流量变送器、差压变送器经过开方器后的流量信号均是线性的，用节流装置测量流量时流量与压差为非线性的，其具体计算方法如下。

1. 实际流量与其测量信号为线性时

以 DDZ-Ⅲ型仪表（信号范围 DC 4～20mA）为例，当流量从 $0 \to Q_{max}$，对应于变送器或开方器的输出电流为 DC 4～20mA，任一中间流量值与对应的输出电流为

$$I = \frac{Q}{Q_{max}} \times 16 + 4 \qquad (8\text{-}3)$$

如果工艺要求 $Q_2 / Q_1 = K$，则

$$K = \frac{(I_2 - 4) Q_{2max}}{(I_1 - 4) Q_{1max}}$$

折算成仪表的比值系数为

$$K' = \frac{(I_2 - 4)}{(I_1 - 4)} = K \frac{Q_{1max}}{Q_{2max}} \qquad (8\text{-}4)$$

式中　Q_{max}——流量变送器的最大刻度值（最大量程）；

　　Q_1——主动量（主流量）；

　　Q_2——从动量（从流量）；

　　Q_{1max}——测量 Q_1 所用流量变送器的最大刻值（最大量程）；

　　Q_{2max}——测量 Q_2 所用流量变送器的最大刻值（最大量程）；

　　I_1——主流量测量信号（对应于变送器或开方器的输出电流值）；

　　I_2——从流量测量信号（对应于变送器或开方器的输出电流值）。

2. 实际流量与其测量信号为非线性时

用节流装置测量流量时，流量与压差的关系为

$$Q = k \sqrt{\Delta p} \qquad (8\text{-}5)$$

式中　k——节流装置的比例系数。

当流量从 $0 \to Q_{max}$ 时，差压从 $0 \to p_{max}$，对应于 DDZ-Ⅲ型、DDZ-Ⅱ型、QDZ 变送器的输出分别为 DC 4～20mA、DC 0～10mA、20～100kPa，则任一中间值流量 Q 或相应压力 p 所对应于变送器的输出分别为

DDZ-Ⅲ型仪表：

$$I = \frac{Q^2}{Q_{max}^2} 16 + 4 \qquad (8\text{-}6)$$

DDZ-Ⅱ型仪表：

$$I = \frac{\Delta p}{\Delta p_{max}} 10 = \frac{Q^2}{Q_{max}^2} 10 \qquad (8\text{-}7)$$

QDZ 仪表：

$$p = \frac{Q^2}{Q_{\max}^2} 80 + 20 \tag{8-8}$$

折算成上述各类仪表的比值系数均为

$$K' = K^2 \frac{Q_{1\max}^2}{Q_{2\max}^2} \tag{8-9}$$

式中　$Q_{1\max}$——测量主动量 Q_1 所用流量变送器的最大刻度值（最大量程）；

$Q_{2\max}$——测量从动量 Q_2 所用流量变送器的最大刻度值（最大量程）。

例 8-5　在生产硝酸的过程中，要求氨气量和空气量保持一定的比例关系，空气为主动量，在正常生产情况下，工艺指标规定氨气流量为 2100m³/h，空气流量为 2200m³/h，氨气流量表的量程为 0～3200m³/h，空气流量表的量程为 0～25000m³/h，求仪表信号的比值系数。

解　已知 $Q_1 = 22000$m³/h，$Q_2 = 2100$m³/h，$Q_{1\max} = 25000$m³/h，$Q_{2\max} = 32000$m³/h，根据工艺指标，氨气与空气的体积流量比值

$$K = \frac{Q_2}{Q_1} = \frac{2100}{22000} = 0.0954$$

若实际流量与其测量信号为线性关系时

$$K'_{线} = K \frac{Q_{1\max}}{Q_{2\max}} = \frac{2100}{22000} \times \frac{25000}{3200} = 0.7457$$

若实际流量与其测量信号为非线性关系时

$$K'_{非线} = K^2 \frac{Q_{1\max}^2}{Q_{2\max}^2} = \frac{(2100)^2}{(22000)^2} \times \frac{(25000)^2}{(3200)^2} = 0.556$$

$K'_{线}$、$K'_{非线}$ 间的关系为

$$K'_{非线} = K'^2_{线}$$

8.1.4　比值控制的工业应用

1. 比值控制系统的实施方案与实例

为了获得两个流量的比值关系，可用不同的仪表组合来实现，一般可分成两大类。如上所述，$Q_2 = KQ_1$，那么就可以对 Q_1 的测量值乘以某一系数，作为 Q_2 流量控制器的设定值，称为相乘方案。同理 $Q_2/Q_1 = K$，那么也可以将 Q_2 与 Q_1 的测量值相除，作为比值控制的设定值，称为相除方案。

（1）相乘方案　采用相乘方案构成的单闭环比值控制系统如图 8-9 所示。图中，"×"表示比值器、配比器、分流器或乘法器。如果比值 K 为常数，上述四种仪表均可以应用。若比值为变量（在变比值控制系统中）时，则必须用乘法器，这时只需将比值设定信号换接成第三参数的测量值就行了。

（2）相除方案　用除法器组成的单闭环比值控制系统如图 8-10 所示。

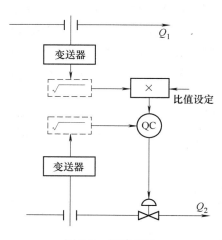

图 8-9　相乘方案

由于除法器的输出直接代表两流量信号的比值，所以可直接对它进行比值指示和比值越限报警，这样比值就很直观，并且比值可直接由控制器进行设定，操作方便，因此，很受操作人员欢迎。若比值设定改作第三参数，就可实现变比值控制。

在用除法器作比值计算单元时，应该注意比值系数不能运行在 1 附近。因为若比值系数等于 1，则比值设定已达到最大值，除法器输出也是最大值。如果此时出现某种干扰使 Q_1 下降或 Q_2 增加时，因除法器输出已饱和，虽然 Q_2/Q_1 比值增加了，但输出却不变化，相当于系统的反馈信号不变，故比值只好任其变化。因此，对于主、从流量信号有可能出现相等或接近相等的场合，除法器输出将达最大值时，可在从流量回路中串入一个比例系数为 0.5 的比值器，以调整比值设定在量程的中间值附近，从而使控制留有余地。

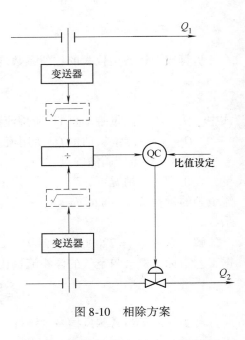

图 8-10　相除方案

例如，图 8-5 所示就是用除法器实现的典型的变比值控制（串级比值控制）系统框图。

2. 动态比值问题

在某些要求比较高的比值控制系统中，不但要求静态比值恒定，而且要求动态比值也应保持基本不变。例如，硝酸生产过程中的氨氧化过程，氨和空气之比具有一定的比例要求，如果超过极限时，就有可能发生爆炸，所以不仅要求在稳态时物料量保持一定比值，而且在动态时也应保持基本不变的比值，也就是说，从一个稳态过渡到另一稳态的整个变化过程中，主、从流量应接近同步变化。

如何保证动态比值也不变，前面我们讨论的系统均不能保证这一比值要求，例如单闭环比值控制方案，当主流量发生变化时，需经测量、变送、比值计算后，控制器才有输出变化，并改变控制阀的开度以实现从流量的跟踪，保证其比值不变，显然这种控制是不及时的。由于这种时间上的差异，要保证主、从流量在控制过程中的每一瞬时比值都一定是不可能的。为了使主、从流量变化在时间和相位上同步，必须引入"动态补偿环节" $G_z(s)$，使得 $Q_2(s)/Q_1(s) = K$，便可实现动态比值尽量恒定。

在一定条件下，经过近似处理后，可得到简化的补偿环节。其求解过程可用表 8-1 表示。

表 8-1　具有动态补偿环节的单闭环比值控制系统求解过程

序号	说　明	内　容
1	单闭环比值控制系统框图	$Q_1(s) \rightarrow \boxed{G_{m1}(s)} \rightarrow \boxed{G_k(s)} \rightarrow \boxed{G_n(s)} \xrightarrow{+} \bigotimes_{-} \rightarrow \boxed{G_c(s)} \rightarrow \boxed{G_v(s)} \rightarrow \boxed{G_p(s)} \xrightarrow{\text{干扰}} Q_2(s)$，反馈 $\boxed{G_{m2}(s)}$

（续）

序号	说　明	内　　容
2	控制器 PI 作用，其他均为一阶环节	$G_c(s) = K_c\left(1 + \dfrac{1}{T_1 s}\right) = \dfrac{K_c}{T_1 s}(T_1 s + 1)$ $G_v(s) = \dfrac{K_v}{T_v s + 1}$ $G_p(s) = \dfrac{K_p}{T_p s + 1}$ $G_{m1}(s) = \dfrac{K_{m1}}{T_{m1} s + 1}$ $G_{m2}(s) = \dfrac{K_{m2}}{T_{m2} s + 1}$
3	系统传递函数（根据图求得）	$\dfrac{Q_2(s)}{Q_1(s)} = K = \dfrac{G_{m1}(s) G_k(s) G_n(s) G_c(s) G_v(s) G_p(s)}{1 + G_c(s) G_v(s) G_p(s) G_{m2}(s)}$ 则 $G_n(s) = \dfrac{K[1 + G_c(s) + G_v(s) G_p(s) G_{m2}(s)]}{G_{m1}(s) G_k(s) G_c(s) G_v(s) G_p(s)}$
4	根据比值条件以及各环节传递函数代入	比值条件 $G_K(s) = K' = KQ_{1MAX}/Q_{2MAX}$ $G_n(s) = \dfrac{H G_p G_c G_v G_{m2}}{G_p G_c G_v G_{m1}} \cdot \dfrac{Q_{2MAX}}{Q_{1MAX}}$ $= \dfrac{As^4 + Bs^3 + Cs^2 + Ds + 1}{(T_1 s + 1)(T_{m2} s + 1)/(T_{m1} s + 1)} \cdot \left(\dfrac{K_{m2} Q_{2MAX}}{K_{m1} Q_{1MAX}}\right)$ 式中 K_{m1}、K_{m2}——主、从流量测量变送环节的放大系数； $\quad\quad Q_{1MAX}$、Q_{2MAX}——主、从流量仪表的最大量程。
5	工艺要求从流量控制器参数鉴定时，过程曲线应在振荡与不振荡之间即有	（1）$\dfrac{K_{m2} Q_{2MAX}}{K_{m1} Q_{1MAX}} = 1$ 与 $As^4 + Bs^3 + Cs^2 + Ds + 1 = (A_1 s^2 + B_1 s + C_1)(A_2 s^2 + B_2 s + C_2)$ 工艺要求从流量控制器参数鉴定时，过程曲线应在振荡与不振荡之间即有 （2）$As^4 + Bs^3 + Cs^2 + Ds + 1 = (T_1 s + 1)(T_2 s + 1)(T_3 s + 1)(T_4 s + 1)$ 根据（1）（2）得到传递函数为 $G_n(s) = \dfrac{(T_1 s + 1)(T_2 s + 1)(T_3 s + 1)(T_4 s + 1)(T_{m1} s + 1)}{(T_1 s + 1)(T_{m1} s + 1)}$
6	近似：① 除控制器外流量回路近似为一阶② 主、从流量检测、变送特性相同③ 从流量控制器为 PI 作用	$G_n(s) = \dfrac{1 + G_v(s) G_p'(s)}{G_c(s) G_p'(s)}$ $G_p'(s)$ 从流量广义过程为一阶 则 $G_n(s) = \dfrac{(T_1 s + 1)(T_2 s + 1)}{(T_1 s + 1)}$ 补偿环节只需两个正微分，一个负微分串联
7	设控制器参数整定，积分时间 T_1 和 T_2 差不多	简化： $G_n(s) = T_1 s + 1$ 动态补偿：只需一个正微分单元

其他比值控制用这种求解思路也可以求得动态补偿环节的模型。保持动态比值的方法很多，这只是其中之一。

3. 比值控制系统的参数整定

在进行参数整定之前，首先应做好如下一些工作：

1）检查调整各环节的仪表，如测量变送单元、计算单元、控制器及控制阀等，还应检查电、气管线。

2）根据比值计算数据设置好信号比值系数 K'。

3）系统投运时先手动，同时校正比值系数，当系统平稳后，进行手动-自动切换，实现自动运行。

以上工作完成后，可进行控制器的参数整定。

在变比值控制系统的工程整定中，由于系统的结构是串级控制，所以主控制器按串级控制系统的整定方法整定；双闭环比值控制系统的主动量回路可按单回路反馈控制系统整定。下面简单介绍一个单闭环比值控制系统、双闭环比值控制系统中的从动量回路和串级比值控制系统中的副回路的参数整定方法。

比值控制系统中的从动量回路是一个随动回路，要求从动量能正确、迅速地跟随主动量变化，始终保持主动量、从动量间的比值关系，因此，应该按振荡与不振荡的边界过程要求来整定比值控制系统的从动流量回路，当控制器采用比例作用时，要求从动量在给定值的作用下准确、迅速地跟随给定值变化，余差要小，不准有超调（见图 8-11 曲线 b），即处于振荡与不振荡的临界状态。当控制器取比例积分作用时，要求从动量在给定值作用下一个波时就回到给定值，超调要小，如图 8-12 曲线 b 所示。

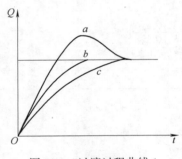

图 8-11　过渡过程曲线 1

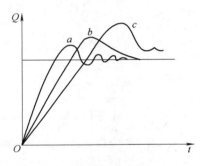

图 8-12　过渡过程曲线 2

具体整定步骤如下：

1）根据计算的 K' 进行系统投运，在投运中可适当调整。

2）设置控制器积分时间常数 $T_1 = \infty$，调节比例度由大逐渐减小，直至得到系统响应处于单调衰减与衰减振荡的临界状态为止。

3）适当放宽比例度，投入积分作用，并逐步减小积分时间，直到系统出现振荡与不振荡或微小振荡且超调量又不大的响应过程曲线为止。

8.2　分程控制

8.2.1　概述

分程控制就是由一个控制器带动两个或两个以上的控制阀工作，而每个阀的控制是由控制器输出信号的某一段实现的。

在分程控制系统中，控制器的输出信号仍为 DC 0 ~ 10mA、DC 4 ~ 20mA（对于电动仪表）或 20 ~ 100kPa（对于气动仪表）。这一输出信号可分为 2 ~ 4 段，每一段带动一个控制阀动作，每个控制阀在此信号段内从全开到全关或从全关到全开动作。分程控制是通过阀门定位器来实现的，改变阀门定位器的量程弹簧和调零弹簧，就改变了阀门定位器的测量范围，从而达到了分程控制的目的。例如二级分程控制，将一个控制阀的阀门定位器的输入范围调到 20 ~ 60kPa，其输出为 20 ~ 100kPa；将另一个控制阀的阀门定位器输入范围调到 60 ~ 100kPa，其输出为 20 ~ 100kPa。在不同信号区段内控制阀都是全行程工作的。

在分程控制系统中，按照控制阀的气开与气关形式可分成两类：一类是阀门同向动作，即随着控制阀输入信号的增大或减小，阀门都开大或都关小，如图 8-13 所示；另一类是阀门异向动作，即随着控制阀输入信号的增大或减小，阀门总是按一只阀关而另一只阀开的方向动作，如图 8-14 所示。控制阀的同向或异向动作的选择全由工艺的需要来确定。

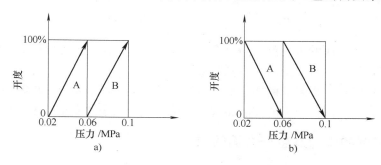

图 8-13　同向动作的分程控制阀

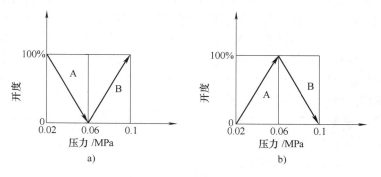

图 8-14　异向动作的分程控制阀

8.2.2　分程控制的目的

分程控制的目的在于扩大控制阀的可调比，提高控制质量和增强系统的稳定性；另外，为了满足某些工艺上的特殊要求，也要用到分程控制。

在工业生产过程中，有时要求流量在较大的范围内变化，但是控制阀的可调范围 R 是有限制的，如果用一个控制阀，其最大流量与最小流量不能相差太大，否则，满足了最大流量时的特性，就可能满足不了最小流量时生产的需要。因为在最小流量时控制阀开度很小，阀芯阀座受流体冲刷，控制阀使用寿命缩短，系统控制质量恶化，甚至不能工作。为了满足生产要求，可以采用分程控制，把两个控制阀当成一个控制阀来使用，这时，控制阀的可调范围大大增加。例如，有大、小两个控制阀，其最大流通能力分别为 $C_{1max} = 4$，$C_{2max} = 100$，设阀的可调范围 $R_1 = R_2 = R = 30$，由于 $R = C_{max}/C_{min}$，所以对于每一个控制阀的最小流通能

力分别为

$$C_{1\min} = \frac{C_{1\max}}{R_1} = \frac{4}{30} = 0.133$$

$$C_{2\min} = \frac{C_{2\max}}{R_2} = \frac{100}{30} = 3.333$$

即小控制阀的流通能力为 $0.133 \sim 4$，大控制阀的流通能力为 $3.333 \sim 100$。

当采用分程控制时，两个控制阀当作一个控制阀使用，则最小流通能力 $C_{\min}$ 与大控制阀的泄漏量（设为 $C_{2\max} \times 0.02\%$）之和（$C_{\min} = 0.133 + 100 \times 0.02\% = 0.153$），最大的流通能力为两者之和，即 $C_{1\max} + C_{2\max} = 104$。因此，分程控制系统中控制阀的可调范围为

$$R_{分程} = \frac{C_{1\max} + C_{2\max}}{C_{\min}} = \frac{104}{0.153} = 680$$

可见，分程后控制阀的可调范围为单个控制阀的 22.7 倍，这既满足了生产要求，又改善了控制阀的工作特性，从而提高了控制质量。

分程控制应用的地方很多，例如增加控制通道，适应生产中需要多种物料或多种手段进行控制的场合，满足不同负荷下的控制要求以及确保生产状态的安全等多方面。

8.2.3　分程控制的设计及生产方面的应用

1. 分程控制系统的设计

根据上述讨论我们可以看出，在单回路系统的基础上，进行分程控制的设计主要是解决两个方面的问题。其一，在什么情况下使用分程控制，如何使用分程控制。这应根据分程控制的特点以及具体工业生产的工艺要求，针对不同的应用目的来选择分程控制。其二，在确定了分程系统的结构后，如何确定分程信号的分程区间，也就是各分程阀应工作于怎样的信号段。下面通过化学反应釜温度分程控制加以说明。

图 8-15 所示为化学反应釜温度分程控制原理示意图。根据工艺要求，需要移走反应热量以保证釜内温度恒定。为了节约能源，降低消耗，在一般情况下用自来水作冷却剂，但在夏天则需补充深井水作冷却剂。当自来水阀 A 全开仍不能满足工艺的冷却要求时，则需要开启深井水阀 B，故设计了如图 8-15 所示的分程控制系统。

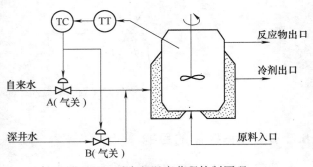

图 8-15　反应釜温度分程控制原理

这是一个典型的分程控制问题。一般分程点的信号是 60kPa。下面要解决的问题是 A、B 两阀哪一个工作于 20 ~ 60kPa 区间，哪一个工作于 60 ~ 100kPa 区间。为了反应釜的安全，A、B 阀均为气关式。根据控制要求，当反应釜内的反应温度升高时，控制器输出信号应减小（根据负反馈要求，控制器应为反作用），使 A 阀开度增大。当控制器输出信号减小至分程点时，A 阀已全开；若降温速度仍感不足，釜温继续上升，控制器输出信号将继续减小并开启 B 阀。当控制器输出减小至 20kPa 时，B 阀也处于全开状态。因此 B 阀应工作在低信号段。

对于任何一个分程控制系统，我们都可以用类似的方法确定 B 阀的工作信号区间，另

一工作区间则自然是属于 A 阀的。综上所述，我们可以给出确定分程控制区段的一般规律。若随控制器输出信号的增加，A 阀开度逐渐增大（或减小）至一定开度后，需要 B 阀动作时，则 B 阀应工作在高信号区间。反之，若随控制器输出信号的减小 A 阀开度逐渐减小（或增大）至一定开度后，需要 B 阀动作时，则 B 阀应工作在低信号区间。根据所总结的这个规律，对于分程控制中控制阀的四种组合状态，共可以得出 16 种形式，见附录 A。

　　附录 A 中各部分对应于图 8-16 所示的分程控制系统框图。过程栏目中的 " + " " – " 号是这样决定的：当过程相应输入量增加时，其输出量亦增加，则取 " + "，反之则取 " – "。根据此表，在选择了阀的开、关形式和决定好过程正、负后，则可直接查到控制器正、反作用方式和控制阀应处的工作信号区间。由于两阀中哪个为 A，哪个为 B 是任意的，所以，在应用附录 A 时，必须注意上述 A、B 阀的动作次序，即先动作的为 A。

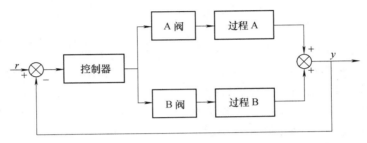

图 8-16　分程控制系统框图

2. 分程控制在工业生产方面的应用

　　在生产过程中，负荷是经常变化的。尤其在多相组、多设备的生产过程中，负荷常随机组或设备开、停而大幅度地变化。即使在单机组、单设备的生产过程中，正常生产和开停车情况下所需要的物料量差别也很大，若采用一般的控制系统，则满足了正常生产的要求，就无法满足开、停车和低负荷生产时的要求。采用分程控制，把两个控制阀当一个控制阀使用，扩大了控制阀的可调范围，可以满足负荷大幅度变化的要求。

　　例 8-6　图 8-17 所示为燃烧天然气压力分程控制系统。

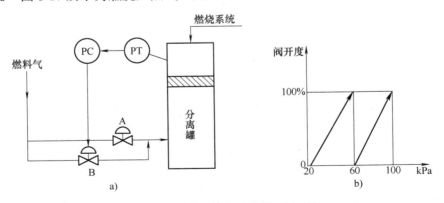

图 8-17　燃烧天然气压分程控制系统

　　在开车时，炉温应该逐渐升高，烧嘴数应逐渐增多，燃烧天然气量随之增加；在停车时，为了维护炉膛温度，也需燃烧少量的天然气；而当正常生产时，则需要大量的天然气，以满足工艺要求。显然这是一个需要大范围控制的问题，为了满足不同负荷下都有较好的控制品质，需要用分程控制来实现。图 8-17 中，B 阀用以控制正常生产负荷下的大流量需要，A 阀的口径为 B 阀的 1/10，用以控制开、停车时小流量的需要；即在正常负荷下由 B 阀来控制（A 阀全开），在开、停车状态下由 A 阀来控制，从而保证了燃烧的稳定与安全。可见，采用分程控制，使用两只控制阀来控制同一介质，在负荷小时，一个控制阀工作，在负荷大时，两个控制阀均投入工作，从而保证了在不同负荷下的控制品质。

在本例中，为了燃烧的安全，A、B 阀均选气开式，过程均为正过程。由附录 A 可查得，控制器为反作用式，B 阀工作于高信号段，A 阀工作于低信号段。

3. 应用中应注意的问题

（1）控制阀的泄漏　应当指出，在分程控制系统中，控制阀泄漏量的大小是个很重要的问题，必须保证控制器在关闭阀门信号的条件下不泄漏或泄漏极小。如例 8-6，大控制阀的泄漏要保证极小，否则，小控制阀将不能发挥其应有的控制作用，甚至不能起控制作用。

（2）控制阀流量特性的选取及组合流量特性的畸变　流量特性的选择原则与简单控制系统设计中所述原则一样，即以使广义过程为线性为基本准则。但是，分程控制是一个控制器分段控制多个阀，因此存在组合流量特性问题。例如前面所述，用分程扩大可调比中，A 阀的流通能力为 0.13～4；B 阀的流通能力为 3.333～100。设分程点为 60kPa，当 A、B 阀均为线性时，组合流量特性如图 8-18a 所示。由图可知，组合流量特性在分程点 60kPa 处产生了大的转折，并呈严重非线性，两阀的流通能力相差越大，转折就越明显，只有两阀流量特性完全相等时方可实现平滑过渡，但是此时对扩大可调比已失去了意义。若 A、B 阀均为对数流量特性，情况会好得多。如图 8-18b 所示，虽然在分程点也有畸变，但总的流量特性基本保持了对数流量特性的特点，而且通过分程信号重叠一小段，即用小阀还没完全打开时就打开大阀的办法实现平滑过渡。

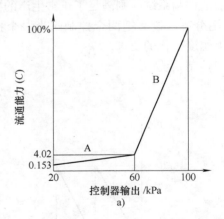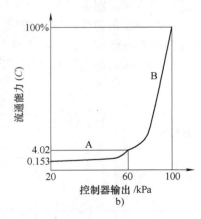

图 8-18　阀的组合流量特性
a）线性阀用于分程　b）对数阀用于分程

（3）控制器控制规律的选择与参数整定　原则上讲，控制规律的选择与参数整定和简单控制系统是一样的。但是，分程控制可能涉及多个操纵量，因而有多个控制通道，而各通道特性一般是不相同的，即使是一个操纵量的分程问题（如例 8-6），也存在两个（或多个）的特性差异问题。而一种规律、一组参数只能使一个通道达到最佳配合，为此必须以适应长期工作的通道为主，兼顾其他通道，通常采用折中方案。

8.3 选择性控制

8.3.1 概述

选择性控制的目的主要是为了安全保护和自动开、停车而设计的，它能克服联锁装置的缺点。联锁方法是在事故状态下，关闭一些设备而使生产过程暂停，这会影响正常工作。选择性控制是由两个或两个以上的控制系统控制一个参数，当生产趋于不安全状态时，一个用于不安全状态工作的控制系统自动投入，以保证不发生事故，当生产趋于正常工作情况时，另一个用于正常状态下工作的控制系统自动取代不安全状态下工作的系统控制生产，这种系统就称为选择性控制系统。

选择性控制是把由工艺生产过程中的限制条件所构成的逻辑关系，叠加到正常的自动控制系统上去的一种组合方法。在正常情况下，由一个正常的控制方案起控制作用，当生产操作达到限制条件时，另一个用于防止不安全情况的控制方案取代正常情况下工作的控制方案，是系统脱离不安全状态并趋向正常。当生产过程重新回到安全范围以内时，正常控制方案又重新恢复工作。所以，这种选择性控制系统也称为自动保护控制系统，或称为软保护系统（相对于自动联锁和手动的硬停车而得名）、超驰控制系统、取代控制系统等。

选择性控制系统在结构上的特点是使用选择器，根据某一参数的范围，该系统通过选择器选择不同的控制系统，以适应生产过程不同情况的需要。

在两个（或两个以上）输入信号中选出低值信号的选择器称为低选器（LS），而选出高值信号的选择器称为高选器（HS）。选择器的引入，可以实现很多逻辑运算的功能，因此，可以完成许多原来难以完成的任务。这有点像搭七巧板，如果匠心巧运，各类结构和功能新颖的选择性控制系统可层出不穷。也就是说，它不但可以实现软保护控制，也可以用于其他控制。

下面通过实例来加深对选择性控制的认知。图 8-19 所示为氨冷却器温度控制系统。工业生产中，氨冷却器是利用液氨汽化吸收大量的热来冷却热物料的，工艺要求冷物料的出口温度要控制在规定范围内。图 8-19a 是一般的温度控制，随着液氨流量的增加，液氨的浸没深度也增加，从而使传热面积加大，带走的热量（除热量）就增大。然而，在负荷特别大的时候，液氨的进料阀即使开得很大，仍不能把温度降到设定值，而且，液氨的液位高到一定程度以后，除热量也不再增加了，这样，液氨会越积越多，使蒸发空间越来越少，如继续积聚，将进入氨气管道，会引起事故。另外，液氨过高，会使气氨带液，而气氨带液将危及氨压缩机的安全。因此，在采用简单控制系统的方案时，如果氨的液位到达危险高度时，人们只得把控制系统由自动转为手动，通过手动保证液位处在安全高度。

手动控制的目的很明显不是控制温度，而是控制液位，如果要实现自动控制，则可以采用液位控制系统替代手动控制，即由软保护代替硬保护。根据上面的分析，在工况正常时采用温度控制系统，在工况不正常时实现液位控制，而二者要自动切换。这一切换可通过连接在控制器输出端的选择器来实现，图 8-19b 所示为满足这一控制要求的选择性控制系统。假定控制阀是气开型的，为了生产安全，应该使用低选器（即在温度控制器 TT 和液位控制器 HC 两个控制器输出中，选择相对小的输出作为控制阀的输入信号）。温度控制器应为正作用，因为温度偏高时需把阀门开大。液位控制器应该是反作用的，因为液位偏高时需把阀门开小；同时，液位控制器应该是窄比例度的，这样，在液位正常时，控制器的输出值很高而不得通过低选器，以保证系统此时由温度控制器控制。当液位值超过上限值时，液位控制器的输出值会下降，这个信号将通过低选器，系统进而改温度系统为液位控制系统。等到工况正常后，又将由温度控制器来控制。

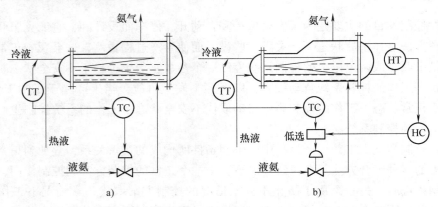

图 8-19 液氨蒸发冷却系统

a) 一般温度控制 b) 选择性控制

8.3.2 选择性控制的类型

在自动选择控制系统中，根据控制的要求可以变化的类型很多。如果按照选择器在系统中的位置不同，可以分为在变送器的输出端进行选择的系统和在控制器输出端进行选择的系统两类。

1. 在变送器的输出端进行选择的系统

选择器设置在变送器与控制器之间，系统中有多个变送器，其输出均送至选择器，选择器选出满足生产、适应生产过程运行需要的信号，然后通过控制器实现自动控制。

图 8-20 所示为反应器热点极值选择性控制系统，是氨合成过程的控制。在固定床反应器内装有固定触媒层，氢气和氨气在触媒的作用下，在合成塔内合成为氨。为防止反应温度过高烧坏触媒，因此在触媒层的不同位置上装设了温度测量点，其测温信号一起送至高值选择器，经过几个高值选择器组成的选择机构（当选择的信号较多时，可由选择器的并联、串联组成，图中只画了一个高值选择器），选出较高的温度信号进行控制，这样，系统将一直按反应器的最高温度进

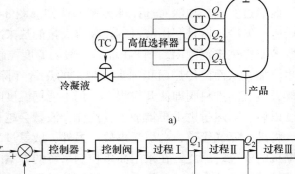

a)

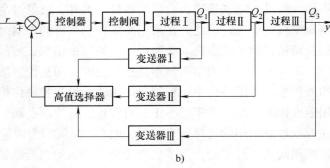

b)

图 8-20 反应器热点极值选择性控制系统

a) 原理图 b) 方案图

行控制，从而保证触媒层的安全。

2. 在控制器输出端进行选择的系统

前面我们讨论的 8-19 所示液氨蒸发冷却选择性控制系统就属于这一类型。在工况正常时采用温度控制系统，其控制器也称为正常控制器，当工况不正常时，由液位控制系统控制，其控制器也称为取代控制器，其系统框图如图 8-21 所示。由图所示，两个控制器的输出信号都送至选择器，通过选择器的选择，选其较低的信号作用于控制阀。这种类型的选择性控制系统结构简单，效果显著，应用较广，也是选择性控制的基本类型之一。

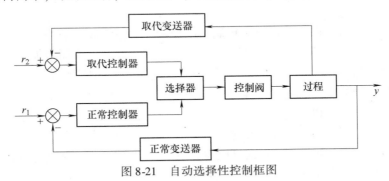

图 8-21　自动选择性控制框图

8.3.3　选择性控制在工业中的应用

选择性控制在工业中的应用较为广泛，而且目前应用选择性控制系统已不局限于为了安全和自动开停车的场合，可以应用在实现各种带有逻辑运算规律的系统中，具体地说，就是实现各种"IF…THEN…"要求的控制系统，如自动进行负荷调整的比值控制系统、具有逻辑规律的空气—燃料比控制系统等。

下面举几个实例说明在工业生产中选择性控制的应用及有关问题。

1. 应用举例

例 8-7　大型合成氨厂辅助锅炉燃烧系统的选择性控制。

这个系统的控制目的是为了保证正常的锅炉蒸汽压力，蒸汽负荷随需要量而经常波动，辅助锅炉燃料是天然气，锅炉的蒸汽压力与燃烧的天然气量直接有关。当蒸汽压力升高时，应减少天然气量；反之则应增加天然气量，因此，在正常情况下应根据蒸汽压力来控制燃气量。然而，在燃烧过程中，燃气压力过高会造成脱火现象，即火焰被吹出脱离烧嘴，继续加大压力则要熄火，这是安全上不容许的（炉膛熄火后若燃气继续进入，则在一定的天然气、空气混合浓度下，遇火种极易爆炸）。燃气压力过低会造成回火现象，即火焰逆流传播进火孔，使燃烧在喷嘴内进行，这也是不允许的。所以，在这里设置了一个自动选择性控制系统以防脱火，另外又设置一个低流量联锁装置以防回火，如图 8-22 所示。

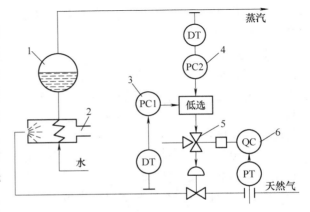

图 8-22　辅助锅炉燃烧过程压力自动选择控制系统
1—汽鼓　2—燃烧室　3—天然气压力控制器
4—蒸汽压力控制器　5—电磁阀　6—流量控制器

　　当蒸汽压力低于期望值时，为了提高蒸汽压力，需要开大燃气阀。如果在阀门打开过程中，燃气压力增加到极限状态，再增加就会产生脱火现象。在这种情况下，由于燃气压力控制器是反作用式（阀为气开式，燃气压力控制器为反作用，蒸汽压力控制器为正作用），其输出是逐渐减小的，而蒸汽压力控制器输出是逐渐增加的，当前者的输出信号小于后者的输出信号时，天然气压力控制器被低值选择器切换上去，取代蒸汽压力控制器。此时，进入炉膛的天然气压力受天然气压力控制器的控制，使控制阀关小，燃气压力脱离极限状态，防止了脱火事故的发生。回到正常情况后，蒸汽压力控制器重新切换上去，以维持正常的蒸汽压力。

　　当蒸汽压力上升时，由于蒸汽压力控制器的作用，使控制阀逐渐关小，燃气压力逐渐下降。因为天然气压力控制器是反作用式，其输出随燃气压力的下降而增加，所以它不可能被选择起控制作用。当燃气压力下降到一定程序，发出声、光报警信号，以提醒操作人员注意。如果燃气流量继续下降，达到产生回火现象的极限时，天然气流量联锁系统动作，使控制阀关闭，切断天然气，以防止回火事故的发生。另外，由于燃烧器堵塞或其他原因使天然气流量降到极限时，联锁系统亦动作，使控制阀关闭而安全停车。

　　例 8-8　具有逻辑规律的空气—燃料比控制系统。图 8-23 所示是具有逻辑规律的锅炉燃烧控制系统。如果不考虑两个选择器和交叉的信号连接线，是一个以压力控制为主回路，流量控制为副回路，并使燃料与空气保持一定比值的串级控制系统。

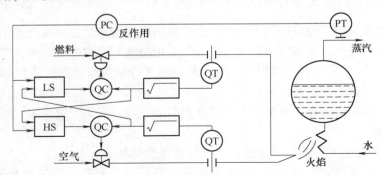

图 8-23　具有逻辑规律的锅炉燃烧控制系统

　　为了保证充分燃烧，人们希望在加大热负荷时，应先增加空气，后增加燃料；而在减小热负荷时，应先减少燃料，后减少空气。要实现这种逻辑次序，可以有几种不同的方案。图 8-23 即是一种可行方案。

　　在锅炉蒸汽压力低于设定值时，需要增加热负荷，反作用的压力控制器的输出将会增大，但是，送往燃料流量控制器的设定信号要通过低选器，因此在空气流量尚未增加前，燃料流量是不会先增加的。另一方面，送往空气流量控制器的设定信号能通过高选器，因此空气流量率先增加。

　　在锅炉蒸汽压力高于设定值时，需要减小热负荷，压力控制器的输出将会下降。送往燃料流量控制器的设定信号能通过低选器，因此燃料流量率先降低。另一方面，送往空气流量控制器的设定信号，在燃料流量尚未减少时，是通不过高选器的，所以能保证燃料流量率先降低。

　　类似的应用还不少，此处不再列举。总之，选择性控制系统是通过应用选择器选择不同的控制系统来实现各种不同的控制目的。

2. 在选择性控制系统设计中，应考虑的问题

（1）选择器与控制器的选用 确定选择器形式，应先选择好控制阀启闭形式，然后确定控制器的正反作用，最后确定选择器的类型。但是要指出，很多人认为要尽量使用低选器，因为在低值信号安全时，如果选择器失灵，输出的零信号也是安全的。

控制器的控制规律选择。对于正常控制器，由于要求有较高的控制精度，因而应采用 PI 控制规律或 PID 控制规律。取代控制器一般选用 P 控制规律，这是因为取代作用属于紧急和暂时性的措施，正常生产中不投入。但在辅助锅炉燃烧系统中，为了防止脱火，对天然气的极限压力也要求比较严格，所以这里仍用 PI 控制规律。

（2）积分饱和的防止 在控制器的输出端进行选择的选择性控制系统中，一般最少也有两个控制器，其中总有一个长期存在偏差的状态，这样如果具有积分作用的控制器得不到及时校正时，控制器的积分作用会随着时间的增长将其输出推向极限值，即产生"积分饱和"。有关积分饱和的概念，在第 5 章控制器选型中的特殊控制规律选择与应用中已做过讨论。这里仅就选择性控制中的有关问题加以说明。

在选择性控制系统中，要求两系统能够迅速和及时地进行切换。积分饱和将产生"死区"，使控制器动作不能及时回头，暂时丧失控制功能，一直要等到控制器的偏差改变了方向且过一段时间后，它才恢复控制功能。因此，不能满足控制系统的要求。

由于控制器处于积分饱和状态时，控制器的输出趋向并停留在极限值上，暂时失去控制功能，此时无论系统中偏差是否继续存在，控制器和控制阀都不动作，控制系统失效。而这种失效状态要等到测量值向减小偏差方向改变，直到跨过给定值并产生反方向的偏差之后，控制器才能恢复控制功能，即才从积分饱和状态下退出来。因此，积分饱和现象使控制很不及时，超调量加大，过渡过程时间增长，严重时由于控制滞后使过渡过程品质指标大大下降，甚至造成事故。积分饱和现象有害无利，必须采取防止措施。

归纳起来，积分饱和产生的条件是：

1）控制系统中控制器具有积分控制规律。

2）控制器输入偏差长期存在得不到校正，使控制器的输出信号超过工作信号的最高或最低限。

积分饱和的危害是：

1）控制系统失效。

2）品质指标下降。

3）不安全因素增多。

由于积分饱和的危害很大，故在选择性控制系统中，必须采取相应措施来防止出现积分饱和现象。

要防止积分饱和现象，就是要消除产生积分饱和的条件。在选择性控制中，处于等待状态的控制器的偏差长期存在及控制器处于开环工作状态是控制系统的性质所决定，这是无法改变的，因此，停止控制器非工作区的积分作用是防止积分饱和的唯一途径。

常用的方法有限幅法、外来信号反馈法和 PI-P 法。

1）限幅法。所谓限幅就是用高值或低值限幅器，使控制器的输出信号不超过工作信号的最高或最低限值。

当反作用控制器处于开环情况时（没有投入控制工作），若存在偏差 e（$e > 0$ 即给定大于测量），由于积分作用，控制器输出信号随时间增大，如将要到达最高限值时，将控制器中造成积分作用的反馈信号通过一个高值限幅器加以限制，使其不超过低于最高限值的某一类值，这样就可以防止积分饱和现象生产，如高限为100kPa（或10DC mA，20DC mA），低限为20kPa（或0DC mA、4DC mA）。

如图8-24所示，气动PI控制器的输出信号p_0送往控制阀的同时，又作为高值限幅器的输入，与高值限幅器的给定压力比较，输出限幅信号，经外管道再引入控制器的积分气室进行积分外反馈，使控制器积分气室压力跟踪限幅器输出信号。

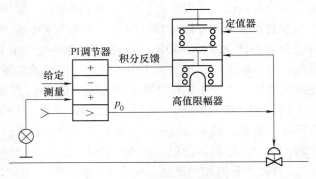

图8-24 气动PI控制器限幅法

当输出信号$p_0 < 9.8 \times 10^4 \mathrm{N/m}$（100kPa）时，控制器按正常规律工作，即

$$p_0 = k_c \left(e + \frac{1}{T_1} \int_0^t e \mathrm{d}t \right)$$

当输出信号$p_0 \geqslant 9.8 \times 10^4 \mathrm{N/m^2}$（100kPa）时，积分外反馈使积分室压力限制在$9.8 \times 10^4 \mathrm{N/m^2}$为一常数，即

$$p_0 = K_c e + 常数$$

在超出上限值的非工作区，停止了积分作用，从而防止了积分饱和。

2）外来信号反馈法。外来信号反馈法的实质是控制器在开环情况下选用外部的积分反馈，而不选用控制器自身的输出信号反馈，或者用其他参数作为反馈信号，使之不能形成对偏差的积分作用，从而防止了积分饱和。对气动控制器来说，将选择器的控制信号通过外线路引到两个控制器的积分室进行积分反馈。这样，对于正在进行控制的控制器来说，选择对应的控制信号就是它本身的输出信号，因而具有正常的积分作用；对于处于开环状态下的控制器来说，进入积分室的是另一个正常运行的控制器的输出信号，因为这个信号不随本身的偏差进行积分变化，从而使该控制器只有比例作用。

图8-25是外来信号反馈法防止积分饱和连接图，下面以燃烧系统为例进行说明：

假设p_{10}、p_{20}分别为蒸汽压力、天然气压力控制器的输出信号；e_1、e_2分别为它们的偏差值；p_0为通过选择器到控制阀的控制信号。

在正常情况下$p_{10} < p_{20}$，p_{10}通过低值选择器作用于控制阀，同时对两个控制器进行积分反馈。

对于蒸汽压力控制器，由于进行积分反馈的信号就是本身的输出信号，因而具有积分作用，即

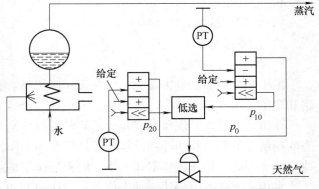

图8-25 外来信号反馈法防止积分饱和连接图

$$P_{10} = k_{c1} \left(e_1 + \frac{1}{T_I} \right) \int_0^t e_1 \mathrm{d}t \tag{8-10}$$

对于天然气压力控制器，由于进行积分反馈的信号 p_0 也是 p_{10}，所以其输出为

$$p_{20} = k_{c2}e_2 + p_0 = k_{c2}e_2 + p_{10} \tag{8-11}$$

式（8-11）说明，处于开环状态下的控制器就其本身的偏差而言，只具有比例作用，从而防止了积分饱和。

3）PI-P 法。PI-P 法是从控制器本身的线路结构上去防止积分饱和的方法。也就是说，控制器本身所固有的特性，即在开环情况时，使控制器只具有比例特性（P），暂时切除积分线，以防止积分饱和，而在正常工作时，使积分特性恢复（PI），所以被称为 PI-P 法。具有这种控制规律的控制器称为自动选择控制器。需要时可参阅有关过程控制仪表的书籍。

本 章 小 结

现代工业的发展、工艺革新，必然要求更加严格的操作条件，对控制质量也要求更高。特别是控制任务要求比较特殊时，如要求两种以上的物料流量的比例在生产过程中较严格，就需要用比值控制系统。当遇到流量控制范围大，一个控制阀的可调比无法满足要求或工艺特殊要求多阀协同工作时，就要考虑分程控制。而生产中要求有软保护功能以免发生事故的，就可以采用选择性控制系统等。

本章中主要讨论了比值控制系统、分程控制系统和选择性控制系统。

1. 比值控制系统的目的是要使两种或两种以上的物料流量比在生产过程中保持一定的比例关系。在实施方案中主要有相乘方案和相除方案。近年来主要把相乘方案作为首选方案，这样可以避免相除方案内在的弱点，即不同负荷下过程的增益变化很大而影响控制质量。在系统设计中应注意非线性环节的影响和比值系数折算等问题。在参数整定上，由于要求从动回路能快速准确地跟踪主动回路，因此系统的衰减率整定得很大。

2. 分程控制系统的特点是一个控制器控制两个或两个以上的控制阀工作，每个阀工作在控制器的某一段输出信号区间内，在这个区间，阀的开度从全开到全关或反之。这种控制由阀门定位器来实现。分程控制的目的是扩大控制阀的可调比，提高控制质量，或者是满足特殊的工艺要求。控制阀的分程流量特性要求变化平滑，因此流通能力十分接近的线性阀用于分程控制系统是方便的，但是，这对提高可调比意义不大，而对数特性阀可采用分程信号部分重叠法予以解决，是推荐选用的方案。

3. 选择性控制系统设置的目的首先是为了安全生产，而目前选择性控制也应用于其他方面。选择性控制的主要结构特点是采用了选择器。在工况正常时，选用正常的控制系统；工况不正常时，则采用取代控制系统，而其相互切换是自动进行的。在选择性控制系统中，由于控制器是轮换工作的，因此主要注意的问题是控制器的积分饱和问题，防止积分饱和避免由其产生的失控现象十分重要，其主要方法有限幅法、外来信号反馈法和 PI-P 法。另外，由于取代控制器只在短时间内起作用且要求动作速度快，因此在参数整定时，应将比例度整定得较小。

思考题与习题

8-1 什么是比值控制？比值控制系统有哪些常用的结构形式？通常应用于哪些场合？

8-2 信号比与流量比的区别和各自的物理意义是什么？说明其比值系数的计算步骤与方法。

8-3 工艺规定 A、B 两物料流量成 1.2 的固定比值关系，其中 A 物料为生产负荷。已知 $Q_{Amax} = 4\text{m}^3/\text{h}$，

$Q_{Bmax} = 5.2m^3/h$，试画出用 DDZ-Ⅲ型仪表构成的控制系统方案框图，并求比值器上的比值系统（单闭环比值即可）。

8-4 比值控制系统参数整定有何特点？

8-5 什么是分程控制系统？分程控制系统的结构特点是什么？

8-6 在分程控制系统中，如何实现信号的分程？

8-7 如何解决分程控制中控制阀衔接处的流量突变问题？

8-8 什么是选择性控制？选择性控制的主要目的是什么？

8-9 选择性控制的结构特点是什么？

8-10 举例说明选择性控制在工业生产过程中的应用。

8-11 在选择性控制中，为什么会产生积分饱和？如何防止积分饱和？

第 9 章

智 能 控 制

智能控制的概念和原理主要是针对被控过程、环境，以及控制任务的复杂性提出的，是一种能够模仿人的智能行为的高级控制技术，由计算机科学、信息科学、思维科学等多学科相结合，利用计算机技术加以实现。作为一门新兴的边缘交叉学科，智能控制已成为当今国内外自动化学科十分活跃且具有挑战性的研究领域之一。

本章将对模糊控制、预测控制、神经网络控制、专家控制、推理控制与软测量技术等常用智能控制系统的基本结构、原理及主要应用进行介绍。

9.1 模糊控制

经典控制和现代控制的控制系统设计都基于被控过程的精确模型。没有精确的数学模型，控制器的控制效果及控制精度将受到很大的制约。然而在现实生产、生活中，大多数系统具有非线性、时变、大延迟、多变量耦合等复杂特性，很难建立起其精确的数学模型。针对这种无法获得被控对象精确模型的情况，采用经典控制和现代控制都很难取得令人满意的控制效果。为此人们开始将模糊控制理论应用于控制系统。

模糊控制系统是一种智能控制系统，它以模糊数学、模糊语言形式的知识表示和模糊逻辑的规则推理为理论基础，采用计算机控制技术构成的一种具有反馈通道的闭环结构的数字控制系统。它的组成核心是具有智能的模糊控制器，其设计无需基于被控对象的精确模型，这也就是它与经典控制、现代控制等自动控制系统的不同之处。20 世纪 90 年代后，模糊控制技术飞快发展，目前，模糊控制技术已经在人们的日常生产、生活中广泛应用，并取得了很好的控制效果。

9.1.1 概述

在人参与的实际控制系统中（见图 9-1），经验丰富的操作人员，可以无需被控对象的数学模型，或者复杂的控制原理，根据仪表显示的有关信息，获得系统的运行状态，然后凭借其丰富的经验就能做出相应的决策，并对被控控制过程进行控制。在这个控制系统中，仪表信息为精确值，通过人的感官传入操作者的大脑，在大脑中形成相应的模糊概念，然后操作者根据经验，进行模糊决策。

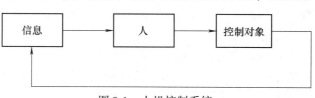

图 9-1　人机控制系统

显然，这种人机控制系统进行的是一种模糊控制。人们为了模拟这种控制过程，设计了一种以模糊数学为基础的控制系统。模糊控制系统的工作过程同人机控制系统一样，只不过在模糊控制系统中进行决策的是模糊控制器取代了人。模糊控制器将根据输入的信息，进行模糊决策，输出一个模糊量，然后将它精确化，并作用于被控过程。

9.1.2 模糊控制系统的组成

模糊控制具有常规计算机控制系统的结构形式，通常由模糊控制器、输入/输出接口、执行机构、被控对象和测量装置五个部分组成，其结构如图9-2所示。

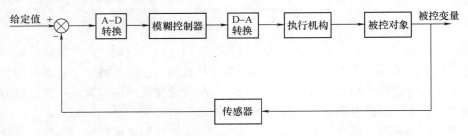

图9-2 模糊控制系统

1. 被控对象

被控对象是一种设备或装置（也叫受控对象），也可以是一种状态转移的过程（也叫被控过程或受控过程）。这些被控过程可以是确定的或模糊的，单变量的或多变量的，带滞后的或无滞后的，也可以是线性的或非线性的，定常的或时变的，以及具有强耦合和干扰等多种情况。对于那些难以建立精确数学模型的复杂过程，更适宜采用模糊控制。

2. 执行机构

执行机构根据能源的不同分为电动执行机构（如各类交、直流电动机，伺服电动机，步进电动机等）、气动执行机构（如各类气动调节阀）以及液动执行机构（如液压马达、液压阀等）。

3. 模糊控制器

模糊控制器是模糊制系统的核心。模糊控制器在控制系统中的作用等同于经典控制理论中的PID控制器，只不过它是采用基于模糊知识表示和规则推理的语言型"模糊控制器"，这也是模糊控制系统区别于其他自动控制系统的特点。

4. 输入/输出接口

在实际系统中，由于多数被控对象的控制量及其可观测状态量是模拟量。因此，模糊控制系统与一般数字控制系统或混合控制系统一样，具有模-数（A-D）、数-模（D-A）转换器，不同的是在模糊控制系统中，还有用于模糊逻辑处理的"模糊化"与"解模糊化"（或称"去模糊化"）环节，这部分通常也被看作是模糊控制器的输入/输出接口。

5. 测量装置

测量装置是将被控对象的各种非电量，如流量、温度、压力、速度、浓度等转换为电信号的一类装置。通常由各类数字的或模拟的测量仪器、检测元件或传感器等组成。在模糊控制系统中，为了提高控制精度，要及时观测被控制量的变化特性及其与期望值间的偏差，以便及时调整控制规则和控制量输出值，因此，往往将测量装置的观测值反馈到系统输入端，并与给定输入量相比较，构成具有反馈通道的闭环结构形式。

9.1.3 模糊控制系统的原理与特点

1. 模糊控制系统的原理

模糊控制系统的基本原理可由图 9-3 表示。它的核心部分为模糊控制器。模糊控制器的控制规律由计算机的程序来实现。微机通过采样获得被控量的精确值,然后将此值与给定值比较得到误差信号 E。一般误差信号 E 作为模糊控制器的输入量。把误差信号 E 的精确值进行模糊化处理,使之变成模糊量,误差信号 E 的模糊量可用相应的模糊语言表示。从而得到了误差信号 E 的模糊语言集合的一个子集 e(e 实际是一个模糊向量)。再由 e 和模糊控制规则 R(模糊关系)根据推理合成规则进行决策,得到模糊控制量 u 为

$$u = E \circ R \tag{9-1}$$

式中 u 是一个模糊量。为了对被控对象施加精确的控制,还需要将模糊量 u 转化为精确量,这一步骤称为非模糊化处理(也称为解模糊化或清晰化处理)。得到了精确的数字量后,经 D-A 转换,变为精确的模拟量后送给执行机构,对被控对象进行控制。

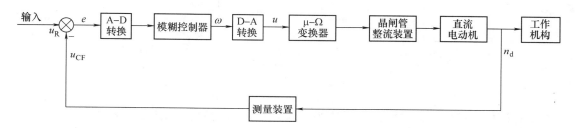

图 9-3 模糊控制原理图

综上所述,模糊控制系统的基本算法可概括为四个步骤:

首先,根据本次采样得到的系统的输出值,计算所选择的系统的输入变量。

其次,将输入变量的精确值变为模糊量。

再次,根据输入变量(模糊量)及模糊控制规则,按模糊推理合成规则计算控制量(模糊量)。

最后,由上述得到的控制量(模糊量)计算精确的控制量。

2. 模糊控制系统的特点

相较于其他控制系统,模糊控制系统具有以下特点:

1)模糊控制系统不依赖被控过程精确的数学模型,特别适用于难以获得精确数学模型的复杂过程与模糊性对象。

2)模糊控制中的知识表示、模糊规则和合成推理是基于专家知识或熟练操作者的成熟经验,并通过学习不断更新,因此,它具有智能性和自学习性。

3)模糊控制系统的核心是模糊控制器。而模糊控制器均以计算机(微机、单片机等)为主体,因此它兼有计算机控制系统的特点,如具有数字控制的精确性与软件编程的柔软性等。

4)模糊控制系统的人机界面具有一定程度的友好性,它对于有一定操作经验的但对于控制理论并不熟悉的工作人员来说,很容易掌握和学习,并且易于使用"语言"进行人机对话,更好地为操作者提供控制信息。

9. 1. 4 模糊控制器

模糊控制系统与一般控制系统的主要区别在于它采用了模糊控制器。模糊控制器是模糊控制系统的核心，一个模糊控制系统的优劣，主要取决于模糊控制器的结构，所采用的模糊规则、合成推理算法，以及模糊决策的方法等因素。在模糊控制器内完成的工作通常包括模糊精确的输入量、依据模糊规则进行推理决策以及反模糊化等过程。

1. 模糊控制器的组成

作为模糊控制系统的核心模糊控制器（Fuzzy Controller，FC），也称为模糊逻辑控制器（Fuzzy Logic Controller，FLC）或模糊语言控制器（Fuzzy Language Controller，FLC），主要有四个组成部分，分别为模糊化接口、知识库、推理机和解模糊接口。其组成框图如图 9-4 所示。

图 9-4　模糊控制器的组成

（1）模糊化接口　在数字控制系统中，输入量是精确的、可准确量化的值。而对模糊控制而言，模糊控制器处理的输入量却需要是模糊的量。为了能够使得系统的精确输入量被模糊控制识别，就需要一种转化机制来实现模糊化的过程；模糊化接口就是完成这种转化的数学机制。按照隶属度函数，将精确的输入值映射到指定的论域上，即可完成输入量的模糊化。

（2）知识库　知识库又包含模糊规则库和数据库。规则库（Rule Base）中的模糊规则是人为地根据实际控制总结得到的控制经验，对可能出现的系统状态的集中概括，并转换成模糊语言来描述定义。其中包含一组模糊控制规则，即以"IF…THEN…"形式表示的模糊条件语句等。而数据库，它虽然叫作数据库，但并不是计算机软件中数据库的概念。它存储着有关模糊化、模糊推理、解模糊的一切知识，如模糊化中论域变换方法、输入变量隶属函数的定义、模糊推理算法、解模糊算法，输出变量各模糊集的隶属函数定义等。

（3）推理机　推理机是模糊控制器的核心组成部分，它的主要功能是通过模拟人的基于模糊概念的推理能力，运用模糊逻辑中的蕴含关系以及设定完成的模糊规则进行推理。

（4）解模糊接口　解模糊也叫去模糊、反模糊或清晰化，解模糊接口则将模糊的计算结果转换为明确的控制输出。

2. 模糊控制器的设计

（1）模糊控制器的结构设计　模糊控制器结构选择的合理与否直接影响模糊控制器的性能，对于某些复杂的系统来说，甚至是极为重要的。在模糊控制系统中，可以定义单变量模糊控制系统是具有一个输入变量和一个输出变量的系统，多变量模糊控制系统是一个以上输入/输出变量的系统。

1）单输入-单输出（SISO）结构。

例如，人在驾驶车辆时，往往根据车距和车速行进。某些人可能只根据车距来控制踩制动踏板的动作，如"车距较大，则略踩制动踏板"，或"若车距很小，则猛踩制动踏板"。另一些人则根据车距和车速来产生控制动作。"若车距较大且车速很快，则较猛踩制动踏板"。在这里，系统的输出只有一个，即车距，系统的输入也只有一个，即制动用力的大小。这是控制系统中最为简单也最为典型的对象，称为单输入-单输出（SISO）系统。对这类被控对象，受人类控制过程的启发，一般可设计成一维或二维的模糊控制器。

① 一维模糊控制器。这是一种最为简单的模糊控制器，其结构如图9-5所示。

图9-5 一维模糊控制器

这种模糊控制器的输入、输出变量均只有一个。假设模糊控制器输入变量为 X，输出控制量为 Y。此时，模糊规则有如下形式：

R1：IF X is A_1，THEN Y is B_1，or

R2：IF X is A_n，THEN Y is B_n

这里，A_1，$\cdots$，A_n 和 B_1，$\cdots$，B_n 均为输入、输出论域上的模糊子集。

这种一维控制器的特点是简单明了，但往往控制效果不佳。这是因为只要误差相同，则不管目前误差是快速增大还是快速减小，采取的控制行为却是相同的。就像上述只根据车距操控汽车的驾驶人。

② 二维模糊控制器。这里的二维指模糊控制器的输入变量有两个，而输出仍为一个，其结构如图9-6所示。

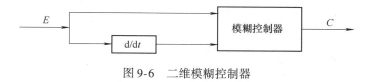

图9-6 二维模糊控制器

这类控制器的模糊规则一般形式是

R1：IF X_1 is A_1 and X_2 is A_2，THEN Y is B

这里，A_1、A_2 和 B 均为论域上的模糊子集。

在实际系统中，X_1 一般取为控制误差，X_2 一般取为误差的变化。二维模糊控制器同时考虑到误差和误差变化的影响，所以在性能上一般优于一维模糊控制器。就像上述既根据车距又考虑车速操纵汽车的驾驶人。

③ 多维模糊控制器。当模糊控制器的输入变量大于两个时，就称为多维模糊控制器结构。这种结构在某些情况下能提高控制器的性能，但由于输入维数的增加，模糊控制规则的确定更加困难，控制算法也趋于复杂化，所以多维模糊控制器在控制系统中并不常用。

2）多输入-多输出（MIMO）结构。工业过程的许多被控对象比较复杂，往往具有一个以上的输入和输出变量。要直接设计一个多变量模糊控制器是相当困难的，但可以利用模糊控制器本身的解耦性特点，通过模糊关系方程分解，在控制器结构上实现解耦，即将一个多输入-多输出（MIMO）的模糊控制器分解成若干个多输入-单输出（MISO）的模糊控制器，这样在模糊控制器的设计和实现上带来了很大的方便，并得到大大简化。

（2）模糊规则选择和模糊推理 模糊规则的选择是设计模糊控制器的核心。由于模糊规则一般需要由设计者提取，因而在模糊规则的取舍上往往体现设计者本身的主观倾向，所以设计者应尽量避免或减弱这种主观性的影响。模糊规则的选择过程可简单分成三个部分，即先选择适当的模糊语言变量，然后确定各语言变量的隶属函数，最后建立模糊控制规则。

1）模糊语言变量的确定。模糊规则是由若干语言变量构成的模糊条件语句，它们反映人类的某种思维方式。模糊语言变量由语法规则、语言值、语义规则和论域等几部分组成。因此，模糊语言变量的确定，包含了根据语法规则生成适当的模糊语言值，根据语义规则确定语言值的隶属函数以及确定语言变量的论域等。在确定模糊变量时，首先要确定其基本语言值，例如在确定液位高度时，先给出三个基本语言变量值：高、中、低。然后根据需要生成若干个语言子集，如很高、较高或较低、很低等。一般来说，一个语言变量的语言值越多，对事物的描述就越准确，可能得到的控制效果就越好。当然，过分的划分反而可能使控制规则变得复杂。所以，应根据具体情况而定。通常，像误差和误差变化等语言变量的语言值一般取为 ｛负大，负小，零，正小，正大｝，或 ｛负大，负中，负小，零，正小，正中，正大｝，或 ｛负大，负中，负小，负零，正零，正小，正中，正大｝这三种。

2）确定语言值的隶属函数。模糊语言值实际上是一个模糊子集，而语言值最终是通过隶属函数来描述的。语言值的隶属函数又称为语言值的语义规则，它可以以连续函数的形式或离散的量化等级形式出现。它们各有各的特点，如连续的隶属函数描述比较准确，而离散的量化等级简洁直观。

常用的连续隶属函数有三角形、高斯型等，如图 9-7 和图 9-8 所示。

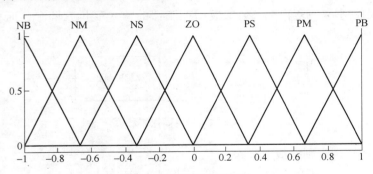

图 9-7　三角形隶属函数

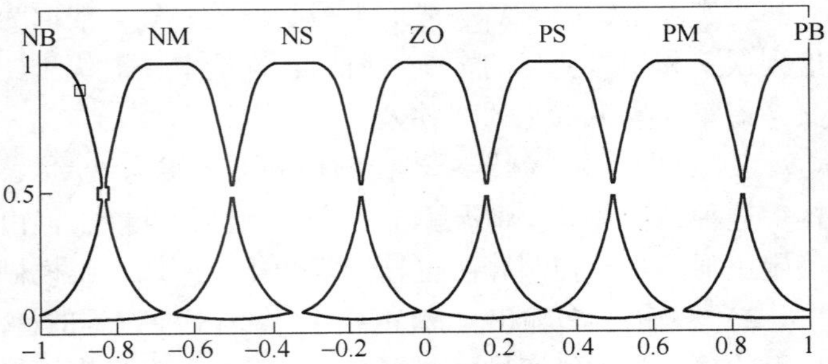

图 9-7 及图 9-8 隶属函数中，均含有七个模糊子集，分别为 ｛负大（NB），负中（NM），负小（NS），零（ZO），正小（PS），正中（PM），正大（PB）｝。需要指出的是，隶属函数大多情况下是根据经验给出的，因此具有较大的随意性。

图 9-8　高斯型隶属函数

采用量化的隶属函数也是常用的一种方法之一。假设误差 e 的论域为 X，其模糊语言值取为 ｛NB, NS, ZO, PS, PB｝。若将这种语言值分别用 -3，-2，-1，0，1，2，3 这七个整数（也称为等级）来表示，则有

$$X = \{-3, -2, -1, 0, 1, 2, 3\} \tag{9-2}$$

见表 9-1，在论域 $[-3, +3]$ 上，离散化的精确量与语言变量的取值之间建立了一种

模糊关系。这样，在论域 $[-3,+3]$ 上的精确量可以用模糊子集来表示，如 $e=3$，则可以 PB 表示，且隶属度为 1；又如 $e=2$，则可用 PB 和 PS 这两个模糊子集来表示，其隶属度 PB(2) = 0.5，PS(2) = 0.5。如果精确量的实际变化范围为 $[a,b]$，需将 $[a,b]$ 区间上的精确量转化到区间 $[-3,+3]$ 上，并记作 E'，则转换公式为

$$E' = 6[e-(a+b)/2]/(b-a) \tag{9-3}$$

由式 (9-3) 计算出的 E' 若不是整数，可把它归入最接近 E' 的整数。如 e 的变化范围为 $[-6,6]$，现有 $e=5.4$，则由式 (9-3) 得 $E'=2.7\approx3$。

表 9-1 模糊子集的量化

等级 隶属度 变量 e	-3	-2	-1	0	1	2	3
PB	0	0	0	0	0.2	0.5	1
PS	0	0	0	0	1	0.5	0.1
ZO	0	0	0.3	1	0.3	0	0
NS	0.1	0.5	1	0	0	0	0
NB	1	0.5	0.2	0	0	0	0

一般来说，隶属函数的形状越陡，分辨率就越高，控制灵敏度也越高；相反，若隶属函数的变化很缓慢，则控制特性也较平缓，系统的稳定性越好。因此，在选择语言值的隶属函数时，一般在误差为零的附近区域，采用分辨率较高的隶属函数，而在误差较大的区域，为使系统具有良好的鲁棒性，常采用分辨率较低的隶属函数。

3）模糊控制规则的建立。一般采用经验归纳法。所谓经验归纳法，就是根据人的控制经验和直觉推理，经整理、加工和提炼后构成的模糊规则系统的方法。它实质上是从感性认识上升到理性认识的一个飞跃过程。

模糊控制器最常用的结构为二维模糊控制器，它们的输入变量一般取误差和误差变化，输出则为控制量的增量。对这种结构的模糊控制器常采用所谓的 Mamdani 控制规则。其中，误差、误差变化及控制量增量均取 7 个语言值，为 {NB，NM，NS，ZO，PS，PM，PB}。经经验归纳得到表 9-2 所示的常见模糊控制规则表。

表 9-2 常见的模糊控制规则表

e	ec u	NB	NM	NS	ZO	PS	PM	PB
NB		PB	PB	PB	PB	PM	PS	ZO
NM		PB	PB	PM	PM	PS	ZO	ZO
NS		PB	PM	PM	PS	ZO	ZO	NS
ZO		PM	PS	PS	ZO	NS	NS	NM
PS		PS	ZO	ZO	NS	NM	NM	NB
PM		ZO	ZO	NS	NM	NM	NB	NB
PB		ZO	NS	NM	NM	NM	NB	NB

在表 9-2 中，例如当 e 为正大（PB）时，如果误差变化 ec 为正大（PB），即误差在不断

增大。为迅速使误差减小，应使控制量 u 迅速减小（NB）；如果误差变化 ec 为负小（NS），即误差在慢慢减小，因此应使误差继续减小，所以控制量 u 应适量地减小（NM）。此时，如果误差正在快速减小，即误差变化 ec 为负大（NB），则为防止超调过大，控制量 u 暂时不需变化，故 u 为零（ZO）。

模糊控制器控制规则的设计原则是：当误差较大时，控制量的变化应尽力使误差迅速减小。当误差较小时，除要消除误差外，还要考虑系统的稳定性，防止系统产生不必要的超调，甚至振荡。

模糊规则确定后，接着进行模糊推理，其一般形式如下：

一维形式：IF X is A，THEN Y is B

二维形式：IF X is A and Y is B，THEN Z is C

这类推理反映了人们的思维方式，它是传统的形式推理所不能实现的。

（3）解模糊 模糊推理结果为模糊值，不能直接用于控制被控对象，需要先转化成一个执行机构可以执行的精确值。此过程一般称为解模糊过程，或称模糊判决，它可以看作模糊空间到清晰空间的一种映射。常用的解模糊方法有三种：

1）最大隶属度法。该方法直接选择模糊子集中隶属度最大的元素作为控制量。若有两个以上的元素均为最大（一般依次相邻），则可取它们的平均值。

最大隶属度法能够突出主要信息，而且计算简单，但很多次要的信息丢失了，因此显得比较粗糙，只能用于控制性能要求一般的系统中。

2）中位数法。论域 U 上把隶属函数曲线与横坐标围成的面积平分为两部分的元素 z^* 称为模糊集的中位数。中位数法就是把模糊集中位数作为系统的控制量。当论域为有限离散点时，z^* 可以下列公式求取（假设 $U = [z_1, z_2]$）：

$$\sum_{i=z_1}^{z^*} C(z_i) = \sum_{j=z^*+1}^{z_n} C(z_j) \tag{9-4}$$

若所求点位于有限元素之间，可用插值的办法来求取。

与最大隶属度法相比，中位数法概括了更多的信息，但计算比较复杂，特别是在连续隶属函数时，需求解积分方程，因此应用场合比加权平均法少。

3）加权平均法。该方法的计算公式为

$$z^* = \sum_{j=1}^{n} u_{cj}(w_j) * w_j \Big/ \sum_{j=1}^{n} u_{cj}(w_j) \tag{9-5}$$

更为一般的有

$$z^* = \sum_{j=1}^{n} k_j * w_j \Big/ \sum_{j=1}^{n} k_j \tag{9-6}$$

研究表明，中位数法的动态性能要优于加权平均法，而静态性能则略逊于加权平均法。使用中位数法的模糊控制器类似于多级继电器控制，加权平均法则类似于 PI 控制器。一般情况下，两种方法都优于最大隶属度法。

（4）模糊控制器论域及量化因子、比例因子的确定 众所周知，任何物理系统的信号总是有界的。在模糊控制系统中，这个有限界称为该变量的基本论域，它是实际系统的变化范围。在两输入单输出模糊控制系统中，设定误差的基本论域为 $[-|e_{\max}|, |e_{\max}|]$，误差变化的基本论域为 $[-|ec_{\max}|, |ec_{\max}|]$，控制量的变化范围为 $[-|u_{\max}|, |u_{\max}|]$。输入变量的基本论域可以通过实验或理论指导来确定，它在控制过程中一般不变。类似地，设误差的

模糊论域为

$$E = \{ -n_1, -(n_1-1), \cdots, 0, 1, \cdots, n_1-1, n_1 \}$$

误差变化的论域为

$$EC = \{ -n_2, -(n_2-1), \cdots, 0, 1, \cdots, n_2-1, n_2 \}$$

控制量论域为

$$U = \{ -m, -(m-1), \cdots, 0, 1, \cdots, m-1, m \}$$

一般来说，论域的量化等级越细，控制精度也越高。但过细的量化等级使算法复杂化，而且也没必要。

量化因子和比例因子是为了对清晰值进行比例变换而设置的，其作用是使变量按一定比例进行放大或缩小，以便基本论域与模糊论域的匹配。

在模糊控制器中，量化因子和比例因子的位置及其变换关系如图 9-9 所示，该图也表现出模糊控制器的整个工作流程，即将获得的误差信号 e、ec 的精确值进行模糊化处理，使之变成模糊量，根据推理合成规则进行决策，得到模糊控制量 u，再将其进行清晰化处理得到精确的数字量对被控对象施加控制。可以看出，量化模块和比例模块都不是模糊控制器的组成部分，只是把模糊控制器跟外部设备连接起来的接口，仅仅为了使输入、输出的数据能跟外部匹配。

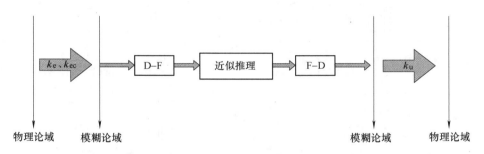

图 9-9　量化因子 k_e、k_{ec} 和比例因子 k_u 在控制器中的位置

图中，k_e 是误差量化因子，k_{ec} 是误差变化量化因子，k_u 是比例因子，D-F 是模糊化模块，F-D 是清晰化模块，控制器采用二维形式。

可根据式（9-7）～式（9-10）大致确定量化因子和比例因子：

$$k_e = n_1/e_{max} \tag{9-7}$$

$$k_{ec} = n_2/ec_{max} \tag{9-8}$$

$$k_u = m/u_{max} \tag{9-9}$$

量化因子 k_e、k_{ec} 和比例因子 k_u 对模糊控制系统的动静态性能有较大的影响。一般来说，增大 k_e 可使系统上升速率变快，从而可能导致系统的超调量增大，过大可能使调节时间加长，甚至发生振荡乃至使系统变得不稳定；反之，减小 k_e 会使系统上升速率变慢，k_e 过小可能影响系统的稳态性能，使稳态精度降低。增大 k_{ec} 可增强系统的稳定性，k_{ec} 过大会使系统上升速率过慢，达到平衡态的过渡时间加长；反之，k_{ec} 过小，会使系统上升速率增快，可能导致系统产生较大的超调，以致使系统发生振荡。增大 k_u 会加快系统的响应速度，k_u 过大将导致系统输出上升速率过快，从而使系统产生较大的超调乃至发生振荡或发散；k_u 过小，系统上升速率变小，将导致系统稳态精度变差。

9.1.5 工程实例

在原油开采、贸易、加工及控制过程等中，均需要对原油的性质进行快速评价。基于近红外光谱分析的原油快速评价系统可以快速、准确地对原油性质进行检测及评价，其应用越来越广泛。在对原油快速评价预处理过程中，针对某一具体原油，进样或清洗时长控制很重要，过短会导致无法测量或清洗不干净，过长可能导致样品、清洗液浪费及测量效率低下。而最佳进样时长和清洗时长很难获取，传统的方法是根据原油黏度、倾点等特征依靠人工经验确定，存在重复精度差、劳动强度大、效率低等缺点。

为适应不同原油在恒定温度条件下进行快捷、准确的测量，本例设计了一种能自动求解最佳进样和清洗时长的原油自动预处理模糊控制系统。

1. 自动预处理模糊控制系统设计

（1）系统构成 如图9-10所示的原油快评自动预处理模糊控制系统，由测量回路、清洗回路、吹扫回路及安装于各回路的传感器及执行器构成。

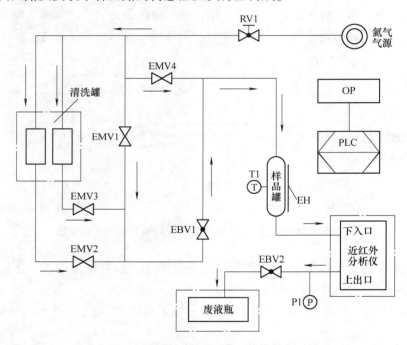

图9-10 原油快评自动预处理模糊控制系统

测量回路由减压阀 RV1、电磁阀 EMV4、样品罐、近红外分析仪、电动球阀 EBV2 构成，加热器 EH 和温度传感器 T1 均安装在样品罐上，压力传感器 P1 安装在近红外分析仪的出口位置。

清洗回路由压入回路和压出回路构成。减压阀 RV1、清洗罐、电磁阀 EMV2（或EMV3）、电动球阀 EBV1、样品罐、近红外分析仪及电动球阀 EBV2 通过管路连接组成压入回路；减压阀 RV1、电磁阀 EMV1、电动球阀 EBV1、样品罐、近红外分析仪及电动球阀EBV2 通过管路连接组成压出回路。

吹扫回路由减压阀、电磁阀 EMV4、样品罐、近红外分析仪及电动球阀 EBV2 通过管路连接而成。

PLC 采集样品罐内样品温度及近红外分析仪的出口压力数值，计算最佳进样及清洗时长，控制加热器及原油评价装置中各阀门按设定逻辑工作。操纵面板（OP）通过 RS485 总线连接 PLC，实现对原油快速评价所需的自动加热、进样、测量及清洗等预处理过程的监视与操作。

（2）预处理工作过程　原油快评自动预处理模糊控制系统的工作过程分为准备、测量、清洗及吹扫 4 个阶段。准备阶段为样本测量提供必要的温度、气压、阀门初始条件；测量阶段实现设定温度条件下在测量回路中测量原油样本，同时检测分析仪的出口压力大小及变化快慢，基于模糊推理方法辨识原油的流动性，计算出最佳单次进样时长及清洗时长，首次测量所需进样时长按默认值设定，后续重复测量按辨识的进样时长执行，重复 5 次，以平均测量值作为原油快速评价数据；清洗阶段基于装置自动获得的最佳单次清洗时长在清洗回路中进行自动清洗操作，重复 4 次；吹扫阶段使用氮气在吹扫回路中吹扫，实现管路的清洁和干燥，为下次测量做好准备。

2. 基于模糊推理的进样时长计算

原油快速评价预处理过程的初始阶段，关闭所有阀门；待测评的原油样品装载至样品罐，设定样品罐温度，样品罐达到设定温度后打开电磁阀 EMV4，系统采集近红外分析仪出口压力 p_1；打开电动球阀 EBV2，原油样品进入近红外分析仪进行测量，持续 7s 后关闭，记录此段时间中压力传感器的平均压力为 $\bar{p}_2$，经模糊推理获得原油样品的最佳进样时长为 t，单位为 s。

如图 9-11 所示的模糊推理过程，最佳进样时长计算过程为：首先对输入压力 p_1 和平均压力 $\bar{p}_2$ 进行模糊化，然后基于推理规则库模糊推理计算出最佳进样时长模糊量，最后经过解模糊过程获得最佳进样时长 t。

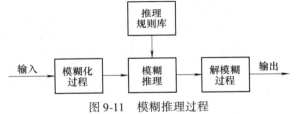

图 9-11　模糊推理过程

（1）输入、输出的模糊化　模糊化过程的主要作用是将确定的输入（输出）量转换成一个模糊矢量。模糊化等级不宜过粗、也不宜过细。过粗无法表征过程状态，过细会大大增加运算量及推理难度。

定义压力 p_1、平均压力 $\bar{p}_2$ 及进样时长 t 的模糊变量分别为 P_1、$\bar{P}_2$ 及 T，它们的模糊集为 {极小，较小，中等，较大，极大}，记为 {MS，BS，MM，BB，MB}，隶属度曲线如图 9-12 所示，其关键参数记为 a_1、a_2、b_1、b_2、…、e_1、e_2。

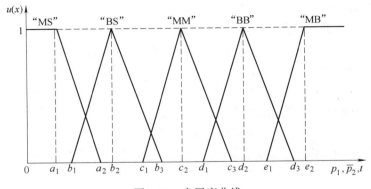

图 9-12　隶属度曲线

对于压力 p_1 的模糊变量 P_1，其隶属度曲线参数取 $a = P_{a1}$，$a_2 = P_{a2}$，$b_1 = P_{b1}$，$b_2 = P_{b2}$，

$b_3 = P_{b3}$，$c_1 = P_{c1}$，$c_2 = P_{c2}$，$c_3 = P_{c3}$，$d_1 = P_{d1}$，$d_2 = P_{d2}$，$d_3 = P_{d3}$，$e_1 = P_{e1}$，$e_2 = P_{e2}$。

定义 p_1 的论域 $X = \{P_{a1}, P_{b2}, P_{c2}, P_{d2}, P_{e2}\}$，则 p_1 的 5 个模糊子集分别为

$$P_{11} = MS_{P_1} = [1,0,0,0,0], \quad P_{12} = BS_{P_1} = [0,1,0,0,0], \quad P_{13} = MM_{P_1} = [0,0,1,0,0],$$

$$P_{11} = BB_{P_1} = [0,0,0,1,0], \quad P_{15} = MB_{P_1} = [0,0,0,0,1]。$$

对于平均压力 $\bar{p}_2$ 的模糊变量 $\bar{P}_2$，其隶属度曲线相关参数取 $a_1 = \bar{P}_{a1}$，$a_2 = \bar{P}_{a2}$，$b_1 = \bar{P}_{b1}$，$b_2 = \bar{P}_{b2}$，$b_3 = \bar{P}_{b3}$，$c_1 = \bar{P}_{c1}$，$c_2 = \bar{P}_{c2}$，$c_3 = \bar{P}_{c3}$，$d_1 = \bar{P}_{d1}$，$d_2 = \bar{P}_{d2}$，$d_3 = \bar{P}_{d3}$，$e_1 = \bar{P}_{e1}$，$e_2 = \bar{P}_{e2}$。

定义 $\bar{p}_2$ 的论域 $Y = \{\bar{P}_{a1}, \bar{P}_{b2}, \bar{P}_{c2}, \bar{P}_{d2}, \bar{P}_{e2}\}$，则 $\bar{p}_2$ 的 5 个模糊子集分别为

$$\bar{P}_{21} = MS_{\bar{P}_2} = [1,0,0,0,0], \quad \bar{P}_{22} = BS_{\bar{P}_2} = [0,1,0,0,0], \quad \bar{P}_{23} = MM_{\bar{P}_2} = [0,0,1,0,0],$$

$$\bar{P}_{24} = BB_{\bar{P}_2} = [0,0,0,1,0], \quad \bar{P}_{25} = MB_{\bar{P}_2} = [0,0,0,0,1]。$$

对于不同类别油料进样时长 t 的模糊变量 T，其隶属度曲线相关参数取 $a_1 = T_{a1}$，$a_2 = T_{a2}$，$b_1 = T_{b1}$，$b_2 = T_{b2}$，$b_3 = T_{b3}$，$c_1 = T_{c1}$，$c_2 = T_{c2}$，$c_3 = T_{c3}$，$d_1 = T_{d1}$，$d_2 = T_{d2}$，$d_3 = T_{d3}$，$e_1 = T_{e1}$，$e_2 = T_{e2}$。

定义 t 的论域 $Z = \{T_{a1}, T_{b2}, T_{c2}, T_{d2}, T_{e2}\}$，则 t 的 5 个模糊子集分别为

$$MS_T = [1,0,0,0,0], \quad BS_T = [0,1,0,0,0], \quad MM_T = [0,0,1,0,0], \quad BB_T = [0,0,0,1,0],$$

$$MB_T = [0,0,0,0,1]。$$

（2）推理规则库　原油快评最佳进样时长的推理规则，是基于专家知识或熟练操作人员长期积累的经验，按人的直觉经验推理的一种语言表示形式。表 9-3 将专家或操作者在实际操作过程中遇到的各种情况及相应的辨识结果进行了汇总。

表 9-3　进样时长模糊推理规则表

P_1	$\bar{P}_2$				
	MB	BB	MM	BS	MS
MB	MS	MS	MS	BS	BS
BB	MS	BS	BS	BS	MM
MM	BS	BS	MM	MM	BB
BS	BS	BS	MM	BB	MB
MS	MM	BS	MM	BB	MB

模糊推理规则形式为

$$\text{IF } P_{1i} \text{ and } \bar{P}_{2j} \text{ THEN } T_{ij} \quad i \in I, j \in J \tag{9-10}$$

则对应的模糊关系是 $R_{ij} = P_{1i} \times \bar{P}_{2j} \times T_{ij}$。

式中　I，J——下标集，分别表示模糊变量模糊子集的数目；

P_{1i}，$\bar{P}_{2j}$，T_{ij}——模糊变量 P_1、$\bar{P}_2$ 及 T 的某个具体模糊子集，P_{1i}、$\bar{P}_{2j}$ 处于表 9-3 中第 i 行第 j 列位置。

若 $I = J = 5$，则每个输入可以量化为 5 个模糊子集，共有 25 条规则覆盖全部论域，每一条规则对应一个模糊关系，得到总的模糊控制规则库为

$$R = R_{11} \cup R_{12} \cup \cdots \cup R_{25} \tag{9-11}$$

（3）模糊推理　根据输入模糊子集 P_{1i}、$\bar{P}_{2j}$ 及输出模糊子集 T_{ij}，由模糊推理规则可以计算出模糊关系，并在设计模糊推理器时固化下来。

由式（9-10）可得出总的模糊关系矩阵 R 为

$$R = \bigcup_{i,j} P_{1i} \times \bar{P}_{2j} \times T_{ij} = \bigcup_{i,j} (P_{1i} \times \bar{P}_{2j})^L \cdot T_{ij} \tag{9-12}$$

式中 P_{1i}、$\overline{P}_{2j}$ 及 T_{ij}——式（9-10）所表示关系的模糊子集；

$\quad\quad$ L 运算——将括号内的矩阵按行写成 $I \times J$ 维列向量的形式；

$\quad\quad$ ×——直积运算；

$\quad\quad$ ·——合成运算。

（4）进样时长计算　通过解模糊过程获得原油的进样时长 t 为

$$t = \sum_{i=1}^{I} \mu_T(T_i) \times T_i \Big/ \sum_{i=1}^{I} \mu_T(T_i) \quad i \in I \tag{9-13}$$

式中 T_i——输出进样时长模糊子集 T 中第 i 个隶属函数的特征值；

$\mu_T(T_i)$——T_i 的隶属度；T 按下式计算：

$$T = \left[(P_1 \times \overline{P}_2)^L \right]^{\mathrm{T}} \cdot R \tag{9-14}$$

式中 R——通过离线运算获得并在运行前存于控制器中的模糊关系矩阵。压力 p_1 及平均压力 $\overline{p}_2$ 数据对比各自隶属度曲线获得隶属度，并以向量形式表示 P_1 与 $\overline{P}_2$。

3. 进样时长模糊推理算例

选取模糊变量 P_1、$\overline{P}_2$ 及 T 的一组隶属度曲线相关参数：

$P_{a1} = 0.1$，$P_{a2} = 0.3$，$P_{b1} = 0.2$，$P_{b2} = 0.8$，$P_{b3} = 1.4$，$P_{c1} = 1$，$P_{c2} = 2.6$，$P_{c3} = 4.2$，$P_{d1} = 4$，$P_{d2} = 7.3$，$P_{d3} = 10.6$，$P_{e1} = 10$，$P_{e2} = 10.8$；

$\overline{P}_{a1} = 1.8$，$\overline{P}_{a2} = 2.2$，$\overline{P}_{b1} = 2$，$\overline{P}_{b2} = 4.4$，$\overline{P}_{b3} = 6.8$，$\overline{P}_{c1} = 6$，$\overline{P}_{c2} = 8.5$，$\overline{P}_{c3} = 11$，$\overline{P}_{d1} = 10$，$\overline{P}_{d2} = 13$，$\overline{P}_{d3} = 16$，$\overline{P}_{e1} = 14$，$\overline{P}_{e2} = 17$；

$T_{a1} = 2$，$T_{a2} = 3.4$，$T_{b1} = 3$，$T_{b2} = 4$，$T_{b3} = 5$，$T_{c1} = 4.6$，$T_{c2} = 6$，$T_{c3} = 7$，$T_{d1} = 6.6$，$T_{d2} = 8$，$T_{d3} = 9.4$，$T_{e1} = 9$，$T_{e2} = 10$。

依据前述模糊变量 P_1、$\overline{P}_2$ 及 T 的模糊子集数值及模糊推理规则，根据式（9-12）采用离线方式计算获得的模糊关系矩阵 R：

$$R = \bigcup_{i,j} (P_{1i} \times \overline{P}_{2j})^L \cdot T_{ij}$$

$$= \begin{bmatrix} 1 & 0 & 0 & 0 & 0 & 0 & 0 & 0 & 0 & 0 & 0 & 0 & 0 & 0 & 0 & 0 & 0 & 0 & 0 & 0 & 0 & 0 & 0 & 0 & 0 \\ 0 & 1 & 0 & 0 & 0 & 0 & 1 & 0 & 0 & 0 & 1 & 0 & 0 & 0 & 0 & 0 & 0 & 0 & 0 & 0 & 0 & 0 & 0 & 0 & 0 \\ 0 & 0 & 1 & 0 & 1 & 0 & 0 & 1 & 0 & 0 & 0 & 1 & 1 & 0 & 0 & 1 & 0 & 0 & 0 & 0 & 0 & 0 & 0 & 0 & 0 \\ 0 & 0 & 0 & 1 & 0 & 0 & 0 & 0 & 1 & 1 & 0 & 0 & 0 & 1 & 1 & 0 & 1 & 1 & 1 & 0 & 1 & 1 & 0 & 0 & 0 \\ 0 & 0 & 0 & 0 & 0 & 0 & 0 & 0 & 0 & 0 & 0 & 0 & 0 & 0 & 0 & 0 & 1 & 0 & 0 & 1 & 1 & 1 \end{bmatrix}^{\mathrm{T}}$$

将计算获得的模糊关系矩阵事先存于控制器中，然后供原油快评预处理系统推理辨识。

若某次油样辨识中，测得 $p_1 = 7.3\mathrm{bar}$（$1\mathrm{bar} = 10^5 \mathrm{Pa}$），$\overline{p}_2 = 15\mathrm{bar}$，根据图 9-12 所示的两者隶属度函数对应曲线及相关参数，可知 P_1 为 "BB" 的隶属度为 1，向量形式记为 $\begin{bmatrix} 0 & 1 & 0 & 0 & 0 \end{bmatrix}$；$\overline{P}_2$ 正好介于 "BS" 和 "MS" 之间，向量形式记为 $\begin{bmatrix} 0 & 0 & 0 & 0.3 & 0.3 \end{bmatrix}$。

根据式（9-14）求出模糊变量为

$$T = \left[(P_1 \times \overline{P}_2)^L \right]^{\mathrm{T}} \cdot R = \begin{bmatrix} \begin{pmatrix} 0 & 0 & 0 & 0 & 0 \\ 0 & 0 & 0 & 0 & 0 \\ 0 & 0 & 0 & 0 & 0 \\ 0.3 & 0.3 & 0 & 0 & 0 \\ 0 & 0 & 0 & 0 & 0 \end{pmatrix}^L \end{bmatrix}^{\mathrm{T}} \cdot R$$

$$= \begin{bmatrix} 0.3 & 0.3 & 0 & 0 & 0 \end{bmatrix}$$

根据式（9-13）进行反模糊化，求得

$$t = \sum_{i=1}^{l} \mu_T(\boldsymbol{T}_i) \times \boldsymbol{T}_i \Big/ \sum_{i=1}^{l} \mu_T(\boldsymbol{T}_i) \tag{9-15}$$

$$= (0.3 \times 8 + 0.3 \times 10)/(0.3 + 0.3) = 9$$

因此，若平均压力介于"BS"和"MS"之间时，采用通常推理方法很难辨识实际状态，而采用模糊推理可以有效地处理此类采集的实际物理量值处于模糊子集重叠区域的推理辨识问题。

4. 应用效果

原油快评自动预处理模糊控制系统依据当前原油的流动性特征，有效融合了人工操作经验，能自动适应如超轻油、轻质油、中质油、重质油和超稠油等不同原油，迅速计算最佳进样和清洗时长，实现了对原油的自动进样和清洗，满足了各种原油的预处理的工艺需求，大大减少了原油和化学试剂对人体健康和环境的影响。

9.2 预测控制

预测控制是 20 世纪 70 年代中后期在欧美工业领域中出现的一类新型计算机控制算法。它以预测模型为基础，采用二次在线滚动优化性能指标和反馈校正的策略，来克服受控对象建模误差和结构、参数与环境等不确定性因素的影响，有效地弥补了现代控制理论对复杂受控对象所无法避免的不足之处。因此，预测控制是一种基于模型的先进控制技术，也称为模型预测控制（Model Predictive Control，MPC）。

9.2.1 概述

预测控制以各种不同的预测模型为基础，采用在线滚动优化指标和反馈自校正策略，力求有效地克服受控对象的不确定性、迟滞和时变等因素的动态影响，从而达到预期的控制目标——参考轨迹输入，并使系统有良好的鲁棒性和稳定性。

预测控制的这种优化控制原理，实际上反映了人们在处理带有不确定性问题时的一种通用思维方式。例如，人们在穿越马路时，不必去看左右两边很远处有无车辆，而只需看近几十米处的车辆情况。同时，还需要边走边看，以防近处开出新的车辆，或远处车速加快因估计不足而发生意外。这就是一种建立在反馈信息基础上的反复决策过程。又比如，当我们长途旅行时，可以凭借已有的车船时刻表（模型）做出最优计划，以便尽早地到达目的地。然而，车船有可能更改时刻（模型失配）或因故晚点（干扰），因此，若按原计划进行班次换乘，则可能会顺延一日或数日，这样便会大大延误旅行时间。因此，我们往往只是根据靠近的几个中转地点的车船班次，做出一个规划（有限时段优化），在到达下一地点时，再根据实际到达时间，及对下几个中转地点车船班次的情况，重新进行规划。这样行一站，看几站，反复规划，即使时刻表不准确或晚点，仍能较快地到达目的地。上述情况体现的就是滚动优化思想。预测控制正是汲取了其中包含的方法原理，并把它与控制算法结合起来，从而实现对于复杂系统的有效控制。

预测控制系统大致由参考轨迹、滚动优化、预测模型和在线校正这四个部分组成，其结构如图 9-13 所示。

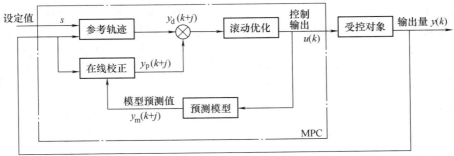

图 9-13　预测控制系统结构

9.2.2　预测控制的特点

预测控制的特点可以体现在以下三方面：

（1）预测模型的多样性　从原理上讲，凡是具有预测功能的被控对象模型，都可以作为预测模型。在预测控制中，注重的是模型功能，而不是结构形式，因此，预测控制算法改变了现代控制理论对模型结构较严格的要求，更着眼于根据需求，以最便捷的方式建立模型。

（2）滚动优化的时变性　预测控制采用的是在有限时域内的滚动优化策略。在每一时刻对兼顾未来充分长时间内的理想优化，以及包含系统存在的时变不确定性局域优化目标函数，进行不断更新，在下一时刻根据系统当前控制输入后的响应进行动作。因此，滚动优化是一种反复的在线运算。这种时变性，虽然在每一时刻只能得到全局的次优解，然而却能使由于模型失配、时变与干扰等因素引起的不确定性，得到及时补偿，始终将新优化目标函数与系统现实状态相吻合，从而保证优化的实际效果。

（3）在线校正的鲁棒性　在预测控制中，系统输出的动态预估问题分为预测模型的输出预测和基于偏差的预测校正两部分。由于预测模型只是对象动态特性的粗略描述，而实际系统中通常存在非线性、时变性、模型失配与随机干扰等因素，因此，预测模型往往与实际对象存在偏差，对这种预测模型的输出与实际系统输出间存在偏差进行在线校正，使系统构成具有负反馈环行的系统，从而提高了预测控制系统的鲁棒性。

上述三个特征，体现了预测控制更符合复杂系统控制的不确定性与时变性的实际情况，也是预测控制在复杂控制系统领域中得到重视和广泛应用的根本原因。

9.2.3　预测控制算法

预测控制算法发展至今，其相近算法已有上百种之多，但基本上都基于几种较为常用而典型的算法：动态矩阵控制（Dynamic Matrix Control，DMC）、模型算法控制（Model Algorithmic Control，MAC）、广义预测控制（Generalized Predictive Control，GPC）和内模控制（Internal Model Control，IMC）。由于预测控制算法众多，这里只介绍单变量系统的基本算法——动态矩阵控制（DMC）。

DMC 算法是一种基于对象阶跃响应的预测控制算法，它适用于渐近稳定的线性对象。若对象具有弱非线性特点，可在工作点附近先进行线性化，若对象为不稳定对象，则可用常规 PID 使其稳定后再使用 DMC 算法。

DMC 包括如下三个部分：

1. 预测模型

在 DMC 中，首先需要测定对象单位阶跃响应的采样值 $a_i = a(iT)$，$i = 1, 2, \cdots$。其中 T 为采样周期。对于渐近稳定的对象，阶跃响应在某一时刻 $t_N = NT$ 后将趋于平稳，以致 $a_i(i > N)$ 与 a_N 的误差和量化误差及测量误差有相同的数量级，因而可认为，a_N 已近似等于阶跃响应的稳态值 $a_{ss} = a(\infty)$。这样，对象的动态信息就可以近似用有限集合 $\{a_1, a_2, \cdots, a_N\}$ 加以描述。这个集合的参数构成了 DMC 的模型参数，向量 $\boldsymbol{a} = [a_1, a_2, \cdots, a_N]^T$ 称为模型向量，N 则称为建模时域。

虽然阶跃响应是一种非参数模型，但由于线性系统具有比例和叠加性质，所以利用这一组模型参数 $\{a_i\}$ 已可以对未来输出值进行预测。在 k 时刻，假定控制作用保持不变时，对未来 N 个时刻的输出有初始预测值 $\tilde{y}_0(k+i|k), i = 1, \cdots, N$（在稳态起动时便可取 $\tilde{y}_0(k+i|k) = y(k)$)，则当 k 时刻控制有一增量 $\Delta u(k)$ 时，即可算出在某作用下未来时刻的输出值为

$$\tilde{y}_1(k+i|k) = \tilde{y}_0(k+i|k) + a_i\Delta u(k) \quad (i = 1, \cdots, N) \tag{9-16}$$

同样，在 M 个连续的控制增量 $\Delta u(k), \cdots, \Delta u(k+M-1)$ 作用下未来各时刻的输出值为

$$\tilde{y}_M(k+i|k) = \tilde{y}_0(k+i|k) + \sum_{j=1}^{\min(M,i)} a_{i-j+1} \times \Delta u(k+j-1)(i = 1, \cdots, N) \tag{9-17}$$

式中　M——控制量变化的次数；

$k+i|k$——在 k 时刻对 $k+i$ 时刻的预测。式（9-16）是预测模型式（9-17）在 $M = 1$ 情况下的特例。

2. 滚动优化

DMC 是一种以优化确定控制策略的算法。在每一时刻 k，要确定从该时刻起的 M 个控制量 $\Delta u(k), \cdots, \Delta u(k+M-1)$，使被控对象在其作用下未来 P 个时刻的输出预测值 $\tilde{y}_M(k+i|k)$ 尽可能接近给定的期望值 $w(k+i), i = 1, 2, \cdots, P$。这里 M 和 P 分别称为控制时域和优化时域，一般 $M \leqslant P \leqslant N$。

在控制过程中，往往不希望控制增量 $\Delta u(k)$ 变化过于剧烈，这一因素可在优化性能指标中加入软约束予以考虑。因此 k 时刻的优化性能指标可取为

$$\min J(k) = \sum_{i=1}^{P} q_i [w(k+i) - \tilde{y}_M(k+i|k)]^2 + \sum_{j=1}^{M} r_j\Delta u^2(k+j-1) \tag{9-18}$$

式中　q_i, r_j——权系数，它们分别表示对跟踪误差及控制量变化的抑制。

在不考虑约束的情况下，上述问题就是以 $\Delta u_M(k) = [\Delta u(k) \cdots \Delta u(k+M-1)]^T$ 为优化变量，在动态模型式（9-17）下使性能指标式（9-18）最小的优化问题。未来解决这一优化问题，首先可利用预测模型式（9-17）导出性能指标中 $\tilde{y}$ 与 Δu 的关系，这一关系可用向量形式写为

$$\tilde{y}_{PM}(k) = \tilde{y}_{P0}(k) + A\Delta u_M(k) \tag{9-19}$$

式中

$$\tilde{y}_{PM}(k) = \begin{pmatrix} \tilde{y}_M(k+1|k) \\ \vdots \\ \tilde{y}_M(k+P|k) \end{pmatrix}; \quad \tilde{y}_{P0}(k) = \begin{pmatrix} \tilde{y}_0(k+1|k) \\ \vdots \\ \tilde{y}_0(k+P|k) \end{pmatrix}; \quad A = \begin{pmatrix} a_1 & 0 & 0 & \cdots & \cdots & 0 \\ a_2 & a_1 & 0 & \cdots & \cdots & 0 \\ \vdots & & & & & \vdots \\ a_M & a_{M-1} & \cdots & \cdots & \cdots & a_1 \\ \vdots & & & & & \vdots \\ a_P & a_{P-1} & \cdots & \cdots & \cdots & a_{P-M+1} \end{pmatrix}$$

A 是由阶跃响应系数 a_i 组成的 $P \times M$ 矩阵，称为动态矩阵。式中向量 $\tilde{y}$ 的前一个下标

PM 表示所预测的未来输出的个数，后一个下标则为控制量变化的次数。

同样，性能指标式（9-18）也可写成向量形式

$$\min J(k) = \| w_P(k) - \tilde{y}_{PM}(k) \|_Q^2 + \| \Delta u_M(k) \|_R^2 \tag{9-20}$$

式中

$$w(k) = [w(k+1) \cdots w(k+P)]^T$$

$$Q = \text{diag}(q_1 \cdots q_P)$$

$$R = \text{diag}(r_1 \cdots r_M)$$

由权系数构成的对角阵 Q 和 R 分别称为误差权矩阵和控制权矩阵。

将式（9-19）代入式（9-20），可得

$$\min J(k) = \| w_P(k) - \tilde{y}_{P0}(k) - A\Delta u_M(k) \|_Q^2 + \| \Delta u_M(k) \|_R^2$$

在 k 时刻，$w_P(k)$ 和 $\tilde{y}_{P0}(k)$ 均已知，使 $J(k)$ 取极小的 $\Delta u_M(k)$ 可通过极值必要条件 $\dfrac{\mathrm{d}J(k)}{\mathrm{d}\Delta u_M(k)} = 0$，求得

$$\Delta u_M(k) = (A^T Q A + R)^{-1} A^T Q [w_P(k) - \tilde{y}_{P0}(k)] \tag{9-21}$$

它给出了 $\Delta u(k)$，$\cdots$，$\Delta u(k+M-1)$ 的最优值。但 DMC 并不把它们都当作应该实现的解，而只是取其中的即时控制增量 $\Delta u(k)$ 构成实际控制 $u(k) = u(k-1) + \Delta u(k)$ 作用于对象。到下一时刻，它又提出类似的优化问题求出 $\Delta u(k+1)$。这就是所谓"滚动优化"的策略。

根据式（9-21），可以求出

$$\Delta u(k) = c^T \Delta u_M(k) = d^T [w_P(k) - \tilde{y}_{P0}(k)] \tag{9-22}$$

式中，P 维行向量

$$d^T = c^T (A^T Q A + R)^{-1} A^T Q \underline{\triangle} [d_1 \cdots d_P] \tag{9-23}$$

称为控制向量；M 维行向量 $c^T = [10 \cdots 0]$ 表示取首元素的运算。一旦优化策略确定（即 P、M、Q、R 已定），则 d^T 可由式（9-23）一次离线算出。这样，若不考虑约束，优化问题的在线求解就简化为直接计算控制率式（9-22），它只涉及向量之差及点积运算，因而十分简易。

3. 反馈校正

当 k 时刻把控制 $u(k)$ 实际加于对象时，相当于在对象输入端加入一个幅值为 $\Delta u(k)$ 的阶跃，利用预测模型式（9-16），可算出在某作用下未来时刻的输出预测值为

$$\tilde{y}_{N1}(k) = \tilde{y}_{N0}(k) + a\Delta u(k) \tag{9-24}$$

它实际上就是式（9-16）的向量形式，其中 N 维向量 $\tilde{y}_{N1}(k)$ 和 $\tilde{y}_{N0}(k)$ 的构成及含义同前述相似。由于 $\tilde{y}_{N1}(k)$ 的元素是未加入 $\Delta u(k+1)$，$\cdots$，$\Delta u(k+M-1)$ 时的输出预测值，故经过移位后，它们可作为 $k+1$ 时刻的初始预测值进行新的优化计算。然而，由于实际存在模型失配、环境干扰等未知因素，由式（9-24）给出的预测值有可能偏离实际值，因此，若不及时利用实时信息进行反馈校正，进一步的优化就会建立在虚假的基础上。为此，在 DMC 中，到下一采样时刻首先要检测对象的实际输出 $y(k+1)$，并把它与由式（9-24）算出的模型预测输出 $\tilde{y}_1(k+1|k)$ 相比较，构成输出误差

$$e(k+1) = y(k+1) - \tilde{y}_1(k+1|k) \tag{9-25}$$

这一误差信息反映了模型中未包括的不确定因素对输出的影响，可用来预测未来的输出

误差，以补充基于模型的预测。由于对误差的产生缺乏因果性的描述，故误差预测只能采用时间序列方法，例如可采用对 $e(k+1)$ 加权的方式修正对未来输出的预测

$$\tilde{\boldsymbol{y}}_{cor}(k+1) = \tilde{\boldsymbol{y}}_{N1}(k) + \boldsymbol{h}e(k+1) \tag{9-26}$$

式中

$$\tilde{\boldsymbol{y}}_{cor}(k+1) = \begin{pmatrix} \tilde{y}_{cor}(k+1|k+1) \\ \vdots \\ \tilde{y}_{cor}(k+N|k+1) \end{pmatrix}$$

为校正后的输出预测向量，有权系数组成的 N 维向量 $\boldsymbol{h} = [h_1 \cdots h_N]^T$ 称为校正向量。

在 $k+1$ 时刻，由于时间基点的变动，预测的未来时间点也将移到 $k+2$，$\cdots$，$k+1+N$，因此，$\tilde{\boldsymbol{y}}_{cor}(k+1)$ 的元素还需通过移位才能成为 $k+1$ 时刻的初始预测值，即

$$\tilde{y}_0(k+1+i|k+1) = \tilde{y}_{cor}(k+1+i|k+1)$$
$$i = 1, 2, \cdots, N-1 \tag{9-27}$$

而 $\tilde{y}_0(k+1+i|k+1)$ 由于模型的截断，可由 $\tilde{y}_{cor}(k+N|k+1)$ 近似。这一初始预测值的设置可用向量形式表示为

$$\tilde{\boldsymbol{y}}_{N0}(k+1) = \boldsymbol{S}\,\tilde{\boldsymbol{y}}_{cor}(k+1) \tag{9-28}$$

式中 $\boldsymbol{S}$——移位阵，$\boldsymbol{S} = \begin{pmatrix} 0 & 1 & 0 & \cdots & 0 \\ 0 & 0 & 1 & \cdots & 0 \\ \vdots & \vdots & \vdots & \ddots & \vdots \\ 0 & 0 & 0 & & 1 \\ 0 & 0 & 0 & \cdots & 1 \end{pmatrix}$。

有了 $\tilde{\boldsymbol{y}}_{N0}(k+1)$，又可像上面那样进行 $k+1$ 时刻的优化计算，求出 $\Delta u(k+1)$。这个控制就是以这种结合反馈校正的滚动优化方式反复在线进行的，其算法结构如图 9-14 所示。

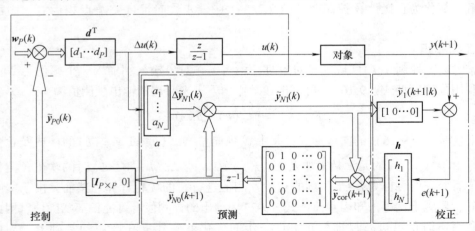

图 9-14　动态矩阵控制（DMC）框图

如图 9-14 所示，DMC 算法是由预测、控制、校正三部分构成的。图中粗箭头表示向量流，细箭头表示纯流量。在每一采样时刻，未来 P 个时刻的期望输出 $\boldsymbol{w}_P(k)$ 与初始预测输出 $\tilde{\boldsymbol{y}}_{P0}(k)$ 构成的偏差向量同动态控制向量 $\boldsymbol{d}^T$ 点乘（见式（9-22）），得到该时刻的控制增

量 $\Delta u(k)$。这一控制增量一方面通过累加运算求出控制量 $u(k)$ 并作用于对象，另一方面与模型向量 $\boldsymbol{a}$ 相乘并按式（9-24）计算出在其作用后的预测输出 $\tilde{y}_{N1}(k)$。到下一采样时刻，首先检测对象的实际输出 $y(k+1)$，并与预测值 $\tilde{y}_1(k+1|k)$ 相比较后按式（9-25）构成输出误差 $e(k+1)$。这一误差与校正向量 $\boldsymbol{h}$ 相乘作为误差预测，在与模型预测一起得到校正后的预测输出 $\tilde{y}_{cor}(k+1)$，并按式（9-28）移位后作为新的初始预测值 $\tilde{y}_{N0}(k+1)$。图9-15中，z^{-1} 表示时间基点的记号后推一步，这样等于把新的时刻重新定义为 k 时刻，整个过程将反复在线运行。

作为 DMC 这种基于模型的控制且基于在线优化的算法，与 PID 算法相比，它需要有更多的离线准备工作，主要包括以下三个方面：

1）检测对象的阶跃响应并经光滑后得到模型系数 a_1，…，a_N。注意，模型的动态响应必须是光滑的，测量噪声和干扰必须滤除，否则会影响控制质量甚至造成不稳定。

2）利用仿真程序确定优化策略，并根据式（9-23）算出控制系数 d_1，…，d_P。

3）选择校正系数 h_1，…，h_N。

这三组动态系数确定后，应置入固定的内存单元，以便实时调用。

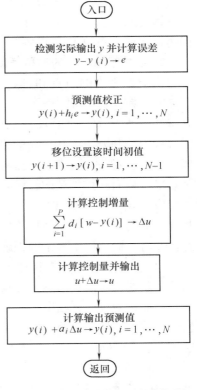

图9-15 动态矩阵控制在线计算流程

DMC 的在线计算由初始化模块和实时控制模块组成。初始化模块是在投入运行的第一步检测对象的实际输出 $y(k)$，并把它设定为预测初值 $\tilde{y}_0(k+i|k)$，$i=1,2,\cdots,N$。从第二步起即转入实时控制模块，在每一采样时刻的在线计算流程可见图9-15。

9.2.4 预测控制的工业应用实例

锅筒水位是确保安全生产和提供优质蒸汽的重要参数，尤其对现代锅炉而言，由于蒸发量显著提高，锅筒容积相对减小，水位变化速度很快，稍不注意就容易造成锅筒满水，或者烧干。同时缺水也会因为水位过低而影响自然循环的正常进行，严重时会使个别水管形成自由水面，产生流动停滞，致使金属管壁局部过热而爆管。由于现代锅炉对运行的安全性要求越来越高，允许的锅筒蓄水量波动也越来越小，因此必须严格控制水位在规定范围之内。

1. 锅炉锅筒水位三冲量控制系统

在蒸汽流量大幅度变化时，锅筒水位会出现严重的假水位现象。它是一个典型的非最小相位过程。传统的锅炉锅筒水位控制系统设计为在给水流量反馈控制基础上引入蒸汽流量前馈冲量而构成的三冲量锅筒水位控制系统，如图9-16所示。

在这个控制系统中，利用水位、蒸汽流量和给水流量三个参数进行液面控制。锅筒水位是被控量，是主冲量信号；蒸汽流量、给水流量是两个辅助冲量信号。它包含给水流量控制回路和锅筒水位控制回路两个控制回路，实质上是蒸汽流量前馈与液位-流量串级系统组成的复合控制系统，能有效地克服假液面和给水干扰对控制系统的影响。当蒸汽流量变化时，锅炉锅筒水位控制系统中的给水流量控制回路可迅速改变进水量以完成粗调，然后再由锅筒水位调节器完成水位的细调。根据物料平衡，系数 K_{ff} 可设置在 1 左右。

2. 锅炉锅筒水位的模型预测控制

锅炉控制中的重点和难点是锅炉锅筒水位的控制。由于锅炉锅筒水位对象的动态特性较为复杂，具有反向响应过程，使用常规的控制方法，其控制效果并不理想。如果采用模型预测控制，则能大大改善控制效果，从而获得可观的经济效益。

模型预测控制首先需要得到锅炉锅筒水位对象的动态特性模型。锅炉对象的动

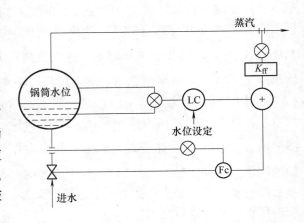

图 9-16　锅炉锅筒水位的三冲量控制系统

态特性对于锅炉控制系统的正确设计和调节器参数的整定都是非常重要的。

但是，由于锅炉动态特性较为复杂，不易从理论上直接求取，所以目前主要是通过实验测试来获得。在锅炉动态特性测试中，首先要使锅炉运行在正常的负荷下，然后根据要求加入一定形式的扰动，测出某些参数的变化规律，从而获得所研究对象的数学模型。由于在理想的测试条件下测得的锅炉对象特性具有较高的精度，可以用来修正和检验机理模型，因此这种方法在实际工作中应用较广。

在对象特性测试中，施加扰动的形式主要有阶跃扰动和脉冲扰动。在锅炉运行过程中，出现的许多扰动接近于阶跃变化，如进水阀门突然开大或关小，蒸汽负荷突然增加或减小等。由于阶跃信号既典型又便于实现，因此在锅炉动态特性测试中，输入信号常常采取阶跃变化的形式。其数学表达式为

$$y = \begin{cases} 0 & t < 0 \\ A & t \geq 0 \end{cases}$$

式中　A——阶跃输入的幅值；

t——变化时间。

在阶跃扰动输入作用下，可以测得对象输出参数随时间变化的曲线，即阶跃响应曲线。对于开环稳定的对象，在获得阶跃响应曲线以后就可以使用动态矩阵控制对其进行控制了。然而锅炉锅筒水位对象是一个不稳定的对象，而动态矩阵控制难以处理开环不稳定对象。所以需要对阶跃响应曲线进行处理以得到参数模型，然后再使用基于参数模型的模型预测控制。

在燃料量不变的情况下，蒸汽用量突然增加，瞬间必然导致锅筒压力下降，锅筒内水的沸腾突然加剧，水中气泡迅速增加，将整个水位抬高，形成虚假的水位上升现象，即所谓的假水位现象。在这以后，水位又会渐渐降低。其相应的传递函数形式为

$$\frac{Y(s)}{D(s)} = \frac{K}{1 + T_c s} - \frac{1}{T_a s}$$

当锅炉锅筒给水量突然增加时，水位变化的开始阶段具有一定的惯性和延迟，随后是近似直线式的上升，其传递函数为

$$\frac{Y(s)}{X(s)} = \frac{1}{T_a s (1 + T_D s)^n}$$

在锅炉锅筒水位控制系统中，控制的目的是保证锅炉锅筒水位的恒定，控制的手段是调节锅炉进水流量，干扰是蒸汽流量。锅炉锅筒水位系统模型预测控制的结构框图如图9-17所示。

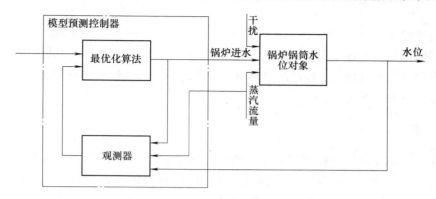

图9-17 模型预测控制的结构框图

3. 模型预测控制与三冲量控制的对比

下面是对模型预测控制器和 PID 三冲量控制器的比较。某锅炉锅筒水位对象的传递函数如下：

$$\frac{Y(s)}{D(s)} = \frac{23}{1 + 15s} - \frac{1}{3s}$$

$$\frac{Y(s)}{X(s)} = \frac{1}{1.5s(1 + 30s)^n}$$

采用基于状态空间模型的预测控制算法，实现该算法的 MATLAB 函数为 smpcsim。
预测控制的目标函数如下：

$$J = \min \sum_{i=1}^{P} ywt * (k + i \mid i) - y_{set}(k + i))^2 + \sum_{i=1}^{M} uwt * (\Delta u(k + i - 1))^2$$

取模型预测控制器的预测时域 $P = 10$，控制时域 $M = 3$，控制作用的加权 $uwt = 0.01$，输出的加权 $ywt = 1$，采样时间为 2s。此外，采用了前馈加串级 PID 控制器作为对比，由于被控对象在纯比例控制器的作用下难以产生等幅振荡，所以 PID 控制器的参数按衰减振荡法整定，$K_c = 0.3$，$T_i = 32s$，$T_d = 8s$，前馈系数 $K_e = 0.5$。仿真结果如图9-18 和图9-19 所示。图中，实线是模型预测控制的仿真结果，虚线是 PID 控制的仿真结果。由图9-18 和图9-19 可知，采用模型预测控制能大大提高对象的响应速度，极大地提高控制质量。

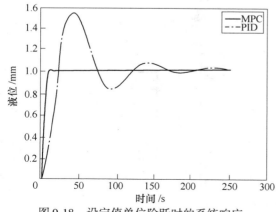

图9-18 设定值单位阶跃时的系统响应

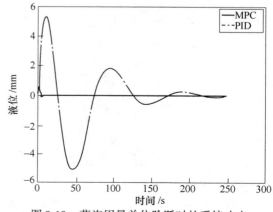

图9-19 蒸汽用量单位阶跃时的系统响应

9.3　神经网络控制

神经网络控制是自 20 世纪 80 年代以来，在人工神经网络（Artificial Neural Networks，ANN）研究取得突破性进展的基础上，逐步发展起来的自动控制领域的前沿学科之一。作为智能控制的一个新的分支，神经网络控制为解决复杂的非线性、不确定、不确知系统的控制问题开辟了一条新的途径。

9.3.1　概述

人工神经网络（简称神经网络）是一种源于人脑神经系统的模型，由人工神经元（简称神经元）互连组成，能接收并处理信息，网络的信息处理由处理单元之间的相互作用来实现，它是通过把问题表达成处理单元之间的联接权来处理的。它具有模拟人的部分形象思维的能力，如并行信息处理、学习、联想、模式分类、记忆等。

神经网络是人脑的某种抽象、简化和模拟，反映了人脑功能的若干基本特征：

1）网络的信息处理，是由处理单元间的相互作用来实现，并具有并行处理的特点。

2）知识与信息的存储，表现为处理单元之间分布式的物理联系。

3）网络的学习和识别，决定于处理单元联接权系数的动态演化过程。

4）具有联想记忆（Associative Memory，AM）的特性。

第一个神经元模型——MP 模型建立于 1943 年，为神经网络的研究与发展奠定了基础。至今，已发展出众多神经元与网络的模型，并被用于自动控制领域，常用的四种神经网络模型如图 9-20 所示。决定其整体性能的三大要素主要有：神经元（信息处理单元）的特性、神经元之间相互联接的拓扑结构以及学习规则。虽然神经网络的模型众多，但其基本运算可以归结为以下四种：积与和、权值学习、阈值处理和非线性函数处理。

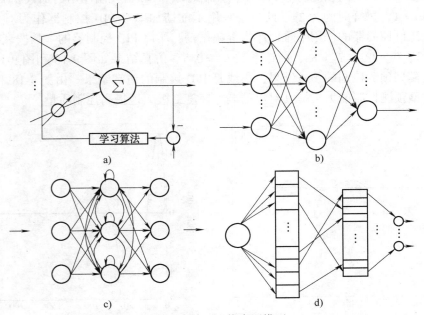

图 9-20　神经网络常用模型

a）自适应线性神经元　b）多层前馈网络　c）局部递归型神经网络　d）小脑模型神经网络

神经网络的工作方式可分为学习期和工作期两个阶段。学习期的神经元之间的联接权值，可由学习规则进行修改，以使目标（或称准则）函数达到最小。工作期的联接权值不变，由网络的输入得到相应的输出。

神经网络根据不同的分类方法，可以有如下不同类型：

1）根据性能的不同，可分为连续型与离散型、确定型与随机型、静态与动态网络。

2）根据联接方式的不同，可分为前馈（或称前向）型与反馈型。

3）根据逼近特性的不同，可分为全局逼近型与局部逼近型。

4）根据学习方式的不同，可分为有导师的学习（也称监督学习）、无导师的学习（也称无监督学习或称自组织）和再励学习（也称强化学习）三种，如图 9-21 所示。

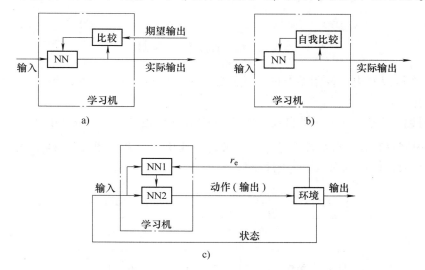

图 9-21 神经网络的三种学习方式

a）有导师的学习 b）无导师的学习 c）再励学习

① 有导师的学习（Supervised Learning，SL）。在学习过程中，网络根据实际输出与期望输出的比较，进行联接权值的调整，将期望输出称为导师信号，它是评价学习的标准。②无导师的学习（Nonsupervised Learning，NL）。网络能根据其特有的结构和学习规则，进行联接权系数的调整。此时，网络的学习评价标准隐含于其内部。③再励学习（Reinforcement Learning，RL）。把学习看作为奖惩过程，学习机选择一个动作（输出）作用于环境之后，使环境的状态改变，并产生一个再励信号 r_e，奖惩进行反馈。学习机依据再励信号与环境当前的状态，再选择下一动作作用于环境，选择的原则是使受到奖励的可能性增大。

9.3.2 神经网络控制的结构与问题

神经网络用于控制主要是为了解决复杂的非线性、不确定、不确知系统的控制问题。由于神经网络具有模拟人的部分智能的特性，具有学习能力以及自适应能力，所以将神经网络应用于控制后，该控制系统也具有了学习能力以及自适应能力，并且是一种不基于精确模型控制。因此，神经网络控制已成为智能控制的一个新的分支。

1. 神经网络控制的多种结构

（1）直接逆动态控制 直接逆动态控制也称直接自校正控制，它是一种前馈控制。神经网络控制器（NNC）与被控对象串联，NNC 实现对象 P 的逆模型 $\hat{P}^{-1}$，且能在线调整，可见，此种控制结构要求对象动态可逆。直接逆动态控制通常有两种结构形式，如图 9-22 所示，其中，图 9-22a 所示网络中的 NNC 与 NN 具有相同的结构和学习算法。

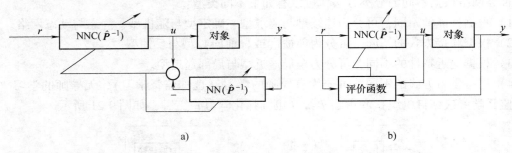

图 9-22　神经直接逆动态控制

由图 9-22 可以看出，控制系统的传递函数为 $P^{-1}P = 1$。输出 y 跟踪输入 r 的精度取决于逆模型的精度。

（2）间接自校正控制　间接自校正控制也称自校正控制，其结构如图 9-23 所示。它由神经网络辨识器（NNI）对被控对象（P）进行在线辨识（$\hat{P}$）。根据"确定性等价"原则，设计控制器参数，以达到有效控制的目的。

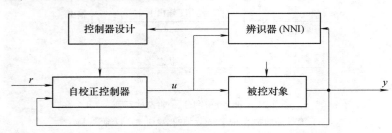

图 9-23　神经自校正控制

（3）模型参考自适应控制　神经网络模型参考自适应控制分为直接型与间接型两种，其结构如图 9-24 所示。构造一个参考模型，使其输出为期望输出，控制的目的是使 y 跟踪 y_{M}。由于对象特性未知，图 9-24b 所示结构更好，NNI 与 NNC 分别实现在线辨识与控制。

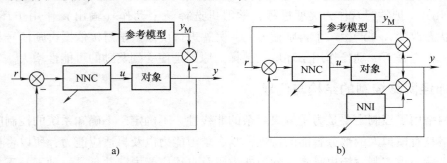

图 9-24　神经网络参考自适应控制

（4）神经网络 PID 控制　神经网络 PID 控制是将神经网络与 PID 控制相结合的控制方式，其结构如图 9-25 所示，其中两个神经网络分别为神经辨识器 NNI（P^{-1}）与神经控制器

NNC（PID）。

（5）内模控制 内部模型控制（Internal Model Control，IMC）简称内模控制，具有较强的鲁棒性，在其基础上引入神经网络后的神经内模控制结构如图 9-26 所示，其中，NNI 辨识对象 P 的模型 $\hat{P}$（内部模型），NNC 实现对象的逆模型 $\hat{P}^{-1}$，滤波器是为了提高控制

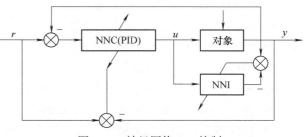

图 9-25 神经网络 PID 控制

系统的鲁棒性。内模控制可通过被控对象与内部模型的误差来调整控制器的输出。

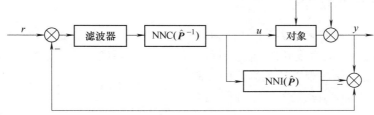

图 9-26 神经内模控制

（6）预测控制 神经网络预测控制利用作为对象辨识模型的神经网络产生预测信号，然后根据优化算法，求出使目标函数取极小值的控制量以实现控制，其结构如图 9-27 所示。其中，神经网络预测器（NNP）可在线调整，建立非线性被控对象的预测模型。

（7）自适应评判控制 神经网络自适应评判控制由两个神经网络组成，分别为自适应评价网络（Adaptive Critic Network，ACN）和控制选择网络（Control Selection Network，CSN），其结构如图 9-28 所示。

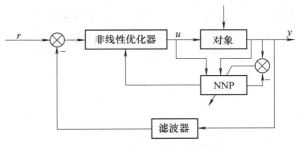

图 9-27 神经网络预测控制

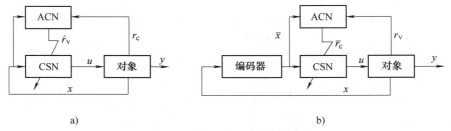

a)   b)

图 9-28 神经自适应评判控制

自适应评价网络（ACN）应用"再励学习"算法进行训练，根据被控对象的当前状态和再励反馈信号 $r_e(k)$，给出评价信号 $\hat{r}_e(k)$，以便对当前的控制作用进行评价。控制选择网络（CSN）相当于神经网络控制器，它在评价信号 $\hat{r}_e(k)$ 作用下，进行学习，并依据系统状态 $x(k)$（见图 9-28a）或编码后的系统状态 $\bar{x}(k)$（见图 9-28b），选择下一步的控制操作。

2. 神经网络控制待解决的问题

神经网络控制作为一种新兴的智能控制，尚存在一些亟待解决的问题：

1）神经网络的稳定性与收敛性问题。

2）神经网络的学习速度问题。

3）神经网络模型及模型结构的选择与确定问题。

4）在非线性系统辨识方面，存在充分激励、过参数辨识和带噪声系统的辨识等问题。

5）神经网络控制系统的稳定性和收敛性问题。

上述问题的解决，有待于神经网络、非线性理论及优化方法以及控制理论等多方面的新的研究成果。

9.3.3 神经网络 PID 控制

作为最常用的一种控制方法，PID 控制一直在工业过程控制有着广泛的应用。然而常规 PID 控制对于被控对象具有复杂的非线性特性而难以建立精确的数学模型，且由于对象和环境的不确定性情况，往往难以达到满意的控制效果。神经网络 PID 控制就是针对上述问题而提出的一种控制方法。

神经网络 PID 控制结构如图 9-29 所示，其中两个神经网络分别为系统神经网络辨识器（NNI）以及自适应 PID 控制器（NNC）。系统在神经网络辨识器（NNI）对被控对象进行在线辨识的基础上，通过对自适应 PID 控制（NNC）的权值进行实时调整，使系统具有自适应能力，以实现控制。

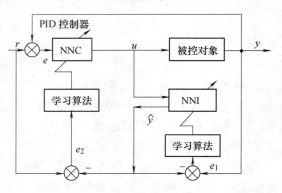

图 9-29　神经网络 PID 控制

1. 神经网络辨识器 NNI

设被控对象为

$$y(k+1) = g[y(k), \cdots, y(k-n+1), u(k), \cdots, u(k-m+1)], n \geq m \qquad (9-29)$$

式中的 $g[\cdot]$ 未知，由 NNI 进行在线辨识，网络的输入是被控对象的输入输出序列 $\{u(k), y(k)\}$。NNI 中的前馈网络设用三层 BP 网络。

BP 网络是采用 BP 算法即误差反向传播算法的多层感知器。它作为神经网络中相对重要的一个模型，是被人们认知最清楚、应用最普遍的一类神经网络。BP 网络本质上是一个多层感知器。多层感知器是三层或三层以上的前馈网络，在输入与输出中间加入一层或多层的处理单元，就构成了输入层—隐层（中间层）—输出层的网络结构。隐层和输出层中任一神经元的输入等于与相邻且低它一层中的各神经元输出的加权和。隐单元类似特征检测器，它能够从输入中提取有效信息，提供给输出单元处理线性可分的模式。多层感知器的结构如图 9-30 所示。

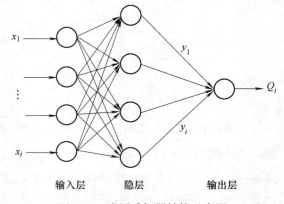

图 9-30　多层感知器结构示意图

BP 网络的输入为

$$IN = [I_1(k), I_2(k), \cdots, I_{n+m}(k)] =$$
$$[y(k), \cdots, y(k-n+1), u(k), \cdots, u(k-m+1)]$$
$$N = n + m$$

(9-30)

式中　$u(k) = I_{n+1}(k)$

隐层第 i 节点的输出为

$$o_i(k) = f[x_i(k)]$$

(9-31)

$$x_i(k) = \sum_{j=0}^{N} {}^1 w_{ij} I_j(k)$$

(9-32)

式中　$I_0(k) = 1$；

　${}^1 w_{ij}$——阈值。

　令 $u(k) = I_{n+1}(k)$ 至第 i 隐节点的权为 ${}^1 w_{iu}$，

$$f(x) = \frac{1 - e^{-x}}{1 + e^{-x}}$$

(9-33)

网络的输出为

$$\hat{y}(k+1) = \sum_{i=0}^{P} {}^2 w_i o_i(k)$$

(9-34)

式中　$o_0(k) = 1$；

　p——隐层节点的个数。

　设准则函数为

$$E_1(k) = \frac{1}{2}[y(k+1) - \hat{y}(k+1)]^2 = \frac{1}{2} e_1^2(k+1)$$

(9-35)

网络权值的调整算法用具有阻尼项的 BP 算法，可得

$$\Delta^2 w_i(k) = -\eta_1 \frac{\partial E_1(k)}{\partial^1 w_i(k)} = \eta_1 e_1(k+1) o_i(k) + \beta \Delta^2 w_i(k)$$

(9-36)

$$\Delta^1 w_{ij}(k) = \eta_1 e_1(k+1) f'[x_i(k)][{}^2 w_i(k)] I_j(k) + \beta \Delta^1 w_{ij}(k)$$

(9-37)

式中

$$\Delta^2 w_i(k) = {}^2 w_i(k) - {}^2 w_i(k-1)$$

(9-38)

$$\Delta^1 w_{ij}(k) = {}^1 w_{ij}(k) - {}^1 w_{ij}(k-1)$$

(9-39)

2. 自适应 PID 控制器

设控制系统的输入、输出采样序列为 $r(k)$、$y(k)$，PID 控制的基本算式为

$$u(k) = k_p e(k) + k_i \sum_{j=0}^{k} e(k) + k_d[e(k) - e(k-1)]$$

(9-40)

$$e(k) = r(k) - y(k)$$

(9-41)

式中　$u(k)$——控制器的输出；

　$e(k)$——系统的偏差；

　k_p、k_i、k_d——比例、积分、微分系数。

自适应 PID 控制器采用线性神经元（NNC），其输入为

$$\begin{cases} c_1(k) = e_1(k) \\ c_2(k) = \sum_{j=0}^{k} e(k) \\ c_1(k) = e(k) - e(k-1) \end{cases}$$

(9-42)

对应于式（9-40），输出为

$$u(k) = v_1 c_1(k) + v_2 c_2(k) + v_3 c_3(k) \tag{9-43}$$

式中 v_i——NNC 的权值，$i = 1$，2，3。

设准则函数为

$$E_2(k) = \frac{1}{2}\left[r(k+1) - \hat{y}(k+1)\right]^2 = \frac{1}{2}e_2^2(k+1) \tag{9-44}$$

则 NNC 网络权值调整算法，用梯度下降法得

$$\Delta v_i(k) = -\eta_2 \frac{\partial E_2(k)}{\partial v_i(k)} = \eta_2 e_2(k+1)\frac{\partial \hat{y}(k+1)}{\partial v_i(k)} = \eta_2 e_2(k+1)\frac{\partial \hat{y}(k+1)}{\partial u(k)}\frac{\partial u(k)}{\partial v_i(k)} \tag{9-45}$$

由式（9-43），可得 $\dfrac{\partial u(k)}{\partial v_i(k)} = c_i(k)$，代入式（9-45），则有

$$\Delta v_i(k) = \eta_2 e_2(k+1)c_i(k)\frac{\partial \hat{y}(k+1)}{\partial u(k)} \tag{9-46}$$

由式（9-29）～式（9-34）可得

$$\frac{\partial \hat{y}(k+1)}{\partial u(k)} = \sum_i \frac{\partial \hat{y}(k+1)}{\partial o_i(k)}\frac{\partial o_i(k)}{\partial x_i(k)}\frac{\partial x_i(k)}{\partial u(k)} = \Delta^2 w_i(k)f'[x_i(k)][^1 w_{iu}(k)] \tag{9-47}$$

3. 仿真举例

被控对象具有非线性特性，其模型为 $y(k+1) = 0.8\sin[y(k)] + 1.2u(k)$，采用神经网络 PD 控制算法的仿真结果如图 9-31 所示。由图 9-31a 可见，随着 k 的增大，神经网络辨识器（NNI）的输出 $\hat{y}(k)$ 逼近系统输出 $y(k)$，图 9-31b 为控制器输出 $u(k)$。

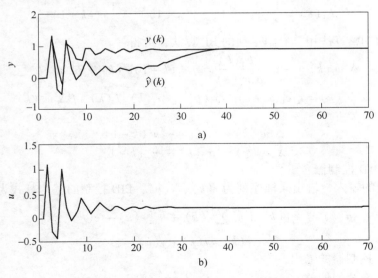

图 9-31 神经网络 PID 仿真结果

9.4 专家控制

专家系统产生于 20 世纪 60 年代，并逐渐成为人工智能应用研究最活跃的领域之一，在工业、农业、国防等科学领域获得了广泛的应用。专家系统的成功对人工智能的发展起了积

极的推动作用。20 世纪 80 年代，专家系统开始进入了控制领域，主要涉及控制系统的辅助设计、故障诊断和系统控制等方面。

9.4.1　概述

专家系统是一个具有大量专门知识和经验的计算机程序系统。应用人工智能技术，根据某个应用领域的一个或多个人类专家提供的知识和经验进行推理和判断，模拟人类专家的决策过程，以解决那些需要人类专家决定的复杂问题。

专家系统和传统的计算机程序最本质的区别在于，专家系统所要解决的问题一般没有算法解，并且往往要在不完全、不精确或不确定的信息基础上做出结论，其具有的特点如下：

1）启发性专家系统能运用专家的专门知识和推理方法，进行推理、判断和决策。这种专门知识往往是以符号表示和符号操作为特征的启发式知识。

2）透明性专家系统能够解释本身的推理过程，并回答用户提出的问题。

3）灵活性专家系统能不断地增长知识，修改原有的知识，进行知识更新。

1. 专家系统的结构

专家系统由知识库、推理机、数据库以及接口组成。知识库用于存储领域专家的专门知识，推理机模拟专家的推理方法和技巧等，而数据库用于存储有关事实及推理结果。接口为输入输出设备，专家系统通过接口与环境交换信息，主要包括输入数据和待解决的问题，输出推理过程和结果等。另外，有些专家系统还包括知识获取和解释模块。专家系统的结构如图 9-32 所示。

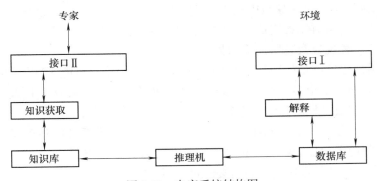

图 9-32　专家系统结构图

专家系统首先是推理机根据数据库和知识库下的专家知识以一定的推理方式进行推理，并在推理过程中不断地更新数据库，直至得到最终结论。

2. 专家系统的类型

按照专家系统所求解问题的性质，可把它分为下列几种类型。

（1）解释专家系统（Expert System for Interpretation）　解释专家系统的任务是通过对已知信息和数据的分析与解释，确定它们的含义，解释专家系统具有下列特点：

1）系统处理的数据量很大，而且往往是不准确的、有错误的或不完全的。

2）系统能够从不完全的信息中得出解释，并能对数据做出某些假设。

3）系统的推理过程可能很复杂且很长，因而要求系统具有对自身的推理过程做出解释的能力。

作为解释专家系统的例子有语音理解、图像分析、系统监视、化学结构分析和信号解释等，例如卫星图像分析、集成电路分析、染色体分类等实用系统。

（2）监视专家系统（Expert System for Monitoring） 监视专家系统的任务在于对系统、对象或过程的行为进行不断观察，并把观察到的行为与其应当具有的行为进行比较，以发现异常情况，发出警报。监视专家系统具有下列特点：

1）系统应具有快速反应能力，在造成事故之前及时发出警报。

2）系统发出的警报要有很高的准确性。在需要发出警报时发警报，在不需要发出警报时不得轻易发警报（假警报）。

3）系统能够随时间和条件的变化而动态地处理其输入信息。

监视专家系统可用于核电站的安全监视、防空监视与警报、国家财政的监控、传染病疫情监视及农作物病虫害监视与警报等。

（3）预测专家系统（Expert System for Prediction） 预测专家系统的任务是通过对过去和现在已知状况的分析推断未来可能发生的情况。预测专家系统具有下列特点：

1）系统处理的数据随时间变化，而且可能是不准确和不完全的。

2）系统需要有适应时间变化的动态模型，能够从不完全和不准确的信息中得出预报，并达到快速响应的要求。

预测专家系统的例子有气象预报、军事预测、人口预测、交通预测、经济预测和谷物产量预测等。例如，恶劣气候（包括暴雨、飓风、冰雹等）预报、战场前景预测和农作物病虫害预报等都属于预测专家系统。

（4）诊断专家系统（Expert System for Diagnosis） 诊断专家系统的任务是根据观察到的情况（数据）来推断出某个对象机能失常（即故障）的原因。诊断专家系统具有下列特点：

1）能够了解被诊断对象各组成部分的特性以及它们之间的联系。

2）能够区分一种现象及其所掩盖的另一种现象。

3）能够向用户提出测量的数据，并从不确切信息中得出尽可能正确的诊断。

诊断专家系统的例子很多，有医疗诊断、电子机械和软件故障诊断以及材料失效诊断、火电厂锅炉给水系统故障检测与诊断系统等。

（5）设计专家系统（Expert System for Design） 设计专家系统的任务是根据设计要求，求出满足设计问题约束的目标配量。设计专家系统具有如下特点：

1）善于从多方面的约束中得到符合要求的设计结果。

2）系统需要检索较大的可能解空间。

3）善于分析各种子问题，并处理好子问题间的相互作用。

4）能够试验性地构造出可能设计，并易于对所得设计方案进行修改。

5）能够使用已被证明是正确的设计来解释当前的（新的）设计。

设计专家系统涉及电路（如数字电路和集成电路）设计、土木建筑工程设计、计算机结构设计、机械产品设计和生产工艺设计等。

（6）规划专家系统（Expert System for Planning） 规划专家系统的任务在于寻找出某个能够达到给定目标的动作序列或步骤。规划专家系统的特点如下：

1）所要规划的目标可能是动态的或静态的，因而需要对未来动作做出预测。

2）所涉及的问题可能较复杂，要求系统能抓住重点，处理好各子目标间的关系和不确定的数据信息，并通过试验动作得出可行规划。

规划专家系统可用于机器人规划、交通运输调度、工程项目论证、通信与军事指挥以及农作物施肥方案规划等。

（7）控制专家系统（Expert System for Control） 控制专家系统的任务是适应地管理一个受控对象或客体的全面行为，使之满足预期要求。控制专家系统的特点是能够解释当前情况，预测未来可能发生的情况，诊断可能发生的问题及其原因，不断修正计划，并控制计划的执行。

空中交通管制、商业管理、自主机器人控制、作战管理、生产过程控制和生产质量控制等都是控制专家系统的潜在应用方面。

（8）教学专家系统（Expert System for Instruction） 教学专家系统的任务是根据学生的特点、弱点和基础知识，以最适当的教案和教学方法对学生进行教学辅导。

教学专家系统的特点如下：

1）同时具有诊断和调试等功能。

2）具有良好的人机界面。

已经开发相应用的教学专家系统有美国麻省理工学院的 MACSYMA 符号积分与定理证明系统，我国一些大学开发的计算机程序设计语言、物理智能计算机辅助教学系统以及聋哑人语言训练专家系统等。

9.4.2 专家控制系统

应用专家系统的概念和技术，模拟人类专家的控制知识与经验而建造的控制系统，称为专家控制系统。

专家控制系统并不等同于专家系统，二者的差别在于以下几点：

1）专家系统只对专门领域的问题完成咨询作用，协助用户进行工作。专家系统的推理是以知识为基础的，其推理结果为知识项、新知识项或对原知识项的变更知识项。然而，专家控制系统需要独立和自动地对控制作用做出决策，其推理结果可为变更的知识项，或者为启动（执行）某些解析算法。

2）专家系统通常以离线方式工作，而专家控制系统需要获取在线动态信息，并对系统进行实时控制。

按照系统结构的复杂性可把专家控制分为两种形式，即专家控制系统和专家控制器（Expert Controller）。前者的系统结构比较复杂，研制代价较高，具有较好的技术性能，并用于需要较高技术的装置或过程；后者的系统结构比较简单，研制代价明显低于前者，技术性能又能满足工业过程控制的一般要求，因而获得比较广泛的应用。

专家控制系统的控制要求与设计原则

在自适应控制的发展过程中，专家控制器为自适应设计机理建立了一个重要的里程碑。迄今为止的自适应控制存在两个显著缺点：一个是要求具有准确的装置模型，另一个是不能为自适应机理设定有意义的目标。而专家控制器不存在这些缺点，因为它避开了装置的数学模型，并为自适应设计提供有意义的时域目标。

（1）专家控制系统的控制要求

1）运行可靠性高。对于某些特别的装置或系统，若未采用专家控制器来取代常规控制器，则整个控制系统将变得非常复杂，尤其是硬件结构，从而使系统的可靠性大为下降。因此，必须对专家控制器提出较高的运行可靠性要求。

2）决策能力强。决策是基于知识的控制系统的关键能力之一。大多数专家控制系统要求具有不同水平的决策能力。专家控制系统能够处理不确定性、不完全性和不精确性之类的问题，而这些问题难以用常规控制方法解决。

3）应用通用性好。应用的通用性包括易于开发、示例多样性、便于混合知识表示、全局数据库的活动维数、基本硬件的机动性、多种推理机制（如假想推理、非单调推理和近似推理）以及开放式的可扩充结构等。

4）控制与处理的灵活性。这个原则包括控制策略的灵活性、数据管理的灵活性、经验表示的灵活性、解释说明的灵活性、模式匹配的灵活性以及过程连接的灵活性等。

5）具有拟人能力。专家控制系统的控制水平必须达到人类专家的水准。

（2）专家控制器的设计原则

专家控制器对于被控过程（对象）施行实时控制，必须在规定时间内给出控制信号，因此对专家系统的运算（推理）速度的要求是很高的。为了把专家系统技术用于直接专家控制系统，至少在专家系统设计上必须遵循以下原则：

1）模型描述的多样性。所谓模型描述的多样性原则是指在设计过程中，对被控对象和控制器的模型应采用多样化的描述形式，不拘泥于单纯的解析模型。

现有的控制理论对控制系统的设计都依赖于被控对象的数学解析模型。在专家式控制器的设计中，由于采用了专家系统技术，能够处理各种定性的与定量的、精确的与模糊的信息，因而允许对模型采用多种形式的描述。

① 解析模型。这是人们所熟悉的一种描述形式，其主要表达方式有微分方程、差分方程、传递函数、状态空间表达式和脉冲传递函数等。

② 离散事件模型。该模型用于离散系统，并在复杂系统的设计和分析方面运用。

③ 模糊模型。这种形式对于描述定性知识很有用。在未知对象的准确数学模型而只掌握了被控过程的一些定性知识时，用模糊数学的方法建立系统的输入和输出模糊集以及它们之间的模糊关系则较为方便。

④ 规则模型。产生式规则的基本形式为：

IF（条件）THEN（操作或结论）

这种基于规则的符号化模型特别适于描述过程的因果关系和非解析的映射关系等。基于规则的描述方式具有较强的灵活性，可以方便地对规则加以补充或修改。

⑤ 基于模型的模型。对于基于模型的专家系统，其知识库含有不同的模型，其中包括物理模型和心理模型（如神经网络模型和视觉知识模型等），而且通常是定性模型。这种方法能够通过离线预计算来减少在线计算，产生简化模型使之与所执行的任务逐一匹配。

2）在线处理的灵巧性。智能控制系统的重要特征之一就是能够以有用的方式来划分和构造信息。在设计专家式控制器时应十分注意对过程在线信息的处理与利用。在信息存储方面，应对那些对做出控制决策有意义的特征信息进行记忆，对于过时的信息则应加以遗忘；在信息处理方面，应把数值计算与符号运算结合起来；在信息利用方面，应对各种反映过程特性的特征信息加以抽取和利用，不要仅限于误差和误差的一阶导数。灵活地处理与利用在线信息将提高系统的信息处理能力和决策水平。

3）控制策略的灵活性。工业对象本身的时变性与不确定性以及现场干扰的随机性，要求控制器采用不同形式的开环与闭环控制策略，并能通过在线获取的信息灵活地修改控制策略或控制参数，以保证获得优良的控制品质。控制策略的灵活性是专家控制器设计的重要原则。此外，专家控制器中还应设计异常情况处理的适应性策略，以增强系统的应变能力。

4）决策机构的递阶性。人的神经系统是一个分层递阶决策系统。以仿智为核心的智能控制，其控制器的设计必然要体现分层递阶的原则，即根据智能水平的不同层次构成分级递阶的决策机构。

5）推理与决策的实时性。对于用于工业过程的专家控制器设计，实时性原则必不可少。这就要求知识库的规模不宜过大，推理机构应尽可能简单，以满足工业过程的实时性要求。

（3）专家控制器的结构 专家控制器的典型结构如图 9-33 所示。

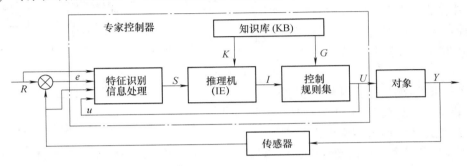

图 9-33 专家控制器的典型结构

专家控制器有时又称为基于知识控制器。以基于知识控制器在整个系统中的作用为基础，可把专家控制系统分为直接专家控制系统和间接专家控制系统，如图 9-34 所示。在直接专家控制系统中，控制器向系统提供控制信息，并直接对被控过程产生作用，在间接专家控制系统中，控制器间接地对被控过程产生作用，间接专家控制系统又可称为监控式专家控制系统或参数自适应控制系统。

上述两种控制系统的主要区别是在于知识的设计目标。直接专家控制系统的基于知识控制器直接模仿人类专家或人类的认知能力，并为控制器设计两种规则：训练规则和机器规则。训练规则由一系列产生式规则组成，它们把控制误差直接映射为被控对象的作用。机器规则是由积累和学习人类专家的控制经验得到的动态规则，并用于实现机器的学习过程。在间接专家系统中，基于知识控制器用于调整常规控制器的参数，监控被控对象的某些特征，如超调量、上升时间等，然后拟定校正 PID 参数的规则，以保证控制系统处于稳定的和高质量的运行状态。

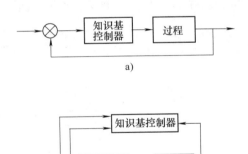

图 9-34 两种专家控制系统
a）直接专家控制系统 b）间接专家控制系统

9.4.3 专家控制器示例

接下来介绍一个 PI 专家控制器。图 9-35 为一个间接专家控制器的软件结构示例。

根据被控对象的不同，专家控制器的结构也有所不同。图 9-35 表示一种用于 PI 控制的专家控制器的软件结构。该专家控制器与现有的专家控制器的主要区别在于：①被控装置的输出和对设定信号变化进行响应的调节器受控变量均用于调节控制增益；②对具有非线性执行（驱动）器的装置，能够对控制器的积分部分提供智能反振荡保护。该专家控制器的软件是采用任务分级的结构，每个任务都被分解为基本子任务，子系统包括专家信号调节器、专家调节器推理机、智能用控制器、专家监控器、智能反振荡保护调节器以及专家调节性能调整器等。

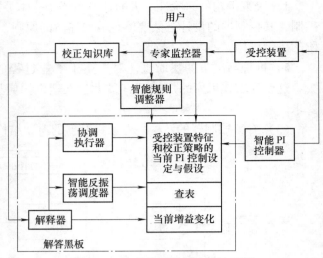

图 9-35　专家控制器软件结构示例

将该专家控制器用于调节某实验室试验装置上的数字 PI 控制器，图 9-36 为该试验装置的结构框图。它由一台动力泵和多个油箱以及深度传感器等硬件构成。该装置的输入操作变量为泵的流速，而受控输出变量为第 2 个油箱的液面高度。此实验装置具有明显的调节非线性和装置动态特性非线性。这时，选择 1s 的采样周期，而闭环特性极限为 5% 的最大上超调和 5% 的最大下超调。

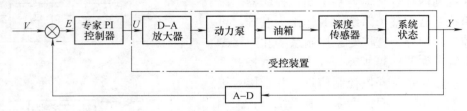

图 9-36　专家控制器实验装置框图

试验情况表明，对于没有反振荡逻辑的闭环系统由于存在调节器饱和以及积分器振荡，系统已进入有界循环振荡状态。含有反振荡逻辑的闭环系统的初始调节特性和最后调节特性以及比例积分控制器的增益特性试验结果显示出专家调节器对积分控制器建立反振荡逻辑以及保证数字 PI 调节器的优良性能是十分有效的。

此外，实时专家智能控制系统 REICS 是专家系统、模糊集合和控制理论相结合的产物，是智能控制的发展方向之一。这种控制方法是以下列技术为基础的：应用专家知识、知识模型、知识库、知识梳理、控制决策和控制策略；知识模型和常规数学模型的结合，知识信息处理技术与控制技术的结合；模拟人的智能行为等。此方法能够解决时变大规模系统、复杂系统以及非线性和多扰动实时控制过程的控制问题。

通过仿真比较了 3 种不同的控制方案，即常规则 PID 控制、模糊控制和 REICS 控制，其简化仿真框图如图 9-37 所示。

针对某具有随机扰动的非线性受控装置，其属性模型为

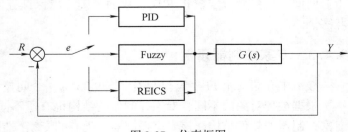

图 9-37　仿真框图

$$y(t) = \frac{y(t-1)\mathrm{e}^{-y(t-1)} + u(t-1)}{1 + u(t-1)\mathrm{e}^{-y(t-1)}} + \omega(t) \tag{9-48}$$

式中 $\omega(t)$——偏差等于 0.15 的白噪声。

该受控装置在三种不同控制方案下的阶跃响应如图9-38 所示，可见专家智能控制系统REICS 具有更好的动态品质和稳态精度。

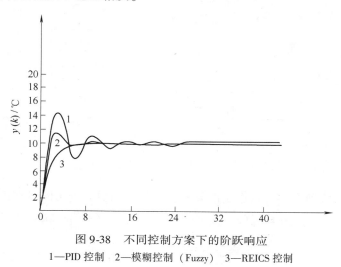

图9-38 不同控制方案下的阶跃响应

1—PID 控制 2—模糊控制（Fuzzy） 3—REICS 控制

9.5 推理控制与软测量技术

9.5.1 推理控制

在实际工业生产过程中，常存在不仅过程的扰动难以测量，有时甚至过程的输出也难以测量的情况。对于这样一类过程的控制，只能通过采用控制辅助输出的方法间接地控制过程的主要输出。推理控制就是针对上述这类过程控制的需要而提出的一种新型控制算法，它是美国 Brosilom 和 Tong 等人于 1978 年提出来的。他们根据过程输出的要求，在建立数学模型的基础上，通过数学推理，导出控制系统所应具有的结构形式。

1. 推理控制系统的构成

若主通道和辅助通道的离散数学模型分别为

$$A(z^{-1})y(k) = z^{-d}B(z^{-1})u(k) + D(z^{-1})v_1(k) \tag{9-49}$$

或写成

$$y(k) = G(z^{-1})u(k) + G_v(z^{-1})v_1(k) \tag{9-50}$$

$$A_s(z^{-1})y_s(k) = z^{-d_s}B_s(z^{-1})u(k) + D_s(z^{-1})v_2(k) \tag{9-51}$$

或写成

$$y_s(k) = G_s(z^{-1})u(k) + G_{sv}(z^{-1})v_2(k) \tag{9-52}$$

式中 y, y_s——主输出量和辅助输出量；

　　　　u——控制量；

　　v_1, v_2——主通道和辅助通道的扰动量；

　　$G(z^{-1})$——主通道脉冲传递函数，$G(z^{-1}) = z^{-d}B(z^{-1})/A(z^{-1})$；

$G_s(z^{-1})$——辅助通道脉冲传递函数，$G_s(z^{-1}) = z^{-d_s}B_s(z^{-1})/A_s(z^{-1})$；

$G_v(z^{-1})$——主通道扰动脉冲传递函数，$G_v(z^{-1}) = D(z^{-1})/A(z^{-1})$；

$G_{sv}(z^{-1})$——辅助通道扰动脉冲传递函数，$G_{sv}(z^{-1}) = D_s(z^{-1})/A_s(z^{-1})$。

若不考虑参考输入，控制系统的结构如图 9-39 所示。

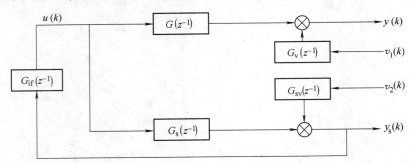

图 9-39　推理控制系统框图

图中，$G_{if}(z^{-1})$ 为尚待确定的推理控制部分的脉冲传递函数，则由图可求出辅助输出为

$$y_s(k) = G_{if}(z^{-1})G_s(z^{-1})y_s(k) + G_{sv}(z^{-1})v_2(k) \tag{9-53}$$

$$y_s(k) = \frac{G_{sv}(z^{-1})}{1 - G_{if}(z^{-1})G_s(z^{-1})}v_2(k) \tag{9-54}$$

主输出为

$$y(k) = G_{if}(z^{-1})G(z^{-1})y_s(k) + G_v(z^{-1})v_1(k) \tag{9-55}$$

$$y(k) = \frac{G_{if}(z^{-1})G(z^{-1})G_{sy}(z^{-1})}{1 - G_{if}(z^{-1})G_s(z^{-1})}v_2(k) + G_v(z^{-1})v_1(k) \tag{9-56}$$

若定义 $E(z^{-1}) = -\dfrac{G_{if}(z^{-1})G(z^{-1})}{1 - G_{if}(z^{-1})G_s(z^{-1})}$，则可得

$$y(k) = G_v(z^{-1})v_1(k) - G_{sv}(z^{-1})E(z^{-1})v_2(k) \tag{9-57}$$

若不可测扰动 $v_1(k)$、$v_2(k)$ 为同一干扰源，则有

$$v_1(k) = v_2(k) = v(k) \tag{9-58}$$

取

$$E(z^{-1}) = \frac{G_v(z^{-1})}{G_{sv}(z^{-1})} \tag{9-59}$$

则有

$$y(k) = 0 \tag{9-60}$$

即不可测扰动 $v(k)$ 对主要输出 $y(k)$ 的影响可完全消除，由此可得推理控制部分的脉冲传递函数为

$$G_{if}(z^{-1}) = \frac{E(z^{-1})}{G_s(z^{-1})E(z^{-1}) - G(z^{-1})} \tag{9-61}$$

式中

$$E(z^{-1}) = \frac{G_v(z^{-1})}{G_{sv}(z^{-1})}$$

式（9-61）表明推理控制部分的脉冲传递函数 $G_{if}(z^{-1})$ 取决于被控过程的动态特性。

若已知过程数学模型的估计值，则即可求出

$$G_{if}(z^{-1}) = \frac{\hat{E}(z^{-1})}{\hat{G}_s(z^{-1})\hat{E}(z^{-1}) - \hat{G}(z^{-1})} \tag{9-62}$$

式中

$$\hat{E}(z^{-1}) = \frac{\hat{G}_v(z^{-1})}{\hat{G}_{sv}(z^{-1})}$$

推理控制部分的输出为

$$u(k) = G_{if}(z^{-1})y_s(k) = \frac{\hat{E}(z^{-1})}{\hat{G}_s(z^{-1})\hat{E}(z^{-1}) - \hat{G}(z^{-1})}y_s(k) \tag{9-63}$$

将式（9-63）进一步改写后有

$$u(k) = -\frac{1}{\hat{G}_s(z^{-1})}[y_s(k) - \hat{G}_s(z^{-1})u(k)]\hat{E}(z^{-1}) \tag{9-64}$$

根据式（9-64）可画出推理控制的框图，如图 9-40 所示。

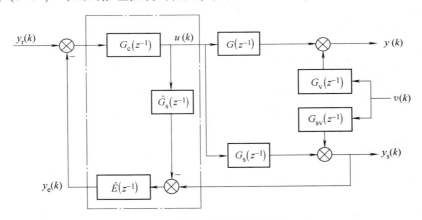

图 9-40 推理控制系统组成

图中点画线框内为推理控制部分，$y_r(k)$ 为参考输入，$\hat{E}(z^{-1})$ 为估计器，$\hat{G}_s(z^{-1}) = 1/\hat{G}(z^{-1})$ 为推理控制器。

2. 推理控制的基本特征

推理控制具有下列三个基本特征：

（1）实现信号分离 当辅助通道的数学模型完全匹配，即 $\hat{G}_s(z^{-1}) = \hat{G}(z^{-1})$ 时，有

$$G_{sv}(z^{-1})v(k) = y_s(k) - \hat{G}_s(z^{-1})u(k) \tag{9-65}$$

即推理控制实现了将不可测扰动 $G_{sv}(z^{-1})v(k)$ 从辅助输出 $y_s(k)$ 中分离出来的目的。

（2）估计不可测扰动 已知估计器 $\hat{E}(z^{-1}) = \dfrac{\hat{G}_v(z^{-1})}{\hat{G}_{sv}(z^{-1})}$，当数学模型匹配时，有

$$\hat{G}_s(z^{-1}) = G_s(z^{-1}) \tag{9-66}$$

$$\hat{G}_v(z^{-1}) = G_v(z^{-1}) \tag{9-67}$$

$$\hat{G}_{sv}(z^{-1}) = G_{sv}(z^{-1}) \tag{9-68}$$

则估计器输出为

$$y_e(k) = \hat{E}(z^{-1})\hat{G}_{sv}(z^{-1})v(k) = G_v(z^{-1})v(k) \tag{9-69}$$

即估计器的作用是估计不可测扰动 $G_v(z^{-1})v(k)$ 对过程主输出的影响，所以要求估计器 $\hat{E}(z^{-1})$ 必须是可实现的。

（3）实现输出跟踪　由图 9-40 可求出推理控制系统的主输出（为书写简便省略式中的 z^{-1} 算子）为

$$y(k) = \frac{G_c G}{1 + \hat{E}G_c(G_s - \hat{G}_s)}y_r(k) + \frac{G_c(G_s - \hat{G}_s)\hat{E}G_v + (G_v - GG_c\hat{E}G_{sv})}{1 + \hat{E}G_c(G_s - \hat{G}_s)}v(k) \tag{9-70}$$

同理可求出辅助输出方程为

$$y_s(k) = \frac{G_c G_s}{1 + \hat{E}G_c(G_s - \hat{G}_s)}y_r(k) + \frac{G_{sv}(1 - G_c\hat{G}_s\hat{E})}{1 + \hat{E}G_c(G_s - \hat{G}_s)}v(k) \tag{9-71}$$

若涉及推理控制器 $G_c(z^{-1}) = \hat{G}^{-1}(z^{-1})$ 且可实现，而且模型完全匹配，即 $G(z^{-1}) = \hat{G}(z^{-1})$、$G_s(z^{-1}) = \hat{G}_s(z^{-1})$、$G_v(z^{-1}) = \hat{G}_v(z^{-1})$、$G_{sv}(z^{-1}) = \hat{G}_{sv}(z^{-1})$，则可知主输出为 $y(k) = y_r(k)$，辅助输出为

$$y_s(k) = G_c G_s y_r(k) + G_{sv}(1 - G_c\hat{G}_s\hat{E})v(k) \tag{9-72}$$

显然可见，当模型完全匹配时，推理控制系统的主输出对参考输入能完全跟踪，对不可测扰动能全部补充，实现无偏差跟踪的目标。但对辅助输出则是有差的，因为推理控制的主要目标是完成对不可测量主输出和扰动的控制，而不是对辅助输出的控制。

9.5.2　软测量技术

为了实现良好的质量控制，就必须对产品质量或与产品质量密切相关的重要过程变量进行严格控制。然而，由于在线分析仪表（传感器）不仅价格昂贵，维护保养复杂，而且由于分析仪表滞后大，会导致控制系统的性能下降，难以满足生产要求。这在工业生产中实例很多，例如石油化工生产过程中的精（分）馏塔产品成分、塔板效率、干点、倾点、闪点，反应器中反应物浓度、转化率、催化剂活性，高炉铁水中的含硅量，生物发酵罐中的生物量参数等。近年来，为解决这类变量的测量问题，软测量技术得到了很大发展。

软测量技术的理论根源是 20 世纪 70 年代 Brosilom 提出的推理控制。软测量的基本思想是把自动控制理论与生产工艺过程知识有机结合起来，应用计算机技术，对于一些难以测量或暂时不能测量的重要变量（称为主导变量），选择另外一些容易测量的变量（称为辅助变量或二次变量），通过构成某种数学关系来推断和估计，以软件来代替硬件（传感器）功能。这类方法具有响应迅速，连续给出主导变量信息，且投资低、维护保养简单等优点。

1. 软测量的数学描述

过程的输入、输出关系如图 9-41 所示。图中，y 为主导变量，θ 为可测的辅助变量，d_1 为可测扰动，d_2 为不可测扰动，u 为控制变量。

软测量的目的是根据所有可以获得的信息求取主导变量的最佳估计值，即构造从可测信息集 θ 到 $\tilde{y}$ 的映射。可测信息集 θ 包括所有的可测主导变

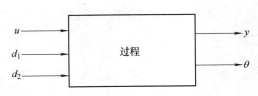

图 9-41　过程的输入、输出关系图

量 y（y 可能部分可测）、辅助变量 θ、控制变量 u 和可测扰动 d_1。

$$\tilde{y} = f(d_1, u, \theta) \tag{9-73}$$

式中　$f(\cdot)$——估计函数关系，即软测量模型。

在实际生产中，工况处于平稳操作状态时，式（9-73）所示的软测量模型可以简化为稳态模型

$$\tilde{y} = K\theta \tag{9-74}$$

在这样的框架结构下，软测量的性能主要取决于过程的描述、噪声和扰动的特性、辅助变量的选取以及最优准则。显然实现软测量的基本方法是构造一个数学模型，但软测量模型不同于一般意义下的数学模型，它强调的是通过辅助变量 θ 获得对主导变量 y 的最佳估计，而一般的数学模型主要反映 y 与 u 或 d 之间的动态或稳态关系。

2. 软测量的结构

软测量技术的核心是建立工业对象的精确可靠模型。初始软测量模型源于过程变量的历史数据的辨识。现场测量数据中可能含有随机误差甚至显著误差，必须经过数据变换和数据校正等预处理，将真实信号从含噪声的混合信号中分离出来，才能用于软测量建模或作为软测量模型的输入。软测量模型的输出就是软测量对象的实时估计值。在应用过程中，软测量模型的参数和结构并随时间迁移工况和操作点可能发生改变，对其进行在线或离线修正，以得到更适合当前状况的软测量模型，提高模型的适合范围。软测量结构如图 9-42 所示。

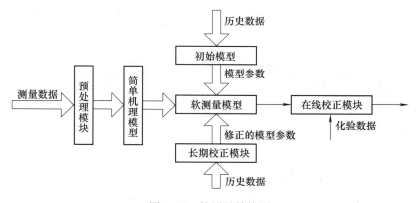

图 9-42　软测量结构图

3. 影响软测量性能的因素

影响软测量性能的因素主要有如下几种：

（1）辅助变量的选择　辅助变量的选择确定了软测量的插入信息矩阵，因而直接决定了软测量模型的结构输出。辅助变量的选择包括变量类型、变量数量和检测点位置的选择。这三个方面是互相关联、互相影响的，不但由过程待性决定，还受设备价格和可靠性、安装和维护的难易程度等外部因素制约。

（2）数据预处理　准确的测量数据直接反映了生产状况，为过程监控、优化、计划调度以及决策分析提供了坚实的基础。测量数据通过安装在现场的传感器、变送器等仪表获得，受到仪表精度、测量原理和测量方法、生产环境的影响，测量数据都不可避免含有误差，甚至有严重的显著误差。如果将这些数据直接用于软测量，不但无法得到正确的主导变量估计值，还可能误导操作，引起生产波动，导致系统整体性能下降，甚至整个生产过程失

败。因此对原始工业数据进行预处理（数据校正和数据变换）以得到精确可靠的数据是软测量成败的关键，具有十分重要的意义。

（3）软测量模型 软测量模型是软测量技术的核心。它不同于一般意义下的数学模型，强调的是通过辅助变量来获得对主导变量的最佳估计。

1）机理方法。机理模型通常由代数方程组或微分方程组构成。在完全掌握工业对象的物理化学过程的情况下，通过列写对象的平衡方程（如物料平衡、能量平衡、动量平衡、相平衡等）和反映流体传热传质等基本规律的动力学方程、物性参数方程和设备特性方程等，确定不可测主导变量和可测辅助变量的数学关系，建立估计主导变量的精确数学模型。机理建模的应用受到模型准确程度的影响，而且由于需求解方程组，计算量大，收敛慢，难以满足在线实时估计的要求，对模型进行简化必然会降低模型的精度。计算时间和计算精度的矛盾制约了机理建模的应用。由于大多数实际过程，尤其是化工过程存在着严重的非线性和不确定性，难以单独采用机理方法，但可以借助已知的对象特性确定经验模型的结构或辅助变量，再利用经验方法确定模型的具体参数。这种方法目前应用最广泛。

2）经验方法。经验模型是根据测量对象的外特性来描述其动态行为的模型。由测量数据直接求取模型的方法称为系统辨识；根据既定模型结构由测量数据确定参数的方法称为参数估计。经验方法主要有基于自适应推理模型方法、基于输入输出估计、基于回归分析方法和基于人工智能的方法。

4. 软测量的设计步骤

软测量开发流程图如图 9-43 所示。

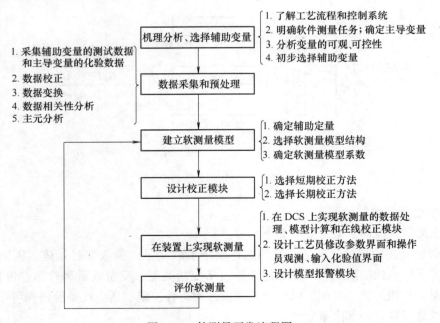

图 9-43　软测量开发流程图

（1）针对软测量对象进行机理分析，选择辅助变量 首先要了解和熟悉软测量对象以及整个装置的工艺流程，明确软测量的任务。大多数软测量对象属于灰箱系统，通过机理分析可以确定影响软测量目标的相关变量，并通过分析各变量的可观、可控性，初步选择辅助变量。这种采用机理分析指导辅助变量选择的方法，可以使软测量的设计更合理。

（2）数据采集和预处理 数据的预处理包括数据变换和数据校正。最简单也是最常用的数据预处理是用统计假设检验剔除含有显著误差的数据后，再采用平均滤波的方法去除随机误差。如果辅助变量个数太多，需要对系统进行降维，降低测量噪声的干扰和软测量模型的复杂性。降维的方法可以根据机理模型，用几个辅助变量计算得到不可测的辅助变量，如分压、内回流比等；也可以采用 PCA、PLS 等统计方法进行数据相关性分析，剔除冗余的变量。

（3）建立软测量模型 将经过预处理后过程数据分为建模数据和校验数据两部分，对于建模数据可以采用回归分析和人工神经网络分别进行拟合，再用校验数据检验模型。根据交叉检验结果以及装置的计算能力确定模型结构和模型参数。也可以根据机理分析直接确定建模方法。

（4）设计模型校正模块 校正又分为短期校正和长期校正，以适应不同的需求。为了避免突变数据对模型校正的不利影响，短期校正时还将附加一些限制条件。

（5）在实际工业装置上实现软测量 将离线得到的软测量模型和数据采集及预处理模块、模型校正模块以软件的形式嵌入装置的 DCS。设计安全报警模块，当软测量输出值与分析仪测量值的偏差超过限幅值时报警，提示操作员密切注视生产过程。此外还需设计工艺员修改参数界面，使工艺员可以根据生产需要很方便地修改诸如理想汽油干点等参数；设计操作员界面，将软测量输出值等直观地展现在操作员面前，并能及时输入软测量目标的化验值。

（6）软测量的评价 在软测量运行期间，采集软测量对象的实测值和模型估计值，对该软测量模型是否满足工艺要求进行评价。如果不满足，要利用过程数据分析原因，判断是模型选择不当、参数选择不当，还是该时间段内的工况远离模型的预测范围，找到失败原因后再重复以上步骤，重新设计软测量。

5. 酯化釜中酯化率软测量及控制举例

用直接酯化法生产涤纶的生产过程中，第一酯化釜出口质量指标控制是至关重要的。通常其出口的主要质量指标是酯化率（ES）和二甘醇（DEG）的含量。这些指标超出一定范围，会造成产品质量下降，甚至出现废品。由于这两个指标仅能通过采样分析得到，用于指导生产，目前控制方案如图 9-44 所示。

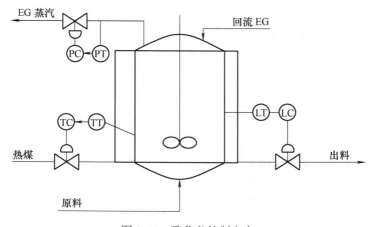

图 9-44 酯化釜控制方案

这种控制方案难以保证产品质量，为确保产品质量，可以采用软测量技术测量 ES 和 DEG，然后实现酯化率控制。

软测量模型建立有许多方法。在此用一个隐含层的三层 BP 网络，其中隐含节点为 20，根据工艺分析，影响 ES 和 DEG 的主要因素并可在线测量的有：进料 EG/PTA 摩尔比（MET）、温度（T）、压力（p）和停留时间（T）这四个变量，这四个变量即为神经网络的输入节点，而两个输出节点是酯化率（ES）和出料中的 DEG 含量（DEG）。

收敛算法采用梯度下降法，由于梯度法收敛较慢，并且容易陷入局部极小点，在此采用在计算过程中自动改变收敛因子的方法改进收敛速度，并用重新随机赋值的方法跳出局部极小值，另外为加快学习速度，并在数据不够充分时使模型更接近实际，利用工艺上的先验知识预处理输入数据，按工艺上各变量的灵敏度顺序排列输入数据中各变量的数据级差，具体程序框图如图 9-45 所示。

表 9-4 为连续运行与人工分析值的质量指标检测对比。从表中可以看出，经测试和长期运行结果表明精度在 1% 以内，可以满足生产要求。

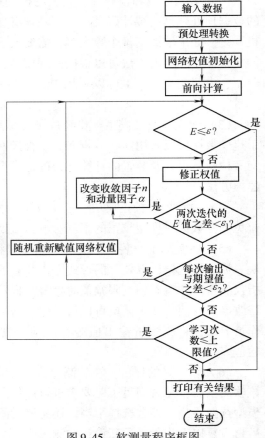

图 9-45 软测量程序框图

表 9-4 质量指标检测对比

质量指标	$X_{计} - X_{分}$	均方误差	百分误差	质量指标	$X_{计} - X_{分}$	均方误差	百分误差
R01 酯化率	0.0073	0.0035	0.81%	R01DEG 值	-0.1401	0.0637	-0.22%
R05.1 黏度	-0.0003	0.0026	-0.05%	R04DEG 值	-0.1429	0.0612	-0.13%
R05.2 黏度	-0.0001	0.0023	-0.02%				

生产实际操作表明酯化釜的温度对主要控制指标酯化率的影响最为敏感，为此设计动态矩阵控制与温度 PID 控制器（DMC-PID）串级控制，如图 9-46 所示。

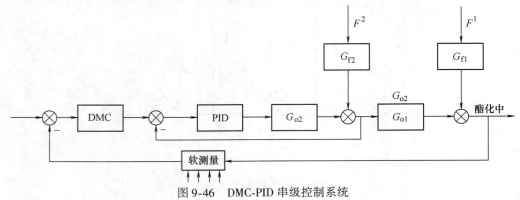

图 9-46 DMC-PID 串级控制系统

动态矩阵控制虽然有较强的跟踪性能并对模型失配有较强的鲁棒性，但它的抗干扰能力不如 PID 控制，DMC-PID 串级控制系统既有较好的跟踪性能和鲁棒性，又有较好的抗干扰性能。实际运行表明，该系统可以满足生产要求，获得满意的控制效果。

本 章 小 结

1. 智能控制是对传统控制理论的发展，传统控制是智能控制的一个组成部分，在这个意义下，两者可以统一在智能控制的框架下。传统控制（Conventional Control）是指基于经典反馈理论和现代控制理论的控制。它们的主要特征是基于精确的系统数学模型的控制，适于解决线性、时不变等相对简单的控制问题。对以上问题用智能的方法同样可以解决。

2. 智能控制（Intelligent Control）是多学科交叉的学科，它的发展得益于人工智能、认知科学、模糊集理论和生物控制论等许多学科的发展，同时也促进了相关学科的发展。

3. 本章仅对几种比较成熟的智能控制系统的基本结构、原理及主要应用进行介绍。由于篇幅限制，尽量力求精简实用。

思考题与习题

9-1 模糊控制器由哪几部分组成？各部分的作用是什么？

9-2 模糊控制器的设计主要包括哪些内容？

9-3 试用 MATLAB 设计如下系统的模糊控制器，使其稳态误差为零，超调量不大于 1%。假定被控对象的传递函数为

$$G(s) = \frac{4.2}{(s+0.5)(s^2+1.6s+8.5)}$$

9-4 简要叙述预测控制的基本原理。

9-5 预测控制经典算法主要有哪些？

9-6 神经网络的工作方式主要分成哪两个阶段？并概述其基本内容。

9-7 简述神经网络 PID 控制的基本思想及其控制系统的基本组成。

9-8 简述专家系统的基本组成及基本原理。

9-9 请举例说明专家系统的主要应用。

9-10 请绘制专家控制器的典型结构图，并结合该图简述其工作过程。

9-11 推理控制的三个主要特征是什么？推理控制提出的思想基础是什么？

9-12 软测量技术的核心是什么？影响软测量性能的因素主要有哪些？

第 10 章

集散控制系统

集散控制系统（Distributed Control System，DCS）又称分布式控制系统，是 20 世纪 70 年代中期计算机技术、控制技术、图像显示技术以及通信技术发展的产物。

DCS 采用危险分散、控制分散，而操作和管理集中的基本设计思想，多层分级、合作自治的结构形式，实现对生产过程的监视、控制和管理。它既打破了常规控制仪表功能的局限，又较好地解决了早期计算机系统对于信息、管理和控制作用过于集中带来的危险性。与传统的集中式计算机控制系统相比，控制系统的危险被分散，可靠性大大增加。此外，DCS 具有友好的图形界面、方便的组态软件、丰富的控制算法和开放的联网能力，从而广泛应用于过程控制系统，尤其是大中型流程工业企业的控制系统。

从 20 世纪 90 年代开始，分布式集散控制系统在不断提高系统控制功能的同时向全面企业管理功能扩充。目前，几家名牌的 DCS 产品都集成了控制和管理功能。目前都采用多层次结构，即系统分为现场控制层、协调控制层及管理控制层等，各层功能不同：现场控制层主要完成直接数字控制（DDC）的功能，协调控制层完成计算机监督控制系统（SCC）功能，而管理控制层则完成范围更广泛、更高层的管理功能。

10.1 集散控制系统的基本组成

不同厂家或同一厂家不同时期的集散控制系统（DCS）产品千差万别，但其核心结构却基本上是一致的，可以简单地归纳为"三点一线"式。"一线"是指 DCS 的骨架计算机网络，"三点"则是指连接在网络上的三种不同类型的节点，即面向被控过程现场的现场 I/O 控制站、面向操作人员的操作员站和面向 DCS 监督管理人员的工程师站。DCS 的基本构成如图 10-1 所示。

一般情况下，一个 DCS 中只需配备一台工程师站，而现场 I/O 控制站和操作员站的数量则需要根据实际要求配置。这三种节点通过系统网络互相连接并互相交换信息，协调各方面的工作，共同完成 DCS 的整体功能。

10.1.1 DCS 网络

DCS 网络与一般通用计算机网络要求不同，它是一个实时网络，需要根据现场通信实时性的要求，在确定的时限内完成信息的传送。这里所说的"确定"的时限，是指无论在何种情况下，信息传送都能在这个时限内完成；而这个时限则是根据被控制过程的实时性要求确定的。

DCS 网络根据网络的拓扑结构，大致可以分为星形、总线型和环形三种。星形网由于其必须设置一中央节点，各个节点之间的通信必须经由中央节点进行，这种变相的集中系统不符合 DCS 的设计原则，因此星形网基本上不被各 DCS 厂家采用。目前应用最广的网络结构是环形网和总线型网。在这两种结构的网络中，各个节点可以说是平等的，任意两个节点之间的通信可以直接通过网络进行，而不需其他节点的介入。

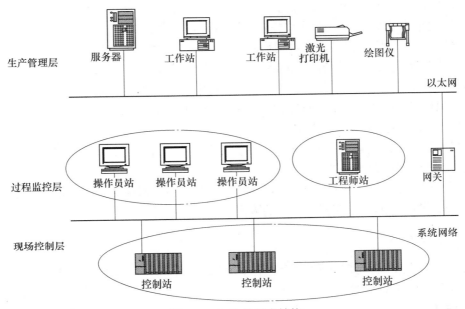

图 10-1　DCS 的基本结构

为了实现传输介质共享，对于多个节点传送信息的请求必须采用分时的方法，以避免信息在网络上的碰撞。目前各种网络解决碰撞的技术有令牌方式和 CSMA/CD 方式两种。

令牌方式是以令牌划分各个节点时间片，使每一瞬间只有一个节点使用物理传输介质，即所谓令牌环（Token Ring，对环形网）或令牌传递（Token Passing，对总线型网）方式。令牌实际是一个标志信号，它规定了要使用物理传输介质的节点标志，只有符合标志的节点（节点的标志号在系统中是唯一的）才能使用网络。这就避免了某个节点传送信息时被其他节点干扰，当传送信息的节点完成传送之后，即刻释放网络，并产生一个令牌，将网络让给其他节点。这种令牌方式的网络要求各个节点用网络的时间是限定时间，即每个令牌从获得到释放的时间是确定的，这样才能保证通信的实时性，对于较多的数据传送请示，就有可能被分割成多个令牌周期分几次完成传送。

另一种解决碰撞的技术是载波侦听与碰撞检测技术，即 CSMA/CD 方式，这种方式不规定时间片，需要使用网络的节点首先需要对网络线进行侦听，测试网络是否忙，如果忙就等待，直到网络空闲。如果两个节点同时向网络发送数据，就会造成两个节点的数据传送同时出错的情况，这时，各个需要使用网络的节点就需要延迟一个随机的时间，然后再去试图占用网络。这种网络运行机制并不具备"在确定时限内完成信息传送"的特点，因此在 DCS 中很少用，但是在更高一层的管理网络中，由于网络节点较多，令牌方式的网络开销较大，CSMA/CD 方式的网络使用更具有优越性。

10.1.2　控制站

控制站是完成对过程现场 I/O 处理并实现直接数字控制的网络节点，硬件包括输入/输出单元（IOU）、主控单元（MCU）和电源，其主要功能有：

1）将现场各种过程量（温度、压力、流量、物位以及各种开关状态等）进行数字化，并将数字化后的量存在存储器中，形成一个与现场过程量一致的、能一一对应的、并按实际运行情况实时改变和更新的现场过程量的实时映像。

2）将本站采集到的实时数据通过网络送到操作员站、工程师站及其他现场 I/O 控制站，以便实现全系统范围内的监督和控制，同时现场 I/O 控制站还可接收由上一级操作员站、工程师站下发的信息，以实现对现场的人工控制或对本站的参数设定。

3）在本站实现局部自动控制、回路的计算及闭环控制、顺序控制等。

控制站的基础是输入输出单元（IOU），其中包括数字量的输入（DI）、数字输出（DO）、模拟量输入（AI）、模拟量输出（AO）、脉冲量输入（PI）、脉冲量输出（PO）及其他一些针对特殊过程量的输入输出模块。

主控单元（MCU）是控制站的核心，由控制处理器、输入/输出接口处理器、通信处理器和冗余处理器板块或模块构成。

为了保证 I/O 通道不受外界干扰，控制站中必须配备各种隔离和保护电路，如开关量输入、输出通道的光电隔离，模拟量输入的隔离放大器隔离等。

10.1.3　操作员站

DCS 的操作员站是处理一切与运行操作有关的人机界面（Human Machine Interface，HMI）功能的网络节点，其主要功能就是为系统的运行操作人员提供人机界面，使操作员可以通过操作员站及时了解现场运行状态、各种运行参数的当前值、是否有异常情况发生等，并可通过输入设备对工艺过程进行控制和调节，以保证生产过程的安全、可靠、高效、高质。操作员站一般选用工业计算机（IPC），由主机设备和外部设备组成。在人机界面上监控的内容包括：

1）生产过程的模拟流程图（即用模拟图形表示的生产装置或生产线）。其中标有各关键数据、控制参数及设备状态的当前实时状态。对于生产过程至关重要的极少数关键数据需要在 CRT 屏幕的固定位置上显示，并且不随屏幕显示内容的改变或画面的滚动而改变，使操作员在任何时候都可以一眼看到这些最重要的关键数据。

2）报警窗口。报警窗口以倒排时间顺序的方式（即最新出现的报警排在窗口的最上端）列出所有生产过程出现的异常情况，如数值越限、异常状态的出现等。报警窗口中的报警列表应包括异常出现的时间、异常状态或异常数据的值、当前状态或数据的值、该异常是否已得到操作员确认等的简要说明。在报警状态解除并经过操作员确认后，相应的报警信息应从报警队列中删除。

3）实时趋势显示。DCS 的操作员站可对一个或几个生产过程数据的最近一段时间的变化趋势用曲线表示出来，以使操作员对这个或这些数据的发展变化有所了解，并可帮助操作员分析生产过程的运行情况。

4）检测及控制仪表的模拟显示。这对于习惯在模拟仪表前进行操作的操作员来说是一种很好的显示方式。它可以提高操作员对实时数据所表示的内容及表达意义的反应速度，减少因反应迟钝而造成的失误。

5）多窗口显示能力。有时需要将几个不同的生产过程现场模拟图放在同一个屏幕上显示，以对照了解它们之间的互相影响及变化情况，这就需要操作员站具有多窗口显示能力。

6）灵活方便的画面调用方法、画面切换、翻页方法及"热键"功能。

7）音响报警装置。音响报警装置主要用于提醒操作员注意观察 CRT 上的报警窗口，及时了解报警情况。

除了人机界面功能外，操作员站还应具有历史数据的处理功能，这主要是为了形成运行报表和历史趋势曲线。一般的运行报表可分为时报、班报、日报、周报、月报和年报若干种，这些报表均要调用历史数据库，并按用户要求进行排版并打印输出。历史趋势曲线主要是能了解过去某时间段内某个或某几个数据的变化情况，有时还要求与当前数据的变化情况相对照，以得到一些概念性的结论，使操作员在进行控制和调节时更具有目标性。

10.1.4　工程师站

工程师站是控制工程师的人机界面，实现对 DCS 进行离线配置或组态工作和在线系统监督、控制、维护的网络节点。其主要功能是提供对 DCS 进行组态、配置工作的工具软件，并实时地监视 DCS 网络上各个节点的运行情况，使系统工程师可以通过工程师站及时调整系统配置及一些系统参数的设定，使 DCS 随时处在最佳的工作状态之下。

1. 工程师站组态功能

工程师站的最主要功能是对 DCS 进行离线的配置和组态工作。组态内容包括硬件配置组态、数据库组态、控制回路组态、控制逻辑组态及监控画面组态。

在 DCS 进行配置和组态之前，只是一个硬件、软件的集合体，它对于实际应用来说是毫无意义的，只有在经过对应用过程进行了详细透彻的分析、设计并按设计要求正确地完成了组态工作之后，DCS 才成为一个真正适于某个生产过程使用的应用控制系统。在 DCS 工程师站中，一般要提供硬件配置、数据库、操作员站显示画面等组态功能。

2. 工程师站监控功能

工程师站对 DCS 运行状态进行监视，包括各控制站的运行状态、各操作员站的运行情况、网络通信情况等。一旦发现异常，系统工程师必须及时采取措施，进行维修或调整以使 DCS 能保证长时间连续运行，不会因对生产过程的失控造成损失，另外还有对组态的在线修改功能，如上下限设定值的改变、控制参数的调整、对某个检测点或若干个检测点，甚至现场 I/O 站的离线直接操作等。

10.2　集散控制系统的特点与发展趋势

10.2.1　DCS 的主要特点

由图 10-1 所示 DCS 的基本结构示意图可以看出，其结构分为生产管理层、过程监控层及现场控制层三个层次。这种体系结构特征反映了集散控制系统的"分散控制、集中管理"的特点。

与常规模拟仪表及集中型计算机控制系统相比，DCS 具有很显著的特点。

1. 系统构成灵活

从总体上看，DCS 就是由各个工作站通过网络通信系统组网而成的，可以根据生产需求，随时加入或者撤去工作站，自由增删组态画面，系统组态很灵活。

2. 操作管理便捷

DCS 的人机反馈都是通过 CRT 和键盘、鼠标等实现的。可以基于通用网络，监视生产装置、工艺生产过程、控制设备乃至整个工厂的正常运行。

3. 信息资源共享与风险分散

用多台计算机共同完成所有过程量的输入/输出，每台计算机只处理一部分实时数据；单台计算机失效只会影响到自己所处理的数据，不至于造成整个系统失去实时数据，使每台计算机的处理尽量单一化，以提高每台计算机的运行效率；单一化的处理在软件结构上容易做得简单，提高了软件的可靠性。

4. 系统扩展与升级方便

与计算机的内部总线相比，计算机网络具有设备相对简单、可扩性强、初期投资较小的特点，只要选型得当，一个网络的架构可以具有极大的伸缩性，从而使系统的规模可以在很大程度上实现扩充而并不增加很多费用，换句话说，就是系统的成本可以随着规模的扩充基本上呈线性增长的趋势。

DCS 具有层次性和可分割性符合被控过程自身的内在规律，因此 DCS 出现后很快地得到了广泛的承认和普遍的应用，并且在较短的时间内取得了相当大的进展。

10.2.2　DCS 的发展趋势

近年来，在 DCS 关联领域有许多新进展，主要表现在如下一些方面。

1. 系统功能向开放式方向发展

传统 DCS 的结构是封闭式的，不同制造商的 DCS 之间难以兼容。而开放式的 DCS 将可以赋予用户更大的系统集成自主权，用户可根据实际需要选择不同厂商的设备连同软件资源连入控制系统，达到最佳的系统集成。这里不仅包括 DCS 与 DCS 的集成，更包括 DCS 与 PLC、FCS 及各种控制设备和软件资源的广义集成。

2. 仪表技术向数字化、智能化、网络化方向发展

工业控制设备的智能化、网络化发展，可以促使过程控制的功能进一步分散下移，实现真正意义上的"全数字""全分散"控制。另外，由于这些智能仪表精度高、重复性好、可靠性高，并具备双向通信和自诊断功能等特点，致使系统的安装、使用和维护工作更为方便。

3. 工控软件正向先进控制方向发展

广泛应用各种先进控制与优化技术是挖掘并提升 DCS 综合性能最有效、最直接，也是最具价值的发展方向，主要包括先进控制、过程优化、信息集成、系统集成等软件的开发和产业化应用。在未来，工业控制软件也将继续向标准化、网络化、智能化和开放性发展方向。

4. 系统架构向 FCS 方向发展

单纯从技术而言，现阶段现场总线集成于 DCS 可以有三种方式：

1）现场总线于 DCS 的 I/O 总线上的集成，即通过一个现场总线接口卡挂在 DCS 的 I/O 总线上，使得在 DCS 控制器所看到的现场总线来的信息就如同来自一个传统的 DCS 设备卡一样。艾默生（Emerson）公司推出的 DeltaV 系统采用的就是此种集成方案。

2）现场总线于 DCS 网络层的集成，就是在 DCS 更高一层网络上集成现场总线系统，这种集成方式不需要对 DCS 控制站进行改动，对原有系统影响较小。如 SMAR 公司的 302 系列现场总线产品可以实现在 DCS 系统网络层集成其现场总线功能。

3）现场总线通过网关与 DCS 并行集成。现场总线和 DCS 还可以通过网关桥接实现并行集成，如中控集团（SUPCON）的现场总线系统，利用 HART 协议网桥连接系统操作站和现场仪表，从而实现现场总线设备管理系统操作站与 HART 协议现场仪表之间的通信功能。

一直以来 DCS 的重点在于控制，它以"分散"作为关键词。但现代发展更着重于全系统信息综合管理，今后"综合"又将成为其关键词，向实现控制体系、运行体系、计划体系、管理体系的综合自动化方向发展，实施从最底层的实时控制、优化控制上升到生产调度、经营管理，以至最高层的战略决策，形成一个具有柔性、高度自动化的管控一体化系统。

10.3 典型 DCS

典型 DCS 有美国霍尼韦尔（Honeywell）公司的 TDC-3000/LCN 系统、福克斯波罗（Foxboro）公司的 I/A Series 系统、ABB 公司的 INFI-90，日本横河电机（YOKOGAWA）公司的 Centum-XL 以及我国中控集团的 CS2000 等。

20 世纪 80 年代，国内 DCS 的市场几乎全被国外产品占有，国内大型企业 DCS 基本上都是引进的，投资较高，中小型企业很难承受。生产出适合我国中小企业用的投资少、效益高、功能齐全灵活的 DCS，并使之系列化，是当前国内发展的总趋势。进入 20 世纪 90 年代以来，国内已开发出适合我国中小型企业用的 DCS，国产 DCS 的市场占有率不断上升。

10.3.1 Honeywell 公司的 TDC3000 系统

TDC-3000 系统是美国 Honeywell 公司继世界上首套 DCS TDC-2000 之后推出的新的 DCS，在世界上得到了广泛的应用。

TDC-3000 系统由局部控制网络（LCN）及其模件、万能控制网络（UCN）及其管理站和数据高速通道及其设备组成，如图 10-2 所示。

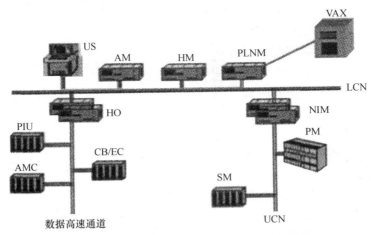

图 10-2　TDC-3000 系统组成

1. 局部控制网络（LCN）及其模件

局部控制网络（LCN）及其模件由七个部分组成，主要完成系统监视、操作、工程管理和维护；先进控制和综合信息处理；提供与过程控制网络之间的连接；实现 LCN 上模件之间的通信、信息处理与存储。

1）LCN：局部控制网络，可以连接 64 个模件，通信速度为 5Mbit/s。

2）US：万能操作站，可实现操作人员对生产的监视和控制和工程师对系统的组态。

3）AM：应用模件，完成复杂的计算，实现多变量控制功能以提高过程控制及管理水平。

4）HM：历史模件，是 TDC3000 的存储单元，可以存储过程报警，操作员状态改变、操作员信息、系统维护提示信息、连续过程历史数据等，还存储系统文件、确认点文件及在线维护信息。

5）PLNM：PLC 网络管理。

6）HG/NIM：高速通道接口/网络接口模块，它们是 LCN 与数据高速通道（Data Hiway）、万能控制网络（UCN）进行数据通信的接口。

7）VAX：上位计算机。

2. 万能控制网络（UCN）及其管理站

万能控制网络（UCN）用于各过程控制站（PM）、安全系统（SM）通信，是实现数据采集与控制功能的过程网络。通过网络接口模件（NIM）与局部网络（LCN）相连，实现用户需要的监视、操作、信息管理和系统维护等功能。

3. 数据高速通道及其设备

数据高速通道（DHW）用来连接基本控制器（BC）、增强控制器（EC）、多功能控制器（MC）、先进多功能控制器（AMC）和过程接口单元（PIU），实现生产过程的控制和数据采集。通过高速通道接口（HG）与局部控制网络（LCN）相连，实现用户的监视、操作、信息管理和系统维护等功能。

10.3.2 Foxboro 公司的 I/A Series 系统

I/A Series 系统是美国 Foxboro 公司推出的开放式智能 DCS，是世界上第一种使用开放网络的工业控制系统，也是目前使用 64 位工作站和全冗余的高标准 DCS。I/A Series 系统已经在全世界电力、石化、冶金、建材、轻工、纺织、食品等各个领域都有广泛应用的系统。I/A Series 系统处理机组件通过节点总线（Nodebus）相互连接，形成过程管理和控制节点。每一个组件也可通过一根或多根的通信链路与外部设备或其他类型的组件相连。节点总线为 I/A Series 系统中的各个站（控制处理机、操作站处理机等）之间提供高速、冗余的点到点通信，具有优异的性能和安全性。I/A Series 系统结构示意图如图 10-3 所示。

与主要设计成处理连续量，反馈类型的控制回路的 DCS 不同，I/A Series 系统设计成用来满足全部测量

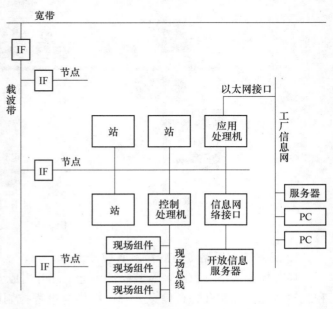

图 10-3　I/A Series 系统结构示意图

和控制需求。系统提供的综合控制组态软件包用于处理连续控制、顺序控制和梯形逻辑控制。I/A Series 系统使用多种久经考验的各种控制功能块算法，其中包括为了帮助用户使最难对付的回路处于控制之下，使用了基于专家系统的 EXACT PID 参数自整定和多变量 EXACT-MV PID 参数自整定等先进控制算法。

I/A Series 系统的最大特点是开放，在系统与 MIS 通信这一层上，不论是 51 系列还是 70 系列，都可以非常方便地和工厂信息网进行通信。I/A Series 系统可以方便地与管理网以高速率传送实时和历史数据，以及实时的过程操作画面。通过这些实时的过程数据，为工厂的决策层提供了最好的决策依据，可以使管理者明确看出过程的不合理处，进行能耗、质量等方面的优化改革，使整个工厂的管理现代化上了一个层次。各种信息和数据还可以通过以太网和 TCP/IP、DECNET、NFS、X.25、NOVELL/IP 等通信协议与各种不同种类、不同型号的台式机、便携机、服务器。

I/A Series 系统的主要特点有以下 4 个方面。

（1）系统可靠性和安全性 I/A Series 系统处处都贯彻了安全可靠的思路：工作站与节点总线之间是冗余配置，节点总线是冗余的，控制处理机是容错的，控制处理机与 I/O 卡件之间的现场总线也是冗余的，而且 I/O 卡件上的每个模拟量通道都是互相隔离的，开关量通道都是成对隔离的。

整个网络的开放结构使得任何一台处理机或工作站出现故障，都不会影响到其他工作站的操作功能。节点总线与现场总线均采用冗余结构，提供完善的传输出错检测技术，节点总线接口采用一个 32 位出错检测码，与来自各处理机的信息一同送出，在检测到错误时进行数据重发，增强系统安全和可靠性。I/A Series 系统网络对系统的访问是基于可组态的口令保护环境，这些环境将所有用户限制在他们工作所需的显示画面、应用程序和组态程序的范围内，而不提供可能引起误操作的环境。

现场输入/输出模块 FBM（FoxBoro Module） 可以由软件设置为在通信故障下的保持状态，即使上级控制处理机都已故障，或是双冗余的通信电缆都被切断，甚至所有的上级控制和操作管理站都断电，FBM 采用了冗余电源供应，继续保持输出，直至系统重新恢复后，再由上级控制处理机接管控制。另外，如果发生整个系统的 UPS 电源和系统后备电源都被切断的情况，I/A Series 系统的电源系统中依然提供了电池后备电源，可以对所有 FBM 中的内存继续供电，只要系统电源一恢复，FBM 将按断电之前的参数设置输出值，以保证过程控制的连续。

（2）系统易维护 I/A Series 系统各种处理机和 I/O 卡件均有自诊断程序，由红色报警指示灯提示，无需人工判断，可迅速更换。每个系统组件上的字符状标志，可便捷地为系统软件迅速识别。

（3）灵活性和可扩展性 I/A Series 系统的模块化硬件和软件设计允许用户配置一个完全适合工厂控制和信息需求的系统，各种处理机组件、现场总线组件、外设和机柜均可方便地进行组合。工程组态工作可在一般个人计算机上进行，在一般个人计算机上完成的软件可以转换到大系统上运行，节约工程组态时间并方便操作员和工程师熟悉系统，更可以将过程优化调试工作进行预调试，然后再投到实际过程中去，大大提高效率和安全性。

（4）长寿命系统结构 I/A Series 系统由于它的模块化结构，基于对象的通信系统，单一的基于 Windows NT 的软件和基于工业标准的网络，使 I/A Series 系统成为固有的长寿命结构，其结构允许更新的技术与现存的透明地协同运行，允许用户方便地将现存的应用软件升级至这些新技术，永远保持优势。

10.3.3　YOKOGAWA 公司的 CENTUM 系统

日本横河电机（YOKOGAWA）公司的 DCS 主要有 CENTUM-V 型、CENTUM-XL 系统、CENTUM-CS 等系列产品。本节主要以 CENTUM-XL 系统为主，介绍其系统构成和性能特点。其结构示意图如图 10-4 所示。

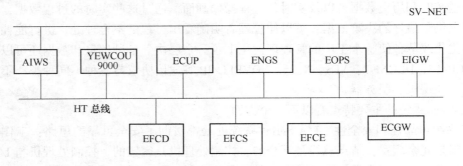

图 10-4　CENTUM 结构示意图

CENTUM-XL 系统由工程师站（ENGS）、操作站（EPOS）、现场控制站（EFCS）、双重化现场控制站（EFCD）、电站用现场控制站（EFCE）、现场监督站（EFMS）、计算机站（ECMP）、现场通信单元（ECGW）、现场门单元（EFGW）、人工智能工作站（AIWS）和 YEWCOM9000 上位计算机等 11 种站组成，它们之间用通信总线相连，作为控制级通信。一个 HF 总线最多可接 32 个站，在 ENGS、EOPS、ECMP、AIWS、YEWCOM9000 之间还可以通过 SV-NET 总线还成局域网络，实现管理级通信。

CENTUM-XL 系统的主要组成部分有：

1. 通信系统

HF 总线是该系统的控制级总线，具有高可靠性，新老系统可以挂在同一个 HF 总线上，信道为同轴电缆，最大传送距离（不加转换器）为 2km，传送速度为 1Mbit/s。

SV-NET 总线是横河电机公司开发的管理级通信网络，采用了 MAP 标准。SV-NET 总线为局域网络，传送距离标准为 500m，总线最多可以连接 100 个站，传送速度为 10Mbit/s。

EFGW 通信门路单元用于 CENTUM-XL 与上位计算机相连，EFGW 通信门路单元是用于与下位系统（PLC、分析仪表等）通信。这两个门路单元采用 RS-232C 标准的串行接口。

2. EOPS 操作站

EOPS 操作站完成操作员界面功能，如流程监视、报警、通信、趋势记录和控制调节等。系统维护功能包括站状态显示、系统报警显示、控制站存储和数据库维护等。

3. 现场控制站

现场控制站完成现场信号变换、数据采集和实时控制，主要单元由站控制箱、输入输出插件箱、信号变换插件箱和端子盘四部分组成，主要功能为反馈控制功能、顺序控制功能，还有运算功能、冗余功能、启动处理功能和通信功能等。现场控制站 CPU 和控制输出部分具有冗余功能。

4. 工程师站（ENGS）

工程师站（ENGS）使用 UNIX 操作系统，连在 HF 总线上，和操作站 EOPS 相配合，完成工程师操作。工程师操作主要指系统本身的装入和启动、系统组态和操作站组态、模拟图组态、控制站组态、系统的修改和维护。

　　横河电机公司是日本老牌 DCS 及仪表厂家，开发了 CENTUM 系统 DCS 产品，用于实现大、中、小规模的过程控制自动化。SV-NET 总线采用了工厂自动化标准工业局域网络协议（Manufacturing Automation Protocal，MAP），形成开放型网络，便于与其他系统相连，工程师站和操作员站操作简单、丰富、人机界面友好，现场控制站结构紧凑、合理、控制功能完善。另外，CPU 和控制输出板采用了双冗余设计，保证了系统的安全可靠性。CENTUM-XL 进入我国市场较早，在石油、化工、钢铁、水泥、电力等领域中小装置应用较为广泛。

10.3.4　中控集团的 CS2000

　　CS2000 是中控集团开发的一种 DCS。CS2000 是纵向分层、横向分散的大型综合控制系统，它以多层局部网络为依托，将分布在整个企业范围内的各种控制设备和数据处理设备连接在一起，实现各部分的信息共享和协调工作，共同完成各种控制、管理和决策任务。CS2000 分为三层：高层管理网络、过程控制网络和现场的 SBus 总线。如图 10-5 所示。

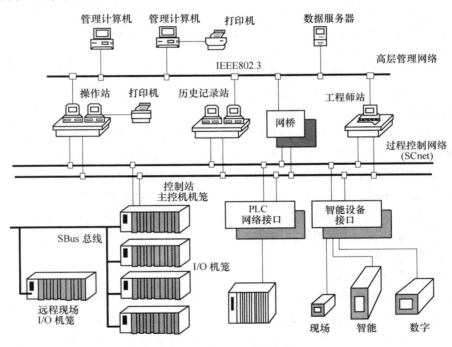

图 10-5　CS2000 总体结构

1. 系统主要设备

　　（1）控制站（CS）　实现对物理位置、控制功能都相对分散的现场生产过程进行控制的主要硬件设备称为控制站（Control Station，CS）。通过不同的硬件配置和软件设置可构成不同功能的控制站，包括数据采集站（DAS）、逻辑控制站（LCS）和过程控制站（PCS）三种类型。

　　第一类控制站：一个数据采集站可处理 384 点模拟量（AI/AO）或 1024 点开关量（DI/DO）。

　　第二类控制站：逻辑控制站（LCS）可处理 64、点模拟量（AI/AO）或 1024 点开关量（DI/DO）。

第三类控制站：过程控制站（PCS）可处理 128 个回路，256 点模拟量（AI/AO）或 1024 点数字量（DI/DO）。

主控卡是控制站的主要设备，它是一种智能卡件，能完成多种过程运算和数字运算，并通过 SUB 总线获得 I/O 卡件的交换交换信息。它与现场信号点联系是通过数据转接卡连接来完成的。

（2）操作站（OS）　由工业 PC、CRT、键盘、鼠标、打印机等组成的人机接口设备称为操作站（Operator Station，OS），是操作人员完成工艺过程监视、操作、记录等管理任务的环境。

（3）工程师站（ES）　DCS 中用于控制应用软件组态、系统监视、系统维护的工程设备称为工程师站（Engineer Station，ES）。它是为专业工程技术人员设计的，内装有相应的组态平台和系统维护工具，工程师站的硬件配置与操作站基本一致。

（4）通信接口单元（CIU）　用于实现 CS2000 系统与其他计算机、各种智能控制设备（如 PLC）接口的硬件设备称为通信接口单元（Communication Interface Unit，CIU），也称通信管理站。

（5）多功能站（MFS）　用于工艺数据的实时统计、性能运算、优化控制、通信转发等特殊功能的工程设备统称为多功能站（Multi-function Station，MFS）。

（6）过程控制网（SCnet Ⅱ）　将控制站、操作站、通信接口单元等硬件设备连接起来，构成一个完整的分布式控制系统，实现系统各节点间相互通信的网络称为 SCnet Ⅱ 过程控制网（简称 SCnet Ⅱ）。SCnet Ⅱ 采用的是冗余 10Mbit/s（局部可达 100Mbit/s）工业以太网。

2. 系统软件

组态软件包中包括 SCKey（系统组态）、SCDraw（流程图绘制）、SCControl（图形化组态）、SCDiagnose（系统诊断）等工具软件；同时还有用于过程实时监视、操作、记录、打印、事故报警等功能的实时监控软件 AdvanTrol/AdvanTrol-Pro。

PIMS（Process Information Management Systems）软件是自动控制系统监控层一级的软件平台和开发环境，以灵活多变的组态方式，提供了良好的开发环境和简捷的使用方法，各种软件模块可以方便地实现和完成监控层的需要，并能支持各种硬件厂商的计算机和 I/O 设备，是理想的信息管理网开发平台。

3. 信息管理网 Ethernet

信息管理网连接各个控制装置的网桥和企业各类管理计算机，用于工厂级的信息传送和管理，是实现全厂综合管理的信息通道。信息管理网通过在多功能站（MFS）上安装双重网络接口（信息管理和过程控制网络）转接的方法，获取集散控制系统中过程参数和系统运行信息，同时向下传送上层管理计算机的调度指令和生产指导信息。

4. 过程控制网 SCnet Ⅱ

过程控制网 SCnet Ⅱ 直接连接控制站、操作站、工程师站、通信接口单元等，是传送过程实时信息的通道，具有很高的实时性和可靠性。过程控制网是在 10base Ethernet 基础上开发的网络系统，各节点的通信接口均采用专用以太网控制器，数据传输遵循 TCP/IP 和 UDP/IP。

SCnet Ⅱ 的基本性能指标如下：

1）拓扑结构：总线型或星形结构。

2）传输方式：曼彻斯特编码方式。

3）通信控制：符合 IEEE802.3 标准协议和 TCP/IP 标准协议。

4）通信速率：10Mbit/s、100Mbit/s 等。

5）节点容量：最多 15 个控制站、32 个操作站或工程师站或多功能站。

6）通信介质：双绞线、RG-58 细同轴电缆、RG-11 粗同轴电缆、光缆。

7）通信距离：最大 10km。

5. SBus 总线

SBus 总线是控制站各卡件之间进行信息交换的通道。SBus 总线由两层构成，即 SBus-S1 和 SBus-S2。主控制卡就是通过 SBus 总线来管理分散于各个机笼的 I/O 卡件的。

第一层为双重化总线 SBus-S2，它是系统的现场总线，位于控制站所管辖的 I/O 机笼之间，连接主控制卡和数据转发卡，用于主控制卡与数据转发卡间的信息交换。

第二层为 SBus-S1 网络，位于各 I/O 机笼内，连接数据转发卡和各块 I/O 卡件，用于数据转发卡与各块 I/O 卡件间的信息交换。SBus-S2 级和 SBus-S1 级之间为数据存储转发关系，按 SBus 总线的 S2 级和 S1 级进行分层寻址。

10.4　监督控制与数据采集系统

监督控制与数据采集（Supervisory Control And Data Acquisition，SCADA）系统，是以计算机为基础的生产过程控制与调度自动化系统。SCADA 系统应用领域很广，可以应用于电力系统、给水系统、石油、化工等领域的数据采集与监视控制以及过程控制等，在电力系统以及电气化铁道上又称远动系统。它可以对现场的运行设备进行监视和控制，以实现数据采集、设备控制、测量、参数调节以及各类信号报警等各项功能。

10.4.1　概述

SCADA 系统自诞生之日起就与计算机技术的发展紧密相关。SCADA 系统发展到今天已经经历了三代。

第一代是基于专用计算机和专用操作系统的 SCADA 系统，如电力自动化研究院为华北电网开发的 SD176 系统。这一阶段是从计算机运用到 SCADA 系统时开始到 20 世纪 70 年代。

第二代是 20 世纪 80 年代基于通用计算机的 SCADA 系统，在第二代中，广泛采用 VAX 等其他计算机以及其他通用工作站，操作系统一般是通用的 UNIX 操作系统。在这一阶段，SCADA 系统在电网调度自动化中与经济运行分析、自动发电控制（AGC）以及网络分析结合到一起，构成了能量管理系统（EMS）。

第一代与第二代 SCADA 系统的共同特点是基于集中式计算机系统，并且系统不具有开放性，因而系统维护、升级以及与其他联网构成很大困难。

20 世纪 90 年代按照开放的原则，基于分布式计算机网络以及关系数据库技术的能够实现大范围联网的 SCADA 系统称为第三代。这一阶段是我国 SCADA 系统发展最快的阶段，各种最新的计算机技术都汇集进 SCADA 系统中。

目前，SCADA 系统的基础条件已经基本具备，系统的主要特征是采用互联网技术、面向对象技术、神经网络技术以及 JAVA 技术等，继续扩大 SCADA 系统与其他系统的集成，综合安全经济运行以及商业化运营的需要。

10. 4. 2　SCADA 系统与 DCS 的比较

SCADA 系统与 DCS 的比较如下：

1）各层次部分之间需要进行组合和通信。DCS 则是由硬件、处理器、I/O 模块、运行界面和与之相匹配的应用软件组成的一个完整系统。

2）SCADA 系统至少有两个不同的数据库，一个是用于 PLC 的，另一个是用在 SCADA 应用程序中的。任何修改都将在所有的数据库中进行。DCS 只有一个全局的数据库，一旦修改了这个数据库，它将影响整个系统的运行。

3）SCADA 系统中，PLC 程序的编码是面向线性顺序控制的，PLC 的扫描速率则是由负载多少和 I/O 的数量决定的；而 DCS 的设计是面向对象的，其扫描速率固定。

4）SCADA 系统是基于 PC 设计的，所以它与其他系统的接口是开放、通用的；而一般 DCS 是一个相对封闭的系统，很难实现与其他系统对接。

5）SCADA 系统在 PLC 和上位机进行通信的时候需考虑系统所涉及的每个状态位、报警点和信号，其通信检测、系统性能管理和系统报警需要使用编程来实现；而在 DCS 中相关功能通过调用标准函数就可实现了。

6）对于 SCADA 系统，设计人员可自行选择通用的商品化组态软件；而各 DCS 厂家为自己的 DCS 产品都提供自己的组态软件包。

10. 4. 3　组态软件

组态软件又称组态监控系统软件，是一种可组态的工业控制软件，"组态"就是用应用软件中提供的工具和方法来完成工程中某一具体任务的过程；使用灵活的"组态"方式，为用户提供了快速构建工业自动控制系统监控功能的、通用层次的软件工具。

若监控系统功能由软件人员直接编程实现，其工作量大、通用性差，针对不同对象，都要修改或重新设计应用软件，而且这样形成的软件可靠性也较低。组态软件只需用户通过类似"搭积木"的简单方式来完成自己所需要的软件功能，使从事自动控制开发的技术人员从复杂的软件编程中解放出来，从而可以更加专注于生产过程控制，同时也提高了软件系统的可靠性和代码效率。

组态软件的主要功能特点有以下 6 个方面。

1. 强大的界面显示组态

目前，工控组态软件大都运行于 Windows 环境下，充分利用 Windows 的图形功能完善、界面美观的特点，可视化的风格界面、丰富的工具栏，操作人员可以直接进入开发状态，节省时间；丰富的图形控件和工况图库，既提供所需的组件，又是界面制作向导；提供给用户丰富的作图工具，可随心所欲地绘制出各种工业界面，并可任意编辑，从而将开发人员从繁重的界面设计中解放出来；丰富的动画连接方式，如隐含、闪烁、移动等，使界面生动、直观。

2. 强大的数据库管理

组态软件配有实时数据库，可存储各种数据，如模拟量、离散量、字符型等，实现与外部设备的数据交换。

3. 可编程的命令语言

组态软件有可编程的命令语言，使用户可根据自己的需要编写程序，增强图形界面。

4. 丰富的功能模块

组态软件提供丰富的控制功能库，满足用户的测控要求和现场要求；利用各种功能模块，完成实时监控产生功能报表显示历史曲线、实时曲线、提醒报警等功能，使系统具有良好的人机界面，易于操作。系统既可适用于单机集中式控制、DCS 分布式控制，也可以是带远程通信能力的远程测控系统。

5. 安全权限管理

组态软件赋予不同的操作者不同的操作权限，对于一些重要的操作命令，还需进行口令字复核和操作复核，保证整个系统的安全可靠运行。

6. 良好的开放性

社会化的大生产使得系统构成的全部软硬件不可能出自一家公司的产品，"异构"是当今控制系统的主要特点之一。开放性是指组态软件能与多种通信协议互联，支持多种硬件设备。开放性是衡量一个组态软件好坏的重要指标。组态软件向下应能与低层的数据采集设备通信，向上能与管理层通信，实现上位机与下位机的双向通信。

目前，流行的通用组态软件有国外 GE 公司的 iFix、西门子公司的 WinCC、施耐德公司的 Intouch 以及国内组态王 KingView、三维力控等。

本 章 小 结

1. 本章从实际应用出发，重点介绍了集散控制系统（DCS）的组成、特点及发展趋势；目的是使读者熟悉其基本功能特性、使用方法和设计方法；基本掌握硬件配置、软件组态，从而具有初步使用集散控制系统的能力。

2. 通过典型 DCS 如 Honeywell 公司的 TDC-3000 系统、Foxboro 公司的 I/A Series 系统、YOKOGAWA 公司的 Centum-XL 系统以及中控集团的 CS2000 介绍，使读者进一步认知 DCS 并增强应用能力。

3. 监督控制与数据采集（SCADA）系统，是由调度中心通过数据通信系统对远程站点的运行设备进行监视和控制，以实现数据采集、设备控制、测量、参数调节以及各类信号报警等功能的分散型综合控制系统，这种结构体现了集中管理、分散控制的现代大系统控制原则，具有广泛的应用领域。

思考题与习题

10-1 什么叫集散控制系统？与常规仪表控制系统和计算机集中控制系统相比，有什么特点？它的高可靠性体现在哪些方面？

10-2 集散控制系统操作站的典型功能包括哪些方面？

10-3 简述集散控制系统的过程控制级、过程管理级、生产管理级和经营管理级的主要功能及相互关系。

10-4 举例说明集散控制系统的应用。

10-5 SCADA 系统由哪些硬件构成？

10-6 SCADA 系统的数据传输系统有哪些特征？

10-7 组态软件有哪些主要的功能？

第 11 章

工业控制网络技术

11.1 现场总线

11.1.1 概述

现场总线（Fieldbus）是指将现场设备（如数字传感器、变送器、仪表与执行机构等）与工业过程控制单元、现场操作站等互连而成的计算机网络，具有全数字化、分散、双向传输和多分支的特点，是工业控制网络向现场级发展的产物。

采用现场总线的自动化仪表及装置向着智能化、数字化、模块化、高精度化和小型化的方向发展。智能仪表和装置之间采用现场总线技术进行数字通信，而不再用模拟的信号通过电线、电缆进行互连，这样就使信号传递方式发生了根本性变化，信号传递更加可靠、经济、各个仪表及装置之间的互连更加方便灵活。采用现场总线技术构成的集散控制系统，其控制功能将更加分散，系统的构成将更加灵活、可靠性将更高。

11.1.2 现场总线系统结构

现场总线是将自动化最底层的现场控制器和现场智能仪表设备进行互连的实时控制通信网络，主要目的是用于控制、报警和事件报告等工作。现场总线控制系统结构如图 11-1 所示，现场总线控制系统（Fieldbus Control System，FCS）的各控制节点下放分散到现场，构成一种彻底的分布式控制系统体系结构。

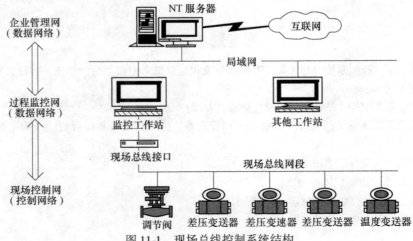

图 11-1　现场总线控制系统结构

FCS 的网络拓扑结构可以选择总线型、星形和环形等不同形式；通信介质不受限制，可用双绞线、电力线、光纤、无线和红外线等多种介质。

由 FCS 构成的现场控制网很容易与过程监控网和企业管理网互连，形成一个完整的企业网络三级体系结构。

11.1.3　现场总线的特点与优点

1. 现场总线的技术特点

（1）系统的开放性　开放系统是指通信协议公开，各不同厂家的设备之间可进行互连并实现信息交换，现场总线开发者就是要致力于建立统一的工厂底层网络的开放系统。这里的开放是指对相关标准的一致、公开性，强调对标准的共识与遵从。一个开放系统，它可以与任何遵守相同标准的其他设备或系统相连。

（2）互可操作性与互用性　互可操作性是指实现互连设备间、系统间的信息传送与沟通，可实行点对点、一点对多点的数字通信。而互用性则意味着不同生产厂家的性能类似的设备可进行互换而实现互用。

（3）现场设备的智能化与功能自治性　它将传感测量、补偿计算、工程量处理与控制等功能分散到现场设备中完成，仅靠现场设备即可完成自动控制的基本功能，并可随时诊断设备的运行状态。

（4）系统机构的高度分散性　由于现场设备本身已可完成自动控制的基本功能，使得现场总线已构成一种新的全分布式控制系统的体系结构，从根本上改变了现有 DCS 集中与分散相结合的集散控制系统体系，简化了系统结构，进一步提高了可靠性。

（5）对现场环境的适应性　作为工厂网络底层的现场总线，是专为在现场环境工作而设计的，它可支持双绞线、同轴电缆、光缆、射频、红外线、电力线等，具有较强的抗干扰能力，能采用二线制实现电能传输与通信，并可满足本质安全防爆要求等。

2. 现场总线的优点

由于现场总线的以上特点，特别是现场总线系统结构的简化，使控制系统的设计、安装、投运到正常生产运行及其检修维护，都体现出优越性。

（1）节省硬件数量与投资　由于现场总线系统中分散在设备前端的智能设备能直接执行多种传感、控制、报警和计算功能，因而可减少变送器的数量，不再需要单独的控制器、计算单元等，也不再需要 DCS 的信号调理、转换、隔离技术等功能单元及复杂的接线，还可以用工控 PC 作为操作站，从而节省了一大笔硬件投资，由于控制设备的减少，还可减少控制室的占地面积。

（2）节省安装费用　现场总线系统的接线十分简单，由于一对双绞线或一条电缆上通常可挂接多个设备，因而电缆、端子、槽盒、桥架的用量大大减少，连线设计与接头校对的工作量也大大减少。当需要增加现场控制设备时，无须增设新的电缆，可就近连接在原有的电缆上，既节省了投资，也减少了设计、安装的工作量。据有关典型试验工程的测算资料，可节约安装费用 60% 以上。

（3）节省维护开销　由于现场控制设备具有自诊断与简单故障处理的能力，并通过数字通信将相关的诊断维护信息送往控制室，用户可以查询所有设备的运行，诊断维护信息，以便早期分析故障原因并快速排除，缩短了维护停工时间，同时由于系统结构简化，连线简单而减少了维护工作量。

（4）用户具有高度的系统集成主动权　用户可以自由选择不同厂家所提供的设备来集成系统，避免因选择了某一品牌的产品被"框死"了设备的选择范围，不会为系统集成过程中不兼容的协议、接口而一筹莫展，使主动权完全掌握在用户手中。

（5）提高了系统的准确性与可靠性　由于现场总线设备的智能化、数字化，与模拟信号相比，它从根本上提高了测量与控制的准确度，减少了传送误差。同时，由于系统的结构简化，设备与连线减少，现场仪表内部功能加强，减少了信号的往返传输，提高了系统的工作可靠性。此外，由于它的设备标准化和功能模块化，因而还具有设计简单、易于重构等优点。

11.1.4　主流现场总线

现场总线发展迅速，目前已开发出有 40 多种现场总线，如 INTERBUS、BITBUS、DeviceNet、Modbus、ARCNET、P-Net、FIP、ISP 等，其中最具影响力的有 5 种，分别是 PROFIBUS、FF、HART、CAN 和 LonWorks。

1. PROFIBUS（Process Fieldbus）

PROFIBUS 由德国西门子公司于 1987 年推出，主要由 PROFIBUS-DP、PROFIBUS-PA 和 PROFIBUS-FMS 三部分组成。

PROFIBUS-DP 是一种高速（数据传输速率为 9.6kbit/s ~ 12Mbit/s）、经济的设备级网络，主要用于现场控制器与分散 I/O 之间的通信，定义了第一、二层和用户接口，第三 ~ 七层未加描述。用户接口规定了用户及系统以及不同设备可调用的应用功能，并详细说明了各种不同 PROFIBUS-DP 设备的设备行为，同时可满足交直流调速系统快速响应的时间要求。PROFIBUS-DP 的物理层采用 EIA-RS485 协议，基于二线双端半双工差分电平发送与接收，无公共地线，能有效克服共模干扰、抑制线路噪声，传输距离为 1.2km。根据数据传输速率的不同，网络媒体采用双绞线、同轴电缆或光纤，安装简易，电缆数量以及使用的连接器、中继器、滤波器数量较少（每个中继器可延长线路 1.2km），网络成本低廉。

PROFIBUS-PA 的数据传输采用扩展的 PROFIBUS-DP 协议。另外，PA 还描述了现场设备行为的行规。PA 的传输技术可确保其本质安全性，而且可通过总线给现场设备供电。使用连接器可在 DP 总线上扩展 PA 网络，传输速率为 31.25kbit/s。

PROFIBUS-FMS 定义了第一、二、七层，应用层包括现场总线信息规范（Fieldbus Message Specification，FMS）和低层接口（Lower Layer Interface，LLI）。FMS 包括了应用协议并向用户提供了可广泛选用的强有力的通信服务。LLI 协调不同的通信关系并提供不依赖设备的第二层访问接口。PROFIBUS-FMS 主要解决车间级通信问题，完成中等传输速度的循环或非循环数据交换任务。

PROFIBUS 属于线性总线，两端有有源的总线终端电阻，传输速率为 9.6kbit/s ~ 12Mbit/s，每分段 32 个站（不带中继），可多到 127 个站（带中继），使用 9 针 D 形插头。

2. FF

现场基金会总线（Foundation Fieldbus，FF）由美国仪器协会（ISA）于 1994 推出，代表公司有霍尔韦尔（Honeywell）和艾默生（Emerson），主要应用于石油化工、连续工业过程控制中的仪表。FF 的特色是其通信协议在 ISO 的 OSI 物理层、数据链路层和应用层 3 层之上附加了用户层，通过对象字典（Object Dictionary，OD）和设备描述语言（Device Description Language，DDL）实现可互操作性。目前基于 FF 的现场总线产品有美国 SMAR 公司生产的压力温度变送器、Rockwell 公司推出的 ProcessLogix 系统，艾默生公司的 PlantWeb。

3. HART 总线

可寻址远程传感器高速通路（Highway Addressable Remote Transducer，HART）由美国艾默生公司于 1989 年推出，主要应用于智能变送器。HART 为一过渡性标准，它通过在 4 ~ 20mA 电源信号线上叠加不同频率的正弦波（2200Hz 表示"0"，1200Hz 表示"1"）来传送数字信号，从而保证了数字系统和传统模拟系统的兼容性，预计其生命周期为最近 20 年。

4. CAN 总线

控制局域网络（Controller Area Network，CAN）总线由德国博世（Bosch）公司于 1993 年推出，应用于汽车监控、开关量控制、制造业等，其介质访问方式为非破坏性位仲裁方式，适用于实时性要求很高的小型网络，且开发工具廉价。

摩托罗拉（Motorala）、英特尔（Intel）、飞利浦（Philips）等公司均生产独立的 CAN 芯片和带有 CAN 接口的 80C51 芯片。CAN 总线产品有罗克韦尔公司的 DeviceNet、研华公司的 ADAM 数据采集产品等。

5. LonWorks

LonWorks 由美国埃施朗（Echelon）公司于 1991 年推出，主要应用于楼宇自动化、工业自动化和电力行业等。LonTalk 通信协议是 LonWorks 技术和核心，涵盖全部 7 层协议，其介质访问方式为 P-P CSMA（预测 P-坚持载波监听多路复用），采用网络逻辑地址寻址方式，优先权机制保证了通信的实时性，安全机制采用证实方式，因此能构建大型网络控制系统。埃施朗公司推出的 Neuron 神经元芯片实质为网络型微控制器，该芯片强大的网络通信处理功能配以面向对象的网络通信方式，大大降低了开发人员在构造应用网络通信方面所需花费的时间和费用，而可将精力集中在所擅长的应用层进行控制策略的编制，因此业内许多专家认为 LonWorks 是一种很有发展前景的现场总线。基于 LonWorks 的总线产品有美国 ACTION 公司的 Flexnet&Flexlink 等。

11.2　工业以太网及基于 Web 的监控系统

计算机和网络技术的发展引发了控制领域深刻的技术变革。控制系统结构向网络化、开放性方向发展将是控制系统技术发展的主要潮流。以太网作为目前应用最广泛的局域网技术，在工业自动化和过程控制领域得到了越来越多的应用。同时，随着互联网遍及世界的每一个角落，人们已经进入了一个崭新的现代通信技术的时代。依靠以太网和互联网技术实现信息共享，对企业实施管控一体化必将产生深远的影响。

11.2.1　控制系统中以太网的引入

一般来讲，控制系统网络可分为 3 层：信息层、控制层和设备层（传感/执行层）。传统的控制系统在信息层大都采用以太网，而在控制层和设备层一般采用不同的现场总线或其他专用网络。目前，以太网已经渗透到了控制层和设备层，几乎所有的 PLC 和远程 I/O 供应商都能提供支持 TCP/IP 的以太网接口的产品。以太网之所以给自动化市场带来风暴式的革命，主要有以下 3 个原因：

1. 低成本的刺激和速度的提高

以太网适配器的价格大幅度下跌以及各种产品和标准对以太网的支持是其成功的重要因素。20 世纪 80 年代，10Mbit/s 的网卡售价近 1000 美元；现在 100Mbit/s 的网卡售价仅为 15

美元左右，而且很多 PC 已经集成有以太网接口。以太网最初的数据传输速度只有 10Mbit/s。随着 1996 年快速以太网标准的发布，以太网的速度提高到了 100Mbit/s。1998 年，千兆位以太网标准的发布将其速度提高到最初速度的 100 倍。随着现代以太网诸如交换、全双工传输、实时数据优先级等技术的发展，以及带宽由 10Mbit/s 到 100Mbit/s 乃至 1000Mbit/s 的提升，以太网成为工业自动化网络中首选的传输方式。

2. 现代企业对实时生产信息有越来越多的要求

当前，人类已经进入了以互联网为基础的知识经济时代，企业活动也已扩展到全球范围，生产系统中最主要的三大要素——物质、能源和信息之间的关系发生了巨大变化，信息已成为最活跃的主导性因素。为了提高生产的效率和效益，人们迫切需要了解生产过程的实时数据，将实时生产信息与企业的企业资源计划，（Enterprise Resource Planning，ERP）系统结合起来。而企业的信息层大多数采用了以太网的解决方案，当控制层和设备层都采用以太网时，可实现各层之间信息的无缝连接，而且整个网络系统将是透明的。

3. 以太网开放性和兼容性

现场总线从 1984 年开始提出到现在，共产生了 60 多个数字通信网络标准，有 5000 多种支持这些网络的产品。这些标准分别为不同的厂家所拥有，并与它们的产品捆绑在一起，相互之间兼容性很差。这给那些使用多家产品的大型系统的集成和维护带来了很大的麻烦，因此迫切需要建立一个统一、开放的通信标准。工业以太网因为采用由 IEEE 802.3 所定义的数据传输协议，它是一个开放的标准，从而为 PLC 和 DCS 厂家广泛接受。与现场总线相比，以太网还具有向下兼容性。快速以太网是在双绞线连接的传统以太网标准（10Base-T）的基础上发展起来的，它的传输速度从 10Mbit/s 提升到了 100Mbit/s。在大多数场合，它还可以使用现有的布线。此外，以太网还允许逐步采用新技术。也就是说，没必要一下子改变整个网络，可以一步步将整个网络升级。

11.2.2 工业以太网的特点

尽管工业以太网与普通商用以太网同样符合 IEEE 802.3 标准，但是由于工业以太网设备的工作环境与办公环境存在较大差别，所以工业以太网设备要求工作温度范围较宽、封装牢固（抗振和防冲击）、导轨安装、电源冗余、DC 24V 供电等。一般来说，工业以太网设备与普通商用以太网设备之间的区别见表 11-1。

表 11-1　工业以太网与普通商用以太网设备之间的区别

功　　能	工业以太网设备	普通商用以太网
元器件和设计	工业级	商用级
工作电压	DC 24V	AC 220V
电源冗余	双电源	一般没有
安装方式	DIN 轨道安装	桌面，机架
工作温度	0 ~ 60℃	5 ~ 40℃
冷却方式	无风扇	有风扇
电磁兼容性标准	EN50081-2（EMC，工业）	EN50081-2（EMC，办公室）
冗余环网切换时间	小于 500ms	0 ~ 30s[①]
平均故障间隔时间（MTBF）	至少 10 年	35 年
要求备品备件供货时间	10 年	3 ~ 5 年

① 表注采用 Spanning Tree 做网络线路冗余，当发生线路故障时系统的恢复时间。

工业自动化还越来越多地要求工业以太网解决方案必须满足鲁棒性和可靠性方面的专门需要。在这一方面，德国赫斯曼（Hirschmann）公司一直处于领先位置，该公司从 20 世纪 80 年代末就开始研究冗余以太网，拥有"环形以太网冗余"的专利。该专利采用抗干扰的光纤和集成的冗余机制，增强了数据网络的可靠性，从而保证了生产过程的正常进行。

过去，由于没有其他可供选择的方案，冗余网络都是采用双总线方式实现的。现在，以太网和交换技术使得建立冗余环网成为可能，只需在总线的两端之间增加一条链路即可实现高效率、高性价比的冗余。相应的集线器（Hub）和交换机均可以构成环形拓扑结构用在关键的场合，以保证所需的容错功能。这些集线器系统可以用于构造网格状结构的共享网络，保证即使同时发生多处故障时，网络仍然正常运行。该 Hub 的一个特点是当发生故障时可以在 20ms 内切换到冗余链路。而导轨系列交换机的冗余管理器功能允许将总线结构封闭形成冗余环。如果一条链路发生故障，环形结构将切换为具有全部传输能力的总线结构，对于多达 50 台交换机构成的环，这一切换时间小于 500ms。对于规模小的冗余环，这一时间会更短。

嵌入导轨系列交换机中的智能控制功能允许实现多网段间的冗余连接。两个网段之间可以通过两条独立的链路相连，每条链路连接不同的交换机。连接主链路的交换机与连接冗余链路的交换机之间通过一根控制线交换它们的工作状态数据。当主链路发生故障时，冗余交换机立即启动冗余链路，一旦主链路恢复正常，连接主链路的交换机即将这一状态通知连接冗余链路的交换机，主链路工作，冗余链路断开，整个故障的检测和处理时间小于 500 ms。这样，在某条链路或者某个设备发生故障持续 500ms 以后，网络又变得完全可用。

11.2.3 基于 Web 的远程监控

随着以太网技术的飞速发展，基于 TCP/IP 和浏览器/服务器（Browser/Server，B/S）架构的网络分布式监控技术正日趋成熟，远程监控不再需要通过拨号连接而完全可以通过 Web 方式来实现。Web 技术可跨越诸多设备和系统在硬件和软件产品间做到即连即用，只需用网上浏览器经由以太网和 TCP/IP 便可访问各种信息。与传统的客户/服务器（Client/Server，C/S）结构的监控系统相比，B/S 结构模式使界面软件更加图像化，并具有互动性，数据信息的存取和处理都由 Web 服务器完成，瘦客户机只需通过浏览器提出信息要求并接收、显示信息。瘦客户机可任意设置，只要能连上互联网并有权访问 Web 服务器，便可查阅现场有关生产信息，给维护和管理工作带来很大的方便。

1. 基于 B/S 模式的工业监控系统的开发技术

将控制系统的各种数据信息集中到 Web 数据库，通过 Web 服务器，将相应数据传递给客户端的 Web 浏览器，是基于目前流行的 B/S 结构模式的一种开发方式。它主要靠后台的数据库支持 WWW 方式的浏览，需要利用动态 HTML 或者 ASP 技术以及大量的编程来实现。

（1）B/S 结构模式　B/S 结构模式与 C/S 结构模式类似，具有分布式计算的特性，主要特点是集中式管理，将程序、数据库以及其他一些组件都集中在服务器上，客户端只需配置操作系统及浏览器即可实现对服务器端的访问。基于这种模式的工业监控系统需要采用三层分布式结构：浏览器—Web 服务器—数据库服务器，其结构如图 11-2 所示。

图 11-2　三层 B/S 结构模式图

（2）支持 IIS 的 Web 服务器　互联网信息服务器（Internet Information Server，IIS）是微软（Microsoft）公司的运行于 Windows NT Server 上的 Web Server。它集成了 WWW、FTP 和互联网服务，同时充分利用了 Windows NT 的安全性，而 IIS 从 3.0 后集成的动态网页（Active Server Page，ASP）技术则是开发 Web 数据库的强大工具。

在 IIS 安装好后，主要完成使客户端能访问到在服务器上存放工业监控信息的 Web 站点的建立。利用 NT 中的管理控制台（MMC）可以管理整个 Web 站点，包括创建、删除、修改属性等。Web 站点主要是通过创建虚拟目录来生成的，实际上虚拟目录并不是一个真正存在的目录，它是实际的物理路径的别名，站点的各种文件是存放在实际的物理路径下。而在 IIS 中用虚拟目录进行管理，与物理路径无关，这种管理方式对 Web 站点的安全性是显而易见的。另外，还必须指定虚拟目录的访问权限等内容。

（3）ActiveX 控件　ActiveX 是建立在微软的 COM 模型上的编码和 API 协议，ActiveX 控件则是 COM 技术中的重要成员，主要用于互联网和 Web 网，通常是 DLL 文件的形式，可以用多种语言写成。在基于 Web 技术的工业监控系统中，需要利用 ActiveX 控件将工业现场的各种被测对象的工作状态和实时数据与 WWW 结合起来，使用户可以通过浏览器远程监视和控制生产过程。

从这可以看出，用浏览器实现系统的远程监控，关键是如何恰当的编写各种被测对象的 ActiveX 控件，如数据显示控件、图形显示控件、趋势显示控件等。同时，这些控件还要有每隔一定时间访问实时数据库的能力。在 DCS 网络环境下运行的应用程序，应是遵循 COM/DCOM 标准，通过 ActiveX 实现的 C/S 结构的应用程序。

（4）Web 数据库访问　Web 数据库中存在监控系统中按一定组织结构存放的各种被测数据的信息。这些信息如何被客户端所访问，是 Web 监控系统中的重要环节。

通过浏览器访问 Web 数据库的解决方案较多，传统的有 CGI 方式，简单的站点数据库访问有互联网数据库连接器（Internet Database Connector，IDC）和高级数据连接器（Advanced Data Connector，ADC），在工业监控系统中使用这种 Web 数据库访问方式显然不合适。完整的数据库访问方式为 ADO 数据对象（ActiveX Data Object，ADO）与 ActiveX 网页（ActiveX Server Page，ASP）。

ASP 是一种动态设计站点的 Web 技术，特别是对数据库的访问尤为方便。ASP 提供了一个可以产生和执行动态的、交互式、高效率的 Web 服务器应用程序。在 ASP 中采用 ADO 对数据库进行访问，通过建立对象把访问数据库的细节高度抽象，充分利用了 ADO 快速、简便及低内存开销的优点。而建立在 ADO 结构优化上的 ActiveX 对象就是 ADODB。在 ASP 中使用 ADO 访问数据库的简单步骤如下：

1）用 ASP 的 Server 对象 "Server. CreateObject" 建立要连接的对象，并使用 "Open" 打开待访问的数据库，如

Set ConnDb = Server. CreateObject（"ADODB. Connection"）；
ConnDb. Open "数据源名称"；//数据源名称在 ODBC 中设定

2）设置 SQL 命令，使用 "Execute" 开始执行访问数据库的动作，如

Set Reco = ConnDb. Execute（SQL 命令）；

3）使用 ADO 的 Recordset 对象提供的命令，得到访问的结果，如

Reco. getrows；//将访问结果存于数组中

4）访问结束后，关闭数据库，如

Reco. close；ConnDb. close；

（5）数据与画面的组织和刷新　Web工业监控系统中的画面分为静止画面与动态画面。静止画面可以用HTML页面制作工具如FrontPage等进行制作，而动态画面则相对比较复杂。

前面已经提到了用ActiveX控件生成数据、图形等显示控件。生成这些控件的意义就在于可以利用这些控件，把它们嵌入由HTML或ASP生成的各类监控页面中的适当位置上。由于这些控件具有动态信息的显示能力，这样，在客户端的浏览器上就可以看到具有动态显示效果的监控画面。

在制作ActiveX控件时，需要注意的有两点：一是考虑网络上的传输速率；二是必须使ActiveX控件尽量小，否则，在含有较多的ActiveX控件的页面显示时将会有较长的延迟。对于一些对动态画面要求不高的系统，可以采取实时数据与画面相对独立的HTML页面来实现，以避开ActiveX控件，减轻系统的开发工作。

2. 使用具有Web功能的监控组态软件

另外一种实现远程监控的方式是使用具有Web功能的监控组态软件。目前，已经有越来越多的组态软件具备了Web功能。现简单举例介绍。

（1）美国Intellution的iFix组态软件　iFix扩展的iWebServer功能是一种互联网瘦客户解决方案，它并不需要其他特殊软件、驱动程序或用户程序支持，使用户即使远离工厂现场仍可以实时浏览iFix过程图形，了解工厂的生产情况，诊断问题的所在，联络工厂技术人员并提供可能的解决方案。iWebServer介于工厂现场网和互联网或Intranet网之间，每次远程用户访问时，必须首先登记注册，才能进入工厂网页，禁止非授权用户的访问。另外，iWebServer通过Web服务器管理所有的访问请求，因此您不用担心由于多个用户请求访问而影响整个SCADA系统的功能，保证系统的可靠平稳运行。iClientTS是另一种互联网瘦客户解决方案，它使用了微软的Windows2000终端服务（Terminal Server）技术。利用iClient技术、ActiveX控件及VBA和第三方应用，iClientTS可以连接到网络中任意SCADA Server并读取、显示数据。

（2）西门子公司的WinCC组态软件　我们可以采用美国Sybase公司的Power Builder（PB）软件开发服务器端的Web应用。利用PB软件强大的数据库访问功能访问WinCC中的实时数据，并利用PB的不可视用户对象将实时数据以表格或静态和动态图像的形式表现出来。用浏览器查看页面之前，要将PB软件的解释程序PBCGI60（对于PB6.0版）存放于/Script目录下，将制作好的HTML文档存放在/WWWROOT目录下，并在服务器端运行PB软件开发的服务程序等待客户端请求，若运行正常，用户可以通过浏览器看到动态的数据和画面。

本 章 小 结

1. 工业控制网络是在现场总线技术的基础上发展的，它是由具有数字通信能力并能大量分散在生产现场的测量控制仪表作为网络节点而构成的。本章从实际应用出发，重点介绍现场总线的概念、结构、特点及其优点，并对主流现场总线进行了介绍。

2. 工业以太网作为目前应用最广泛的局域网技术，在工业自动化和过程控制领域得到了越来越多的应用。本章重点介绍了工业以太网的特点、优点和基于Web的远程监控。希望读者通过本章的学习能对工业以太网有一个基本的认知，为将来从事工业以太网的应用奠定一定的基础。

思考题与习题

11-1 什么是现场总线？

11-2 现场总线控制系统（FCS）与集散控制系统（DCS）的根本区别是什么？

11-3 展望 FCS 的发展前景，目前有哪些因素妨碍现场总线控制系统在工业中的推广与应用？

11-4 试以一个单回路控制系统为例，说明现场总线控制系统与其他控制系统在构成上有什么不同。

11-5 试以一个串级控制系统为例，说明现场总线控制系统的组态过程，并画出组态功能与连接图。

附　　录

附录 A　分程控制中控制阀的部分组成状态与对应形式

A阀作用形式	B阀作用形式	控制器作用形式	B阀信号区间	过程A输入输出关系	过程B输入输出关系	分程示意图
气开	气开	反	高段	+	+	
		正		−	−	
气关	气关	正	低段	+	+	
		反		−	−	
气关	气开	反	高段	−	+	
		正		+		
气开	气关	反	低段	+		
		正		−	+	
气关	气开	反	低段	−	+	
		正		+	−	
气开	气关	反	高段	+	−	
		正		−	+	

（续）

A 阀作用形式	B 阀作用形式	控制器作用形式	B 阀信号区间	过程 A 输入输出关系	过程 B 输入输出关系	分程示意图
气开	气开	反	低段	+	+	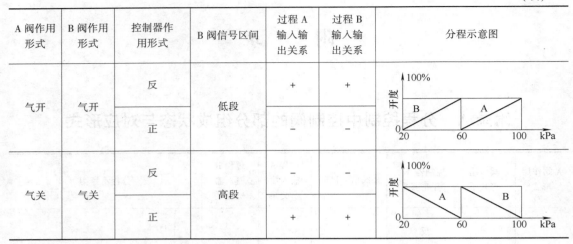
		正		−	−	
气关	气关	反	高段	−	−	
		正		+	+	

附录 B　过程控制系统的设计标准与识图简介

B.1　过程控制的文字标准

1）过程：使能量状态、成分、尺寸或可用数据定义的其他特性产生变化的任何操作或一系列操作。

2）功能：仪表所完成的目的或动作。

3）回路：用来测量、控制或测量和控制过程变量的一个或多个相关仪表的组合。

4）仪表圆圈：用来表示仪表或仪表标志的圆形符号。

5）测量点：对过程变量可进行测量的点。

6）测试点：仪表并不永久接于其上的测试接头，可用于临时、间歇或今后连接仪表。

7）检测元件：直接响应被测变量的值，并将它转换成适于测量形式的元件。

8）变送器：借助检测元件接收被测变量，并将它转换成标准输入信号的仪表。变送器可包括，也可不包括检测元件。

9）继动器：接收一个或多个仪表信号形式的信息，需要时，可以改变信息，并输出一个或多个输出信号的仪表。它是转换器、计算器、信号选择器、放大器等的总称，但不包括开关、控制器等。

10）计算器：完成一种或多种计算、逻辑计算和逻辑功能，并输出一个或多个信号的仪表。

11）转换器：接收仪表信号形式的信息，改变它的形式，并输出一个信号的仪表。

12）仪表选择器：在两个或多个输入信号中自动选择最高或最低输入信号的仪表。

13）报警：当存在不正常状态时，发出声、光或二者的信号，以引起注意。

14）扫描：顺序地对若干输入信号进行自动采样。

15）指示灯：表示过程或设备处于某种正常状态的灯。它不同于表示非正常状态的警告灯。

16）开关：接通、断开或转换一个或多个线路的装置，但不是指控制器、继电器或调节阀。

17）控制器：自动操作以控制某个被控变量的仪表。

18）操作器：能手动选择控制回路的手动或自动控制方式的仪表。

19）手动操作器：仅有人工调整的输出，用来操作一个或多个过程装置的仪表。

20）设定点：用来设定被控变量预期值的输入变量。这输入变量值可以是手动、自动或是程序设定的。

21）执行器：响应信号以改变操纵变量值的仪表。它是由执行机构和调节机构组成的。

22）调节阀：响应信号以改变流体流量的执行器。

23）执行机构：执行器的一部分，它响应例如控制器来的信号，以调整调节机构。

24）调节机构：执行器的一部分，它用来直接改变操纵变量的值。

25）仪表盘：由一个或几个安装仪表的屏、柜、台或架组成的构件。

26）盘面安装：仪表安装在正常使用时操作人员可接近的盘面上称为盘面安装。

27）盘后安装：仪表安装在正常使用时操作人员不能接近的仪表盘区域之内称为盘后安装。

28）就地：既不在盘上也不在盘后的仪表位置，通常指测量点或操纵点附近。

29）就地盘：通常是指过程设备分系统或分区附近的仪表盘。

B. 2　过程控制的图形符号标准

1. 测量点

1）测量点是由过程设备轮廓线引到仪表圆圈线的起点，一般无特定的图形符号，如图 B-1 所示。

2）当有必要标出测量点在过程设备中的位置时，线应引到过程轮廓线内的适当位置上，并在线的起点加一个直径 2mm 的小圆符号，如图 B-2 所示。

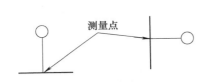

图 B-1　测量点图形符号　　　　图 B-2　需标出位置的测量点图形符号

3）测量点的位置在功能和过程顺序上应正确，但并不表示其确切位置。

2. 检测元件

在流程图上，检测元件一般无须表示，必要时，可用仪表圆圈和仪表位号或表 B-1 所示的图形符号表示。

表 B-1　常用检测元件的图形符号

序　号	检测元件名称	图　形　符　号	备　注
1	热电偶		

（续）

序　号	检测元件名称	图 形 符 号	备　　注
2	热电阻		
3	嵌在管道中的检测元件		圆圈内应标志出仪表信号
4	取压接头（无孔板）		
5	孔板		
6	文丘里管及喷嘴		

注：嵌在管道中是指检测元件占有一段管道。

3. 线

1）机械连接线、仪表能源线（包括冲洗流体源）的符号为细实线。

2）仅供仪表标志用的仪表圆圈，其连接到过程设备轮廓线或管道线上的线为细实线。

3）通用不分类的信号源为细实线。

4）电测量点或检测元件符号引到表示仪表的仪表圆圈的 线，除表示机械连接线外，应为信号线。

5）当有必要标明信息传输方向时，应在信号线上加箭头。

仪表连线符号见表 B-2。

表 B-2　仪表连线符号

序　号	类　　别	图 形 符 号
1	仪表与工艺设备、管道上测量点的连接线或机械联动线	
2	通用的仪表信号线	
3	连接线交叉	
4	连接线相接	
5	表示信号方向	

4. 仪表图形符号

1）常规仪表为直径 10mm（或 12mm）的细实线圆圈，必要时可适当放大或缩小。当仪表信号字数较多圆圈不能容纳时，可以断开，如图 B-3 所示。

2）处理两个或多个变量，或处理一个变量但有多个功能的复式仪表，可用相切的仪表圆圈表示，如图 B-4 所示。

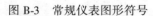

图 B-3　常规仪表图形符号

图 B-4　复式仪表图形符号

3）当两个测量点引到一个复式仪表上，而两个测量点在图样上距离较远或不在同一张图样上，则分别用两个相切的实线圈和虚线圈表示，如图 B-5 所示。

图 B-5　测量点较远或不在一张图样上的复式仪表图形符号

4）DCS 图形由细实线正方形与内切圆组成，如图 B-6 所示。

5）控制计算机图形为细实线正六边形，如图 B-7 所示。

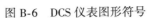

图 B-6　DCS 仪表图形符号　　　　　　　　图 B-7　控制计算机仪表图形符号

6）PLC 图形由细实线正方形和内切四边形组成，如图 B-8 所示。

7）联锁系统图形为细实线菱形，菱形中标注"I"（Interlock），在局部联锁系统较多时，应将联锁系统编号，如图 B-9 所示。

图 B-8　PLC 仪表图形符号　　　　　　　　图 B-9　联锁系统仪表图形符号

8）当有必要区别仪表的安装位置时，仪表的图形符号应按表 B-3 所示方法表示。

表 B-3　仪表不同安装位置对应的图形符号

	现场安装	现场盘装	盘后装或后台实现	控制室安装
单台常规仪表	○	⊖	⊖	⊖
DCS	⊙	⊙	⊙	⊙
计算机功能	⬡	⬡	⬡	⬡
PLC	▣	▣	▣	▣

（续）

	现 场 安 装	现 场 盘 装	盘后装或后台实现	控制室安装
继电器执行联锁			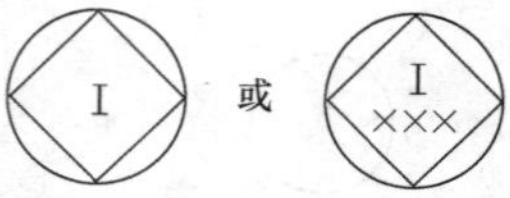 （◇I◇）或 （◇I×××◇）	
PLC 执行联锁			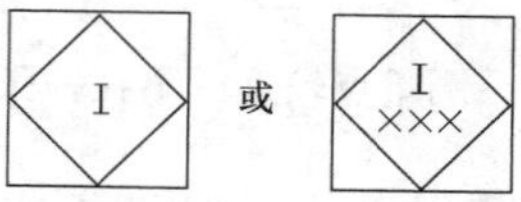 ◇I◇ 或 ◇I×××◇	
DCS 执行联锁			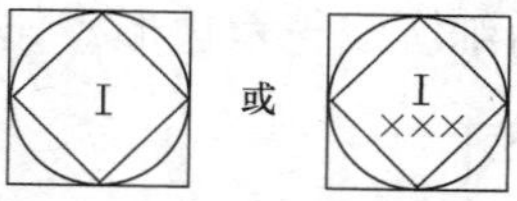 ◇I◇ 或 ◇I×××◇	

5. 执行器

1）执行器的图形符号是由执行机构和调节机构的图形符号组合而成的。

2）执行机构。执行机构形式不同，图形符号也不同，见表 B-4。

表 B-4　执行机构图形符号

带弹簧的薄膜执行机构	不带弹簧的薄膜执行机构	电动执行机构	数字执行机构
		 （M）	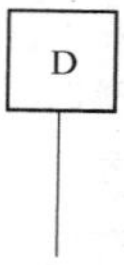 □D
活塞执行机构单作用	活塞执行机构双作用	电磁执行机构	带手轮的气动薄膜执行机构
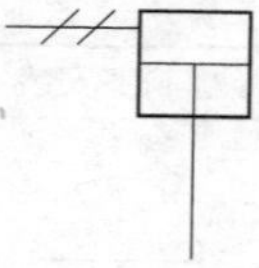	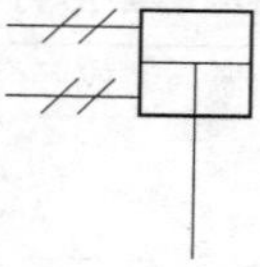	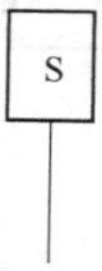 □S	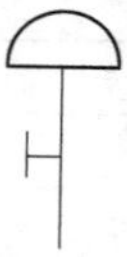
带气动阀门定位器的气动薄膜执行机构		带电气阀门定位器的气动薄膜执行机构	
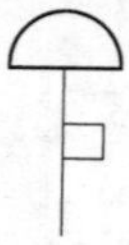		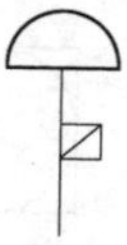	
带人工复位装置的执行机构（以电磁执行机构为例）		带远程复位装置的执行机构（以电磁执行机构为例）	
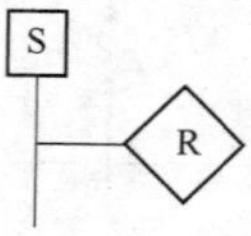 □S　◇R		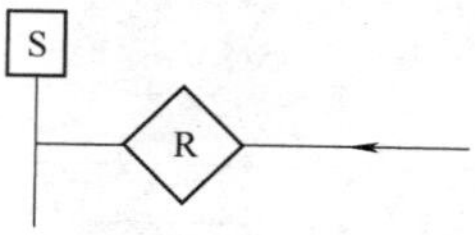 □S　◇R←	

3）调节机构

① 不区别形式的通用调节机构图形符号是边长约 5mm 的等边三角形，如图 B-10 所示。

② 当调节机构为阀或风门时，控制阀体和风门的图形符号见表 B-5。

③ 执行机构能源中断时控制阀位置的图形符号（以带弹簧的气动薄膜执行机构控制阀为例）见表 B-6。

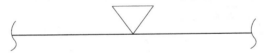

图 B-10　不区别型式的通用调节机构图形符号

表 B-5　控制阀体和风门的图形符号

截 止 阀	角 阀	三 通 阀	四 通 阀
球阀	蝶阀	旋塞阀	其他形式的阀（X 表示阀位的型号）
隔膜阀	风门和百叶窗		
闸阀			

表 B-6　能源中断时控制阀位置的图形符号

能源中断时，直通阀开启	能源中断时，直通阀关闭	能源中断时，三通阀流体流通方向 A-C
FD	FC	A B C
能源中断时，四通阀流体流通方向 A-C 和 D-B	能源中断时，阀保持原位	能源中断时，不定位
A B C D	FL	FI

注：上述图形符号中，若不用箭头、横线表示，也可以在控制阀下部标注下列缩写词：FO—能源中断时，阀开启；FC—能源中断时，阀关闭；FL—能源中断时，阀保持原位；FI—能源中断时，不定位。

6. 物位仪表

当有必要区别物位仪表的联接形式时，可采用表 B-7 的图形符号。

表 B-7　物位仪表不同联接形式对应的图形符号

序　号	物位仪表联接形式	图 形 符 号
1	整体安装的执行仪表	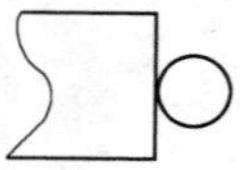
2	有两根连接管的物位仪表	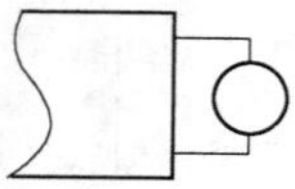
3	差压式液位仪表	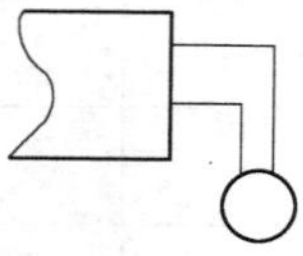
4	粒位仪表	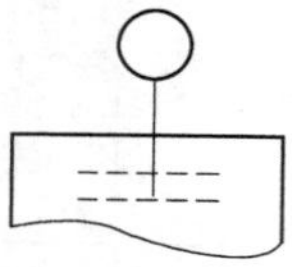

B.3　过程控制的文字代号标准

1. 仪表位号

1）仪表位号由字母代号和数字编号两部分组成，两部分之间用一短划隔开。需要时数字编号之后尚可附加尾缀。

2）字母代号由表示被测变量或初始变量的第一位字母和表示功能的后继字母组成。

3）数字编号由区域编号和回路编号组成。一般情况下，区域编号为第一位数字，回路编号为第二位数字，见表 B-8（温度记录调节仪）。

表 B-8　温度记录调节仪位号

T	RC	—	3	02	A 或 –2
第一位字母（被测变量或初始变量）	后继字母（功能）		区域编号	回路编号	尾缀
字母编号			数字编号		

仪表位号 TRC-302A（02）

2. 字母代号

常用的字母代号见表 B-9。

表 B-9 过程控制常用的字母代号

字 母	第一位字母		后继字母
	被测变量或初始变量	修饰词	功能
A	分析		报警
B	喷嘴、火焰		供选用
C	电导率		控制（调节）
D	密度或相对体积质量	差	
E	电压（电动势）		检测元件
F	流量	比（分数）	
G	尺度（尺寸）		玻璃
H	手动（人工触发）		
I	电流		指标
J	功率	扫描	
K	时间或时间程序		操作器
L	物位		灯
M	水分或湿度		
N	供选用		供选用
O	供选用		节流孔
P	压力真空		试验值（接头）
Q	数量或件数	积分累计	积分、累计
R	放射性		记录、打印
S	速度频率	安全	开关、联锁
T	温度		传送、变送
U	多变量		多功能
V	粘度		阀：风门、百叶窗
W	重量力		套管
X	未分类		未分类
Y	供选用		继动器
Z	供置		驱动、执行或未分类的执行器

3. 仪表位号的书写原则

1）在仪表圆圈中，仪表位号的书写方法是：字母代号写在圆圈的上半圆中，数字编号和尾缀写在下半圆中，如图 B-11 所示。

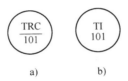

a)   b)

图 B-11 在仪表圆圈中仪表位号的书写方法

a）集中仪表盘面安装仪表（中间有一横） b）就地安装仪表（中间没有横）

2）数字编号中的区域编号和回路编号一般均自 1 开始，按顺序编列，但允许中间有空号。

3）如有两个或多个回路共用一台仪表时，这一台仪表应有分属于各回路的信号。

B.4 仪表位的编制方法实例

表 B-10 列出部分仪表位号编号制方法实例。

表 B-10 部分仪表位号编号制方法

变　量	控　制　内　容	控制系统表示方法
温度	温度指标报警和记录控制系统	
压力温度	温度压力串级控制系统	
流量	带压力、温度补偿的流量记录控制系统	

参 考 文 献

[1] 邵裕森，戴先中. 过程控制工程 [M]. 2版. 北京：机械工业出版社，2011.

[2] 金以慧. 过程控制 [M]. 北京：清华大学出版社，1993.

[3] 梁森，等. 自动检测技术及应用 [M]. 2版. 北京：机械工业出版社，2011.

[4] 叶彦斐，叶小岭. 油库罐区自动化系统中通讯接口的开发 [J]. 仪表技术与传感器，2007（4）：42-44.

[5] F G 欣基. 过程控制系统 [M]. 2版. 方崇智，译. 北京：化学工业出版社，1982.

[6] 宋文绪，杨帆. 传感器与检测技术. [M]. 2版. 北京：高等教育出版社，2009.

[7] 马西秦. 自动检测技术 [M]. 3版. 北京：机械工业出版社，2008.

[8] 周庆海，张友林，何声亮，等. 串级及比值调节 [M]. 北京：化学工业出版社，1982.

[9] 胡向东，等. 现代检测技术与系统 [M]. 北京：机械工业出版社，2015.

[10] 叶彦斐，王柏林，等. 基于模糊推理的原油快评自动预处理系统设计 [J]. 机械设计与制造工程，2014（2）：31-34.

[11] P B Deshpande，R H Ash. 计算机过程控制——先进控制策略的应用 [M]. 张新薇，陈永，译. 北京：中国科学技术出版社，1991.

[12] 张颖超. 分程控制系统设计中的若干问题 [J]. 石油化工自动化，1989，74（6）：12-13.

[13] 潘日芳. 计算机过程控制技术 [M]. 北京：化学工业出版社，1993.

[14] 张毅刚，等. 新编 MCS-51 单片机应用设计 [M]. 2版. 哈尔滨：哈尔滨工业大学出版社，2006.

[15] 陈奥初，窦振中，顺梯远，等. 单片机应用系统设计与实践 [M]. 北京：北京航空航天大学出版社，1991.

[16] 黄一夫. 微型计算机控制技术 [M]. 北京：机械工业出版社，1993.

[17] 叶彦斐. 原油管道调合过程多目标优化与预测控制研究 [D]. 南京：河海大学，2012.

[18] 吴俊德. 以微机为中心的工业测量和控制系统——第四讲 微机测控系统的研制 [J]. 电子技术应用，1993（4）：36-38.

[19] 王常力. 集散型控制系统的设计与应用 第一讲 集散型控制系统的概念及其发展 [J]. 电子技术应用，1993（11）：41-44.

[20] 邵裕森. 过程控制及仪表 [M]. 2版. 上海：上海交通大学出版社，1995.

[21] 邵裕森，巴筱云. 过程控制系统及仪表 [M]. 北京：机械工业出版社，1994.

[22] 李宝华. 智能阀门定位器的常规模式和基本组成 [J]. 石油化工自动化，2010，46（3）：61-64.

[23] 张蕴端. 化工自动化及仪表 [M]. 上海：华东化工学院出版社，1990.

[24] 姜长生，等. 智能控制与应用 [M]. 北京：科学出版社，2007.

[25] 王俊普. 智能控制 [M]. 合肥：中国科学技术大学出版社，1996.

[26] 蔡自兴. 智能控制基础与应用 [M]. 北京：国防工业出版社，1998.

[27] 舒迪前. 预测控制系统及其应用 [M]. 北京：机械工业出版社，1996.

[28] 俞金寿. 软测量技术及其在石油化工中的应用 [M]. 北京：化学工业出版社，2000.

[29] 孙优贤. 自动调节系统故障分析及处理100例 [M]. 北京：化工工业出版社，1982.

[30] 叶彦斐，等. 百吨级 PAN 基炭纤维生产聚合工艺控制系统设计 [J]. 电气传动，2007，37（10）：58-61.

[31] 李少远，王景成. 智能控制 [M]. 2版. 北京：机械工业出版社，2009.

[32] 席裕庚. 预测控制 [M]. 北京：国防工业出版社，1993.

[33] 诸静. 智能预测控制及其应用 [M]. 杭州：浙江大学出版社，2002.

[34] 徐丽娜. 神经网络控制 [M]. 哈尔滨：哈尔滨大学工业出版社，1999.

[35] 孙传友，张一．现代检测技术及仪表 ［M］．北京：高等教育出版社，2012．

[36] 何道清，等，仪表自动化技术 ［M］．北京：高等教育出版社，2013．

[37] 张勇，王玉昆．过程控制系统及仪表 ［M］．北京：机械工业出版社，2013．

[38] 黄德先，等．过程控制系统 ［M］．北京：清华大学出版社，2011．

[39] 薛安克，等．过程控制 ［M］．北京：高等教育出版社，2009．

[40] 潘永湘，等．过程控制与自动化仪表 ［M］．2 版．北京：机械工业出版社，2011．

[41] 俞金寿，顾幸生．过程控制工程 ［M］．4 版．北京：高等教育出版社，2012．

[42] 乔治·埃利斯．控制系统设计指南（原书第 4 版） ［M］．汤晓君，译．北京：机械工业出版社，2016．

[43] 吉恩 F 富兰克林（Gene F Franklin），J 大卫·鲍威尔（J David Powell），阿巴斯·埃马米-纳尼（Abbas Emami-Naeini）．动态系统的反馈控制（原书第 7 版） ［M］．刘建昌，译．北京：机械工业出版社，2016．

[44] 彭开香．过程控制 ［M］．北京：冶金工业出版社，2016．

[45] F G 欣斯基（F G Shinskey）．过程控制系统：应用、设计与整定（第 4 版）（英文版） ［M］．萧德云，吕伯明，译．北京：清华大学出版社，2014．

[46] 伊万·多尔·郎道（Ioan D Landau），Gianluca Zito．数字控制系统：设计、辨识和实现 ［M］．齐瑞云，陆宁云，译．北京：科学出版社，2014．

[47] 丁永生，韩芳，任正云，等．过程控制系统与实践 ［M］．北京：科学出版社，2016．

[48] 杨三青，王仁明，曾庆山．过程控制 ［M］．武汉：华中科技大学出版社，2008．

[49] 方康玲．过程控制及其 MATLAB 实现 ［M］．2 版．北京：电子工业出版社，2013．

[50] 郭一楠．过程控制系统 ［M］．北京：机械工业出版社，2013．

[51] 王永华，A Verwer．现场总线技术及应用教程 ［M］．2 版．北京：机械工业出版社，2012．

[52] 廖常初．S7-300/400 PLC 应用教程 ［M］．3 版．北京：机械工业出版社，2016．

[53] 王耀南．智能控制系统 ［M］．长沙：湖南大学出版社，2006．

[54] 刘金琨．智能控制 ［M］．3 版．北京：电子工业出版社，2005．

[55] 梁景凯，曲延滨．智能控制技术 ［M］．哈尔滨：哈尔滨工业大学出版社，2016．

[56] 蔡自兴，余伶俐，肖晓明．智能控制原理与应用 ［M］．2 版．北京：清华大学出版社，2014．

[57] 阳宪惠．工业数据通信与控制网络 ［M］．北京：清华大学出版社，2003．

[58] 王振力．工业控制网络 ［M］．北京：人民邮电出版社，2012．